Of Love and Lust

On the Psychoanalysis of Romantic and Sexual Emotions

Theodor Reik

现代社会与人
名著译丛

爱与欲（上）

——对浪漫和性欲情感的精神分析

[奥地利]西奥多·赖克/著

杨雨红/译

陈维政/校译

贵州出版集团
贵州人民出版社

主　　编／陈维政

副 主 编／刘小枫　陈维纲　谢丹华

编　　委（以姓名拼音排序）

陈维纲　陈维政　成　穷　冯　川

黄筑荣　刘小枫　孙凯祥　孙　林

王馨钵　王作虹　谢丹华　谢显宁

徐　陶　许泽民　杨雨红　查常平

周邦宪

责任编委／陈维政　黄筑荣

主编前言

现当代西方学术思想的主要特征之一是注重人的主体性研究。这种以人为中心的研究,意在寻求人类和人类文化所依据的先在的根,由此而重识、重铸人与世界、人与社会的关系。对人的研究一般是从两个方面入手的:一是对人的宏观研究,即着眼于整个人类社会及其各个侧面,如文化、政治、宗教、经济、历史等的研究;一是对人的微观研究,即立足于人的主体性,致力于探求人的深奥莫测的精神世界和千变万化的行为表现。

本译丛的编委和译者,多年来潜心于精神世界的探索,思考存在的终极目的,探究种种关于人的斯芬克斯之谜,如:善的本源、正义的标准、生存的意义、人的本质与命运,甚至"人是谁"。就此而言,我们深感有必要系统地考察和介绍世界另一端那些在进行同样探索的人的学术成果;所谓"他山之石,可以攻玉","现代社会与人"名著译丛作为一面镜子,一扇窗户,正体现了这样一种见微知著的努力。

"现代社会与人"名著译丛作为现当代西方著名学者对人的

微观研究之集萃，主要从哲学、社会学、心理学、人类学、行为学、伦理学、宗教学等不同领域和不同视角对人的本质、人格、本能、意识、行为、情感、价值、需要、信仰等进行全面深刻的分析，力图揭示现代人在现代社会中的精神状态、地位和关系，以及未来的演变。

除了上述明确的主旨外，本译丛还具有以下特点：

(1)权威性，即所选著作全是有影响的经典名著；

(2)完整性，尽可能囊括了所有对人进行研究的重要学科与学派；所选著作多是西方现当代的研究成果，能反映西方学术界在这一领域的最新研究动向与主流；

(3)广泛性，内容广泛涉及人与社会的各个方面，从生死、爱恨到婚姻、家庭，从个体自由、价值选择到社会文化，从意识、无意识到精神冲突，等等；

(4)普及性，所选著作均出自名家权威之手，语言畅达，叙述生动，篇幅适中，能引起广泛的兴趣。事实上，这套译丛中绝大部分在西方曾一版再版，并被译成多种文字而闻名于世。

“现代社会与人”名著译丛自1987年在中国大陆首次出版以来，迄今已出版五十余种，发行总数超百万册，深受广大读者的喜爱和学界的好评，在海内外学术界引起较大反响，其中有多种以中文繁体字版形式在中国大陆以外地区出版发行。

全体编委及译者多年来的艰辛换得读者和学界同仁的首肯，这也是无尽困惑中最大的欣慰和价值。

陈维政

2024年2月27日于四川大学

中译者序

西奥多·赖克1888年出生于奥地利维也纳的一个犹太人家庭。1910年,22岁的赖克在维也纳大学与时年54岁的弗洛伊德相识,成为弗洛伊德的学生和早期追随者之一。1912年,赖克完成了其精神分析博士论文,研究题目是福楼拜的作品《圣安东尼的诱惑》,并在维也纳大学获得哲学博士学位。因其犹太人身份,赖克于1938年移居美国,由于他没有医学博士学位,一开始并不被在美国从事精神分析的职业群体所接纳,生活穷苦潦倒,依靠弗洛伊德接济为生,但他仍不断坚持努力,后来成为非医学专业精神分析的先驱,并于1948年在纽约创立国家精神分析心理学协会(NPAP),推动了美国非医学精神分析的发展。

赖克一生著述颇丰,著作二十余本,论文数百篇,涉及主题包括文学、音乐、宗教、精神分析技巧、受虐癖现象等等,其中最著名的包括《用第三只耳朵倾听》(1948)(*Listening with the Third Ear*)、《现代人的受虐癖》(1941)(*Masochism in Modern Man*)和

《惊奇与精神分析学家》(*Surprise and the Psychoanalyst*)(1935)。他的著述为精神分析理论和技巧的发展都做出了贡献,包括提出分析中使用创造性的直觉(第三只耳朵)来理解患者潜意识的重要性;探讨受虐倾向的性受虐癖和社会受虐癖形式;论述爱与性的关系,等等。

本书是以《爱与欲:对浪漫和性欲情感的精神分析》为名将赖克此前四部著作囊括其中的一本选集,于1957年初次出版。因此,本书由四个独立的部分构成,第一部分《一个心理学家眼中的爱》是赖克1944年出版的同名著作的缩减版本。在这个部分,赖克对弗洛伊德的泛性论提出了有力的批评。弗洛伊德认为爱的起源和本质都是性,爱是目的被抑制的性。而赖克认为,爱并不源自性,也肯定不等同于性,这个观点与他的老师弗洛伊德有明显的不同。赖克对爱和性的区别进行了细致的探讨,提出二者源于不同的驱力,性的目的是要消除一种身体紧张状态,获得宣泄和释放,而爱的目的是要消除一种心理紧张状态,获得宽慰。赖克继而提出了他关于爱的新观点:爱始于对自我的不满,需要作为理想形象的爱的对象来实现自我理想,来消除内心的不安。赖克还阐释了在爱的动态发展过程中存在的较为复杂的情感变化,提出爱的本质特点是针对嫉妒、占有欲和敌意的情感反向形成。

第二部分是1941年出版的《现代人的受虐癖》的缩减版本,这是赖克对心理学贡献极大的一部著作。赖克的出发点是探讨为什么人会力求获得身心痛苦,自愿忍受艰难和牺牲,甚至故意挑衅引来羞辱,他用充足的案例分析了受虐癖现象及其动态发展过程,包括性受虐癖和作为一种特殊生活态度的社会受虐癖,提出了受虐癖现象的三大要素:幻想的特殊意义、悬念因素以及展示性。赖克的结论是受虐癖的终极目标也是寻求快乐,他阐释了受虐癖与焦虑因素的密切关系以及受虐快乐的“欲扬先抑”属性,即受虐癖患者渴望痛苦加剧和严厉的惩罚,并不是渴望它们本身,而只是把它们视作未来快乐的前兆。赖克认为,不管是受虐癖的性变态形式还是去性化形式,不管这种生活态度体现于个人还是民族群体,其目的都是通过失败获取胜利(victory through defeat)。

第三部分《未婚者》篇幅较为短小,由两篇文章构成。赖克用直白的笔触剖析了男性和女性为什么会选择不结婚,探讨了背后的心理恐惧和抵抗情绪,他认为主要原因分别是女性无意识的不足感,和男性无意识中预知到的婚姻赋予他们的高度责任感。第四部分《两性的情感差异》由四十余篇短文组成,这些短文是赖克在数十年的日常生活和精神分析实践过程中积累下来的对于男女情感差异的观察和见解,其中涉及的主题包括性幻想、性无能、性教育、服装的性化、两性与孩子的关系、同性恋、两性的自我意识、两性的语言、女性的诙谐和尖酸刻薄,等等。赖克用深刻又不失讽刺幽默的笔法呈现了男女心理层面的差异,以及他们追求幸福的方式。

本书所包含的内容均为简体中文首译(第一部分和第四部分此前曾在台湾地区出版过繁中译本,译者孟祥森)。与同时期的精神分析学家相比,赖克的写作风格较为通俗易懂,对观点的阐释娓娓道来,术语较少,为译介提供了便利。另一方面,赖克有时将心理学层面的分析聚焦于语言文字层面,细致探讨个别字词的微妙使用及其带来的心理学意义，还善于使用双关语和俚语的变体来增添趣味，这也对翻译带来了一些挑战。需要说明的是，赖克常引用文学典故、格言警句，对于这些引用的部分，若已有译家珠玉在前，本书译者均引用已有译本并注明了出处。纵观全书，赖克的文字中透露出他鲜明的个人风格和态度立场，文风严谨中不失诙谐，论证案例丰富，使这本体量逾四十万字的学术著作具有较高的可读性。

杨雨红

2021 年 8 月 7 日于成都

前言

主题与变奏

装扮成浮士德学者模样的墨菲斯托①告诉学生，所有的理论都是灰色的，唯生活之宝树长青。在这理论与经验的色彩对比中，包含着魔鬼撒旦式的真理，亦真亦伪，极具诱惑力。只有脱离生活经验的理论才是灰色的，也只有源自推测的理论才像温室的花儿。离开生活经验的土壤，理论无法生存，只会枯萎凋零；而精神分析理论则是深深根植于临床实践的松软土壤中，还带有泥土的颜色。弗洛伊德的精神分析理论结合了多年分析实践的诸多见解，是综合性思维的至高成就，甚至其中的绝大部分都可以称之为艺术，却又全然没有矫饰之处。虽然他在个别地方可能脱离了经验的坚实基础，但他总会很快意识到自己的失误，并予以纠正。于是，他学会了克制住那种一开始就想要通过思辨提炼理论的想法，而把理论的萌芽放在日常分析实践中，反复用经验验证。

①Mephisto：德国作家歌德所著诗剧《浮士德》中的魔鬼一角。（本书以下注释凡未标明注者的均为作者原注）——中译注

他告诫维也纳的学生们,不要相信理论知识,不要有先入为主的看法,对诊疗材料要保持开放的心态,去接纳新的看法和见解,这给我们留下了深刻的印象。他总是说:“你们必须一而再、再而三地观察事物,直到它们自己开口讲话。”对他来说,研究最重要的前提就是观察,再加以自我批判的态度去长时间验证,这也成了我们这群弗洛伊德追随者的信条。对于那些认为精神分析理论站不住脚的声音,弗洛伊德并不理会,因为他知道这些理论背后有成千上万的个体经验作有力支撑。我还记得在维也纳精神分析协会的一次会议上,有篇论文对精神分析的科学性提出质疑,认为精神分析跟心理学的其他分支不一样,不能用实验证实。弗洛伊德就此评论道:“如果一门科学的本质是要以实验验证作为依据,那么天文学也不能被称为科学。我们都知道,要用行星来做实验可不容易。”

本书选录的内容是对弗洛伊德所做研究的延续,并且遵循了他的研究方法,这都归功于他对我的言传身教。本书收录了我的受虐癖理论,在我建构该理论的过程中,弗洛伊德在工作方式上的典范作用显得尤为重要:将多年精神分析工作中观察到的材料耐心细致地与新的经验进行对比筛选,该理论正是在这样的基础上建立起来的。余下的三个部分也是相互独立的,于不同时期构思成书,但有一条隐形的线把它们关联起来,那就是各部分都探究了男人和女人不为人所知的追求幸福的方式。

美国口语中有这样一个表达,即用“一号人物”(Number One)来指代“我”。表面上看,追求幸福就是要实现“一号人物”的目标——顺从本能内驱力、获得权力、满足性欲、积累财富等等。然而,我们都知道,这条路不通向幸福。我们也都知道幸福不是一种恒久的存在,而是某时某刻的感受。这种状态转瞬即逝,若想好好体验,首先要忘掉自我。改变是必要的,“一号人物”不仅要去掉这个数字光环,还要彻底变得不再重要。幸福本就不可多得,只有当人停止思考自我时,才能真正感受到幸福。这会发生在恋爱时,或在兴趣爱好中,或在酒醉时,或在沉睡中。在这些状态下,心理层面的自我几乎不存在;它消失了,或是被别的东西吞没了。

在追求幸福的道路上,人们都热衷于选择爱情这条路,更准确地来讲,是浪漫之爱(在本书对爱情心理学的讨论中,我总觉得这个重要的形容词用得还不够频繁,对此,我深感遗憾)。在浪漫之爱中,主体已然失去自我,自我几乎不存在,被爱的客体吞没了。而这种完全任情感摆布的感觉起源于无意识倾向的深层土壤中,尽管我们对无意识总是避而不谈。对浪漫之爱的精神分析证实了弗洛伊德的判断:我们所理想化的东西与我们憎恶的倾向之间有着密切的联系。在这里,我并不探讨与爱情类似的另一种能让人忘却自我的情感奥秘,即兴趣爱好——也就是说,人会把自己沉浸在一个想法中,完全放任自己或自我。

在感官得到极大满足时,自我消失了,或至少看似消失了,比如性满足中的高潮。交配季节的山鸡对猎人视而不见,这证明比对死亡的恐惧还要强烈的,不是爱,而是性冲动。在性变态行为中,最怪异而又影响显著的一种是需要通过羞辱和疼痛来获得最大的快感,单凭这种矛盾性,就值得心理学家关注研究。在我刚开始精神分析实践的时候,这个话题激发了我在学术探讨上的兴趣。我在仔细观察和研究大量性受虐癖和社会受虐癖案例的基础上,才发表了关于这种反常行为的新理论。自《现代人的受虐癖》(*Masochism in Modern Man*)一书于1941年出版以来,许多精神科医生和心理学家都引用了此书,并由此对其中一些基于多年精神分析经验的重要结论进行了增添和修订。令我很欣慰的是,尽管面临尖锐的批评,我的核心理论仍然被认为是成立的。

基于外部的建议,我还脱离浪漫爱情和受虐癖的主题,讨论了另外的话题。应希尔达·贺兰德(Hilda Holland)之邀,我为她主编的专题论文集《你为什么单身》①写了两篇文章。在研究这个重要问题的过程中,我试图找出男人和女人不结婚的原因,并论及使他们绕开婚姻和家庭生活的各种因素。

这个特殊的主题只是一个开端,在此后数年,我都在专注思考一个更为宽泛的研究主题:男人和女人的情感多样性。虽然全世界都知道两性对待情感的态度有基本的差异,然而,这些差异背后不易觉察的成因却很少有人关注。我尝试不走寻常之路,为了看到更为广阔的风景而独辟蹊径。我希望,本书所呈现的观察结果和经验内容能帮助我们认识到男女之间的巨大差异,并帮助我们进一步理解这种差异。

人们常说世界很小,那么我们至少应该对另一半人的生活方式有一点了解。

西奥多·赖克

1957年4月于纽约

①Farrar, Straus & Co., 1949.

目 录 Of Love and Lust

第一部

A Psychologist Looks at Love

一个心理学家眼中的爱

第 一 章

爱，或不管那是什么

1

1927 年，我突然对爱的起源和本质有了一个意想不到的新领悟，这个见解一出现就显得那么新奇大胆：它所涉及的一些潜在含义，无论其特点和后果，都会让人惊叹不已。与此大相径庭的是，我是一个谨慎又焦虑的人，而这些见解的深义如此大胆出格，让我颇为惊恐。我预见到要深入研究这一问题的困难，并且预感我将无法克服。于是，写下一些对这个主题的想法后，我感到灰心丧气，草草地把稿子塞进了文件夹里。这些文件夹专门用来掩藏我那失败的学术尝试（我有很多这样的文件夹，用来藏拙）。

有些巧合虽然奇怪，却并非偶然。有两次事件告诫我要继续写完这篇论文。六年后，在 1933 年一个夏日的午后，我来到维也纳的奥格腾①。或许，因为孩提时期常在这里玩耍，我很喜欢这个

①奥格腾（Augarten）：位于维也纳市中心的一座巴洛克式皇家宫殿，修建于 1705 年。——校注

静谧的公园。我坐在河边栗子树下,想看会儿书(难道我已有了不祥的预感,以后没有机会再来？那时,纳粹德国正威胁要攻入奥地利,我也已经做好了到荷兰去的打算)。但我有点心不在焉,无法集中精力去读这位哲学家写的内容。

这时,有两位老先生走到我的长凳旁。其中一位留着花白的连鬓胡,是奥地利老皇帝弗兰茨·约瑟夫的式样,有点让我想起我的父亲,他在我十多岁的时候就去世了。另一个胡子刮得很干净,看起来年纪轻一点,但明显也七十来岁了。两人的额头上都留有学思和悲伤的痕迹,谈吐中透露着中上层阶级的文化教养。留着"皇帝"胡的老先生说着他的孙子和女朋友在恋爱中遇到的问题,好像小伙子跟自己和女方的家长都发生了激烈的矛盾。另一位老先生好像并不以为然,他说:"嗯,就是典型的色迷心窍罢了。"留胡子的老先生并没有立刻接话,像是在回味这句话的意思,然后,有点无奈地说道:"不,不是那样的。或者说,不光是这一点……是爱,或不管那是什么。"

几分钟后,我从长凳上起身,穿过小径,朝公园的出口走去,脑子里一直回响着"爱,或不管那是什么"。我觉得这句话有点奇怪。突然,我想起了六年前着手要写的那篇论文。一到家,我便四处翻找那篇草稿,却没有找到。于是,我决定重新开始写。我写了几页,试着梳理我在这段相当长的时间里的心得体会。可是,我仍没有准备好跨越那些最初预见的障碍。我无法忍受我自己,再一次将新稿子塞进了文件夹里。之后的几年,生活窘迫,贫困潦倒,脑中要求自己继续完成这篇文章的声音也听不见了。

到纽约一段时间后,有天晚上,我去大都会歌剧院听莫扎特的《费加罗的婚礼》。我完全沉浸在旋律的魔法里，忘记了生活的困难和欧洲那场可怕的战争，所有问题都消失在音乐中。歌剧的台词几乎没有在我的意识中留下痕迹，而舞台上所表演出来的那些天马行空、雕虫小技、嬉笑打闹、迷惘忧伤，也仅仅是歌剧音乐的外部呈现形式。此时，凯鲁比诺[①]唱起了著名的咏叹调：

你们很了解什么是爱情
在人的心里翻腾不定
你们可知道这是不是爱情
在我的胸中燃烧不停

在这个冬日的夜里，我走在回家的路上，不由自主地哼起了这首曲子。突然，歌词有了从未有过的含义。凯鲁比诺的提问不再仅仅停留在修辞层面，而成了一个真实的问题。“你们很了解什么是爱情，在人的心里翻腾不定……”这些词曲听起来不再是轻松玩笑，而是揶揄嘲弄、质疑挑战：你们这些心理学家好像懂得很多，那么这是爱吗？什么是爱？你们真的懂吗？

我想摆脱这些问题，赶走脑中的旋律，却是白费力气。回到书房，我想在睡觉前回复一封信，却在书桌上遍寻不着。我不耐烦地翻着抽屉，忙乱之中将几个文件夹碰到了地上。捡起散落的纸张，我无意识地读起了上面写的内容。在刚捡起的一页纸上，我看到了“爱，或不管那是什么”。这是我在七年前写的草稿，我

①凯鲁比诺：《费加罗的婚礼》中的人物，主角阿尔马维瓦伯爵的书童。——校注

以为自己已经弄丢了。有些巧合，虽然奇怪，却并非偶然。

一时间，我完全忘了本来要找的那封信，接着读起了这份原稿。当然，其中有很多需要修改的地方，这里改改，那里添添……我竟一直写到了天亮。凯鲁比诺的咏叹调终于不再找我麻烦，因为我接受了这个挑战。当我再听到那个曲子时，我又可以全心享受那其中的甜蜜悸动了。距离那个夜晚已经过去了四年，有了现在这本书，与其说是写完了，不如说是终于完结了。

我曾听一位外交官说，一份政治声明需要满足三个要求：友好、必要和真实。如果不能同时达到这三点，也至少要实现其中的两点。这位外交官强调，在紧急情况下，可以放弃其中的一点，但仅此而已。加以类比，心理学的理论概念也应该满足以下特点：它必须是新的、可证实的、正确的。据我所知，本书呈现的是全新的发现，我未曾读到过相似的理论。我相信，它也是可证实的，只要不带偏见并用现代的研究方法去分析材料，任何一名心理观察者都能查验和证实这个理论。至于它是否满足第三点，不能由我自己来做判断。跟那位外交官一样，只要这个理论概念能满足其中必要的两点，我已深感欣慰。接下来，将呈现我那奇怪的想法，希望读者宽容以待。

2

基于精神分析实践和生活中的大量观察与经验，又经过多年的反复验证，有了接下来的这个概念。这项新的研究是独立于其他学者的理论展开的。它不源自于猜想推测，而是从幽暗的深海中打捞而来。此书的作者也并非博学之人，只是一个追求真理的人。我不会装作已经解决了整个问题，但我相信，我提出的概念比前人的理论更令人满意。我也并没有全部的答案，我甚至不知道所有的问题。一些难点和疑点尚在，还有一些关联环节缺失，我指出了这些缺失，并希望其他比我更聪明、更幸运的研究者能找到这些环节。这里呈现的是一份蓝图，无疑它会被更改。这也是一份新答案，回答一个最为古老的问题。如果它被证实是正确的，那么它就不能被视作是对这个主题的无关紧要的理论贡献，而是直指问题核心的理论概念。

在柏拉图的《会饮篇》中，宾客们都认为有必要研究厄洛斯(Eros)①的本性，他们断言如果能确定其父母的身份，就能阐明其性格。这种想法体现在现代思想则意味着，我们若对爱的起源了如指掌，我们就能明白爱的要义。爱的起源在哪儿？我们避开哲学家们的形而上学思想和诗人们的高情远致，向科学寻求一个答案。现代心理学，尤其是精神分析学，将爱视作一种弱化后的、其性目的被抑制的性欲形式，而我将试着证明这个观点是不正确的，爱的起源和特质不能这样解释。既然我们不接受爱是从性中发展而来的，那么我们的任务则是提出一个更好的论题，来取代精神分析理论中那些不能令人满意的概念。但要是爱不源于性这一点并不是未解之谜的全部呢？如果把性的属性从爱的起源中去除，爱似乎就变得不切实际。当然，我们不能接受诗人的华

①厄洛斯(Eros)：在早期古希腊神话中，被认为是象征一切爱欲和情欲的爱神，在晚期古希腊神话中，他被认为是爱神阿佛洛狄忒的儿子。——校注

丽之辞,认为爱中有不可名状又不可捉摸的力量;也不能接受哲学家的猜想,认为爱是超脱尘世的、超验的存在。这种情况下,我们很容易躲入模糊的泛泛之谈中,而泛泛之谈并不是答案。那么,爱是不是会像小天使们所说的那样?如蒙田(Montaigne)所述,小天使们有一次拜访了大主教,大主教客气地请客人们入座,“都坐下吧,孩子们”。而小天使们扑扇着翅膀回答道,“阁下,我们什么都没有”。请读者不要害怕!你们可以放心,爱不是什么超凡脱俗天使般的存在,它是人间之物,它“该有的”都有。

在开始讨论之前,我必须澄清两点,以免引起别的误解。首先,我的预设是爱只能是一个人对另一个人的情感。当我说“我爱猪排”和“我爱珍妮”的时候,表达的意思并不一样。这一点,你和我都很清楚。如果我说“我爱冰淇淋”,实际上是把这个词的意义毫无道理地做了引申。我的意思是:我喜欢冰淇淋,喜爱它。这样的论述听起来有点谨小慎微,充满学究气;然而,用词上的混淆可能会带来深远的影响。

对这个词还有别的一些误用,本身无伤大雅,却容易引起误解。严格来说,当我说“我爱美”或“我爱美德”的时候,也对词义做了引申。我爱的不是美或美德的抽象形式,不是柏拉图式的理念,也不是没有图像的幻觉。我爱的是它呈现在男人或女人身上的样子,也就是说,我爱的是有美德或美貌的人。当然,我不反对使用“我爱善(the good),爱美(the beautiful)和高尚(the noble)”这样的表达,但我的想法是,我们是在接触过美丽、善良、高尚的人之后,才有了对美及其他品质的概念,虽然我也不是总能意识到这一点。爱人类意味着爱很多个人,或是爱所有的人。甚至爱自己的国家和民族都是一种抽象提炼，这种爱基于许多有意识和无意识的经验和记忆。山姆大叔、约翰牛、玛丽安娜是国家的拟人化形象，但实际上他们代表了我们认知中的美国人、英国人和法国人形象。我们会无意识地想到一个具体的人而不是一个抽象的概念。

在当下的时代，我们也经历过一个类似的抽象概念的发展过程。我们庆祝母亲节，给我们各自的母亲送上问候和礼物，显而易见的是，这个概念的背后是我们与自己母亲之间的个人关系。

第二个可以被视为理所当然的预设是，爱只能在个体发展达到一定阶段才能发生。爱不是原始天生的，而是在个体生活中后天获得的经验。你不能将爱称之为像饥饿或性一样的本能，爱是后天心灵发展的产物，它绝对是后天养成的。在群体成员达到一定阶段的分化前，它不可能发生，不管这个阶段会在什么时期出现——其决定性因素是个体从群体中脱颖而出，成为个人——即当人们不仅有群体意识，而且意识到同一群体内部的差异时。必要时，人们不仅要意识到人与人之间的差异，还要去评价这些差异。民族学家也确认，许多半开化的族群能够敏锐地察觉到个体的多样性，但觉得这些多样性无足轻重。

认识到个体间的差异还不够，还需要做价值上的区分。当一个人遇见另一个人，但不把对方视作具有不同性格的不同个体，那么在心理层面是不会产生爱的。必须要感受到差异，尽管这种感受不一定是有意识的。如果对象与我完全一样，那有什么必要去爱他呢？如果对方与我别无二致，哪里有爱上他或她的可能性呢——除非如精神分析理论所说的那样：我们所爱的，只是在对方身上看到的自己。是否需要强调这种区分与性别差异无关呢?恋爱中的男人不是把心爱的女孩视作女性物种的个体样本,而是把她看成女性中的独特代表,无人能与之媲美。

我将以描述临床研究的形式呈现我的观点,本着心理学研究冷静客观的精神。在研究激情时,不应带着激情。我将用植物学家描述植物成长的土壤及其萌芽、开花和凋零的方式,来阐明爱的前提、起源和发展。当然,我知道,这一点并不是总能做到,但这是我努力的方向。

3

爱是我们词典里最常被滥用的词语之一。没有哪个人类活动的领域不把这个词滥用到极点。这个词不仅限于表达两性之间的情感,还用来表达家庭成员之间的感情。你对邻居、朋友,甚至对敌人,对全人类,对家庭、社群、族群、民族,对所有美好事物以及对上帝的感情,都可以用它来表示。能胜任如此多的用法,也足以令人称奇。法国喜剧中的"爱",显然不同于圣经中的"爱"。

它的意义之多、适应性之强、意义变化之快,让人叹为观止。它可以用来描述少男少女的热恋痴迷,也可以用来形容人类最崇高的精神追求。这个词被用于心理学、哲学、宗教学、伦理学与教育学,乃至各个社会科学。只要有人聚居的地方,这个词就不可或缺。但随着时间的推移,这个词所经历的种种磨损是显而易见的。

这个老生常谈的主题仍披着神秘的面纱。它每时每刻出现在地球上的每个角落,可是人们仍然对它一无所知。每个人都经历过爱,可这并不会让理解它变得容易。日常之事往往难以捉摸,而奇闻异事倒很快暴露出它们的本质。在本书开篇中,我就提出,我认为爱是一种未知的心理能量,目前,我们还没有发现它的起源,还不了解它的特质。诚如奥利弗·温德尔·霍姆斯①所言,科学是勘测未知领域的地形学,那么爱的区域则是地图上的一大片空白。

我们无疑知道哪一门科学能够带给我们相应的想要的信息和见解,但心理学却似乎对这个主题讳莫如深。为什么会这样?是心理学家不愿意传授必要的知识还是不具备相应的能力?心理学家是否无法告诉我们这是什么情感,它的本质是什么,它的能量从何而来?抑或这个主题太过模糊,难以理解,无法言喻?爱或许是难以捉摸的,但心理学的主要任务之一就是要不断追寻、研究这些难以捉摸之物。无法求助于切实数据的地方,正是心理学需要面对的最重要的问题。

是否心理学只能退出这个领域,把话语权交还给哲学家、诗人和先知,交还给耶稣基督和圣保罗,交还给柏拉图和叔本华,交还给莎士比亚和歌德,还是心理学家认为这个话题不值得他们关注?不可能是这样的。我们当然明白,在解决这个问题之前,我们无法了解人类存在背后隐藏的冲动。即便我们把爱视为一种幻觉,可我们的任务不就是要去研究这些幻觉,探索它们的本质、起源和能量源泉吗?如今,心理学家对性的讨论已经非常全面,

---

①Oliver Wendell Holmes(1841~1935):美国法学家。——中译注

但对爱却一致保持缄默。他们回避这个主题，似乎一有提及，就会感到难堪。尽管如此，我并不认为这对心理学家来说是个禁忌的话题。他们使我们对爱的起源和特质一无所知，一定是因为他们自己也一无所知。

被称为爱的这个东西是什么呢？比才[①]的《卡门》里说，爱是“吉人赛人的孩子”。“爱情是吉人赛人的孩子，无法无天。”如果爱真的毫无章法、逻辑，那它就不能成为科学研究的对象。但果真如此吗？即使疯狂至极也一定有规律可循。就像桌子不会违背万有引力定律飘到天花板上一样，爱也不会逃过心理学的定律。许多现象看似神秘，但发现其背后的规律后，谜团就会迎刃而解。我们已对诸多此类现象有所了解，诸如精神病人那些稀奇古怪的念头有什么特征，癔症性和强迫性想法和行为背后的奥秘，早已消逝的宗教之谜以及澳大利亚原始部落的风俗习惯。然而，对我们所有人都知道的一种经历，心理学却没能发现其起源和本质。是否爱仍要继续当科学里的问题儿童和心理学门内的异乡人？

那弗洛伊德呢？精神分析难道没有全面深刻地研究爱吗？没有。它研究的是性，性跟爱不同。弗洛伊德对知识的最大贡献在于，他发现了决定心理过程的定律，发现了无意识思想和冲动的能量，并提出了帮助我们探索人类心灵的心理学方法。

---

①Georges Bizet(1838~1875)：法国作曲家。——中译注

4

在讨论弗洛伊德关于爱的观点之前，我需要纠正一个精神分析圈内常犯的错误。我们要记住，在精神分析四十年的历程中，弗洛伊德对这个问题的看法并不是一成不变的，他的观点起了很大的变化。在初期，他有着简单而固定的看法。虽然没有确切阐明，但在提出这个看法的时候，他是把爱和性画等号的。于是，弗洛伊德所谓的爱的对象，实际上是指性的对象；爱的选择，实际上是指性伴侣的选择。他有医学背景，使用了力比多（libido）这一术语的原意，即性冲动的能量。可以这样说，他假设这种冲动包含吸引和喜爱。我说不准是什么时候、在什么的影响下他开始有意地将这两个术语进一步引申。后来，他频繁地对这些词语的新用法进行解释和辩护，尤其见于他的《群体心理学与自我分析》（*Group Psychology and the Analysis of the Ego*）一书。他认为，力比多是一种能量化表达方式，表示爱所包含的所有倾向的能量。因此，爱的精髓就是指两性间的爱。弗洛伊德没有将这种爱与父母对子女的爱或朋友间的爱进行区分。

这个论点的理据是所有这些倾向都表达了同样的本能，目的是实现两性间的性结合。这些倾向的性目的仅仅是发生了转移或受到了抑制，而其原初实质尚存，让人可以很容易识别出它们的本质。精神分析学对爱这个概念的引申使得群情激愤，尽管这并没有带来新的知识。弗洛伊德说，柏拉图的厄洛斯与力比多完全是一回事，使徒保罗在其名著《哥林多书信》中所赞颂的爱的力量也与其别无二致。这些爱的倾向在精神分析中被称为性本能,这是“先验的,以它们的起源为依据的”。然后,弗洛伊德尖锐地指出:“大部分有教养的人认为,这个术语有侮辱性;出于报复,他们斥责精神分析学是‘泛性论’,并加以抨击。如果有人认为性是人性中令人感到羞耻的一面,那他大可以使用高级一点的表达,如性爱(eros)或爱欲(erotics)。我本可以一开始也这样做,还可以免于被批评,但我不想做出让步。我觉得,这是缺乏勇气的表现。你不知道这样的路会通向何方。一开始只是用词上的让步,到最后,你对主题内容都做了妥协。”①

在同一本书的另一段中,弗洛伊德重申,我们称之为爱的这种温柔情感,虽是避开了其原初的性目的,但留有它的痕迹。即便是想靠近一个亲切的人、朋友或仰慕者,见到心爱的对象,即便这种爱是在使徒保罗的用词层面,都是如此。我们通常所说的爱,综合了那些性目的被抑制的倾向和性倾向,使直接和间接的性倾向共存于其中。弗洛伊德不厌其烦地强调道,性目的被抑制的爱最初完全就是肉欲之爱,在人的无意识生活中仍是如此。②即使在将这些爱的倾向与纯粹的性倾向作对比时,也能明确地知道它们的起源可以追溯到性。

之后,弗洛伊德建立了伟大的厄洛斯假说,其意义实际上与柏拉图的概念并无二致,只是用了生物学的术语进行表述:厄洛斯是一种巨大的力量,可以创造生命,可让失散团圆,可以确保涅

①见《文明与不满》。

②比较《精神分析入门讲座》《爱情生活心理学文集》等书中的诸多段落得出此结论。

槃重生。在弗洛伊德形成这个概念的时期,一份法国杂志询问他对超越性的爱有什么看法,他答道:“到目前为止,我都没有勇气对爱的本质做出任何概括性的陈述;我觉得,我们的知识还不足以这样做。”①他一直没有找到这份勇气,直到生命的最后,他坦陈:“我们真的对爱知之甚少。”

弗洛伊德拓展了性这个词的词义,他没有否认这一点。事实上,他还对此进行了强调。他认为,这是他在创立本能理论时迈出的第一大步。在一篇关于野蛮的精神分析论文中,弗洛伊德谴责了一名医生,他为了治愈一位患神经症的寡妇,给她介绍了一位情人。弗洛伊德之所以批评他,主要是因为这位同行误解了精神分析的本义,以为性就只是指一般意义上的性。为此,弗洛伊德指出:“在精神分析中,性这个概念涵盖的范围更广,在两方面都超越了现有的意义。这种引申可以在遗传学层面找到理据。我们纳入‘性生活’一词所辖范畴的,既包括所有源自原始性欲的活动和温柔情感,还有那些原初性目的被抑制或被替换为与性无关的种种冲动。因此,我们偏向于使用性心理(psychosexuality)一词,强调不能忽视或误解性生活的心理因素。我们对这个词的引申方式与德语中‘liebe’(爱)的用法一致。”②

那位医生接受了批评,这也无可厚非;但弗洛伊德就毫无责任吗?他不是也应该为这个错误或误判负责吗?年轻的医生犯了错,但那只是因为“性”这个词对弗洛伊德是一个意思,对普通

①发表于赖克的《与弗洛伊德的三十年》,莱因哈特,1940。

②见《超越快乐原则》。

人或对咨询室的普通医生而言又是另一个意思。虽然无法证明,但我确信弗洛伊德在最开始使用“性”这个词时并没有深谋远虑,就只是在使用一个朴实无华的词。当然,他考虑到了原始的性欲是爱的起源,但这是基于生物学的成见,而不是心理学的洞见。

他反复强调将性的词义做了引申,包含喜爱、友谊和爱。但他这样的用词方式是合理的吗?我认为,这既不正当,也不合理。有机体都有消除某种紧张状态的生理需求,这是人与动物都有的本能,“性”这个词一直以来都是指源自这种生理需求的冲动和活动。“力比多”一词的应用也远早于弗洛伊德,但仅用于表述这种本能需求的能量。弗洛伊德拓展了这两个词的意义,导致词义过度引申。

那么人们拒绝接受“性”这个词包含友谊、爱和喜爱的意义时,是因为人们通常很虚伪,还是因为他们觉得性和爱是不同的?真的只是因为人们拘礼守旧、谈性色变,才拒绝接受将这两种需求等同的理论吗?还是因为有一种模糊但强烈的感觉认为,这种在本质上将二者等同的假设是错误的?我猜测,他们大概觉得这种想法不符合事实。我不排斥称铁锹为铁锹,但我不愿称耙子为铁锹,尽管它俩挨着放在同一个谷仓里。可弗洛伊德就这样做了。这听上去像极了爱丽丝在镜中遇到的怪人。“当我使用一个词的时候,”矮胖子用轻蔑的语气说,“表达的是我想表达的意思,不多也不少。”但爱丽丝对此表示怀疑,她答道:“问题是,你用这些词表达这么多不同的意思,这样行吗?”正是如此!这就是我们现在的问题。

弗洛伊德说过,他使用的“性”这个词,和柏拉图使用的“厄洛斯”词义一样。如果“性”是这样的用法，那弗洛伊德就没有必要在后期再建构一个“厄洛斯”的概念，并区别于性。在他去世前一年（1938年夏）写就的一篇文章中，弗洛伊德说：“我们对厄洛斯及其成分力比多最大程度的了解是通过研究性功能，这种对性功能的研究与当下对厄洛斯的意义建构完全重合，虽然在我们的理论中并非如此。”[1]因而，厄洛斯并不等同于性，即便在弗洛伊德后期的观点中都是如此。在生命的晚期，他才意识到爱本身就是一种心理能量，虽然他从没有明确承认这一点。

但即便是弗洛伊德的词义与柏拉图一致，就情有可原了吗？柏拉图是哲学家，弗洛伊德是科学家。相比生活在两千三百多年前的柏拉图，我们会对这位当代心理学家更加严格。他们中的一位试图通过形而上学的宏大思辨破解宇宙之谜，另一位试图用科学的手段解决切实的心理学问题。对同一个物质，一位古希腊哲学家的思辨方式肯定与一名现代化学家的探索方法大相径庭。柏拉图宏大瑰丽的学术思辨给予了厄洛斯恰如其分的位置；然而，如果为了科学呈现人类心灵深处的活动，现代心理过程分析要把厄洛斯和性冲动画等号，那么厄洛斯就会失去其原有的位置。在意义层面，柏拉图的思考和表述都与现代心理学家不一样。一位是通过想象思考，并描述其中的图像；而另一位是用精神分析的方法，具体描述心理事实。

我认为，性和爱的起源及本质都不同。在这本书中，只要这类心理学论断还能被证明，我都将尽力证明这一点，其中可被证

---

①见《精神分析概要》，《遗作集》，伦敦，1941。

明的空间还非常大。

弗洛伊德引申后的性如同一块合金,熔合了特性和价值都迥异的多种金属。在这里,我暂且认为其杂糅了生物学上的性需求、某些自我内驱力以及那仍然未知的物质——爱。在另一本书中,我试图说明,原始性欲的本质是什么,爱又是如何进入了性的领域,要满足哪些心理和社会条件,性、自我内驱力和爱这个最年轻的需求才能交汇融合。我这里的讨论,应该仅限于其中一个领域,但首先应划清它们之间的界限。

然而,过去和现代的心理学家都认为爱是性的一个变形,或说是性的伪装形式,难道这个看法就没有道理吗?年轻情侣的每一次激情、迷恋,不都证明了这一点?这些最具说服力的例子只证明了爱和性常合为一体,投向同一个对象。我们习惯于在头脑里把爱和性联系在一起,但这并不能说明它们具有同一性。这只能证明它们经常同时出现,它们相伴而生,它们时有重合,但即便同时发生也不能证明其同一性。两种情感可以紧密混合在一起,以至于就像一种情感,但这并不会让它们变成一种情感,也不会使其各自的特点消失。

我们常将威士忌与苏打水兑在一起喝,但这并不会把威士忌变成苏打水,也不会把苏打水变成威士忌。有的人无法想象没有威士忌的苏打水会是什么样子,但即便是他们也不会否认二者是相互独立的存在,它们的特性和味道都不一样。威士忌可以不加苏打水,而苏打水也可以倒入许多不同的液体中。二者可以任意比例混合。爱和性也是一样,可以形成不同比例的混合体(遗憾的是,从来没人问我们什么比例合适)。我们不可能分不清威士忌和苏打水,当然除非你已经喝多了。同理,在极度迷恋之时,也有可能分不清爱和性。但令我震惊的是,这样的错误居然会发生在清醒的科学研究中。

似乎精神分析学家确信存在没有爱的性,“纯的”性(sex “straight”),但他们坚决认为不存在没有性的爱。他们的观点从未被驳斥。这就像在证明其清白之前,都假定做错事的人是有罪的。无疑,日常经验告诉我们,爱和性之间是有联系的,可以互通有无,有拱桥将二者相连,跨越其间的鸿沟。但我仍认为,这是两个不同的领域,必须区分开来。

5

我们回到弗洛伊德的假设,即性包括爱、温柔、仁爱和同情。表面上看似一样的事物,仔细分析后,会发现差异显著。这个情形就类似于以前有很长一段时间,化学家们认为某种物质是由相同的成分组成,直到新的检验证明并非如此。结果,这个物质是两种不同物质构成的混合物,融合了非常不一样的成分。

让我举一个非常简单的例子:普通的食盐。这个例子并不会不恰当。

古往今来,盐不都是被当作是一种神圣又珍贵的物质吗?它象征着友谊、忠诚和喜爱。阿拉伯人用“我们之间有盐”来表达忠诚友爱的友谊。你在圣经中读到的“盐约”也饱含着神圣感和深意。近两千年来,盐都被认为是一种由同种成分构成的单一物质。而我们现在知道,它是由钠和氯构成的化合物。今天的任何一个高中生都知道,这两个元素是不同的,而且还能证明给你看盐是由这两个元素构成的。他们还知道,这两个元素可以被分离出来,分别用于许多不同的目的。

那事实是什么呢?我们首先要找出它们,之后再把它们组合在一起。我们要像化学家从化合物——盐中分离出钠元素和氯元素那样,将性和爱区分开来。要使它们的差异显得清晰明确,最好的方式是在它们看起来还没融合到一起的时候,对比爱和性的极端表现形式。

性是一种本能,一种生理需求;源自机体内,与身体紧密结合在一起。它是一种类似于饥饿和口渴的巨大内驱力,由机体内的化学变化决定。不久之前,我们仅从化学的层面来思考力比多。性冲动取决于内分泌,可被定位于生殖器和其他性感区。其目的是消除一种身体的紧张状态。它最初是无对象的,后来的性对象仅仅是作为缓解紧张状态的手段。

这些特点在爱中都找不到。普通男女的看法是爱住在心里,如果我们不接受这个看法的话,我们就无法对爱定位。它肯定不是一种生理需求,因为有成百上千的人没有这种需求,在数个世纪中和许多文化模式下,人们对其一无所知。我们说不出爱是归因于哪些腺体或内分泌物。性最初是无对象的,但爱肯定不是。爱是一个我和一个你之间非常确切的情感关系。

性的目的是什么?我们已经说过了,是为了消除一种**身体**的紧张状态,是一种宣泄,是一种**释放**(release)。而我们称之为爱的这种欲望其目的又是什么呢?消除一种**心理**紧张状态,得到**宽慰**(relief)。对比释放和宽慰,可以看出一个最为关键的区别:性想要满足,爱想要幸福。

性作为一种自然现象出现,发生在人和动物中。爱是文化发展的结果,即便是在人类中,也不是人尽皆有。我们知道,性冲动会有周期性的上下波动,这当然在动物中体现无遗。而在人身上,也残存着性的原初本质,可以轻易辨识。但我们对爱却没有任何这方面的认识。性的对象可以很随意,但爱不行。爱总是一种人际关系,而性却不一定。

人一旦得到满足,紧张得到缓解,性的对象可能会变得无足轻重、枯燥乏味,甚至令人厌烦;爱的对象不会这样。就最极端、最原始的例子而言,一个人的性伴侣可以被视作他性器官的附属物,仅是一个性对象而已;而爱的对象却总被视作一个人,一个具有突出个性的人。性对象需要有某些使人兴奋、刺激性欲的身体特征,如果没有,对方就提不起兴趣;而爱的对象则不同。即使你对你的对象既有爱也有性欲望,你也通常可以区分性吸引力和个性的吸引力,你也知道二者不同。性冲动追求色欲之乐;爱寻求快乐幸福。

我们再次只考虑极端的类型,性是彻底自私的,使用对象只为了得到满足。爱不是不自私,但很难说出其自私的目的,除了因所爱的人幸福而感到幸福。爱绝不会是完全自私的,也不会像性一样自私,那样的话就不是爱了。爱总是会让人关心对方是否幸福安康,对方没出现就会遗憾失望,想跟对方在一起,否则就倍感寂寞,怕对方遭遇灾祸和危险。原初的性却没有这些表现。如果一个人的性欲望没有被挑起,那么他不会想要性对象出现,性对象不在他也不会失望。在达到性满足之后,也是同理。我曾听人说过,在一次满意的性交之后,他们唯一的愿望就是想要独处——意思就是性对象应该离开。一个男人说:“女人该像星星一样——夜晚升起,清晨消失。”对爱的对象是很难想象会有这种愿望的。

性(总是考虑最原始的类型)是一视同仁的,它想要的是“一个女人”,它的要求不高。但爱总是会做出选择,会精挑细选。它要的是“这个女人”,而不是别人。没有不牵涉个人感情的爱。你肉体渴望的人和你爱慕的人,性对象和爱的对象,可以是两个不同的人。在性需求的压力下,性对象会成为一个人所有愿望的中心,在某些时刻,还会被视为崇拜的偶像,但其不会成为理想对象,只有爱才有这种能力。有一次,一个美国女孩听闻驻扎海外的美国士兵被澳大利亚的女孩迷得晕头转向,她内心非常反感,写信问她的男友:“有什么是她们有我们没有的?”他回答:“没有。除了一件事,就是她们在这儿。”当然,爱是不会给出这样的答案的,而性给出这样的答案则是理所当然。久别情更深,而跟性伴侣久别则没有这样的效果,至少一般情况下是这样。性给予满足,爱给予安慰。

性目的与爱的目的并不等同。最近,一名患者提到她的伴侣,“他不是我爱的人,但他可以给我带来性满足”。性是对另一具身体有强烈的兴趣,而爱是对另一个人的性格或生活有强烈的兴趣。性对象受了伤,性不会感到疼痛;性对象快乐,性也不会感到喜悦。在性中将对方占有是可能的,而在爱里不行。在爱里,你无法占有对方,你只能属于对方。你可以强迫对方进行性行为,但无法强迫对方爱你。

你能形容性伴侣为“两颗心合二为一”了吗？难道你关注的不是身体的其他部位？你能说性目的被抑制的性会永无止境，而不至于听上去荒唐可笑吗？你能宣誓保证互相的性吸引会永恒不变吗？对爱人之间的誓言，朱庇特付之一笑，但对这种基于性的誓言，天神凡人都会一笑置之。如果在莫扎特的歌剧里，年轻的凯鲁比诺问我们，“你们可知道这是不是性，在我的胸中燃烧不停”，难道不会滑稽可笑？你可能会想，有一些迹象能轻易地帮年轻人解答这个问题，这样一来他头脑中就不会再有这样的疑问。唯一可能存在也确实存在的疑惑是，他感受到的到底是单纯的性欲还是爱。

性与时间因素紧密相关，伴随着性冲动的潮涨潮落。性高潮之后，性欲骤然或缓慢消失。爱却没有类似的一面。性需要变化多样，而爱不需要。性对象可以被轻易替代，但爱的对象不行。可以存在多个潜在的性对象，但被爱的对象只有一个。“确实，这个世界上人很多，但只有一个你。”

性与时间的关系揭示了性是一种内驱力这一本质，因为从中我们可以发现机体组织需求的周期性，与饥饿和口渴一样。我们可以看到，体内化学变化激活了内部刺激后的结果。饥饿与胃壁肌肉收缩相关，口渴源自口腔黏膜干燥，性发自机体器官的压力。那么爱的机体刺激在哪呢？机体的需求在哪？是何种身体紧张状态驱使机体去解除这种痛苦不适的刺激？与饥饿的类比之处在哪？当你饥饿的时候，看到食物或闻到味道都会激起强烈的欲望。饱食后，你的食欲会暂时消失。几分钟前的色香味美，现在看来索然无味。这方面，性和饥饿非常类似。得到满足后，冲动就消失了。紧张、痉挛、释放和高潮褪去有清晰的时间划分。而时间在爱中没有这样的作用。相爱的人只有在分别的时候才会注意到时间。“那是夜莺，不是云雀。”①

性和爱是如此不同，以至于属于不同的研究领域。性属于生物化学和生理学的领域，而爱属于情感心理学的研究范围。性是一种冲动，爱是一种愿望。

但难道爱不是一种激情吗？当然，它是，但激情只能源于性吗？难道我们普通人身上就没有像性冲动一样热情有力的其他激情了吗？难道这些激情和性欲不可能混杂在一起？从柏拉图到叔本华的所有哲学家，以及从斯宾塞到埃利斯再到弗洛伊德的所有心理学家，他们都断言爱的起源和本质是性。即便如此，也不能让这个命题成立。他们所有的观点都必须接受一系列事实的检验，以确定真伪。

说爱是目的被抑制的性，是在逃避问题，而不是去洞察问题。爱不是性的模糊拓本——无意识中具有性本质且源自同一个机体内驱力。对于一个对象，爱可能先于性欲而存在。爱可以比性更经久不衰。一些老夫妇，性欲已经消失了，但仍然深爱着对方。别的例子中，当不再渴望与某个伴侣达到性满足时，但爱依然存在。另外，性欲仍然强烈，但爱已不在，这样的例子也有。如果爱

---

①参见《罗密欧与朱丽叶》第三幕第五场。朱丽叶：“你现在就要走了吗？天亮还有一会儿呢。那刺进你惊恐的耳膜中的，不是云雀，是夜莺的声音；它每天晚上在那边石榴树上歌唱。相信我，爱人，那是夜莺的歌声。”——《罗密欧与朱丽叶》，莎士比亚著，朱生豪译，人民文学出版社，2003。后文选段均选自此译本。——中译注

仅仅是目的被抑制的性,那对于没有去抑制的男女来说,爱的存在简直无法想象,他们可能会为了满足性欲而纵欲狂欢。而当所有的性冲动消失时,爱也不可能存在了。渴望充分的性满足之外,为何还会对爱有强烈的欲望?如果爱只是性被抑制发展的一种形式,那爱的愿望怎么会和性耗竭或是种种正常或变态的冲动满足共存呢?性满足的最高点是狂喜(ecstasy);爱的最高点是至福(beatitude)。

我们不要被爱和性常结合在一起这一逻辑谬误所欺骗。即便当它们重叠或融合,即便感官冲动与温柔情感融为一体,仔细观察会发现,它们各自的特点是可区分、可辨别的。是我们自身不能想象没有性的爱和没有爱的性?即使说任何一种喜爱之情中都的确含有性元素,那也是微乎其微无关紧要的。

一个对性饥渴的人与一个对爱饥渴的人有基本的不同。爱不是褪色后的性,不是它丧失活力的残余,而是完全不同的事物。

我知道,对弗洛伊德的大部分学生来说,性只意味着性,没有别的意思,而性对弗洛伊德来说还意味着别的东西。然而,事实证明,性这个词非常牢固,其意义并没有因弗洛伊德的意志而改变,由此产生了极大的混淆。

隐藏在爱的情感背后的不是升华后或被抑制的性欲。当猫从袋子里出来后①,你会发现它是一个完全不同的动物。

---

①英文习语"let the cat out of the bag",喻意为真相泄露。——中译注

6

一位奥地利老诗人问,“告诉我,爱来自何方?”然后,他答道,“它不来自哪里,它就在那里。”这可能听上去很诗意,但清醒地判断后会发现这毫无道理。心理学家不能就满足于这样的答案,他们必须查明爱是怎么出现的。弗洛伊德是如此回答这个问题的:最早只存在一个爱的对象,就是自己。对他人的爱是后期发展而来,自体爱恋(self-love)①仍是爱的蓄水池,我们从中拿出一些给予他人,就像从你的银行账户里取一些钱出来一样。于是,自我爱恋(ego-love)与客体爱恋(object-love)形成对比,一边使用的爱越多,留给另一边的就越少。

弗洛伊德将这种自我满足性的自爱原初形式称之为自恋(narcissism)。这个术语取自古希腊神话,河神俊美的儿子纳西索斯(Narcissus)爱上了自己在池塘中的倒影。这个神话最古老的版本好像是说,当这个男孩爱上这个倒影时,并不知道这就是他自己。

德国精神科医生纳克(P. Naecke)于1898年首次使用这个术语来描述一种性变态,即一个人对待自己身体的态度类似于一般人对待性对象身体的态度。他带着性欢愉欣赏自己,自我玩弄,自我爱抚,等等。

弗洛伊德给这个自负的表达加入了一层新的含义,但遗憾的

---

①self-love,后文简称为自爱。——中译注

是，这层含义与这个词并不匹配。如上所述，纳克与埃利斯都用它来指称性变态；而弗洛伊德并不用这词来表示这种变态的态度，也不用它来表示对自我身体的性行为。对此，他已有另一个表达：自体爱欲（autoerotism）。弗洛伊德用“自恋”一词来描述自我爱恋的原初、正常状态，是爱的发展中一个普遍阶段。他说，我们生来都是纳西索斯，婴儿是“绝对自恋的”。

这个词在其病理学意义上，究竟是童年的过渡阶段还是成年人的正常态度，连弗洛伊德最初也一直摇摆不定。他的学生和追随者会用这样的表述：自恋性敏感、自恋性脆弱（但沉醉于自我爱慕的纳西索斯并不会因别人的冷落怠慢而受伤）、创伤型自恋或受伤型自恋等等。当他们想形容一个人内心充满自我爱慕以至于丝毫不在意别人的看法时，他们会使用“自恋”一词。但当一个人非常需要周围人的肯定和赞扬，觉得这比什么都重要时，他们也会称其为“自恋”。就好像他们专门去搜集自相矛盾的术语。自恋一词最初有一个意思，然后有另一个意思，再有了第三个，直到最后，它什么意思都没有了。

另外，纳西索斯神话有不同的版本。最古老的一个版本是，这个青年望向池中并爱上了自己，但他并不知道看到的就是他自己。还有一个版本，纳西索斯有一个长得像他的双胞胎妹妹，他深爱着她。她去世后，他对着喷泉顾影自怜，聊以慰藉。第三个版本是，这个青年拒绝了很多男性爱慕者，这种无礼的态度触怒了爱神厄洛斯，于是惩罚青年，让他一个人既是爱的主体又是爱的客体。因此，纳西索斯注定陷入与那些爱慕者一样的单相思中。

你会想，这个神话的三个版本在什么层面暗示了一种正常、原初、真实的自爱。是青年与外在经验无关的自我爱慕的态度?还是源于他自身的一种原始品质?在最古老的版本中,他爱上了自己,却不知道那是自己,他只是在池水的镜面看到一个俊美的男孩。这就是原初的自爱吗?他在池水中看到的不是他自己,而是梦想中的自己、理想化的自己、一个陌生人。而他,作为河神的儿子,看到自己在水中的倒影,这是完全无关紧要的细节吗?其他神话的分析解读总认为,这些小的细节意味深长。这里为什么不这样分析?在另一个版本中,青年爱慕他的妹妹,他仅仅是把自己当作她的肖像来欣赏,这又有什么关联?在第三个故事中,最初他是被别的男孩爱恋仰慕,这些信息是否无足轻重?看来,纳西索斯并不是一个本来就自恋的人。他爱上自己并不是原始需求的表达,而是别人对他爱恋仰慕的结果和延续。他的自爱仅仅是他父亲或其他男孩对他的爱的反射。在这种情况下,这个神话在本质上具有同性恋色彩,与古希腊的这种偏好相符。看上去,这个有点忧郁的故事,更多地指向了过分被爱的后果,而没有指向自爱。令人感到奇怪的是,纳西索斯并不是从一开始就爱自己,也不是原本就绝对"自恋"。那为什么能用这个神话来进行概念命名,指称每个人发展过程中都会经历的一个爱的普遍原始阶段?

我们还是从神话人物转到人类灵魂的事实上来。在幼儿期早期,婴儿有一个真实的、只爱他自己的基础阶段,真的是这样吗?那"自恋"一词就是词语误用,掩盖了真正的事实。弗洛伊德自己也承认过,对真实的自恋进行直接的研究和观察是不可能的,因而他的论题是基于后期观察的重建。他对这些观察的解读是依据先入为主的观念,即婴儿原始的最初的自爱。婴儿不爱他自己,因为他并不是一开始就作为一个单独的个体存在。他是一个没有自我的自我主义者。他自私,却没有自我。在心理层面,他并没有意识到他自己,他会在将来逐渐发现他自己。没有自我,就不会有自爱。说婴儿出生后就“绝对自恋”,只爱他自己,跟说他爱全世界没什么两样。如果奇迹出现,一个婴儿虽然身体上是婴儿状态,但会说话、会思考,他也决不会用“一号人物”这样的表达来指称他自己,因为这意味着还有别的数存在,比如二号或三号。婴儿可能有诸多特点,但肯定不会是“真正自恋”。这不是给孩子们读的童话,而是关于他们的童话。

在儿童身上,有什么现象可以被解读为自爱的表现?是幼儿展现出来的自足和自信?小猫小狗也有这样的态度,而它们是没有自我意识的。有时有人会反思,发现这个词描述的是观察者的感想,而不是对观察对象心理态度的解读。

当然,在儿童的后期生活中,有足够多的现象可以如此解读,前提是,你接受流于表面的解读。许多儿童在一定年龄似乎都会欣赏爱慕自己,将他们自己的身体视为爱的对象。而这样的态度却远非一个普遍的阶段。这是偶然发生的,而且是某些经历带来的结果。我们并不是否认那些现象的存在或意义,我们否认的是精神分析赋予它们的意义,即认为其体现了基本的、真实的自爱。我坚持认为,这种表面的自爱是后期次生的,其起源和本质完全取决于与他人的交往经历,尤其是与父母和保姆。

幼儿是母亲爱和温柔关怀的对象。以后,他将以母亲爱他的方式爱自己。他将替代母亲来爱自己。这种所谓自恋的本质是以他人的关爱眼光来看自己。这个现象并不是自爱的表现,而是体现了自我想要被爱的愿望。这种"自爱",只是父母、保姆对自我给予爱和欣赏的反射。除非有另一个爱你的人,你记得他或她对你的喜爱并渴望这种情感,进而你代替这个人爱自己,否则你是无法爱自己的。这种"自爱",实际上是别人对自己的爱,因此,和自怜一样,是后期次生形成的,而且自怜也无意识地预设了母亲或其他亲近的人对自己的怜悯。

一个爱自己的儿童取代了母亲或父亲的角色,他会像他们那样欣赏、爱抚自己。因此,自爱必不可少的前提是对母爱的留痕记忆。这些记忆不需要是有意识的,但此前的这种重复经历留下的印象会被持续加工。自爱的起源和存在与母爱的相依相关是如此明显,以至于我们可以摒弃"自恋"这一概念,因其对本话题的描述不尽人意,没有提供正确的观点。

我们基本上可以在儿童身上观察到自爱的形成。比如一个小女孩,她的妈妈对她说:"噢,我的小姑娘今天穿了一件多漂亮的裙子呀!"或是一个男孩被他的爸爸表扬做事有效率。小女孩长大之后,穿着新裙子照镜子时,会用欣赏的眼光看着自己。小男孩长大以后会对自己说:"我真是一个大男孩了!"此外,我们的自爱总会依赖于别人的反应,我们将会一直无意识地期待这种夸赞或欣赏。通常,自爱是替代你所想念的那份爱,是对其渴望的体现。自爱的基础是过去被爱的经验,在紧急情况下,即当爱你的人不在的时候,自爱就会在幻想中预备好这种被爱的体验。于是,自我就会取代不在场而被思念的这个人,就像一个演员在剧中一人分饰二角。

真实、基本的自爱并不存在,因为这种感受本身就是个替代品。它不是事物的本体,而是事物在镜中的影像,是一种反射现象。如果在现实中不可能,那么至少在幻想中是有两个人在场:被爱的我和爱我的那个他或她,而这个人是由自我爱慕的人自己代替。在这个方案中,我爱我自己,或者说我(I)爱我(Me),而我(I)是代替一个未知的人,有时甚至代替的是一个已知的人。有一次,在对一个年轻女孩进行精神分析时,我遇到了出乎意料的强烈阻抗,她正试着描述她与恋爱对象的一次交谈,以及当时她的感受。当时,男方说了一些话,然后看了她一眼,她觉得很难表达出她在那个瞬间的感受。最后她说:“我觉得自己很可爱。”她的意思是,在那个瞬间,她意识到对方认为她很可爱,她很喜欢这种感觉。这是否意味着,这表达了一种真实、基本的自爱?当然不是。女孩意识到了她在那个瞬间给对方留下的具体印象。她明白了他是怎样看待她的,继而,她以他的眼光看待自己。即使女孩当时是独自一人,在幻想中演练这个场景,这种感情基调也将并无二致。男方只是在现实中缺席,而在心理层面在场。自我爱恋、自我欣赏的人都不会是孤身一人。另一个人或许是无形的,但他是幻想中的对象。因此,自爱的背后是一种无意识的认知(unconscious knowledge),即此人是被爱的或将会被爱。

在大多数情况下,这种幸福的幻想具有慰藉或补偿的特点。自爱的替代属性可能转为反抗,即如果你不爱我,那就我来爱我自己。精神分析学家会提及受伤型自恋,但自恋只能作为替代品出现,不存在原生的自恋。精神分析学家将自恋作为一种最初的真实阶段进行探讨,像是将伤口上的胶布和健康皮肤混为一谈,仅仅因为二者颜色相近。

对这种情况下定论，需要基于一个认知，即自爱是一种心理形成（psychic formation），不属于爱的范畴。被称为“自爱”的现象，实则属于被爱的问题范围。这些现象可以归结为对被爱的无意识幻想和强烈期待。毋庸赘言，从心理学层面而言二者是非常不同的心理过程。

我必须提到一名学者为了解决这个问题而做的分析尝试，因其采用的是另一种推理思路。T. D. 萨蒂博士（《爱与恨的起源》，伦敦，1935）提出，婴儿来到世上时，就带着去爱的意愿和力量，并从一开始就显露出对陪伴（companionship）的本能需求。我承认，萨蒂博士从中看到了一些我们以前没有注意到的地方。唯一的问题是，尽管她引起了我们的注意，我们却并没有观察到这一点。我们在婴儿身上搜寻这种对陪伴的原生需求，却没有找到。这说明，婴儿有这种与生俱来的爱是几乎不可能的，就算他有，他也拒绝展示给心理学家们看。

到了这条路的尽头，我觉得非常有必要向弗洛伊德的天才致敬。虽然我坚决反对他关于性的一些理论，但这丝毫不影响我对他理论贡献的欣赏和对他本人的热爱。他的伟大，不在于一套理论，而在于他的心理学见解是如此深刻，无可比拟。人们对他的褒奖和批评都没有说到点子上。作为一个心理学家，对人类情感进行探索，阐明其中最晦暗的角落，他在这方面无人能比，没有人能够替代他。

三十多年来，我都支持精神分析，并尽力延续弗洛伊德的学说。你可以为了他人的理论付出生命，但你只有通过自己的思想才能获得生命力。我很晚才意识到,要直接沿袭弗洛伊德的观点是不可能的。他创立的思想是跨越时代的,但我们的时代也需要新的创想,这是变化规律。贝多芬的交响乐标志着一个音乐发展阶段的结束,舒伯特交响乐也并不是贝多芬的延续,而是充满新内容的新乐章。

有些精神分析学家宣称,弗洛伊德之后,心理学就不可能再有什么新的基础性见解,他已经盖棺定论了。可以用一个小故事来回应这种看法:有一次,约翰内斯·勃拉姆斯①和古斯塔夫·马勒②一起在萨尔茨堡附近的伊舍河边散步。年迈的大师说,再也不会有伟大的作曲家了,创造性音乐的时代已经终结。两人刚好走到伊舍河的桥上,马勒指着河流说:“看,最后一层波浪来了!”

---

①Johannes Brahms(1833~1897):德国古典主义作曲家。——中译注

②Gustav Mahler(1860~1911):奥地利作曲家、指挥家。——中译注

第二章

爱的根源与本质

1

首先,我想描述一下“爱”这种珍稀植物生长于什么样的土壤中。与之前研究过此课题的作者相比,我更高度强调对这些环境条件,即对心理准备(psychical preparcdness)的研究,因为我觉得这非常重要。跟恋爱中的人看法一致,心理学家似乎也觉得爱的来临就如晴空闪电,是不可避免的客观事件。恋人们似乎认为,爱的体验是所有问题的解决办法。他们忘了提及之前有问题的存在。

我将首先分析的不是爱的特质,而是对爱出现之前的情况进行调查。就像好的传记作家,一开始不是写人物的出生,而是给读者介绍他的祖籍背景。因此,第一个要回答的问题是:谁会坠入爱河?第二个问题:为什么他会坠入爱河?第一个问题似乎很好回答,答案是每一个人;第二个问题显然也很好回答,因为有可爱之人。这看上去就仅仅是男孩遇见了女孩这样的套路,仅仅是一个机遇问题而已。

但我们的好奇心不会轻易被满足。我们想知道，是什么样的男孩；我们想确定，他在遇到女孩之前的心理态度。我们不能像断言每个小孩都会得麻疹一样，断言一个男人和一个女人不管有多不同，在某个时刻，总会坠入爱河。这应该是一种非常个人化的体验，由个体的各种内在因素和感情史决定。一个人如何去爱，在什么时间、什么特定情况下去爱，取决于他是一个什么样的人，他当时的心理状态及其内在各种矛盾倾向的孰强孰弱。爱不是一个单独的故事，爱是故事里的故事。

那一见钟情呢？难道“坠入爱河”这个表达没有暗含激情的突然和激烈？我们倾向于认为，爱的到来像是给了人一个打击，坠入爱河就像掉进陷阱。第一个比喻是错的，第二个也不对。即便是在一见钟情中，也没有打击，没有电闪雷鸣，一切都早有准备。没有人是掉进爱里的，他们都是自己跳进去的。女孩会对朋友说：“如果我愿意，我可以让自己和他坠入情网。”这是一种什么样的坠落？我们最多只能说，是这个人自己让自己坠落的。我所说的包括各种类型的爱，从一时的迷恋到长久的喜爱，从短暂的意向到罗密欧对朱丽叶那样炽热的爱。实际上，人们有时在爱里“跳”进“跳”出，就好像这是一种室内运动或是体操。这些情况，我都囊括在内。

通常，生活的正常节奏是在对自己有一点满意和有一点不安之间来回摆动，这都源自我们有自知之明。我们想要像我们认识的人一样英俊、年轻、强壮、聪明。我们希望能有他们一样的成就，渴望拥有相同的优势、地位，取得类似或更大的成功。对自己感到满意是一种例外，而且通常是我们为自己——当然也是为他人——炮制的烟幕弹，其中总有一丝挥之不去的不安和少许的自我厌恶。我认为，这种不满情绪的滋长使人尤其容易“坠入爱河”。这种情绪要加剧到什么程度，我们无法衡量，这因人而异。这样的改变，也不是突如其来的，而是渐进的，连朋友和自己都无法察觉这种改变。

因此，一个男人“坠入爱河”是为了避免掉入更大的陷阱。对于恋爱中的人来说，一切都对了，而对于将要坠入爱河的人来说，什么都还不对。无独有偶，在遇到格雷琴之前，浮士德处于绝望之中。因为他在努力洞悉世界的奥秘之后，发现一切都是徒劳，直到格雷琴的爱带来了青春和幸福的可能。①

从黄昏到夜晚，这样的情绪可能被种种不满占据，从想逃避一切、逃避自己，到对生活的极度厌恶。有时，你可能只是想换一换环境，就像舒伯特的歌曲里唱到的：“你不在的地方才有幸福”。即便在最难令人察觉的情况下，也有阴影笼罩自我，也有心理上的不和谐，只是这样的不安隐藏得更深，连自己都无法发现。一名患者在恋爱前说：“我不想这样平庸。”这种情况的特点是，自己有一种内在的不满、不悦，感觉到自己的不足。

你现在会问：如果爱源自这样一种自我不满的状态，那为什么许多我们知道处于这种状态的人并没有坠入爱河呢？我的回答是，爱只是停止或抑制这种不安情绪的方法之一。不满的人也可能“陷入仇恨”(fall in hate)。也就是说，他可能对那些相对自我满足的人抱有敌意，并在内心滋长这种情绪。他可能把自我厌

①浮士德在魔鬼墨菲斯托的引诱下，爱上了出身平民家庭的美少女格雷琴，这个女孩也为浮士德而疯狂，为他不惜做出一切牺牲。——校注

恶转化为厌恶他人。而其他的可能性则更有希望一点,他可能通过取得一些成就来消除或缓解心理忧虑,为自己注入新的自信和自尊。当然,他也可能调整对自己的要求,因为正是这些要求,加剧了自我的不满。你也许会想,为什么不早点选择最后这个方法呢? 似乎男人和女人都倾向于选择别的解决方案。我们可以猜测,是他们的自尊心不允许他们降低对自己的要求。

所有这些消除或缓解内在不和谐的手段,跟缓解某一疾病的不同治疗手段类似。我们可以进一步做比较。爱是从自我遭受的无意识挫败感中进行恢复,具有康复过程中的所有特点。或者说,爱是旨在达到康复的一次尝试。目标是复原,但不是总能达到。幸福的爱说明尝试成功,获得了治愈;内在不满继续滋长则说明方法失败,险情没有解除。

因此,想要逃避内在不满是推动我们去爱的动力。它替代了对自我完善的原始追求,它与志向抱负相关。恋爱实现了这个愿望,让人感觉这是一项成就。这听上去可能不太浪漫,但我们之前承诺过要冷静地看待激情的本质。我们要的不是关于事实的情感,而是关于情感的事实。

2

我已试着概括描述了一个人在将要成为而还没有真正成为爱人者(lover)①时的情感状况。我们看到,他有一种对自己不满

①作者在文中对 lovers 和 lover 区别使用,后者不泛指所有在爱中的人,而是属于(主体的或主动地)爱这个问题范畴,与 the loved(被爱者)对应起来使用,因此文中将此意义下的“lover”译为“爱人者”。——中译注

的情绪，一种不完整感，一种怀旧或孤单感，一种需求感。在多数情况下，这种不安的情绪是无意识的，但有时它突破了意识的门槛，表现为一种轻微的忧虑，或是滞留的不满情绪，或是意识到自己不高兴，却不知道为什么。你只需要再深入挖掘一点，就可以发现这种情绪困扰的根源。在我所能判断的范围内，它的来源只有一个，只有一个起因能涵盖所有的情况：我们无法达到我们对自己的要求。不管我们对自己或别人给出什么原因，这种情感状况的根源还是我们觉得自己不足和无能。

如果我们对自己诚实一点，我们就必须承认：我们很少对自己满意，不管是对我们的心理和精神素质，还是对我们在生活中的成就和地位。除了真实的自己外，在我们脑中，还有一个我们想要成为的形象。我们仔细审视后，会发现自己与这个形象之间的巨大差距，明白无误，近乎残酷。这个形象被我们称之为“自我理想”（ego-ideal）。这个说法可能比弗洛伊德的术语“超我”更恰当，尽管这两个词的含义即便不一样也相差无几。我也认为，自我理想这个术语不能像“超我”一样被误用。

在不同的时间段，我们对自己的理想形象持不同的态度。有时，我们会反抗它，但更多的时候，尤其是在我们年轻的时候，我们会长时间地欣赏它，深情地注视它，把它当作最珍贵的秘密宝藏。而它却对我们冷眼相待，不以为然。只有极少的时候，我们能感觉到，它对我们有些许的满意和认可。我们试图找出我们与它的相似之处，可总是事与愿违。有时，我们欺骗自己，我们与这个形象相似，但同时我们又知道我们的性格与创造出的形象并不相符。这个虚拟的自我并不是我们真实的自己，而是我们希望成为的形象。

我们每个人都描绘了这样一幅图画:本意是自画像,却没有真实地去描绘。我们是对着镜子在画,画的却不是我们看到的形象,而是我们想看到的形象。事实上,我们并不喜欢我们所看到的真实形象,所以会进行美化。这不仅是自产的,也是自销的。我们把它当作秘密,不想将它展示给朋友;我们感到羞愧,因为它跟我们真实的样子差别太大了。

实际上,自我形象是我们在儿童期晚期的心理习得,成因是我们逐渐意识到我们与理想的自我不一样。当然,我们对自己的态度也取决于他人对我们的态度。我们很早就学会用成年人看待我们的批判眼光看待自己。儿童很早就知道他们的行为和他们该有的行为之间的差别。儿童想要遵从、满足他母亲的要求,但他这方面的意志同他强烈的冲动和愿望之间有巨大的分歧。

当然,随着年龄的增长,有时我们会看不到我们的自我理想,甚至会反抗它,试着把它抛在脑后,但我们很少会成功。在我们一生的大部分时间里,它都如影相随,告诫我们要达成它的目标,这些目标只在临近老年时才会减弱。到那个时候,我们才终于明白,它的要求可能太高了,要弥补欠债的时间已经不够了,于是,我们认命了。一个人的实际素质,他的自我理想以及他如何对待二者间的鸿沟,这三点决定了他的性格。如果你能集齐人类所有不同的自我理想,你会知道人类想成为什么样子,你可以了解到人类完整的“意识形态”。自我理想是如此近在眼前,却又遥不可及;如果你能够纵览人类为了达到自我理想所做出的所有努力,你就可以评述普通凡人为了获得认可和达成目标所做的不懈努力以及取得的成败。

幻想不仅仅是凭空想象,想象也不可能凭空产生图像。幻想的孩子也有真实的父母。神奇的怪兽斯芬克斯长着人头和狮身。可即便是希腊印度神话中最具想象力的形象,也是由部分的真实组合而成。而形象自我(image-self),即自我理想,在现实中也有原型,比如我们的父母和老师,比如我们后来仰慕的男性和女性中的杰出代表。但是,比这些范例更重要的是在自我理想形成的决定性时期摆在我们面前的样本范例:那些从其他小孩、哥哥、姐姐、小伙伴和陌生人、图书绘本中的英雄身上看到的优秀品质样本。我们看着他们,羡慕妒忌又怀恨在心,因为我们永远达不到那么高的标准。面对着他们,我们痛苦地意识到自己的缺点。之后,会有别的形象取代他们成为范例,代表我们想要取得的成就和想要拥有的美德。

我把这些取自现实的样本称之为自我榜样(ego-model),因为他们对年轻人的性格特点影响很大。自我的软弱无法抵挡如此强大的影响力,他们无意识地给自我留下了印记和印象,这些印记和印象为我们建构自我理想提供了材料。所有这些样本都在我们所崇敬的这个伟大形象中永垂不朽。一些自我榜样被无意识地保存完好,不受后期发展影响,就像发掘者在现代建筑下面挖掘出曾经在这里建造的古建筑。这些自我榜样真的具有永不褪色的特点。在我们儿童期的晚期,十几岁的时候,少男少女时期,我们所仰慕和有志成为的对象在我们的一生中都会扮演着重要的角色。

在这些自我榜样中,占据中心地位的各个人物形象是鲜活存在的，而自我榜样本身则是融合现实与幻想、事实与想象的奇怪产物。其中，这些现实人物的品质被夸大，负面内容被抹去或忽视，成就被高估。这就像后期我们对爱的对象进行理想化的开端。自我榜样介于真相和白日梦之间，可以被比作故事或戏剧中的男女主人公，融合了现实榜样的实际品质和潜质。青春期的少女想象自己会变得非常美丽、大方、友善；男孩则想象自己会变得强壮、勇敢，成为英雄，和他们选择的榜样一样。这些白日梦中的人物形象肯定和真实人物不一样，而且也和做白日梦的人不一样，这些形象是他们期望中的自我。

被精神分析学家广为接受的自恋理论宣称，每个人最初都是爱自己的。那么在心理层面就不可能生成自我榜样，因其反映的并不是他自己，而是他想要成为的人。这种幻想并不是由自爱溢出，而是源自对自己的不满，并试图通过想象的手段来缓解这种不愉快的感觉。

自我榜样是白日梦者的自我延伸，是他想要达到的状态，是自我理想的前身。这两种表征的边界，最初并不固定。男孩的自我榜样可能是某个棒球冠军，女孩的自我榜样则可能是某个电影明星。男孩成了棒球迷，女孩迷上了电影女演员。当然，自我榜样也可能不是电影明星，而是女孩的老师或某个姐姐。这是在牛犊恋之前，童稚之爱的根源。自我榜样的品质是以现实人物为基础，而自我理想是自我榜样的延续，超越现实的范畴且或多或少地偏离真实生活。之后，会有无数次从一种到另一种的转变。

关于儿童期早期自我榜样的起源，以下是一个具有代表性的例子。在一次精神分析中，一名男性回忆道，他从六岁起就把堂兄当作他的榜样，堂兄比他大一点，在军事预备学校念书。男孩的妈妈和阿姨都称赞这位在外念书的堂兄路易，认为他是良好品行的典范。他被描绘成一位文静的青年，对父母和上级总是非常顺从，他们也对他赞誉有加。小男孩听了这些赞扬之词后，开始对这位备受欣赏的堂兄展开幻想。小男孩比路易年幼，性格害羞脆弱，而他的自我榜样则是精力充沛、沉着镇定。他经常被批评，而路易却总是备受褒奖。

对路易的赞颂，使得小男孩在校内外的优秀品质和成绩看来与之遥不可及。与之相关的白日梦也朝着奇怪的方向发展。小男孩会长时间地想象路易做了什么，他每时每刻在干什么。小男孩很想亲身参与这位不认识的朋友的日常消遣。于是，他开始想象出另一个男孩，他称其为“威廉”。他将威廉设定为路易的朋友，比路易年龄小，不能与路易相提并论，但也不至于配不上路易的友谊。想象中的威廉就读于另一所类似的军校，有时会去看路易，陪他执勤、上课、玩耍。渐渐地，威廉似乎在效仿路易，尽管他的做法很谦逊，最终还是比不上路易。此后数年，这个特殊的白日梦只有稍许改变。后来，威廉跟路易待在一起的时间变得更长，他变得更胸有成竹，也更加重要。可以说，他变得更接近路易，他逐渐可以做得跟年长的路易一样好。

通过这样的叙述，你可以发现自我榜样是怎样变成自我理想，树立在小男孩面前，让之钦佩的榜样是怎样变成他在远处倾慕的爱的对象。路易，一位有血有肉的男孩，几乎变成了一个超级男孩。创造出来的威廉这一形象，是白日梦者自我拔高后的分身，标志着他想要靠近其崇拜对象的愿望。胆怯的小男孩还不敢想象自己去拜访这位优秀的人物。他太害羞了,不敢尝试,即便在幻想中也是如此。他在想象中创造出一个比他更好的替身,或者说是一个改进后的自我。以这个重塑的形象,他敢于想象自己是受人尊崇的路易的哥们儿。威廉逐渐变得更加重要,甚至在白日梦者心中的英雄身旁拥有一席之地。显然,对路易的爱已经过了巅峰时期。

我们刚才追溯了从对真实对象的欣赏到自我榜样角色的发展。在长时间里,路易都是爱的对象,像星星一样被远远地爱慕着,高不可及。威廉的出现,标志着回归现实生活。这一形象比完美的路易更贴近普通的男孩。这一改变后的中间角色,也体现了对理想的忠诚背后的一些倾向:竞争的野心和效仿的趋势。在幻想的后期,威廉这个"分身"日益成为路易的对手。如果把刚才描述的发展过程调换次序,会填补一些重要的空白。在最初的欣赏中,一定带有一些怨恨,在路易被理想化之前,一定夹杂着一些羡慕和妒忌的情绪。

数年后,白日梦者真正结识了他的堂兄。两个男孩一起玩耍,路易不仅年长,而且也更聪明,不失时机地胜过了他的仰慕者。在两人的关系中,显现出一丝冷淡,有一些争吵。喜爱之情衰退了。路易甚至成为敌对的对象。像这样的例子在心理学上的指导意义是多方面的。这些例子不仅让我们了解了自我榜样和自我理想的起源,还让我们对爱的产生有所洞悉。

为什么我花了如此长的篇幅来讨论自我理想的产生?因为由此引出的两条线直接指向我们问题的核心。如前所述,爱来临之前,在无意识中,存在着不和谐、不愉快的感觉,第一条线则揭示了这些感觉的缘由。在所有情况下,这种不满在本质上是对自己的不满。我们现在可以说,这是基于我们认识到我们远远比不上我们的自我理想,我们的愿望还遥不可及。

这种失望带来的情绪——如果不是太绝望的话——使人尤其易于坠入爱河。爱是一种欲望的替代品,取代朝着自我实现的奋斗和想达到自我理想却徒劳无功的冲动。这种欲望无法实现,却使得爱成为可能,也使爱成为必需,因为自我内部的紧张状态在加剧。实现自我理想可以使人自满自足,消除内在痛苦。如果我们可以永远压制住内心持续的声音,我们或许可以过一次快乐的、没有爱的生活。但这对于经过教育培养的人来说,几乎是不可能的。因此,爱实际上只是一个退而求其次的选择,是无法达到自我理想状态的一个弥补手段。但这并不是自恋理论所认为的自爱。事实上,它更接近自我憎恨。它是对自我理想的爱,而自我理想永不可及。

第二条线导致自我理想转变为爱的对象。在幻想的舞台上,当爱的对象登场时,自我理想就消失了,就像哨兵换岗一样。我们现在明白,这个幻象自我(phantom-ego)也不是完全凭空想象,这个样本的组成部分是取自成为我们自我榜样的真实人物。在特定的心理状况下,这种发展过程可以逆转,这个幻象自我,即第二个自我,又会变成鲜活存在的人物。之后,爱的对象取代了自我理想在我们心中的位置。换句话说,爱意味着将自我理想与一个外部对象互换,这个对象具备我们自己曾经渴望拥有的所有品质。这种互换是一个无意识的过程,其本质是一种投射作用(projection)。就像把图片投射到屏幕或反射面上一样,你也可以把你自己的理想形象投射到另一个人身上。这个过程可以转移自身所肩负的重担,从而缓解心理压力。如同我们在许多其他类别的案例中观察到的一样。总的来讲,投射意味着减轻心理痛苦。在沙漠中的禁欲主义者终于不再需要为折磨他的性诱惑负责,给他带来淫欲幻象的是外界的力量,是魔鬼,是恶魔,这不再是他内心的斗争,他是在对抗撒旦。这就是投射所带来的好处。

但令人惊讶的是,人们极少会愿意去调整他们内心的要求,对于取得成就他们是如此坚持。看来,从儿童期开始我们就在暗地里要求自己取得成就,而我们迫切需要满足这个要求。

有一天,我在纽约中央公园看见一个小男孩攀爬一块大石头。才爬到还不怎么高的地方,他就得意地喊道:“妈妈,快看我到哪儿了!”半小时后,在同一条小路上,我看到一个小女孩向她妈妈展示头戴花儿的她有多美。我一边散步,一边想到两个小孩的行为是整个人类的真实写照。苗弯树不直①。我们长大成人后,还是会像小男孩一样行事。我们心中追求认可的欲望永远不会熄灭。在白日梦中,我们都想被欣赏被仰慕,我们悄悄地在这些梦里把自我理想打磨光亮。不管是想在朋友圈中一鸣惊人,还是想让家乡以我们为荣,或是想让后世称颂,这都不重要。关键是,难道我们不都是想要以成年人的口气表达:“快看我到哪儿了!”

不管在什么领域,我们所取得的多数或大多数成就都归因于

①“As the twig is bent, so the tree inclines.”谚语,意指幼年所受的教导将会有深远的影响,此处不作贬义。——译注

这个需求。通过取得成就,或是干好一件工作,内心的紧张就能缓和一段时间,虽然时间不会太长。“越吃越想吃”,我们总想达成更多。而无法完成内心的要求会使紧张状态加剧,内心萦绕的不和谐将持续恶化。有的人更倾向于在工作中取得成就,而有的人更愿意在爱中取得——这也是一种心理成就,至于为什么有这样的区别,我们还不清楚。我们很有可能是通过这两个方向去追求幸福。

因此,第一个爱的对象是美化后的自我,是我们白日梦中的幻象自我。第二个则是这个渴望形象的化身,一个真实人物。自我理想本是因外界影响而建立,受真实人物激发。如果现在自我理想的原型又在外部世界、在爱的对象中被寻回,那么这就是经过绕道,又回归于旧的范本。严格来讲,新的理想只是以另一种形式翻新了旧的理想。

目前,我们又遇到一个新的难点。假如我们暂时接受这个概念,那么对于爱最为强大的一种形式,即两性之间的爱,似乎无法解释。是的!你会把你的心上人称为更好的自己,但是对于这种在社会和文明中最为重要的爱的形式来讲,你是否能说这种情感是想要实现自我理想的欲望的替代?这种爱是否也是退而求其次?是!我认为,我所描述的这个概念在这里也适用。当然,性这个强大因素会对这个概念加以修饰,并使其变得更加复杂。

另一个在这里必须要问的问题是:当我们隐藏的自我理想无法实现,并使我们陷入内在不安时,为什么我们不选择最为自然的方法?为什么我们不变得更谦逊,或是对自己更宽容?我会在后面为这个问题给出一个答案。

我已经强调过，被爱的人是自我理想的替代品。两个相爱的人，则是在交换他们的自我理想。他们爱对方，意思是他们在对方身上爱他们的自我理想。如果没有这种幻象，世界上也不会有爱存在。之所以我们坠入爱河，是因为我们无法企及更好的自己或最好的自己这一形象。基于这个概念，显然，要达到一定文化水平或是性格发展达到一定阶段之后，爱才成为可能。自我理想的产生即标志着人的进步。当人对其真实自我完全满意时，是不可能产生爱的。

将自我理想迁移到一个人的身上，这是爱最为显著的特点。因而，这种发展过程的开始是努力追求自我完善，继而受挫。其结束于在第二个自我中找到我们自身无法企及的完美。这个对象，即成为所有标准的持有者。而被爱的人，则成为这个形象的肉身。之前，我们为了努力服务于理想而埋头苦干；如今，我们受缚于一个现实中的人。

当我们用一个人来替代不可企及的自我理想时，还有其他的改变吗？理想是一个幻象，而爱的对象是真实存在的人。真的是这样吗？不是。爱的对象在很大程度上也是一个幻象，他就像一枚挂钩，我们把所有渴望实现的对自己的幻想都挂在上面。可以这么说，这个真实的人只是材料，我们用这些材料来创造一个想象中的人物形象，就像雕塑家用石头雕刻出一座雕像。

当我写下这些文字的时候，隔壁房间的人打开了收音机。我听见一个还算悦耳的男高音唱着一首新歌："我永远不知道，我为什么这么爱你。"如果这位歌者可以接受一个临时答案的话，我们可以提供：之所以他如此爱她，是因为她实现了他隐藏的自我理想。

3

关于爱的起源，我们已经有了一些奇怪的发现：初始阶段是对自己不满足或不满意，由此导致内在的紧张，继而试图消除或缓解这种紧张。在坠入爱河之前，一个人并不处在一种令人羡慕的心理状态，而是承受着情感上的痛苦。男人失去了他的灵魂，需要一个女孩来拯救。我们发现，遭受痛苦的这个人，有时会通过取得成就，或是完成对自己和他人都很重要的任务来克服内心的不和谐。另一个满足内心要求的方法是通过爱的手段来拓展、充实自我。如果两条路都被堵住了，那他必然会患上心理疾病，因为要想保持健康，你必须要能够去工作和去爱人。

奇怪的是，我们发现，爱并不是源自自我的充裕和丰富，而是内在的痛苦和贫乏的出路。我们惊奇地发现，我们的初恋并不是针对另一个人或是我们自己，而是投向一个想象中的理想自我，一个我们希望成为的自我形象。随着我们往黑暗深处探索，闯入内心更隐秘的位置，会有更新奇的发现在等着我们。

我们终于来到这个时刻：一个人遇到了他未来的爱的对象。要爱一个人，我们必须要仰慕他或她。我们不用总是知道我们到底仰慕其哪一点，甚至不需要知道我们是在仰慕这个对象，我们只需要明白我们被吸引住了，被迷住了。但是，对初始的爱，仰慕是一种必要的感受。当然，我并不是断言仰慕一定会导向爱；我只是想说，它是一个绝对必要的初始条件。但这不是很明显吗？无疑是这样。既然这是显而易见的，那为什么还要提出来呢？因为这些被称为不言自明的事往往很少被仔细审视。越是明显的地方，越是为那些想要自我隐藏的事物提供了绝佳的藏身之处。那么这到底是一种怎样的仰慕呢？肯定不是冷淡、冷静、冷漠的仰慕，肯定有别的特点，更贴近一个人自身的核心性格。它会在人心中引起共鸣，唤起情感，让人坐立不安或充满欲望。它会激起一些隐秘的愿望，提出不可思议的要求。在它的本质中，带有一些挑战的成分。

这种仰慕会让人觉得，与对象相比，自己很渺小、不值一提，自惭形秽。同时，这种仰慕又会激起内心的愿望，希望能和对象一样，或是占有她；要不就具有相似的品质，要不就拥有这样一个人。这不是一种高度尊重、高度评价或是其他类型的欣赏。它有一种使人焦躁，甚至令人惊慌的性质。它不仅令人激动，还鼓舞人心；不仅鼓舞人心，还惹人生气。换句话说，我们此番仰慕的人，只会是我们想成为的人或是我们想拥有的人。这种仰慕的这些特点不是附带的或次要的，而是其本质特点。

这个描述表达了我所说的仰慕的积极一面。那么消极一面体现在哪里？当你觉得我们想成为被仰慕的那个人或想拥有她的品质或杰出成就时，当你觉得与对象相比我们自惭形秽时，消极面就变得明显起来，其中包含有垂涎的成分，这种仰慕里包含有占有欲和贪婪，还包含了异议、不顺从，甚至是妒忌。沿着这个思路进入无意识心理的过程，在那里，你会发现一种也被称为嫉妒(envy)或妒忌(jealousy)的感受。**换句话说，对爱的对象的这种仰慕，其背面或反面是嫉妒。**

为了避免所有可能出现的误解和误读，我想详尽阐释这一点，这是我的新理论中第一个重要组成部分。嫉妒是否与仰慕必然相关呢？当然不是。只是与仰慕的这种特殊形式相关，这种让人想要成为对象或拥有对象的仰慕。但也只有这一种才会在后来发展为爱。这意味着什么，为什么必须是这样？我们不是说，一个人对自己不满意，强烈感觉到他的短处，无法成为他想成为的人，难道就无法实现他想要取得的成就吗？在这种状态下，他遇到了一个人，这个人具有他想成为想实现的一切。她拥有的太多了；在许多情况下，她似乎拥有着一切。难道他的仰慕中不应该有一点妒忌，以及不自觉地有一些不赞成的感情色彩？在这份仰慕中，可以完全没有嫉妒吗？如果他无意识的感受与上述相反，他就不具备普遍的人性。如果是这样的话，他倒是适合放入自然历史博物馆的一个样本，作为人类物种中一个不寻常的特例。这是我们人性深处的本质。

只有这样一种仰慕才伴有无形的嫉妒，且不可分割。至于其他类别的仰慕，至少相对不受这个强大的地下潜藏成分影响。对他人这个品质或那项天赋的尊敬和高度欣赏不需要与嫉妒产生关联。部分的仰慕通常是缺少这个特征的。仰慕一个人的某项品德，而没有强烈的愿望去成为那个人，这也是很有可能的。比如说，我可以仰慕一名网球冠军的球技，但自己并没有想要成为他的迫切愿望。我仰慕他，但我的仰慕仅限于一个特定的领域。我不想成为网球冠军，我也并不嫉妒或妒忌他这个人。即便是热切的仰慕，也不一定会产生无意识的嫉妒这样一个结果。我可以对贝多芬的交响乐很感兴趣，在我的白日梦里，我可以有强烈的愿望想成为像他一样的艺术家，想创作出《第五交响曲》和《第七交响曲》。但是,我不想成为贝多芬,也不想有他那样的火暴脾气和讨人厌的性格,我不想用我的人生与他的悲剧命运交换。我只想拥有他的绝妙天才,而不是他的性格。在这个例子中,我的仰慕是有限的,如果这激起了我的无意识嫉妒或妒忌,那也会是有限的。

这种仰慕或嫉妒是爱的心理前提,对爱的发展来说,这是无意识的必要条件,它有两个重要特点。它是指向对象的全部性格和所有天赋的总和,导致希望像他一样或是成为他。只有这种全心全意没有设限的仰慕,才会产生这种特定的嫉妒,我认为这种嫉妒是爱坚固的无意识基础。这种仰慕看不到一个人不好的一面,看不到他或她的人性缺点和错误。这些小的地方,我们并不在意,因为我们实在是为这个对象的优秀而着迷。青春期的男孩或女孩们经常会为他们心中的英雄着迷,被其某项杰出成就或某个卓越品质所吸引。他们豁达地忽视这个对象个性上不好的一面。但是,要让一个成熟的人产生我之前所描述的那种嫉妒,还需要更充分的理由。

当然,即便是这种无意识的嫉妒也不一定会进一步发展或是导致爱的出现。我马上就会探讨决定这种特定发展过程的其他必要心理状况。它不仅不一定会发展成爱,甚至还可能导致恨和强烈的敌意。它还可能变成有意识的嫉妒和妒忌——能感觉到,也能被克制住。有可能随着时间的推移,它会减弱、消失,尤其是当一个人能从自己的其他品质或成就中找到安慰时。因此,被打败而无能为力的不愉快感可以通过慰藉机制来战胜。要了解这些心理动态,我们可以听听女人们在她们比较真诚的状态下,是怎样评论她们的朋友或对手的优越品质的。她们的话语在无意识中与这种机制一致。“对,她的眼睛很美,这没错,但她没有我的身材好。”通过这种方式,在不得不承认另一个女人优秀的非常时刻,“有什么是她有,而我没有的?”这个女性永恒的问题得到了解答。通过这种慰藉手段,自我,不仅仅是女性的自我,能够克服嫉妒的情感,以免其跨入有意识情感的界限。战胜我们所讨论的这种嫉妒的另一个方式则是爱。

但嫉妒难道不是一种恶意情感吗?而爱可是甜蜜的。确实如此。但我并没有说嫉妒是爱的有意识成分;只是说它是爱形成前必然存在的最重要因素。玫瑰生长的土壤靠恶臭粪肥滋养,那玫瑰会因此失去半分香气吗?确实,令人万分惊讶,甚至对许多人而言听上去不可思议的是:对于我们将爱的对象,我们最早的情感取向应该是一种嫉妒或妒忌。但我们别忘了这种感受是完全无意识的。我们也不能忘了爱一旦产生,就会克服这些短暂的嫉妒情绪。是的,爱最重要的特征就是嫉妒的缺席。不再存在想要抓牢对方的倾向,在爱中不会再区分你的和我的。与爱的精神大相径庭的正是嫉妒这种情感。但那已经是喜爱之情取得的成就,我们还没有谈到那里。我们目前讨论的是通向这个目标的心理发展中潜在的无意识动机。

但为什么要选择“嫉妒”这个词,而不是“效仿”(emulation)这个词呢?如果这仅仅关乎用词的选择,我也不会反对用“效仿”取代“嫉妒”。但事实上不仅如此。效仿的含义与嫉妒不同。它并不表示一个人意识到自己比对方稍逊一筹,也没有暗示对方拥有你所缺失因而觊觎的事物;它的意思也并不包含因为这个人比你有优势,所以让人生气。确实,这个词的色彩比嫉妒友好一些,但是这种更为友好的色彩在这里并不恰当。即使我们可以承认，在最初的心理紧张状态中，情感的出发点是一种效仿，我们也必须补充说明，当与异常优秀的人竞争变得机会渺茫，效仿就会迅速演变为嫉妒。爱的对象会同时无意识地欢迎鼓励竞争和阻止竞争。

未来的爱人和非常令人烦恼生气的这个还未被提及的对象之间是有差别的。仰慕者对自己不满意，心中充满不和谐，产生分歧，情绪产生波澜；而这个对象看上去仍然非常平静、沉着镇定，情感不外露。这样的对象以他自身为重心散发出吸引力，对方深深地感受到这种吸引力，自信心因此而削弱。对象给人的自足印象并不是决定嫉妒的因素；对象体现出来的泰然自若和从容镇定有使人烦躁的效果；对象的表现看上去跟自己的态度正好相反。一个女人的冷淡、漠然、镇定、自足、平和与安全感对男人提出了挑战。在她的存在和淡漠中似乎有一种能力让我们更加意识到我们内在的不和谐。她是如此不受打扰、从容镇定，似乎让我们感到兴奋、感到迷惑，让我们有一点不满，甚至气愤，这是一种绝佳的情绪混合体，为爱做好了准备。在吸引和逃离之间，在想要得到她和想要摆脱她之间，我们自己的不完整感和烦躁不安在滋长。这个挑战在无意识中发挥作用。似乎她有一些高深莫测，让我们想要了解她。她是如此平静冷淡、漫不经心，对于她给我们留下的印象，她也客观冷静、毫不在意。她的冷淡既让人气恼又极具吸引力，令人无法承受。她在逗引我们，因为我们所感受到的留恋之情，她似乎并不受困扰。我们也想拥有这种宁静与平和。我们觊觎这种状态和这种状态的拥有者。在我们的嫉妒中,有一种想要抓牢对方的欲望,有一种贪婪和渴求。这些倾向在爱的准备过程中无意识地发挥着作用,就像酶,生命不可或缺的催化剂。这些倾向的存在是人坠入爱河的必要条件。

我们现在能够更清晰地看到这个论点的思路:当我们遇到一个人,这个人拥有我们所缺失的品质,且看上去对自己很满意,情感也不外露;这个时候,我们对自己隐藏的不满就使我们变得尤其敏感,变得更易于感到嫉妒或妒忌。这个对象还不是自我理想的替代品,但如果后期爱取代了嫉妒和不情愿的仰慕,那么这个对象可以替代自我理想。我们与嫉妒对象的关系就好比我们青少年时代与自我榜样的关系。我们还记得,这些自我榜样有时真的会成为我们爱的对象,如果没变成恨的对象的话。我们发现,对于未来爱的对象,我们的心理取向相当于是向儿时对待自我榜样的情感的一种回归、一种倒退。即便是那样,那些情感的本质也没有看上去那么简单;即便是那时,嫉妒也先于喜爱之情出现。现在,我们认识到我们正走在一条准备好的道路上。我们没有忘记,即便在那时,我们的不满也是源自我们自己与他人的比较。为什么我们没有他们那么美丽、聪明、沉着、受欢迎?或者,以愿望的形式来表达,真希望我们能够像他们同样地有才华、英俊、勇敢,并受到偏爱。

嫉妒和妒忌是强有力的情感。对于这一点,我们并不感到惊讶。我们感到惊讶的是,这种情感隐蔽地作为爱的前兆出现,而且嫉妒和某一种仰慕应该是同一种心理现象的两面,嫉妒是反面。我们很惊讶,因为我们并没有意识到在这种关联中嫉妒的存在与影响。然而,如果嫉妒是爱的必要准备条件之一,那么是否可以总结出无法嫉妒他人的人就无法去爱人呢？完全正确。我们将在后面讨论这些奇怪的例子。

因此，我们在对自己的无意识不满中又加入了另一个爱的前提，其在遇到未来爱的对象时出现，这个前提就是被抑制的嫉妒的存在和影响。换句话来解释，在我们对这个对象的初期仰慕中，包含了我们想成为或拥有这个对象、想与其换位的愿望。这个人的优秀品质是我们产生这个愿望的原因之一，不管这些品质是真实存在还是我们想象出来的，都无关紧要；另一个原因是我们意识到我们缺乏这些品质，或是缺少这些成就。我们想要将自己的性格变成他人的性格，在这个愿望中有一个必不可少的特点，虽然这在微暗中很难被识别出来，这个特点将会在后来当爱取代了嫉妒时得到实现：想要跟爱的对象合二为一，与她结合，与她融为一体。

爱这个新概念有着深远的影响。当我说我爱我的妻子，那么她一定集合了我所嫉妒或妒忌的品质：她美丽动人，做事坚决，落落大方，魅力四射而又不失亲切。所有这些都是我不幸缺失的品质。另一方面，我的妻子爱我，也说明我有一些天赋或品质是她曾经嫉妒的，虽然对于我也有令人嫉妒的品质这一点，我是感到不可思议、疑惑不解的。如果这个概念正确，那么对于任何一种爱来说，无意识的嫉妒都是其不可避免的前身。容易理解的是，野兽是嫉妒美女的，但较难理解的是，美女也嫉妒野兽，虽然肯定是这样的。

现在看上去，初始阶段的爱越来越像冰山露出水面的一角，而它余下的更大部分是我们看不到的。

从嫉妒这种无意识情感，从被抑制的妒忌倾向，到爱和温柔还有很长的距离。一切都被雾所包裹，我们不知道前进的方向。我们发现，在能得以发展之前，必须要有潜在的嫉妒之情，这让我们非常吃惊，因此我们有权短暂地休息一下，缓口气。

4

刚才，我们所讨论的这些发现，在仔细的观察中经过了反复的审视和验证。由于对这些发现感到惊奇，我试图在其他心理学家和精神分析学家中搜寻相似的观点，却一无所获。我必须承认，我的搜寻在一定程度上是有局限性的，我也并不怀疑有心理学方面的作者已经先于我提出了这部分的论题，但我没有找到他们的专著或论文。

看来，必须要跳出科学心理学和精神病学的领域去寻找，即便找不到相似的思想，也能从一些格言警句或是诗歌段落中找到触及我们这个概念的观点。你会从伟大的宗教人士或哲学家的演讲或著作中发现相似的观点，这些观点是以间接暗指而不是以直白声明的形式呈现。你会怀疑他们想表达的含义是否跟我们当下描述的一致，怀疑他们是否揭示的是作者无意识的见解而不是心理学知识。举例来说，我们是否可以认为使徒保罗写给哥林多人的一句话是属于我们这个论题的？“爱是不嫉妒，”保罗说，“不求自己的益处。”这讨论的是爱本身，而不是它的准备阶段。但是，这里体现的思路与我们的方向一致。从心理学的实际出发，爱的特点是完全克服了最初的嫉妒倾向。保罗的观点对于真正的爱来说是正确的：嫉妒只因缺席而引人注意，它曾经在场，却没有留下可见的痕迹。《哥林多书》中的段落并没有触及我论题的本质要点，但我们仍可以留意并欣然接受它，它以一种间接和否定式的形式证实了我们的观点。

诗人总是向前推动心理学研究，那些稍纵即逝的闪光可以片刻照亮心理场景的阴暗，我确信在这些时刻，诗人更加接近我们的这个概念。当然，他们的观点并不以一种概括的、可以科学使用的形式呈现。它们之所以宝贵，是因为它们在短短数秒的停留时间内，揭示了人性中的深层无意识心理。创作出《奥赛罗》的诗人也了解在吸引和喜爱中有无意识的嫉妒这一因素。这个摩尔人自己叙述了他是如何通过讲述自己的冒险和经历赢得了苔丝狄梦娜的爱：

> 她希望她没有听到这段故事，
> 可是又希望上天为她造下这样一个男子。

歌德的《维廉·迈斯特》中有出人意料的一句话：“面对有着卓越品质的人，唯一的安全手段就是去爱他。”“安全手段”难道不是一个奇怪的表达吗？当我们遇到一个我们承认比自己更优秀的人时，为什么我们就需要寻求庇护？歌德的话中之意是很清楚的：如果我们不想经不住诱惑陷入对此人的嫉妒和妒忌之情，我们就最好去爱他。这里暗示的是，他人的优越会在我们心中激起不可避免的嫉妒，而爱是一种逃离这种危险的手段。歌德的高尚品质不容许自己存在这种嫉妒和妒忌的情感，因此，提出了他的“安全手段”。这句话是暗示,而不是阐明一个心理学见解;但它给出的暗示我们能够领会。

爱的概念中有上述这样一个必要的组成部分,而至少有一位伟大的哲学家可以说是这种构想的先驱。你需要回到近2400年前去遇见他——柏拉图。

在《会饮篇》中,诗人阿伽通在刚发表的演讲中大肆赞扬了爱神,称其为万物中最美丽的、最好的。苏格拉底半带讽刺地说,阿伽通的演讲很精彩,但他自己——苏格拉底——却当不了一个赞颂者,因为他只能说真话。他想问阿伽通几个问题,再开始自己的演讲。接下来,便开始了古雅典式的知识问答,一种脑力锻炼。两个人并不像在讨论,而是在辩论。这位年老的哲学家、智术师试着说服阿伽通不要赞颂爱神,并试图让他承认一个人爱的是“他所缺乏、没有的东西”。阿伽通承认了这一点。“那么,爱神想要美是因不拥有美吗?”苏格拉底问。“当然”,诗人答道。“那如果一个人想要美是因为不拥有美,你还会说他是美丽的吗?”“当然不”,这位毫无戒备的剧作家答道,但他现在已经掉入了陷阱。“那你还会说爱神是美的吗?”灵魂的捕手问道。被带到这一步,诗人不得不承认:他并不了解他之前所谈论的话题。他也必须同意,爱神希求善,但本身并不是善。苏格拉底想要的也就是对方承认这几点。苏格拉底的意思非常简单:爱一个人不是因为我很美、我很好;而是因为对方拥有这些品质,而我没有。否则,如果我认为自己跟他同样美同样好,我就不会爱他。

似乎只说一次还不够,苏格拉底在很久以前与他的老师智慧女祭司狄奥提玛有一次绝妙的对话。在对话中,他也发表了相同的观点。当时，苏格拉底用近似于阿伽通的话语赞美了爱神，称其为美丽的全能之神。狄奥提玛向他证明了厄洛斯，或是说爱神，既不美丽也不是神。我们从她学生的叙述中来理解她的三段论：他难道不承认神都是快乐且美丽的吗？他不敢说有哪个神不是这样的吧？"当然不会"，我回答。"你所说的快乐是指那些拥有美好事物的人对吗？""当然是这样。""但你已经承认过，爱神缺乏美好事物，所以希望得到这些他缺少的事物。""是，我承认过。""那么，如果他不具备美好的事物，他怎么能是神呢？""看上去确实不可能。""所以你看"，她说，"你也是不认为爱神是神的人。"

于是，苏格拉底问出了最本质的问题，直指问题的根本：爱神的起源是什么？又是如何出现的？在被告知爱神不是神，而是大恶魔之后，他想知道"他的父亲和母亲是谁"？

"这个故事很长，"女祭司回答，女性的特质让她补充道，"但我还是会告诉你。"这不是一个童话故事，而是一个关于奥林匹斯山诸神的故事。我们现代人听起来有一点荒诞，但如果去掉外表的装饰，去掉神话的伪装，你会发现一套关于爱的起源的理论，其中的深刻意义迄今没有任何哲学家和心理学家的理论可以与之相提并论。

这个神话是这样的。阿弗洛狄忒诞生的那天，众神大摆筵席。宾客中有智谋之神（墨提斯）的儿子富有之神（波洛斯）。在众神飨宴之时，贫穷之神（珀涅亚）也来了，四处乞讨。在这样的场合出现，这是她的惯例。她在门边徘徊。一会儿，富有之神甘露酒醉，步入宙斯的花园，沉沉睡去。资源匮乏的贫穷之神于是谋划要与他诞下一子。她躺到他身旁，怀上了爱神。狄奥提玛于是详述了爱神因这种身世而具有的品质和命运。“作为富有之神与贫穷之神的儿子,他处于一个特殊的境况。他从来都是贫乏的,远远不具备大众设想的温柔与美丽。他其貌不扬,肮脏邋遢,没鞋穿,没住处。他以天为被,地为席,在别人门口或是大街上休息。跟他母亲一样,他总是很贫乏。然而,他也有与父亲相像的地方。他总是密谋反对美好的事物。他很勇敢、上进、强壮,是个猎手。他总是在密谋着什么,热衷于追求智慧和永不匮乏的资源。他是善于思考的哲人,而不擅长法术、巫术和智术。他既不是神也不是凡人,在他富有之时,便会生机盎然,欣欣向荣;在另一时刻,他又会丧失生命力,但又会因他父亲本性中的力量而再度复苏。”

在狄奥提玛的描述中,爱神好像是一个奇怪或妙趣的生物,有点像吉尔伯特与苏立文的轻歌剧中艾奥蓝茜仙女的儿子——牧羊人斯特雷弗,一半是仙,一半是人。而其中的思想是,爱会随时改变它的性质。

无疑,狄奥提玛生动地描述了绝望的、有希望的、心满意足的爱人者所经历的情绪和品性的改变。她将那些心理状态下具有代表性的不满与幸福、贫穷与富有作了对比。

正如贫穷之神在困苦中四处乞讨,穷困的人总会向富有之神索要些什么,爱人者也在寻求他的对象。他们之间最初的情感关系就是一个饥寒交迫的人与一个锦衣玉食的人之间的关系。或者,用今天的话来讲,就是穷人(the Have-nots)和富人(the Haves)之间的关系。

5

据我所知，在柏拉图之后，还没有哲学家或精神分析学家承认过爱具有两面神的头颅，一面有着热情仰慕的面貌，而另一面是嫉妒的恶魔。我们必须依靠我们自己的经验，并根据男女无意识心理过程提供的鲜活材料，对经验进行验证。

在深入这些领域之前，必须考察一下嫉妒的特性。这种情感长期以来被心理学家忽视，它在人性中占据着重要地位，却没有得到相应的重视。它是儿童期最强大的情感之一。如果随着年龄的增长，这个情感没有自由地浮现到表面，并不代表着它消失了，它只是被淹没了。

作为审慎的心理学事实来讲，没有人愿意承认嫉妒是他的个性特点之一。你会更愿意透露你有敌对、挑衅、刻薄或是变态的情感，受这样或那样的激情驱使，而不愿承认你心中充满嫉妒。比起其他任何一种可能更具社会危害性的“恶”，你更为嫉妒感到羞耻。这个人性的弱点，我们每个人都有份；而不愿承认它，肯定是有原因的。你马上就能猜到至少一个原因。当我们坦承其他情感或激情时，并不一定会暴露出我们缺乏自信，感到自己渺小、不值一提，面对他人有自卑感；我们会面带愧色地承认或坦白其他情感，但这样的坦白不一定会让我们感到丢脸，因为我们并没有承认自己不如别人。任何一个说自己陷入嫉妒情绪的人，相当于在说他缺乏力量和勇气，他看不起自己，他觉得跟别人比起来自己很无能，至少看上去是这样。任何一个承认自己有残酷或刻薄想法的人，至少在一定程度上能保持自己的自尊，即使是在他谴责这些冲动的时候。但如果一个人坦承他的嫉妒,也就是承认(或看上去承认)自尊的完全缺席。当你坦白你想要杀人,你坦承了你的一个缺点。当你透露你有多么地嫉妒,显然,你承认的是你觉得自己是个失败者。一种坦白让人感到不光彩,而另一种会让人显得渺小。

当嫉妒受到抑制,我们意识不到它的存在时,它还有一些别的特点。嫉妒是目光锐利的,不像爱一般盲目。对象的优势和成就,没有一项能逃过它的法眼。任何一点小小的成就、天资的体现和微不足道的地位提升都会被注意到。而且,任何一点都会在想象中被放大。现在我们可以把之前的表述反转一下:某一种仰慕是嫉妒的反面。我们之前探讨的这种热切的仰慕是完全一样的:它观察力非常敏锐,对于仰慕对象任何微不足道的天赋、才能、成就,它都会进行夸大。

嫉妒他人就是极大地承认非常仰慕对方。咒骂嫉妒对象的人,在辱骂中也伴有赞扬。还有另一个特点:这种激烈的嫉妒不可能长时间保持稳定。有意识的嫉妒只会有两种发展,要不就是将嫉妒从对象身上撤回,使其成为漠不关心的对象;要不就肯定会导致憎恨和敌意。当嫉妒被抑制时,就只有第二种情况可能发生,因为我们的无意识生活并不知道漠然这一范畴。我们在想法中将嫉妒与仇恨关联起来,没有友好的嫉妒一说。

那么,有没有可能任何一种爱的前身都是无意识的仇恨或敌意呢?是的,正是如此。刚听上去有点矛盾,但你要考虑到这样的情况:一个不满的自我需要其嫉妒的对象,这种嫉妒让人想要占有这个对象,因此,滋生了敌对情绪。需要产生贪婪。这是一种贪婪、一种垂涎、一种想要紧紧抓住或是占有的倾向,无意识地先于爱存在,在爱中消亡。这是导致这种疾病的细菌本质,这些微生物只有通过心理学家的显微镜才能看到。之前是看不见它们的,为了研究的目的,我必须在这里将它们放大。跟其他实体物质一样,这些看不见的细菌总是在不停地运动做功,已经产生的症状之一就是无意识的敌意。

上述的这种嫉妒,这种情感占有欲,在这里就是导致感染的微生物,无意识的敌意是第一个症状。攻击性或憎恨证明了这种细菌的毒性,并且在进入情感系统后它就已经开始产生作用了。正如某种传染病的病程一样,入侵者与机体之间的斗争结局如何,由很多因素决定。在我们所关注的这个特殊案例中,其发展过程是:已在发挥作用的细菌在情感上被战胜并吸收了。因此,我们把爱视作恢复过程取得的出色成果,而不是疾病。

这个比喻,还可以进一步引申。感染疾病的人往往意识不到细菌已经进入了他的身体,意识不到其最初带来的效果。我们知道,对于不同的疾病,有不同时长的潜伏期,从白喉的几天到几个月,对于嗜睡病和麻风,潜伏期甚至可以长达几年。在疾病的这种总的差异下,还有个体差异,个体差异主要取决于个人的身体状况,甚至有时也包括其情感状态。一个小孩在八天后得了麻疹,而他的玩伴是在两周后才患上此病。

如果爱因此被比作一种康复,从嫉妒或妒忌引起的传染病中恢复健康,那么我们必须认为在爱之前必然有某种潜伏期。一见钟情,好像与这种假设相矛盾,但可能仅仅是因为传染发生得特别快。这种情况下也是患上了疾病,只是暴露和早期症状之间的潜伏期非常短。只要我们对这类情感过程的发展速度了解还不够,我们就不能大胆地去说为什么一个案例的潜伏时间长,而另一个案例的发展速度很快。个体在坠入爱河之前的情感状态是决定因素之一,这一点是确定的。

我们将憎恨和敌意比作某种传染病的早期症状。这些症状有的时候很明显,但是,在潜伏期,这些症状并不能总是被正确地识别出来(比如困乏、心情不好、发烧)。在大多数情况下,早期症状是很难被发现的。它们通常被视作无关紧要的状况,甚至经常不被察觉。与对象的敌对情绪可以被比作那些无法察觉的早期症状,因为总的来说这种情感是无意识的。但也正如这些传染病一样,在爱的许多案例中,早期症状出现在表面,无法被忽视。有人或许会争论道,这些怨恨和敌对的迹象只是体现了尤为热烈的个性,并不是爱惯常的前兆。但实际情况是,这种情感通常在大部分人身上都不被察觉,而在感情强烈的人身上才表现明显。在大多数国家的民间故事和谚语中,都承认敌对或挑衅的情感通常预示着爱的到来,这支持了我们的假设。

由此导致的敌对是任何一种爱的前身,但爱当然并不会总是接替出现。情感上的紧张是一个必要条件,没有它就不会发展出爱,这一点大多数心理学家都并不知晓,但诗人却了解这一点。我可以证明,在数百年前就已经发现了这一点,但重新发现它的并不是现代心理学。①

20 世纪初期出现了一些流行故事,其中的主人公,通常是女

---

①举两个有代表性的例子:拉罗什富科比现代心理学更了解这种情绪状态,在他的《道德箴言录》(1665)中写道:"如果按效果来对爱进行判断的话,爱与其说像友谊,不如说更像仇恨。"在柯尔律治一百多年前写成的《桌边谈话》中,有一句很深刻的话:"友谊由同情构成,而爱中存在的却是一种反感或对立的情感。每个人都力求成为对方。"

主人公,会先憎恨对方,继而再与这个人相爱。这种模式是对情感过程的夸大、简化和贬低,没有考虑到情感过程的复杂性和多面性。这些故事没有揭示而是掩饰了关于无意识嫉妒和竞争的事实;它们是对立情绪的种子,在男主人公或女主人公无法占有或主导不情愿的另一方时,对立情绪就会出现。这些故事值得我们关注,因其表明故事的作者隐约感觉到:相比温和的喜欢或同情,厌恶或者说仇恨离爱情更近。甚至,在这些质朴的故事中,你能经常看到这样一种情感的描写:不管这些故事听上去有多虚假、伤感,或是情节有多夸张,它们都有情节片段可以证明最终发展为爱情的情感并不总是有友好的开端;浪漫关系通常始于明确的反感,体现为一种竞赛或是意见不合。这种情感,我此前形容为对象的挑战。

当爱开始统治时,是否这种潜在的恨就不复存在了?不是,它会像一些河流一样,在一个地方消失,但会在另一个遥远的地方再次出现。在爱人的争吵中,爱其实具有插曲的性质,而敌对情绪一直都会是整出剧的主要情节。爱难道不是经常随着自身的消亡而再次转化为恨吗?如果说爱化作恨会比大地之怒还要猛烈,那也只是因为被喜爱之情冲走的原始情感现在更强有力地卷土重来。

当然,嫉妒和敌意也不一定会发展成爱。这些受抑制的情感可以转化为其他方面的行动,但它们是深厚感情的无意识前提。换句话说,如果你无法去恨,那你也无法去爱。如果你不会咬人,那你也不会亲吻。如果你不会咒骂,那你也不会祝福。当不了好的怀恨者,也就只能成为差劲的爱人者。

这些力量之间的平衡非常微妙,从一种到另一种的转变也轻而易举。爱只在表面排除了敌对情绪;在现实中,却包含着这种情绪。爱的对立面不是敌意,而是漠然。与嫉恨、怨恨相比,从漠然转变为爱要困难得多。当你觉得你恨一个人的时候,还没有脱离坠入爱河的危险。当你看到一个女人淫荡或泼辣的那一面时,当你在头脑中骂一个男人是猪或是无赖时,这种危险处处存在。只有当你看那个男人或女人的眼光永远和别人一样时,你才脱离了危险。他确实可能像魔鬼一样充满诱惑力,却不可能跟平庸之人一般还能散发魅力。有一次,我听到一个女人说:"凡是我不恨他的时候,我都非常爱他。"

我们对于爱的错误观念在年轻的时候给我们带来了不必要的不快,导致了诸多痛苦。在那时,我们极其不能容忍自己对爱人产生怨恨和仇恨。我们觉得,在我们强烈的喜爱之外,这样的情感不应该出现,哪怕几分钟也不行。我们害怕这位不速之客的出现会严重危及我们的喜爱之情。然而,有时对一个人感到生气或敌意并不意味着你不再爱她或他了。

出现这种误解是因为我们对喜爱的观念认识有误以及我们隐秘的自负。就好像我们优于那些有缺陷的人,我们没有权利将自己想象成美德的范本,崇高到心中只能有喜爱,而不能有敌意和怨恨。我们不仅要体谅他人身上的人性弱点,也要体谅我们自己。没有人注定就是或注定要成为耶稣基督或圣母。对自己心中的敌意和怨恨如此难以容忍,实则体现了一种隐秘的自大。人不是天使,更不是和平天使。敌对情绪是爱的积极主动的隐匿合伙人。归根结底,你会发现,要喜欢你所爱的人,其实相当困难。

6

在我们继续往下探讨之前,有几句需要提醒大家注意的话。这些话语在我们接近本论题的转折点时显得非常适当,但它们也适用于我们此前讨论的部分。在我们探讨无意识心理过程时,我们是冒险将有意识想法和感受的特征和独特性转嫁到一个非常不一样的领域。之所以我们忍不住要使用来自有意识生活的表达和词语,去描述地下领域的活动,是因为我们没有别的词语可用。但是,试图领悟这样一个几乎难以理解的事物,结果仍然不令人满意。我们给词语赋予的意义只是接近正确,就好像一种外语的译文不可能具备原语的所有含义。有意识和无意识心理过程之间有着巨大的差异,使得其间的翻译非常不充分,我们必须要考虑到这一点。当我说最初对爱的对象会抱有嫉恨和敌意时,我应该再加一句:如果我们能够将受抑制的冲动领域发生的活动翻译成有意识情感的语言,这样的表述最接近这个心理过程的含义。这种诠释的"近似"属性并不意味着错误或荒谬的翻译也有其合理性。要对无意识领域的惯用语完全掌握是不可能的,凡是吹嘘自己掌握这些史前方言的人,就像是"可以用不同语言胡言乱语"的人。

但即便承认这种表述必然具有一种"近似"属性,也不能涵盖我们论证中所有的缺陷。我们应该每次都补充说明,某种想法或冲动的存在和活动都同时包含着其对立面在无意识心理过程中的存在与活动。在原始想法的无意识层面,对立的两面不会互相排斥。就好比说,当你说“没有”这个词时,它的意思可能同时包括“有”和“没有”,或者,当你说“我恨你”,它的意思可能也包含“我爱你”。我们之前所探讨的出现在爱前期的无意识敌意,也包含有吸引和初始阶段的喜爱之意。无意识心理过程还有需要我们注意的其他独特性。比如,一个想法能轻易转变为另一个想法,整个想法趋向可以很容易地转移到看上去差别很大的领域。试想从想要成为某人到想要占有这个人、拥有他的品质和成就之间的转变是多么容易。

因此,当我们将无意识的,或者更准确地说,受抑制的想法或冲动翻译为我们日常的语言时,我们会夸大它们的剧烈程度,因为只有这样它们才会变得明显。我的意思不是我们夸大了它们的情感效能,我们只是放大了它们的尺寸。同样的道理,我们把喜爱初始阶段的嫉妒和妒忌之情比作最致命的细菌,它是不可见的,只有通过显微镜才能观察到它。在我们描述爱发生之前的无意识活动时,我们也必须要用这样的放大镜,才能以放大的比例看到这些心理发展过程,否则它们仍将是无法察觉的。当我们拿走了强大的分析放大镜,嫉妒、妒忌和占有欲这些无意识的情感就会变得微不足道;但是,就如同我们对某个细菌有着清晰的了解,我们同样知道这些情感是相当有效力、相当重要的。

一个人的内在紧张会经历什么?在无意识中,他对对象的敌对心绪会怎样变化?当然,近乎本能的反应是要摆脱这种情感的压力。自我试图要驱逐这个既爱又恨的人物形象:这个人是既受欢迎又不受欢迎的入侵者,我们受到打扰,感到生气,情绪产生波澜,被激怒。自我对这个形象进行攻击,想要驱逐这个篡夺者,因其威胁着要控制每个想法，支配每份情感，要将内在主人取而代之。我们隐约地预感到，如果不把这个想法或理想驱赶出去，它会占据我们的一切。它会对我们的灵魂展开极权统治。

我们试图要排除掉这个爱的对象，她的冷淡更增加了她的吸引力。跟这个对象的搏斗就好像在黑暗中与魔鬼作战。在幽暗深处，我们经常对它勇敢地发起有力的攻击，受伤的自尊为我们提供各种武器。自我的情感独立受到威胁，于是，准备就绪要用所有的力量来捍卫其自由，来驱逐入侵者。攻击的目的是夺去对象的优越性，诋毁它的形象，突显它的丑恶面，把它的形象摧毁。战斗在内心激烈地进行着，而我们通常都意识不到。

要驱逐入侵者并不容易。这个形象顽强地捍卫着它在我们心中占据的领地。它那激起我们仰慕与嫉妒的卓越品质和天赋，仍是不可动摇的理想信念。心理战斗的目的是在我们内心排除或毁灭这个对象。必须要驱逐它，或是吞并它，否则我们担心灵魂将不再属于我们自己。我们内心对这个对象的猛烈攻击可能是一种暴动，也可能是长时间持续的痛苦斗争。这个对象的价值可能完全覆灭，也可能仍萦绕心头。

如果这个篡位的形象没能在自我中巩固它的地位，那么攻击可能就会成功。猛攻若将这个形象击败，爱将不会产生。就像脱离了黑暗的魔爪，自我暂时感到一些解脱。然后，原先的不满又回归了，之前自己内心的不安又再度出现。自我已经在生死决斗中挽救了自己的独立，但现在个体又感到孤单，被冷落。现在的情感状况就好像一个小女孩想象着孤单单一只麻雀在雪地里四处跳。小女孩喊道："看，妈妈，那只可怜的小鸟！它连笼子都没有！"

但是,在那些其他的例子中,事情又是怎么样的呢?在大多数的情况下,这种心理过程并没有导致漠然或厌恶,而是发展为爱和温柔。这描述起来很简单。攻击失败了,反抗被镇压,攻击方的力量被大幅削弱。入侵者被击退,但付出了损失惨重的代价。这是地下活动的转折点。击退敌人后,自我再也不是从前的状态。自我的攻击力被耗尽。不管是短暂激烈还是持久痛苦的争夺战,都削弱了自我的防御能力。此时,反攻开始了。

对一个灵魂来说,这是它历史上最关键的时刻,对于个人及其情感发展来说,此刻都将留名史册。一大波反击高歌猛进,追讨自我的退兵,并取得压倒性胜利。不用修辞来说就是:具有攻击性的敌对倾向没能达到目的,继而出现的反向作用和过度反应则是温柔和对这个对象的渴望。钟摆朝着反方向用力摆去。对入侵者的反抗失败了,囚徒被难以察觉的链条所缚,试图摆脱却没有成功,爱获胜了。对象的形象比以前更加光辉迷人,现在统治了整个情感生活。曾经放在内心和思想背面的灰暗图像,现在被阳光普照,令人愉悦。它变成了一种痴迷,爱人者的思想被它全部占据,它在场时如此,不在场时更是如此。没有什么再能阻止他了,现在没有恐惧也没有犹豫。比他有意识的意志更强大的力量将驱使着他前进,让他寻求接近爱的对象。她的羞怯使他勇敢,她的沉默也不能阻止他的攻克行动。从隐蔽源头涌出的反抗心潮被极其强大的暗流所吞没。对无意识敌意暴动的反击取得了胜利。所有的反抗都被肃清。完全的大逆转发生了,具有大清洗的所有迹象;大剧变发生了,就像有催化作用一样。在如此强大的反应中产生的喜爱之情将会强力反弹。

爱源自对受抑制的嫉妒和敌意的反向作用,这个观点与心理学现有的所有概念都大为不同,因此很难用准确的心理学语言来描述。我们有所迟疑,并不是因为怀疑或缺乏勇气,而是由于这个概念未曾被构建过。我们得到了以下两个结论,就我看来,它们是不可避免的。

> 爱并不源自性冲动,而是属于自我内驱力的范畴。
>
> 爱的本质特点是针对嫉妒、占有欲和敌意的情感反向形成(***reaction-formation***)。

这种描述涵盖所有类型的爱:迷恋和激情、对妻子的温柔、友谊、对邻居的爱。所有这些都是基于对嫉妒、想要主宰的意志、敌意和妒忌的克服。我们明白,必须强调的是,这些无意识情感被战胜了,反向作用很强烈,对立情感取得了压倒性胜利。

回想起来,我们想知道为何长久以来我们都没能发现这一点。爱还能是什么?只需要看看爱的特点和最显而易见的特征,这些都表明了爱的本质。它们都体现了与嫉妒、敌意和破坏性相反的特点。真正的爱,并不懂得去嫉妒。它为对象的幸福、成就和优良品质深感欣喜。爱不是敌对,而是最大程度体现温柔。这种反向作用的特点实在明显,令人瞩目,我们甚至不能想象它还能是别的什么样子。如此大获全胜,就好像从未有过战斗一般。爱的政权是如此毫无争议、不可辩驳,没人会认为是它从敌人手中夺回的。

我们知道,心理学和精神病理学中有许多类似的反向形成。

通常，一种强烈的情感并不会被一种平衡状态取代，而是转变为一种更为强烈的对立情感。看上去，在行动中聚集起来的、新的后援力量增强了即将出现的反向作用力，反击变得比最初的力量更加强大。因此，残酷决斗的无意识冲动通常会变成怜悯和同情。抑郁会被一种躁狂情绪战胜。在正常心理学的范畴下，爱具备这种躁狂心态的所有迹象。爱是我们所了解的人类情感中最重要的一种反向形成。

因此，"我爱你"并不是意味着"我不恨你"，而是指"我将我所有的敌对情感和盛气凌人彻底转变为对你的温柔"。阿拉伯人和巴勒斯坦的犹太人见面的问候语是"*Schalom*"，其意思是"平安"或"祝你平安"。这是一种友谊和善意的表达，但其最早的用途是讲话人用来向对方保证自己没有挑衅或敌对的意图。

现在，这仅仅是个无意识的心理过程，但有可能在那史前时代，爱在社会中孕育生长的那数千年中，它曾发生在有意识的思维中。现在发生在人类情感中的活动，可能曾经是一系列的事件：意见不合，比赛竞争，随后出现了喜爱之情。这样的发展历程在现在留下了痕迹。在古老的英雄传奇中，许多骑士要首先经历充满愤怒的一对一搏斗，才能建立起持续终身的深厚友谊。在我们的时代，青少年之间友谊的开端有时会让我们回想起早期的这种发展过程。有时，两性之间会先意见不合再产生爱，难道不是这样吗？伊索尔德难道不是想杀死特里斯坦吗？① 她难以承受幽暗深处的反向心潮，拔出了剑，又扔掉；这一幕对我们来说，阐明

①《特里斯坦和伊索尔德》是西方12世纪浪漫传奇爱情悲剧。——中译注

了我们每个人都有,却又没有突破到有意识表层的心理矛盾。在屈服于温柔和喜爱之前,对这个爱和恨的对象,我们有攻击性的、凶残的愿望和冲动。我们已经来到了地下领域最隐秘的地方。地下墓穴的橱柜中有一具骸骨,那就是伴侣的尸体。浪漫之爱带来了无与伦比的奇迹,不仅让尸体起死回生,还将其美化得比从前任何时候都要容光焕发。

7

描述恋爱中的感觉不应该是我们的任务,我们必须把这个主题留给恋人和诗人。我们无法描述爱的到来给一个人带来的神奇改变,我们只能试图理解为什么爱会到来,并用心理学的措辞来表达。我们的好奇心想要知道,那时发生了什么,我们此前的情感倾向后来怎么样了。新的状态怎样改变了自我?最初对自己的不满情绪命运如何?不安与不和谐又如何了?理想自我的幻象现在去哪了?所有那些嫉妒和妒忌,那些自我的强大内驱力后来又怎样了?在新的政权下,占有欲和敌意还存在吗?爱是否真的战胜了一切,还是说仍有地下运动残留?我们知道一次巨大的反向作用已将所有这些情感一扫而空,像是被洪水淹没。它们消失了。但那到底是指它们不在了,还是说它们仅仅是不再显现出来了?

在有意识领域的情感达到极为强烈的程度时,反向作用完成,但原有的部分冲动仍在无意识中坚不可摧。在古老传说中的那艘“飞翔的荷兰人”①,如果有女人爱它,它将得到救赎。令人欢欣鼓舞的奇迹遮蔽了别的一切。发现自己恋爱就像得到了启示,就像在昏暗的迷宫中转了个弯后,发现出口就在眼前。在感情生活中,可与之相比的感觉少之又少。类似的有宗教情感中对救赎的确信。对于真正的信徒,宗教给人一种相似的内心平静、踏实和自信的感觉。正如宗教中的上帝一样,爱的对象的形象比例不断放大,而自我则越变越小。或者说,自我几乎被这个更大的自我吞并了,在这个更大的自我中,与之一起成长。之前的缺乏信心和挫败感只有很小一部分存留了下来,仅限于偶尔的担忧,害怕自己配不上爱的对象。这像是最初的不自信所留下的微弱回声。这种胆怯并不是一种自卑,而是在对象面前的谦逊。“假如我是你,你是我,我怎么会爱上你?”爱人者通过幻想与他的心上人换位,他怎么也想不出她爱他哪一点,或是他有什么可爱之处。如果情况反转,他不会爱上他这样的人。而事实是例外,爱人者因而感到自信和勇气。仅仅是为了爱的对象,他希望自己变得更聪明,更高尚,更有天赋。他并不觉得他被爱是因为他值得;而是感觉尽管他没什么优点,还是被爱了。他想成长为一个更好的人,来取悦爱的对象。

可能有一点自卑感的残留,但仅仅是面对被爱者感到自卑。鲍西亚②说:

---

①The Flying Dutchman:传说中永远无法靠岸,注定在海上漂泊的幽灵船。——中译注

②《威尼斯商人》主要人物之一。——中译注

巴萨尼奥公子，您瞧我站在这儿，
不过是这样的一个人。
虽然为了我自己的缘故，
我不愿妄想自己比现在的我更好一点；
可是为了您的缘故，
我希望我能够六十倍胜过我的本身，
再加上一千倍的美丽，一万倍的富有；
我但愿我有无比的贤德、美貌、财产和亲友，
好让我在您的心目中占据一个很高的位置。
可是我这一身却是一无所有，
我只是一个不学无术、没有教养的女子。①

爱人者心中会有这种新的谦卑，而同时他又是自信的。有时，一个女人会幻想她为了爱的对象变得更美丽，更光彩夺目。过去曾幻想更好、更迷人的自我，现在这种幻想偶尔也会复苏，幻想自己想要成为的形象，完全是爱人者自己会着迷的样子。这种谦逊与一种新的自信感并不排斥，重心仍在被爱者身上。就好像在宗教信仰中，对上帝的服从并不排斥对主的恩惠和仁慈的信赖。爱人者有了新的自由。有一次，我听一位女士说道，“喝酒并不会让我说出不该说的话。恰恰相反，它会让我说出我该说而没有胆量说的话。”正是这样一种新的勇气，让爱人者放弃了其他所

---

①引自《威尼斯商人》第三幕第二场，莎士比亚著，朱生豪译，译林出版社，2018。——中译注

有的要求,抹消了所有的负债。爱的每一个状态都伴有自我的这种变调。这不是由于腺体的因素改变了这个人,而是情感的改变使得腺体产生了不同的功效。

这种奇迹,并不是只发生在想象中。看看一个女人坠入爱河前后,她像变了一个人,没有哪个美容院能有这样的效果。或是看看一个还没有恋爱只是被迷住了的男人,他背挺得更直,看起来更年轻,更沉着自信,感觉他处于一种充满生机活力的健康状态。恋爱时,一个人会感觉像到了世界的巅峰,没有任何不好的事会发生在他的身上;好像他心中有隐藏的光线在发亮,而这不仅仅是激情之火;好像爱人者感到自己无坚不摧,已不怕无情命运的明枪暗箭。他活力饱满,证明他过着充实的生活。他不仅感受到活力,还感觉到新生。新的生活不仅令他欢欣鼓舞,还充满了力量,这让他洋洋得意到飘飘然。在爱出现之前的不满与不和谐状态下,人总想寻求可以安慰自己、增强自信的生活哲学。但现在他不需要了。神父安慰罗密欧:"用哲学的甘乳安慰你的逆运。"罗密欧吼道:"我不要听什么哲学!除非哲学能制造出一个朱丽叶。"

在爱中,没有什么是新生的。它无法改变一个人的内在本质,但它可以让人发挥出潜在的才能,并呈现出一个人最好的一面。因此,在心理学层面,可以理解为什么但丁在记录他与贝雅特丽齐的初见时,用了这样的话语:"自此开始的新生。"对他来说,这是情感的新生,起到了再生的功效。

但这怎么可能呢?为整个发展作心理准备的不满情绪,常让人想改变身心,想摆脱自己的性格,想变成另一个人。爱实现了这个愿望,不仅仅使他的内在发生改变,还带走了自我的沉重负担。它去掉了他的自我,他不用再随身背负着他自己,消除了由此而来的压力。通过神奇的改变,他得到了拯救,只有基督教中的救赎能与之相比。一个忧虑不安的人在上帝那里找到安宁,将他的内心交战和命运都托付给上帝照顾,由此获得内心深处的欣慰满足,这种感觉与爱人者的情感状态相当。圣奥古斯丁所言,"我们的心灵将永不宁息,直至安息主怀的那一天",表明了上帝恩惠的即刻功效。因此,爱人者也可以向被爱者这样说。他的情感高涨在很大程度上是因为他能够摆脱内心的矛盾,这些矛盾从儿时起就充斥着他的内心。

上帝是一个部落、一个民族和大部分人类共同的、至高无上的自我理想。类似地,被爱者也成为了某一个人自我理想的化身。它取代了这个幻象。内心的矛盾萦绕我们多年,即便在我们没有意识到时也困扰着我们,甚至在这些时候尤为更甚,这些矛盾现在暂时不存在了。忘记自我是一种福气,把自己完全交给宗教信仰、毫无保留地托付于上帝手里就是这样一种感觉。内在的紧张结束了,随之而来的就是情感生活的新潮流。浪漫之爱是一种信仰,我们可以在其中放松安息,它的出现是一个启示,像上天赐予的奇迹一般,产生了巨大的影响。爱人者觉得自己被选为真正的信徒,好像他的悲伤和烦恼都被带走了。当问及他怎么样时,他甚至不需要回答"好极了"或"非常好",而是说"这与我无关",因为他的我(I)、他的自我(ego),在别处已经和另一个人融为一体、合二为一了。这不是说,他等同于对方,而是说自我中最令人烦恼的部分消失了,由被爱者取而代之,她已成为他的中心。

她是一个最佳的自我，让他感到新的个人价值，改善了他的性格，给予了他自信。觉得自己是无名小卒的人，是说不出“我爱你”的。你必须要先重新获得你自己，才能将自己交给别人。在这个意义上，去爱意味着去成为你想成为的人。

我们内在的每个深刻改变也同时改变着我们的外部世界。它随我们而变。经历了宗教皈依后，所有事物都变得有意义起来，它们都带有上帝创造的恩惠和美丽。同理，当你在爱中，你会用新的眼光看待一切人和事物，它们获得了新的尊严，一切看上去都那么友好而又富有深意。你再也不会对它们漠不关心。如我所述，幸福的本质条件是从令人烦恼、甚至有时与人争论不休的理想自我中解放出来，通过在对象身上找到理想的化身，中止了自我的专政。这有所失，摆脱了一种负担；也有所得，实现了几乎都要放弃的希望。第二个自我不是一个人真实自我的代替品和延续，而是对它的升华、放大和丰富。当你恋爱时，自我理想消失了，因其得到实现而消失了。所有的光线都聚焦到被爱者身上。自我破壳而出。还有一些微弱的回声提醒自己，此前的状态中是由一个形象而不是一个真实人物统治。爱人者有时会觉得这是梦，不可能是真的。这不是梦，这是真的，但这曾经是梦。你不会把梦中的人物与以后出现的真实人物相比，但有的时候，真实人物会让你想起曾经做过的梦。现在就是这样的情况，因为在对象出现之前，幻想就已经存在了。同时，你也不会把幻想与其他对象相比，因为缺乏比较的标准。我不明白，为什么有时爱被称为“两个人的利己主义”。它实则是“两个人的理想主义”，实现的是两个人的理想。

考虑到这种两人的一体性和情感的统一性是源自一种不和谐的状况,这似乎是一种奇怪的现象。一栋内部分裂的房子,通过与另一栋房子相连,成为了一个整体。最初很坚持自我的边界,不愿交出自己,非常惧怕丢掉自己的个性和宝贵的独特之处。现在看来,正是这样交出自己,才让救赎成为可能;而焦虑地把自己留给自己,意味着精神上的危险。圣路加①的悖论在这里很适用:“凡想要保全自己生命的,将失去生命;凡为我的缘故失去自己生命的,这个人将保全生命。”在激情之爱中,人们不会再坚持他们的权利和权力。他们使我们确信:他们不是两个人,而是一个人。成千上万的诗人歌颂了这种二人的融合以及个人边界的消逝。以下的优美诗句来自远东,作者是中国元代著名画家赵孟頫的妻子管道升。她感觉丈夫对自己的喜爱之情不再且欲将他的爱投向别的爱人,因而写下了这首诗:

把一块泥,捻一个你,塑一个我。
将咱两个,一齐打破,用水调和。
再捻一个你,再塑一个我。
我泥中有你,你泥中有我。
与你生同一个衾,死同一个椁。

这首诗如此生动形象地描写了形象或塑像互换后二人融为一体的状况。赵孟頫看了这首诗之后,大受感动,于是又和妻子

①基督教圣徒,保罗的门徒。——中译注

恩爱如初。

我们不要忘记,这种合并是最温柔的一种占有对方的形式,尽管这会让人交出自己。通过这种迂回的方式,个体实现了最初的愿望,即占有对方或成为对方。他因而也实现了另一个目的:从他自己个性的囚牢中得以释放,只要激情还持续,他就能远离自我的单独禁闭。通过“和平渗透”的方式,我(I)和你(You)融为一体,他因此得到了自我实现和自我圆满。这是一种最高程度的占有,实现了合二为一的奇迹。玛丽·德·弗朗斯①对此有所感悟:“没你就没我,没我就没你。”

爱的这种不可分割性甚至能够改变日常用词的含义。“你”和“我”变成可以互换的概念,“我们”可以变成一个单数人称。由于人经历了蜕变,对自己名字的态度也有了特殊的变化。我们在无意识中认为,名字是我们的重要组成部分,受到我们的高度重视。对于读音和拼写的错误,我们相当敏感,同时,也不喜欢有人将我们的名字与别人的名字混淆,就好像名字包含了我们的部分个性在里面一样。我们惊讶地发现,激情之爱愿意放弃名字的特权,好像表达不同的个性已不再重要。“不再是伊索尔德,也不再是特里斯坦,没有名字可以再将我们分开。”这个宣言揭示了想要打破分隔之墙的倾向,而这墙就体现为恋人们不同的名字。无独有偶,在莎士比亚的戏剧中我们也能看到同样的愿望——想要去掉象征个体边界的名字。朱丽叶说:

①Marie de France(1160~1215):法国诗人。——中译注

只有你的名字才是我的仇敌，
你即使不姓蒙太古，仍然是这样的一个你。
啊！快换一个姓名吧！①

罗密欧即使不叫罗密欧，仍然是他自己。

罗密欧要是换了别的名字，
他的可爱的完美也决不会有丝毫改变。
罗密欧，抛弃你的名字吧！
我愿意把我整个的心灵，
赔偿你这一个身外的空名。②

罗密欧即刻响应，他想重新受洗，此后再也不是罗密欧。

敬爱的神明，我痛恨我自己的名字，
因为它是你的仇敌；
要是把它写在纸上，
我一定把这几个字撕成粉碎。③

在仇恨转变为激情的这两部爱的悲剧里，都存在急切的愿望要丢弃自己的名字，似乎名字是分离的象征。然而，对方的名字

①引自《罗密欧与朱丽叶》，莎士比亚著，朱生豪译，译林出版社，2018。——中译注

②同上。

③同上。

听起来又那么惹人喜爱，可以在脑海中重复千万遍。它被呼唤，被祈求，就像求告神明时呼唤神的名字一般。而对方喊出自己的名字，声音也是无比“清婉”。因此，名字像恋人间的桥梁，让二者更加亲近。但是，它也是分隔他们的深渊。名字是他者的象征，也代表着尽管费尽心力去结合、去合为一体，他仍然是一个他者。想要越过个性的隔阂，可他们却无能为力，因此名字也象征着其中的不可能和痛苦。他们非常想合为一体，却仍是两个人。即便在最私密的结合中，他们仍然是分开的。想到分开他们就害怕，但他们是否在一起了？爱是否实现了一体化的奇迹？

激情不仅重塑了恋人们，也重塑了周边的一切。因为他或她被迷住了，所以一切都变得迷人起来。不仅是他，整个世界都有了爱人。他的感觉变得更加敏锐，觉得好像新世界向他敞开了大门，这是他见所未见闻所未闻的。没有什么是微不足道或没有新意。对他来说，一切都是新的，连自然本身也被他的激情烙上了特殊的印记。过去那么长的时间里，他就像这个世界的陌生人，而现在，他终于有了回家的感觉。他重新发现了这个世界。听到的、看到的一切都有了新的意义，或是说恢复了早已失去的原始意义。每个人好像都认识他，都在跟他友好地点头。因为他爱着，所以一切都显得可爱起来。世界逐渐呈现在他眼前。他开始觉得自己是这个世界的局内人，对所有生命的喜爱之情溢于言表。这又跟信徒的崇敬和仰慕之情类似，对于上帝的创造，无论大小，信徒们都赞美其美丽和深刻意义。可以把圣方济各①对一

①St. Francis of Assisi(1182~1226)：天主教圣徒。——译注

切事物包括虱子在内的全爱(all-love),与罗密欧的世界观相比。对于信徒来说,上帝使得他创造的一切都变得神圣;同比,朱丽叶的存在也美化了一切事物,“这儿的每一只猫、每一只狗、每一只小小的老鼠,都生活在天堂里,都可以瞻仰到她的容颜”。在灵魂和感官的沉醉中,人和事都得以以新的面貌示人。一切都被注入了新的生命,就好像爱人者的新生,也是这种新生让所有事物都变得崇高。

时间、地点也有了新的意义,好像它们从且仅从爱的对象那里借来了意义。就好像我们对于时间地点的观念随着我们新的自我态度而发生变化。对象的在场或缺席支配着我们的时间观念。

我们此前已经说过,被爱者实现了一个人的自我理想。想自我达成这一点的欲望并没有消亡,只是减轻了。对自己的不满、羞怯和不快已经消失了。爱人者有了新的尊严。占有欲和贪婪已被摈弃,而这些情感的一部分已经迂回实现了其目的。爱本身就是融合了温柔和统治,既向对象(object)交出了自己,又将对象占为己有。

那嫉妒和妒忌又怎么样了?当情感的反向作用运动达到高峰时,它像一波四面袭来的巨大浪潮把这些冲动一扫而空。这些情感因缺席而惹人注意,就如同与之相反的情感因其在场、因其显著而令人瞩目。物权感(sense of property)的最后一丝残留表现为不愿与他人分享对象的陪伴。内心极度猛烈的嫉妒冲动让位给了新的欲望,那就是想要给予,想要享受伴侣(mate)的天赋和成就,因为伴侣就是第二个自己,是更好的自己。你不可能嫉妒你自己。以前,你会嫉妒她的特权;现在,她快乐所以你快乐。以前,对象扰乱你的心绪;现在,她鼓舞着你的情绪。以前,你舌头打结;现在,你对答如流。现在,你不仅关注她这个人,还关注她的幸福安康。你不再嫉妒她的优越品质,而是为它们感到骄傲,就好像现在它们是你自己的品质一样。你的感觉就是如此。

你常听说爱的完美是在于它是如此"极大的无私"。这是非常值得商榷的。我们的讨论不应该用逻辑论证的方法,而要用心理学研究的方法。爱的试金石不是完全没有敌意或残酷,而是没有嫉妒和贪婪。当你因为身边的人遭受痛苦而感到悲伤,这也不是爱的决定性标准。同情中包含有悲伤和痛苦,但同情不是爱。对于我们不喜欢的人,我们也能感受到这样的情感。就我看来,最高程度、最为激情的爱是完全自私的,只要你认为对方是你不可分割的一部分。当我因为亲爱的人快乐而快乐,这不是源自内心的利他主义。如果我能给予亲爱的人快乐,我也能感受到一样的快乐。当我不能给予对方快乐,就好像我得不到这份快乐。但并不是说,我们需要经过代理人才能享受快乐。我们自己能感受到快乐,但这个自己变了,它把对方纳入进来了。

我们原始的愿望是拿走我们所觊觎的对方拥有的东西,而在激情之爱中我们的愿望是给予再给予。这种渴求是永不满足的,因而出现了奇迹,使得给予比接受更令人愉悦。追求对方的幸福已成为了你的幸福。谁还能要求更多呢?朱丽叶觉得她的慷慨是:

像海一样浩渺,
我的爱也像海一样深沉;

我给你的越多,我自己也是越富有,

因为这两者都是没有穷尽的。①

恨人者愤怒,因为他无法拿走、剥夺对方拥有的他所想要的东西。爱人者因为可以给予而感恩。我们现在讨论到了深刻的爱(profound love)的判断标准。深刻的爱并不是允许对方享有我的喜爱之物,而是我更希望对方享有而不是自己享有。其反例很容易找到。没有她在时,我从某事物上得到的乐趣更少,是因为我们没有同时享有这个事物。她没有在场跟我一起欣赏同一首音乐,同一出戏剧,这个遗憾减少了我的快乐。如果说我想与亲爱的人分享这份快乐,是不正确的。这样的说法预设了我们各自都有份参与或是各自分得一份,这就意味着分割和分配这份快乐。我不是与对方分享这份快乐,而是我认为她的快乐就是我的快乐。

爱的心理还会让奇怪的事成为可能,比如本来我通常漠不关心的事物,因为亲爱的人喜欢,我也喜欢了起来。在这些例子中,体现出的差别是很明显的。你和你的小孩一起去看一出幼稚或愚蠢的木偶戏,而你意识不到这一点。你喜欢这个表演是因为他们喜欢。你听到他们因里面的笑话而大笑,你也感同身受。(世界上有两种不朽的音乐:大师的乐章和小孩无拘无束的笑声。)试比较一下,如果某次你不得不去看一场下午场的儿童剧,可能你也会被现场孩子们喧闹的笑声所感染,你也会跟他们一起享受地

①引自《罗密欧与朱丽叶》,莎士比亚著,朱生豪译,译林出版社,2018。——中译注

观看,但这明显是一种情感共鸣。你分享他们的情感,但你不拥有他们的情感。即便在你享受精彩的表演时,你心中也有较之儿童的优越感,这跟爱全然不同。在一种情况下,你分享他们的快乐;在另一种情况下,你和他们一起享受快乐。这种“一起”(together)是喜爱之情的特点,这是英文中最有魔力的词之一。

还有一个例子,可以证明感觉基调的区别。如果宾客们认为饭菜很可口,女主人会很高兴。她是和宾客们一起享用这些食物。在爱中,仅凭想象亲爱的人在享用丰盛的大餐,你就会非常享受。这不是分享的快乐,而是一种完全自私的快乐。她吃的东西不会让你满足,是她对食物的享受让你感到快乐。断言爱是无私的人,很不幸地判断失误。爱和呼吸一样自私,只是这个自己变了,它把另一个人纳入了进来。

看来,有意识的嫉妒这种情感与爱或深厚感情完全不相容;我认为,这对于爱的特点和起源非常重要。当原始的倾向被摈弃,作为反转,对抗行动或反向作用达到顶峰。爱人者为他还能够给予而感恩。他感激她接受他的付出。给予意味着索取和付出。因此,牺牲这个概念与最高程度的爱的精神无关。牺牲的意思是为了他人放弃某事物,尽管你很珍惜它。而对于最纯粹的爱来说,你珍惜某事物只是因为它可以被爱的对象拥有。因此,当我们用最高的标准来衡量爱时,会发现自我牺牲或自我谦卑的形象是自我矛盾的。如果感觉是牺牲,那就不是真爱。如果爱人者觉得他为亲爱的人所做的事中有牺牲、有功劳,那么就像黄金因掺杂次贵金属而被贬值了。但这样的合金在日常生活中可能又是无法避免的,就像黄金戒指和手镯一样。

敌意融入了温柔中,但一部分敌意仍保持原状。爱人间的争吵,被愤怒中断的温柔,这些情感混合物都属于这个范畴。决定一个人爱得多深的,是他的喜爱之情中是否有嫉妒,而非是否有敌意。

初恋的标志是混合了骄傲与谦卑。一个年轻漂亮、害羞得出奇的女孩曾经跟我描述爱怎样走进了她的生活。两个年轻人没有过多的交谈,但之后手牵着手走在街头,好像酒醉了一般。她觉得,她变得更加自信,内心更加平和。一切都得到了解决,她突然能够回答之前烦扰她的问题。以前毫无意义的事物,现在充满了意义。一个共同的世界向他们敞开大门。她无法说出她的感觉,但他总能说出她的想法,就好像他会读心术。“我不再考虑用亲吻道晚安有没有错。这无关紧要。一切都不重要了。”他要回军营了,她答应要先给他写信。她写不出来。等她上床关灯后,她终于可以在黑暗中告诉他她的感受:“我要做出很多改变,但我爱你的心永不会变。”

几天后,她再也无法承受了。“噢,母亲!”她哭了,说出了发生在她年轻生命中的故事。但接着,她提到了经常困扰她的疑虑,她不知道她是否真的爱那个年轻人,她知道他有很多缺点,她不再确定。母亲静静地听完,说道,“这些疑虑会过去的。只要你对自己有信心!”这位母亲在其他方面也许并不聪明,但那是谁告诉了她连我们的心理学家都不知道的秘密?这个秘密就是你必须先要有自信才能去爱人,你对自己感情的疑虑通常意味着对自己的不自信。

8

我们已经说过，实践出真知，但得到真知需要时间。时间会证明这到底是爱还是一时的迷恋；时间也会证明什么是真正的爱。在这个什么都会改变的世界里，没有变化就没有生活，为什么爱不能改变？这种恒久不变的概念在爱的领域也很不切实际。爱作为人类幸福的主要源泉之一，在评价这种情感时，观察者应该意识到它的力量和局限。但是，他不能将它的价值取决于其持续时间。它的持续时间不是判断的标准。举例来说，工党领袖在下议院发表了一番没完没了的演讲。演讲完毕后，议长斯内尔阁下总结道："不朽的演讲不需要无休无止。"那些哲学家把永久作为爱的属性，也是犯了相同的错误。有时，你会有这种感觉：恋人们通常不得不以强烈的激情来弥补无意识中预感到的远远不够的短暂相聚。罗密欧和朱丽叶的爱只持续了几天，特里斯坦和伊索尔德的爱只持续了几个礼拜。谁敢说他们的爱只是一时的迷恋而不是真爱呢？

与其他心理学家的研究不同，我没有从爱的特点入手，而是先研究在爱之前发生了什么。我希望通过描述爱的起源来清晰呈现它的特点。在我对爱前期的描述中，我展示了埋下种子的土壤，爱悄无声息地生根和冲破黑土阻挡的努力，以及爱情萌芽、绽放、盛开的方式。它的绽放与枯萎可以相对比。从研究花的初始阶段可以了解这朵珍贵的花朵，而研究花朵枯萎的本质也有同样的作用。爱的矛盾面造成了它的衰败，揭示了它的起源。它的枯萎皱缩，它的反高潮，都从反面证明了它是如何起源、出现并迎来了盛放。绽放之前和之后都比绽放本身更具有启发作用。它的结局就在它的开端中。

在这个理论构想中，爱是一种强大的情感反向形成。在经历了内部的激烈争斗后，喜爱之情战胜了它强大的对手，实现了它的目的。那确实是场混战，一时都分不清谁是敌人谁是朋友。对手被打败了，但他并没有真正投降。爱不是一个静止的状态，这自不必说，但重要的是，要意识到爱是从顽固的抵抗势力中赢得霸权，它仍须防御旧敌的突袭。当爱消亡时，它会屈服于内部这些不断增大的攻击力量。爱人者沿着来时路往回走。结束的过程可能是漫长而沮丧的消亡和衰败，也可能是突然崩塌。可能相对无痛，也可能充满折磨和痛苦。有时，这可能跟最初爱夺取胜利的斗争一样，整个人被卷入混乱、骚动和喧嚣。这个情感退出过程如果表现得无情，那么对爱的对象来说是残酷的，但如果带着怜悯计划退出，那将更加残酷。旧的细菌开始发挥毒性，将爱的原料分解摧毁。

这儿描述了一种倒退发展，证实了我构想的一种心理规律：所有的情感形成都会沿其发展之路倒行回起点。观察者会发现，这种反向运动会经历曾在反方向看到的相同阶段。有时会看起来像一个或几个状态被跳过了，但有这种错误的看法是因为整个过程是无意识的且速度惊人。

多数人倾向于认为，爱人者经历了对其对象的失望或幻灭；然后，他突然意识到他和她并不合适。可以说，他先是暴富，现在突然一贫如洗。但即使对象要为情感的变化负责，她也不会是唯一的因素。这样说是过度简化事实。在很多情况下,爱的对象并没有显著变化。只是在看她的眼睛时,现在看到了一些令人不快的新特点,或是以前觉得令人着迷的地方现在看不到了。有例子可以证明,以前觉得最有吸引力的特点,现在反而觉得讨厌,甚至令人反感。对象并不一定是真的发生了改变,是她展现的形象发生了改变。是什么破除了魔咒?

这个形象曾经是如此强大,以至于我们意识不到这个人的瑕疵,或是认为这些瑕疵无关紧要。其次,这个对象还有那么多优越的品质,足以掩盖这些小小的缺点和弱点。爱人者以前并不挑剔。即便他意识到对象的缺点,他也不想改变她,因为爱在盛开时不想改变被爱者的任何一点。他忽略了这些小小的瑕疵,或把它们视作无关紧要。在他的脑海中,有一个理想的形象,他为他的爱装点了全部的特点,而他离开时这个形象也变了样。这个发展过程缓慢,不知不觉,也可能突飞猛进。现在,每件小事都让他过不去,一些小的错误也会让他烦躁不已。发现他的对象原来也是人,不是神,他是否失望了?肯定会这样,但不止如此,他被拉回现实。而那个形象,那个理想,那个更好的自己又怎么样了?有两个可能性须要区分一下。其一是该形象与真实的被爱者一分为二。其二是一个形象由另一个形象取代。

在爱开始的最初阶段,对真实对象的印象不得不和心中早已存在的形象进行斗争,之后被爱者才正式登场。结果,真实人物的形象被想象改变,依照已有的形象被重塑,直到二者重合。现在,这个过程逆向进行。意识到他或她的实际面貌后,真实的对象这个概念缓慢地或是突然地开始将对象与这个形象分离。现在，真实的对象被并置于此前的理想化形象旁边，即将要接受残酷的对比。现在你看到的这个女人跟以前她在你心中的形象已经不再一样。但这并不意味着她真的变了很多。只要这个形象能够保持，爱就会极其坚韧地留在原地。爱不会轻易放弃其内在立场。它会顽强抵抗新的情感，甚至经常与理性对抗。于是，爱人者会想念一个已经不在的人，并与之对话；但当真人与理想形象完全分割后，爱也就消逝了。

第二种情况虽然情感效果类似，实际却很不一样。它与爱人者自我的变化有更紧密的联系。喜爱之情的终结，不管是突然还是缓慢，都标志着一项任务的失败。自我付出的所有努力，都是为了战胜或实现理想自我的要求。他在爱的对象中找到了理想的自我。这个对象暂时成为了理想的化身。这个理想，或是更准确地说，这个理想的形象，是非常脆弱的。精神分析学家倾向于强调这个理想是不可企及的，因为它超过了常人的能力范围。是否这个目标过于高大而没有人可以达到？确实如此，它不再是人能企及的，而是超出常人的。精神分析没有看到的是自我理想的另一面是内在的困境使得理想无法完全实现。正是这一点，转移到了对象身上，导致了不可避免的部分或完全失望。这个理想是一个不稳定的混合物，集合了互相矛盾的特点。消逝的爱正是把这种内在的矛盾呈现了出来。

举例来说，你的理想对象，或是你心上人或妻子的形象，是纯洁谦逊的。真实的她正好也是谦逊纯洁的。但即使她像凯撒之妻一样无可指责，她也逃不过你的批评。为什么？因为在无意识中，你同时也渴望拥有一个名妓，一个放荡成性的情妇。你想要妓女的不羁、轻浮，甚至是放肆，只是你不知道而已。把这些互相矛盾的特征集合到一个人身上，这或许也是可能的，但要达到你想要的比例非常困难。尽管是无意识地，你对这些相反和矛盾的品质很熟识，它们在你的想象中轮番登场。好像当这个人近乎满足理想的一方面时，你就会开始渴望另一个与之不同、通常与之相反的方面。一个女孩，梦想的对象是一名勇敢的士兵、一个英雄、一个骑士。在真实的世界中，她找到了这个形象的化身，形象得到了实现，但她同时又希望他是一名知识分子，是最温柔体贴的人。另一个人爱上了一个光彩照人的万人迷，他是一名花花公子、一位魅力先生；但她慢慢发现，或许为时已晚，这个男人并不是她最忠诚的丈夫，眼睛只能看到她的魅力。不，之所以理想无法企及，是因为没有人能满足对于某些品质的夸张要求，还因为它包含了太多的品质，而且是以最高的标准，这些品质互相矛盾，还经常互相排斥。一个心理事实让这个情况更加复杂：这个理想只有一部分为我们所知；也就是说，这个形象只有一部分是可见的，其余部分在阴影中。这个形象中有一些无意识的特质，如果变得清晰可辨，我们甚至不会喜欢。

不再爱了是否仅因为对被爱者感到失望？实际上，这是形象到真人的转移结束和撤回。我们自己虚构了一个形象，这个形象的瓦解过程通常被隐藏起来，而我们声称是这个人变了。还有另一个可能，就是一个形象被另一个形象替换了，而我们并没有意识到不是对象变了，而是我们内心发生了变化。当然也有很多例子证明真实人物确实不是令人满意的对象。在有的情况下，对象的性格确实发生了变化或转变，但爱的消逝是否仅取决于选定的对象所发生的这些改变，这仍然是一个疑问。可能通常来说，成因还是选择对象的人发生了变化。

处于恋爱中的人有时会扪心自问是不是他们自己的错，而通常得到的答复是，不，错在对方。有时，最好别问你自己这个问题，这样你才不会听到关于自己的谎言。那我们是否就可以认为，爱的结束是自然规律的必然结果，它的发生是不可避免的，就像春夏秋冬更迭一样，就像潮起潮落一般。或者说最好还是不要探寻这种规律，就如同诗人所说：

关于我们，就这样说吧：
当一个人变得乏味，
这份爱就变得苍白。
今年对去年已一无所知；
明日对昨日也无话可说。

属于生物学考量范畴的这样一个观点，引出了一个纯粹的心理学问题。即使我们承认这个我们本不承认的论点，即爱情涉及的规律与自然过程相似，我们仍有义务去解释这独特的心理学现象。有可能导致爱情衰败的不是对象发生了显著的变化，而是爱的主体内在发生了改变。这是我们称之为“从爱中跌出”（falling out of love）这一情感发展的必要前提。（是否这个表达跟坠入爱河一样的不恰当？没人会从爱中跌出来，非说不可的话，应该是爬出来或者跳出来。）因此，我们不得不再一次将注意力集中到自我上。

爱是换了一个方式去实现我们理想自我的要求。这个欲望取代了最初追求自我完善的努力。浪漫之爱的失败和消逝,在很大程度上是因为在另一个人的帮助下,我们也无法达成这些要求。如果我们暂时排除是因为爱的对象真的令人失望这个原因,我们就会回到对爱人者情感状态的讨论。我们还记得,爱之所以成为可能是因为爱人者内心的变化,这个变化几乎与他爱的对象的性格无关。因无法实现自己塑造的理想要求,无法追赶上那更为高大的幻象,自我出现不满。被爱的人取代了这个理想自我。这个对象现在满足了所有自我无法满足的期待、希望和要求。但这个对象本身也是一个人,不仅仅是满足爱人者主观幻想的工具。我们姑且不谈被爱者自己也有他或她的希望、内在要求和缺点。爱人者无比需要这个对象,需要这个自我理想的替代品。他所有的想法和冲动都是要得到这个女孩。那为什么他现在所有的欲望都是要甩掉她呢?

很难和她相处。但难道不是很难和他自己相处吗?他和她关系处不好。但他和自己的关系很好吗?他需要极大的耐心来应对她所有的短处和缺点。但他曾对自己很宽容吗?这就是自我要求又高又矛盾所带来的心理劫数。这些要求被换位转移到被爱的人身上,不满也随之迁移。在一段时间里,爱看似是救赎。它承诺并实现了自我的消停。情感矛盾停止了,对自己的不满消失了。但现在这些又回来了。只是这些不满以及自己的不完美都转移到了对象的身上。现在你对她极度不满,与她不合拍,就像之前你对自己一样。你对自己的要求越高,对象要满足要求也越困难。如果除了爱以外没有其他的出口,所有的希望都被寄托在这一张牌上，那么喜爱之情在劫难逃，即便它承诺了会拯救被困扰的灵魂。如果你的理想要求非常高，并将其集中在爱的对象身上，这些要求的实现不可能是永久的。那么多不快乐的人，就是有着如此高的志向，并将他们所有的希望和情感能量投入爱中，结果他们自己的想象成了一张罗网，将他们束缚其中。这些梦想注定要缩小褪色。不仅因为没有对象能实现这些要求，还因为这些要求的本质决定了它们不可能被一个外部的对象实现。

这个情感问题的解决方法只能在这个人自己身上找到。没有人能永远要另一个人当他的理想。就像追逐一个追不到的幻象，徒劳无功。这样必然会使爱走向放弃和退出。

爱能够点石成金；而爱收回后，黄金又回归尘土。对于对象的批判在很大的程度上就是转移到对方身上的自我批判，是经人代理的自我苛责和自我谴责。这些未实现的要求越高，这种苛责也就越严厉和残酷。这可能看上去令人惊讶，但我们精神分析工作的日常经验证实了这一点。

因此，“从爱中跌出”真正的意思是指从更好的自己的白日梦中跌落出来。爱的对象不再代表理想，这意味着对象没有实现他或她所取代的自我理想。你为对象塑造的形象和她真实的性格品质之间存在的差异，仅仅反映了自我理想和你真实自己之间的鸿沟。你现在不喜欢、憎恨她的地方，就是你爱上她时，你想要摆脱的那部分自己。约瑟夫·德·迈斯特尔①评论道，输掉一场战役的唯一原因是你认为它会输。这句话用来描述爱和爱的结果

①Joseph de Maistre(1753~1821)：法国思想家、作家。——中译注

也非常适用，但你必须要加一句，战役赢也是这样赢的。（阿纳托尔·法朗士①断言，霞飞元帅②是从报纸上才得知他赢得了第一次世界大战中马恩河战役的胜利。）爱的胜利和失败一样，都是我们自己造成、自己改变的。

当一个人将喜爱之情从一个对象转移到另一个对象，在这种情况下，自我理想的改变也起到了决定性作用。现在看来，是因为后来者比前者能更好地体现出无意识的自我理想。失望之余，一个人会意识到：爱是傻瓜的天堂。如果他沿着老路在爱中寻找救赎，可能现在他能在失望中领悟到：他就是一个大傻瓜。失掉了爱的荣光，自我又回到了原位，或是几乎回到原位。他再次感到自己的微不足道，再次成为不和谐和抑郁的受害者。他再一次成为世界上一无所有的人。

自然界处处都惧怕虚空，情感世界也不例外，也渴求能免于匮乏。一个人在爱中征服的一切，又几乎都失去。一体感像魔法一般消失了，于是又成了两个分开的人，各自住在个人的世界中，对方被排斥在外。对方变得跟别的男人或女人没什么两样，没有更好，有时甚至更差。他们现在过着各自的生活，没有再分享经历的必要。生活再一次变得沉闷、艰难、没有欢乐。即便是彼此还爱着对方的时候，有时都会突然隐约感到一阵害怕和痛苦。恋人们感到他们无力克服个性的屏障，这个由他们不同的本性建立的无形边界，使他们分开。他们依恋时的那些情感的亢奋和侵

---

①Anatole France（1844~1924）：法国作家、文学评论家。——中译注

②Marshal Joffre（1852~1931）：法国元帅、军事家。——中译注

袭,那些激情和力量,都不见踪影了。之前,他们有时会怀疑,人的孤独是无法逃脱的宿命。现在他们对此深信不疑。我是我,你是你,我们就该是分开的。最终,这个对象成为你一无所知、也不感兴趣的人。你和她之间有一道墙。如孤岛的自己跟大陆没有永久的连接。

9

在爱的下行之路开始时,会重现爱的初期经历的相同阶段,只是顺序相反。会再次出现对对象的愤怒和怨恨,恶意会不断滋长,直至达到一种难以言表的憎恨。爱在逐渐远离的过程中会再次更接近恨,而不是漠然。仇恨既是爱的无意识序曲,也是爱的余殃。对爱的对象的情感依赖又重新遭遇了反抗。即使在爱中,也会突然出现令人费解的敌意,但它们就像遮挡太阳的云朵,几分钟后就会散去。而现在,整个地平线都阴云密布,就像暴风雨之前。你会再次尝试去贬低对象的价值,而这次尝试取得了成功。你在头脑中重复着对象的言行,你感到自尊受到伤害,曾被爱一扫而光的尖锐批评又再次出现。曾经让你着迷之处,现在让你不能容忍,一些小习惯也能把你激怒。你想去伤害,甚至想去打那张曾经爱过的脸。这就是事实,想粉饰或缓和这个情感状态是没用的。对于对象的残酷恶意已经产生,你渴望报复,想要讥讽。

总的来说,这个阶段会非常频繁地一直出现有意识和无意识的报复幻想,就好像它们已经等候多时,就好像它们终于能够浮出水面。这如同一个人冷冷地说道:“现在轮到我来让你受罪了。”跟开始一样,爱又成了一种折磨,但不再是令人愉快的那一种。恋人间的争论或口角不再是很快就烟消云散,而是锁链中的一环。它不仅使人受伤,还让人感到情感在被生吞活剥。经历了相爱,然后不爱;多年的婚姻后,觉得志不同道不合。这时,你觉得但丁所描绘的罪人酷刑已不再恐怖。你确信,你完全可以忍受地狱。言语和沉默中紧张又开始积聚。以前,恋人们的眼里、心里只有彼此。现在,他们是被锁链缚在一起。在他们的对话中,你能听到铁环的碰撞声。于是,你意识到这个锁链被拉扯着一会儿向东,一会儿向西。

爱的起源这个概念如果还需要更多证据,那么可以从这些情感时期中找到,此时旧的情感回归,以前的倾向重现。但这两个时期有一个重要的区别,不仅仅取决于爱的发展和衰败。在人妄图躲开爱的最初萌动时,嫉妒、紧张和怨恨都是无意识的。现在,当爱消逝时,也会出现相同的冲动,但在多数情况下,这些情感都达到了有意识的程度。你能感知它们。以前,你不愿面对它们,即便现在,你也不愿承认它们的全部影响和重要性。但是你不能一直否认它们。当问及一个女人是否认识另一个女人时,她答道:“认识,因为无视她才认识的。”同理,你最初意识到那些情感也是因为你一直在无视它们。

爱的原料自我分解成不同成分,就好像化学分析中一种化合物加入了某种试剂一样,反向情感现在有意识地与原有情感形成强烈对比。在爱中,你总是不断地发现对方迷人的新品质,随着每次新发现,你的热情也不断增长;现在,你总是在发现新的弱点和缺陷,反感也随之增加。以前的努力是为了与对方成为一个统一的整体;而现在你想把对方撕成碎片。恋爱时的宽容忍耐与结束时的暴躁脾气对比明显。生活曾经多姿多彩,现在又变回单调乏味。你曾感觉自己举足轻重,现在你又觉得自己一文不值。你自己的不安全感又回来了。最初的成功愈是轰轰烈烈,如今的战败就愈是令人惊愕。这种强烈的反高潮表明,爱意味着自我的虚假繁荣,现在泡沫破灭;而清算使得自我陷入完全绝望和悲惨的境地。

在爱的减退期,会跟开端时一样经历紧张的加剧。当不再有紧张状态时,爱也就消亡了。你感受到的最后一种情感是嫉妒。爱人者明白,他需要为他的喜爱之情付出代价,爱的主体要被迫献上某种贡品。继而,双方关系中逐渐出现一种贪婪。对于往昔的爱,男人充满怨恨,觉得在她身上付出了时间、精力,乃至金钱。他将自己的快乐与她的快乐相比较:当她过得快乐时,他就感到气愤;当她受人喜爱时,他就郁郁寡欢;当他必须工作时,他就憎恨她的闲适。嫉妒是漠然之前的最后一个阶段。如果你将后期这些阶段与初期做对比,你会发现它们相互对应,只是顺序颠倒。以前在最下面的,现在在最上面。爱的结局就在它的开端中。

因此,这个有规律的过程始于对自己的不满,对对象的惊讶、仰慕和嫉妒、敌意,这一切继而导致了爱这样一个强大的反向形成,接着相应地又出现了反向运动,朝反方向原路返回。我们禁不住会陷入这种循环。有的人会反抗它,拒绝去爱,认为这样他们就可以避开邪恶;但是,可怜的人儿,为了避害却掉入更坏的境地。不管怎么说,爱了又失去,总比从未爱过好。

10

不同年龄阶段的人对于前面描述的发展过程,其感受和接受情况也不尽相同。恋爱中的青年是多么纤细、脆弱、毫无防备!当爱终结时,年轻人觉得好像天都塌了。年长的人通常能预见到爱会怎么开始和怎么结束。在他深切地感受到酒的甜美之时,他已经知道杯底等待着他的是苦涩。在年轻的时候,他可以强烈地感受到无比的快乐。而年龄稍长后,他不再能从爱中感受到全身心的快乐,而心中仍留有冲动和渴望。

这种区别并不意味着爱的本质有差异,而是潜在情感的比例不同。不论年轻还是年长,都会有仰慕和嫉妒、敌意和占有欲,只是它们的强度不同,因而反向作用的力度也不同。年长的人通常能爱到深处,尽管对方有明显的弱点和短处,他仍可以温柔地面对和钟爱。我们都是经历了一番艰难之后,才学会如何去爱;但可能随着时光的推移,我们才能更清楚地知道爱一个人有多么困难。年轻的时候,有大把的时间,但没有耐心。当人逐渐成长,变得成熟有耐心时,却又没有那么多时间可以支配。

我所描述的并不是爱不可避免的结局,这只是浪漫之爱的结局。这种描述中不包含激情之爱的转变。爱的接续不一定是这种余殃,也可以是余晖。折返的过程不一定要走完全程。一种新的陪伴关系,与浪漫之爱不同,但同样可贵,可能会带来自在和谐的感觉。虽然理想化终止了,激情消失了,但氛围是清澈平静的。爱人已经变成了朋友。爱的狂热已经不在,只有温柔依恋的平和。爱的“秋老虎”温柔醇厚。相互的认同感、共同的经历、共有的快乐和悲伤,把两个人紧紧联系在一起,比浪漫之爱将他们拉得更近。是的,尽管有敌意的鸿沟,有时也会有一座小桥通往新的关系。爱最危险的敌人不是敌意,而是对另一半的漠然。当沉默和漠然走进了一对爱侣的生活,他们问自己:爱去哪里了。这种情况就好像一个人将钱放进了保险箱,却忘记了密码。

春天的奇迹不可能永远持续。浪漫也不等同于爱。喜爱和温柔可以在浪漫爱情之外存在和运转。爱比激情更持久,它不一定会消亡。它可以存续下来,但前提是它要改变其特点;或毋宁说,它要获得其真实的特点。没有必要把对方理想化,没有必要把她当作偶像崇拜。浪漫会消失,会挥发,但别的会持续下去。有一天,我在一本杂志上看到一张照片,照片上许多情侣坐在拥挤的沙滩上。两个女孩在离人群很远的地方坐在一起,其中一个若有所思地对她朋友说:“我的经验告诉我,比爱更重要的,是你到底真正有多关心对方。”这听上去使人发笑,却包含着智慧;这种智慧不来自大脑,而来自内心。

第 三 章

扩大的圈子

1

此时，当你有机会看到华托[1]的油画或是布歇[2]的版画时，画中呈现着含情脉脉的牧羊男女，沉浸在爱慕之情中。你不会想当然地认为，这是因为牧羊女的吸引力；你会好奇为什么这个男人选择了她而不是别人。他看上了她哪一点？什么决定了他选择的就是这个女孩？温柔的牧羊人，告诉我为什么。

这个问题看起来特别简单。因为这两个人就觉得他们是天造地设的一对。真的只涉及两个人吗？在物质现实中肯定如此，但在心理上不是。这让人想起看似不相关但又通过神秘的思维渠道相连的另一个情况，两个不同的领域因此被联系起来。我相信正是与华托和布歇同时代的伏尔泰，曾拒绝与一位男士就某话题深入交谈，因为他认为这里涉及太多人。这位客人惊讶地答

①Watteau（1684~1721）：法国画家。——中译注

②Boucher(1703~1770)：法国画家、版画家。——中译注

道,这里只有他们两人而已。但伏尔泰说,“你错了,先生。这里至少有六个人。我印象中的你,你自己印象中的自己,还有你真实的自己,反过来对于我也是如此。”

恩爱情侣的图画中,是否真的只有两人?看来爱的相互选择不再是个简单的问题,只要你考虑到决定选择的因素中,你的自我理想和理想化的对象至少和对象的真实性格一样重要。

这个问题存在吗?有两个群体会否认这一点。恋人们和诗人们会认为心理学在这里并不适用。如果一个人对他们两人有信念,就不存在选择,只有必然。恋人们是命中注定在一起的,超自然力让他们互相吸引,经历许多阻碍,他们还是找到了与他们互补的对象。即便存在问题,也不能通过心理学解决。这属于形而上学的范畴,科学研究无法解答。一个人对另一个人的选择性亲近,似乎是无法解释的。还有一个群体否认存在的问题,他们认为,爱只是想象中的存在。约翰逊博士①对于恋爱中人这个说法一笑置之,认为这“只不过是个浪漫的幻想”。他认为:“一个男人,跟某一个特定的女人在一起,或是跟世界上五万个女人中的任何一个在一起,都会一样幸福快乐。”萧伯纳也有相似的观点,他认为与某个特定的女人相爱是高估了女人之间的差异。这是这个流派的思想,虽然这里只有这两位现实主义者做代表。但无疑千千万万的男人(和相对较少的女人)都不会否认这个“浪漫的幻想”的存在。爱这个元素或许难以捉摸,很不真实,但它确

①Samuel Johnson(1709~1784):英国作家、文学评论家、诗人,常被称为“约翰逊博士”。——中译注

实存在。不管是幻想、高估,还是别的什么,心理学家的任务是要解释为什么只选择了这个特定的对象。

关于爱的选择,关于普遍和个别的情况都有许多理论。歌德的猜想是,一个男人和女人之间的选择性亲和,这决定了相互的吸引。他认为肯定有还未发现的规律,跟化学规律相似,是化学试剂一般的力量使他们互相吸引。奥托·魏宁格①断言,伴侣的选择遵循一套数学公式,其中两人的男性气质和女性气质互补,构成一个常数。舍勒②的同情理论包含了许多细致的心理学观察,而它们的出发点,即便不是神秘主义,也是过于理想主义的假设。叔本华和弗洛伊德的观点的相似之处在于,他们认为,爱仅仅是性欲的升华和延伸。我已经指出过,不管这两种需求会变得多么地相互依存,它们的起源和特点是不同的。

这个问题给心理学带来的影响是显而易见的。你选了什么样的伴侣,谁是你的朋友,这意义显著。这个选择,也说明了选择者是什么样的人,因为这选择源自他本性深处。告诉我,你爱谁;我就会告诉你,你是怎样的人,尤其是你想成为怎样的人。这个选择的原则反映了你性格构成中最隐私、最隐秘的价值观。蒙田关于友谊的一句话道出了这个问题的本质。回顾他和艾蒂安·德·拉·波埃西③一生的友谊时,蒙田写道,作为一位老人,如果被问及他为什么爱波埃西,他只能回答:“我爱他,因为那是他,因为这是我。”有趣的是,这个句式在他著作的初版中并未出

①Otto Weininger(1880~1903):奥地利哲学家、作家。——中译注

②Max Scheler (1874~1928):德国思想家。——中译注

③Étienne De La Boétie (1530~1563):法国作家。——中译注

现。蒙田最初只是写道:“因为那是他。”这个句子的后半部分是后来添加的,出现在1588年的版本中。当然,增加的部分说出了这个句子中更为重要的一面。它将注意力从选定的对象转移到了选择者。

关于爱的选择,我们不能满足于普通大众智慧得出的一般性见解。噢,这种智慧提供了不止一种意义。比如,它断言相爱必须性格互补;同时,它又认为,需要性格相似或是说物以类聚。这两种说法在日常经验中都能得到印证。谚语、格言和民俗似乎也反映了这个问题错综复杂,令人疑惑。再看看对这个问题的诗化处理,你会认为,对象的选择倒是适合押韵赋诗,但缺乏道理。像这样的主题,就是在最为矛盾的观点上形成了一个一致的意见。如果你认为熟悉、相似或同类的对象会被选择,那为什么很多时候人又偏向于选择陌生、异域或截然不同的类型呢?苔丝狄梦娜不喜欢罗德利哥,也不喜欢威尼斯的其他男士,只喜欢这个摩尔人。另一方面,还有一种普遍的倾向是选择和自己相同国家、民族或社交圈的对象。爱肯定不是感情用事地追求相异互补,但更不是追求同类。如果没有差异,爱不会发生;但如果差异太大,爱也无法形成。必须要有某种特定的相异和相似之处,隐蔽的互补之处,目前,还未能阐明。

我们从一个新的角度来看这个问题:出发点是自我缺陷感,需要自我完成或自我完善。内心有无意识但强大的愿望要力争完成我们的自我理想。之所以选择了一个伴侣,是因为需要他或她达到这个目的,是因为他或她满足了我们的理想形象。但如果就这么简单,就不会仍有问题存在了。爱的选择就会变得可以预测。任何一个个例都可以预见得到。我们只需要去问一个女人或男人她或他希望伴侣有什么样的品质,让她全面地描述他或她的理想,这样我们就可以准确地讲出这个伴侣会是什么样子。但这样的实验会得到很多意外的结果。一个男人给你描述了他希望的伴侣是善良、温柔、单纯的女孩,结果他爱上的却是一个娇惯的社交名媛。另一个自认为喜欢贞洁的类型,结果却成为妖冶女人的奴隶。一个女孩给自己塑造的幻象形象是一个一本正经、雄心勃勃、爱她至深的男人,结果最后爱上的却是一个一点都不喜欢她的花花公子。可以说,在这样的情况下,性是决定性因素,但无疑其中很多也是真爱。因此,呈现出来的情景着实令人疑惑。有时,我们发现,选定对象的真实情况或多或少地与此前的幻象相符;但我们发现不一致的情况也出奇地多,而且还经常看到选择的对象与描述的形象正相反。有时,看到现实与形象一点也不相像,我们会大吃一惊。爱真的这样盲目吗?还是说,对对象的理想化已经将这个人改观美化到了一定程度,以至于我们选择了相反的类型,却对这一点视而不见?无疑,有这样的情况,但这并不常见,在女性中出现得尤其少,因为她们比男人更现实。男人是真正的“理想主义者”(理想得不切实际),是恋爱中无可救药的浪漫主义者。《仲夏夜之梦》中,我从不怀疑仙后会爱上驴头人①,但莎士比亚不让她意识到她选择的对象是驴头人,我觉得,这是他为数不多的心理学方面的失误。即便是中了爱的魔,女人

①在《仲夏夜之梦》中,仙王奥布朗与妻子提泰妮娅产生矛盾,他给妻子下了药,让高高在上的仙后爱上了丑陋的驴头人,对他言听计从。——校注

也不是那么不情愿面对现实。

必须要承认的是，这个爱的对象经常与理想形象出现偏差，这是否证明我们这部分的概念、这个理想补角理论是错的呢？并不是，只是证明这个理论并不完整，或是没有阐释得足够清楚。对于我们所追寻的那些理想形象，我们只在一定程度上是有意识的。某些形象和某部分的形象从来没有突破我们觉醒时的意识阈限。这些幻象的岛屿，只有小部分浮现在物质现实的水面上，更多的部分隐而不见。有时你听到某个女人说："我从未想过会爱上他这样的人。"令她惊讶的是，她确实爱上了。什么吸引着我们，什么使我们厌恶，我们对此仅仅略知一二。有时，几分钟前，我们还很讨厌的人，几分钟后，又不可思议地被其吸引。许多男人认为，自己专情于某一类女孩，实际上，他们渴望的是另一种类型，而他们并没有意识到这一点。有可能这些形象突然与它们的对立面交换了位置，变成了我们意识中憎恶并排斥的形象。我们心中做选择的不仅有杰基尔博士，还有海德先生①。

在我们的头脑中，有足够的空间容纳这些对立的事物，也有足够的空间随着自我理想的改变而进行调整。当我们还是小男孩时，我们非常希望成为火车司机；稍长一点后，又想成为亚瑟王的圆桌骑士。当我们长大成人后，就不再有这样的想法。我们理想化的对象随着我们自身的成长发展而改变。而值得注意的是，这些早期形成而后来已遗忘大半或是拒绝承认的理想化形象类

---

①《杰基尔和海德》（*Jekyll and Hyde*）是英国作家史蒂文森的经典科幻小说。书中同一人物化身的杰基尔和海德两个角色，因善恶截然不同的性格，成为心理学上"双重人格"的代称。——中译注

型，会在很后期的时候出其不意地重现，跟当下的理想化形象并置。我们所仰慕对象的形象似乎可以与历经数世纪修建的大教堂相比，最终呈现出各个时代的不同风格特征。我们必须进一步考虑到我们的自我也并不总是统一的，由于我们性格中分裂矛盾的特点，我们的对象选择通常也变得很困难。我们可能会嫉妒或仰慕一个人的一部分特点，而同时对于另一部分又不感兴趣甚至厌恶；而这些特点在另一个人身上，我们又可能嫉妒或仰慕。我们在这里看到的情况是，开始是在不同对象之间摇摆，具有不确定性。一个人满足我们的某个需求，而另一个人又满足我们另一个愿望。他们弥补了我们自我的不同缺陷。

有时候，两个对象的品质互补，你为大自然没有将他们合二为一而感到遗憾，因为只有这样，这个人才是你期望遇到的理想对象①。你会发现男人和女人在对爱情失望之后，或是经历了不愉快的恋情后，常会爱上与他们青睐的类型或形象迥然不同的人。就好像一种心理可能性已被耗尽，只能让位给另一种心理可能性，而这二者通常是相反的。两个人相遇，是两个过往的相遇，而每个人期望的伴侣形象是他们过往的重要组成部分。要评判一个男人或女人，不能只看他们的同伴是谁，还要看他们希望与谁做伴。

一个人在被爱者身上找到自己缺失的品质和天赋，这个理论只是大体上正确。更细致的观察会发现，这些同样的品质，爱人者自身也有，只是与其他品质的混合比例不一样，有时这些品质

①这似乎是托马斯·曼(1941)所述之神秘印度传说“互换的头颅”的深层含义。

处于潜伏的状态。它们被压抑、被划清界限,它们的发展受到遏制。它们属于性格的地下部分,它们的表达声音微弱,就像被埋在深井中的矿工发出的敲击声。而在爱的对象身上,这些品质清晰可见,或是有着同样的倾向,只是目的不一样。我们并不是嫉妒或仰慕爱的对象的某些特质,而是像接收无线电波一样,接收到对象身上一系列不同强度、不同目的的无意识倾向。你认识一个女人,欣赏她的优秀品质,也容易被她的魅力吸引。为什么你不爱她呢?你把她和其他女人做比较,她也没什么损失。这里就是陷阱。爱里没有比较。爱会克制,不去比较。爱的对象是独立存在,与众不同的。爱人者是一神论者,他知道其他人信仰不同的神;但对他来说,无法想象有其他神的存在。

自我搜寻合适的情感补角,搜寻某个人自带的某种心理魅力。因此,爱的对象是由两个个体的一系列冲动所决定的。换句话说,这基于两个人的情感潜能。对于人性格的识别,似乎女人比男人有更好的判断力。举例来说,她对一个男人工作的性质和价值一无所知,比如吸引她的是一名工程师,但通过观察工作中的他,她可以了解他是什么样的人,这种了解通常比他的同事还要准确。而此时我们正航行在深海上,不确定是否能安全驶出。

并不是有高深莫测的力量在影响我们爱的选择。我们在搜寻我们旋律的复调,搜寻互补的个性,寻找化身于被爱者的一个旧形象。在最深层的意义上,我们是在寻求自我的完美,寻求一个能满足我们对自己的要求的人。我们希望能被这个人爱,就像如果我们是理想人物会被人爱那样。我们对爱的选择不是偶然,而是由我们对自己的态度所决定。影响我们选择的并不是无关紧要的考量，而是涉及我们整个未实现的性格，不管我们是否意识到这一点。爱的对象不仅是我们渴望的对象，而且也能平息我们对自身的渴望，让我们与自己达成和解。值得怀疑的是，到底是我们在主动选择，还是无意识的动机让我们选择。

是的，我们通过反复试错，得出了正确的选择，但那是因为关于我们自己的性格、我们内在的要求和隐藏的本性需求，我们都在极力自欺。一名智者的话语中含有深意，重要的不仅是要“选择正确的伴侣，而是要成为正确的伴侣”。

既然一个人觉得他无法与爱的对象相比，那是什么给了他去爱的力量和勇气？他是如此谦卑，觉得自己一文不值，不敢去爱，不敢表现喜爱之情。一个人必须要先在无形的鸿沟上架起桥梁，建立一定的自我接受，才能做出爱的选择。两个人之间的差异是否真的能有如此之大，以至于当我们遇到美丽迷人、天资卓越之人时，我们应当感到谦卑和气馁？我们所崇拜的优越对象呱呱坠地之时，难道不也是无助的婴孩？难道他们之后没有和我们一样受制于同样的烦恼、弱点和限制？难道他们不是和我们一样都会死去，都会经历那孤单悲惨的最后一战？在死亡面前，这些看上去所谓极大的差异是多么渺小！在我们从无到有再到虚无的短暂时光里，它们真有那么重要吗？

我很喜欢莫西·门德尔松①求爱的故事。门德尔松是著名的德国犹太哲学家，莱辛②称其为“第二个斯宾诺莎”③。这个故事

---

①Moses Mendelssohn(1729~1786)：德国哲学家及犹太启蒙运动的先行者，是作曲家费利克斯·门德尔松的祖父。——校注

②Lessing (1729~1781)：德国戏剧家。——中译注

③Spinoza(1632~1677)：荷兰哲学家。——中译注

不仅与人性的弱点有关,也关乎喜爱之情。它可以证明爱和死亡一样,有消除差别的功能。大约 200 年前,年轻的哲学家门德尔松到访汉堡。在那里,他认识了贵族商人古根海姆及其家人。身材矮小又驼背的门德尔松爱上了古根海姆漂亮迷人的女儿弗鲁姆叶。在汉堡呆了几个星期后,他来到银行家古根海姆的办公室,询问他女儿对他有什么看法。古根海姆有点迟疑,但年轻的哲学家坚持要听到真话。于是,这位父亲说:"嗯,你是个哲学家,也是个聪明人,希望你不会见怪。小女说,她第一次见你的时候,吓了一跳,因为……"他迟疑了一下。"因为我驼背?"门德尔松问道。古根海姆点了点头。这位哲学家说,他也猜到了,他只想跟这个女孩道个别。他上了楼,看到她正在忙着做针线活。交谈时,她也回避了他的眼神。他巧妙地把话题引向了他的心事。她问他是否也相信婚姻是上天安排的。"当然了",他答道,"而且我还遇到了不同寻常的事。如你所知,当一个小孩出生时,天堂的人就会大声说,'这个男孩将娶这个女孩为妻,那个男孩娶那个女孩。'当我出生时,他们也这样宣布了我未来的妻子,但还多说了一句:'唉,她将会有严重的驼背。'我大叫了起来:'噢,上帝啊,神啊,一个驼背的女孩会很容易心生怨恨,变得冷漠无情的。女孩应该是美丽的。上帝啊,把驼背给我吧,让她拥有健美匀称的美丽外表吧。'"女孩深受感动,向门德尔松伸出了手。她成为了他忠诚恩爱的妻子。

2

显而易见的是,爱和被爱这两种情况在心理上是不一样的。

自我观察让我们相信,即便我们非常幸运,既在爱着也知道我们被爱着,这些情感还是可以被区分开来。同样清楚的是,这两种情况之间有情感联系。爱人者难道不希望被爱吗?对方难道不会对这个愿望有所反应?不管这种联系的本质是什么,更好的做法是,首先分开探讨这两种情况,以免混淆。这种清晰划分的另一证据是,我们观察到个体内这两种需求并没有均等地发展。

大家知道,许多人被爱的愿望比爱人的愿望强烈得多。有一些人花了特别多的情感能量来努力成为别人喜爱的对象,而他们却不能理解喜爱别人带来的快乐。另一些人觉得,爱人的感觉更令人满足,而似乎并没有强烈的愿望要激起对象的回应。歌德笔下的人物问:"我爱你,与你有什么关系?"[①]有些人坦率承认,对他们来说,爱一个人带来的情感充实和内在变化比被爱的感觉更加重要。拉罗什富科公爵一定是他们中的一员,因为他在《道德箴言录》中写道:"爱的快乐在于去爱,自己感受激情比唤起他人的激情更令人幸福。"

这些相反的类型是否只是例外,是否只证明了一个定律:爱希望回应,爱唤醒了这个期望的反应?只要我们没有说服自己这个心理学定律真正存在,就很难对这个问题做出判断。我们只知道,或至少经验教会我们,这两种需求之间似乎存在着一种功能性的联系,但是哪一种功能呢?是否喜爱会唤起喜爱?肯定不总是这样,因为还有单相思,还有在对方没有先释放感召力的情况下仍投向对方的爱。有时候甚至看上去好像当一种需求得到满

①《威廉·迈斯特的学习时代(四)》。

足时，另一种需求就减退了。当一个人被爱后，就不会再同样迫切地希望去爱人了。

有一条古老的隽语是这样说的："要想被爱，就去爱人。"①听上去像是实用的建议。无疑，这是个好方法，但不一定总会达到想要的效果。要达到这样的效果，必须同时要有某些其他的心理预设。我们知道，展现喜爱之情可能没有效果，甚至会有相反的效果。看上去，我们现在探索的领域似乎没有规则可言，情感的因果规律也无法计量。

我认为，对于这个主题，要想获得一些心理学层面的信息，最佳的方式是从一些简单的问题出发。当爱唤起了期盼的效果，求爱的对象受到吸引，最终表现出关爱，其间发生了什么？如果对于这个问题我们能得出满意的答案，那我觉得，解答另一个问题也就不难了——也就是说，为什么在其他情况下没有产生同样的反应？为什么没有回应？或者为什么产生了不同的回应？依我看来，幸运的结果来得如此频繁，着实令人惊讶。

如果我的论点正确，即如果所有的爱都遵循同样的情感模式，那么回报对方喜爱之情的人，也会经历爱人者同样的心理过程。假设被爱的是一位女士，她因对方的仰慕和嫉妒而感动，想成为求爱者，想成为他；她因满脑子想的都是他，而试图摆脱对他的念想，尝试着拒绝和贬低他，最终臣服于强大的情感反向浪潮。

①无疑古希腊人早已知晓这个心理处方。塞内加引用了源自斯多葛派哲学家赫卡忒的话语，赫卡忒是帕那提乌斯（公元前2世纪）的学生："我告诉你一种爱的魔药，既不含药物和药草，也没有女巫的魔咒；如果你想被爱，那就去爱人。"（塞内加，《书信》，（九），6。）

到目前还好，但在她自然地坠入爱河和因他的追求而产生喜爱这两种情况之间有一个决定性的差异。这个差异会体现出情感反向作用的不同。要清晰地阐释这个差异，我们不需要大费周章地搜寻类似的情况。有很多现成的例子。我们以作曲家和听众的心理为例。听众和创作者对这支交响乐的情感一样吗？一开始，在听众踏入音乐厅之前，肯定是不一样的。在去音乐会之前，他有他自己的情绪、情感和想法，可能是忧伤的，也可能是欢快的。他可能从一场压抑的商务会议而来，在他入座时，在音乐家们调音时，他可能还沉浸在那种情绪中。他听到约翰·施特劳斯歌剧《蝙蝠》的大华尔兹。几分钟后，他就被生活的乐趣所淹没。生活变得轻松惬意，空气中充满了幸福的迹象。他的感觉就像品了一口美酒，酿酒的葡萄采自维也纳附近的山上。或是之前他在参加鸡尾酒会，正与美女调情，与朋友欢聚，生活朝他微笑。现在，他听到柴可夫斯基《悲怆》的柔板，内心激起了深深的波澜。一切都陷入了绝望与懊悔，再也感受不到任何幸福，一切都是徒劳。死亡就在眼前，无处可逃。他像喝了俄式茶炊中的苦茶一般。

我们感兴趣的不是其中的美学问题，而是心理学问题。作曲家在他创作的音乐中表达了他的情感、想法和冲动。听众是否能感受到相同的情感？他的心理过程是怎样的？我们假设他的情感与艺术家创作前和创作时的情感相同或相似。这些情感被音乐唤起，但这是否意味着听众与音乐创作者有着相同或相似的经历？从方向上来讲，听众与作曲家这两种情感状态有着本质上的区别。对艺术家来讲，他的情感经历转化成了音乐的表达，音乐又在听众心中唤起了贴合这种音乐的情感经历。它不会创造经历，只是更新经历。音乐作品并不产生情感，它唤起情感，使情感从沉睡中醒来。如果听众全神贯注于其他想法，深陷其他情感之中，作曲家的努力就会失败，他的呼唤会变得徒劳，他的魔法不会奏效。总的来说，听音乐可以引发音乐所表达的隐藏冲动和情感。作曲家的情感不仅通过曲调的和谐与不和谐传递给听众，还在无意识中将自行传达给听众。尼采在听《卡门》时，有如下描述："我把耳朵放在地上，捕捉这首音乐潜在的情绪。我听到了它的缘由……而且，奇怪的是，我并没有在真正思考着它，或是说我不知道自己在多大程度上思考着它。"①在听严肃音乐时，每个听众都会有这种无意识的情感过程。

总的来说，上述情况与爱人者及其所爱对象有情感上的相似性。通过一种引发过程，爱人者在对象身上唤醒了他自己对对象的那种情感。跟作曲家和听众之间一样，情感的流动是反向的。一个人有意识或无意识透露或表达出的喜爱之情，唤醒了对方回应的爱。但这只是从大体上解释了这种相互作用的本质。如果我们考虑到爱人者出现前的情况，具体状况就会变得更加清晰。作曲家没有在听众心中创造出情感，同理，爱人者也没有在对方心中创造出喜爱之情。潜在的情感本就在那里。自我暗中为这些情感做好了准备。它期待被爱，在无意识中期待已久。然而，得知被爱难道不是惊喜吗？有时，被爱的人会觉得，这是一个奇迹，一个启示，不是这样的吗？是这样，但即使是奇迹，也是无意

①《瓦格纳事件》(1888)。这是尼采写的一本篇幅很小的书，他在书中称赞比才的音乐，贬抑过去好友瓦格纳及其所代表的浪漫主义为颓废的音乐，认为瓦格纳的音乐是欧洲近代文化疾病的表现。——校注

识中期待的奇迹。

如果我们对自己足够坦诚的话，我们会承认，我们漫步人生之时，暗中会有期许，期待有一天，这个世界会突然发现我们隐藏的优秀品质和我们的善心好事。在内心深处，我们相信，人们会发现我们的这些品德，就像在天主教的传说中，亚历山大的民众突然发现路上一个普通人的心在发光，这个奇迹让他们意识到这是一个圣人。这种期待奇迹的心理前提是显而易见的。我们都渴望被欣赏、被仰慕。我们每个人都期待自己迟早会被认可。每个人都想被喜欢。

除了无意识的期待之外，我们还有一种根本上的不安全感。在讨论我们对自己的不满时，我们提及过这一点。之所以保有这个不良成分，是因为我们无法满足自我的要求。这种不安全感因为被爱的确定性而得到消除。对喜爱之情很确信的人，会有更高的自尊和自信。这种确定性给了他勇气，让他敢于去爱。要去爱，必须先要有一定的自信。被爱使人确信：他是值得爱的，他是可爱的。在这个意义上可以说，被爱的感觉创造了奇迹。

似乎女人比男人更需要被爱。这与精神分析学家认为的“自恋”态度无关，实际上是因为女人普遍比男人更没有安全感，虽然她们比男人更擅长于掩饰这种不安全感。女人需要被需要。她们想要确定她们是被需要的。相较于男人，她们隐藏得很好的不安全感完全支配着她们，她们想要反复听到她们被爱的事实，以及对方有多爱她们，对方为什么爱她们。就好像必须要驱散一个旧有的疑虑。她们比男人更清楚，比起她们真实的自己，男人对她们的印象和看法更加重要。她们通常会根据男人眼中的形象来塑造自己。在私底下，她们很害怕对方发现她们有多么名不副实、不堪一击。

她们很清楚，自己不是天使；但她们也知道，在这些目光短浅的男人面前，她们必须要装出这个样子。对于个人的喜爱之情，男人比女人更反复无常，因为他的自我理想要高得多。因此，普遍来说，女人并没有那么强烈的冲动要将伴侣理想化。在意识到男人的短处和缺点之后，她们还是可以爱他们。而男人更难做到这一点。这也是为什么虽然女人常能意识到自己的缺点和人性弱点，却不愿意承认它们。她们感觉到，男人心理上必须要塑造一个完美的爱的对象。女人用傲慢保护自己，是因为内心深处的不安全感和脆弱使得这种保护成为必要。相比男人，她们需要更频繁地确认自己正被爱着；这样，她们才敢去爱。她们对任何一丝的漫不经心、不重视和不欣赏都很敏感，害怕自己太轻易地屈服于男人的求爱。这种担忧通常是合情合理的，会使她们犹豫、等待，会引起她们的抵抗，推迟她们对求爱的回应。

如果对被爱的反应就是对呼唤的回答，就像听众回应音乐曲调中表达的情感，那么在一个人意识到他被爱时，必定有一些此前的经历被再度唤醒。很容易回答的部分是，他被爱着，他通过爱人来回应。他回报的是他接受的爱。如果说被爱的感觉让我们想到了孩提时期接受的母爱，因此唤醒了我们的旧情感，这样的回答有点过于简单。这样的心理学解释充满了真理，但并不全面，这回避了问题的实质。确实，如果我们没有一些曾经被爱的记忆，我们无法去爱。但是，如果我们没有在某个时候怀疑过这份被爱的感觉；如果我们总是对被爱很确定，我们也无法去爱人。

换句话说，如果我们没有先被爱，再失去对被爱的确定性，爱也不会成为可能。一个从未被爱过的人是无法爱人的。但如果一个人一直被人爱着，每个人都爱他，那他同样无法去爱。前一个论断可能很容易被接受，但第二个论断就比较出人意料，其在心理学上的影响是深远的。

被爱不是一种原初的需求。这种需求无疑是在童年后期通过经验习得的。更准确的说法是，通过多次的经历或是同种经历的多次重复。我相信，这些经历是一种负面的经历。儿童会意识到，他没有被爱着；会意识到，他母亲的爱不是无条件的。婴儿知道了母亲会对他不满意：如果他的行为没有如她所愿，她会收回她的喜爱，她还会生气或发怒。我认为，这种经验激起了婴儿的焦虑感。无疑，会失去他母亲的爱这一可能性会对儿童造成不亚于地震一般的打击。

当儿童第一次发现被母亲所爱并不是无条件的，这无疑是一次可怕的经历。我认为，这个经历不能与成年人对爱的失望相比，因为儿童的自我更加脆弱，对他的母亲更加依赖。或许，当成年人突然失去原本确信的爱时，会有些许相似的情感反应。对于儿童来说，他不再被爱的这个体验会令他非常震惊，只有通过多次重复才能使他理解这一情况。于是，儿童开始意识到，当他的行为没有遵循母亲的要求，当他调皮不听话时，这种可怕的情况就会发生。当他发现自己的行为与这种后果之间的关联后，他就会试图避免这一可怕的后果。显然，他在最初是没有意识到这一点的。每次想要屈服于禁忌的冲动时，都会伴随着失去爱的焦虑。如果没有经历过因为母亲看似要收回她的爱而带来的挫败和焦虑,儿童可能永远都感受不到被爱的需求。

这种焦虑原本并不等同于害怕被惩罚。我认识一个小女孩,调皮捣蛋后,她希望受到惩罚;因为她确信惩罚之后,她的妈妈又会再爱她。儿童焦虑的核心,其实很容易猜到——害怕留他独自一人。在以后的人生中,一旦想到亲爱的人会抛弃我们,我们就会感到这种恐惧,就会回响起这种威胁:“你要是调皮,我就走了。”不仅80岁的法朗士①在去世前哭喊着“妈妈!”,成千上万的士兵在战场上也如此呼喊,寻求帮助。不管是在幼儿时期,还是在老年时期,这种害怕被留下独自一人的恐惧都同样强烈。我们欲望的根源就是想要被爱。

如果我的头发变得花白
你是否还会过来说
“我还是像年轻时一样爱你?”

正是这样的经验,这样的焦虑,使得我们总是渴望被欣赏、被需要。从最深层次的意义上来说,我们想要被爱,像曾经被母亲爱着那样。这个要求既坚定不移,又不可理喻,也无法实现。我们再也不会像这样被爱,母爱也无法被其他人的爱所替代。一个男人曾经问他的情人,如果他突然变得穷困潦倒,她是否还爱他。“当然”,她答道。他又问,如果他因事故变得跛足,她是否还爱他。这个问题也得到了肯定的答案。但这个男人还是不满足,他

①Anatole France(1844~1924):法国作家、文学评论家。——中译注

又试着问,如果除此之外,他变得又聋又瞎,还神志不清,她的爱是否依然。女人终于失去了耐心,说道:“为什么我要去爱一个身无分文、一瘸一拐、又聋又瞎的傻子?”说得对极了!她为什么要爱呢?只有母亲才会不顾一切地去爱她的孩子。

我们知道,这种焦虑在之后的人生中会具有一定的社会性。焦虑来源的对象会从母亲转移到我们欣赏尊敬的其他人身上。每次我们因为没有按照社会的要求行事而面临被社会排斥的危险时,这种焦虑就会以一种愧疚感的形式出现。这种社会焦虑感的核心是害怕被排除在外,害怕被留下独自一人。

母亲或保姆会收回喜爱之情这一可能性,常会动摇儿童对被爱的确定性。似乎我们儿童期的大部分时间都被这种恐惧的阴影笼罩。20 年前见到的一幕,让我至今难忘。一个熟人的小女儿一直以为自己是百货商场买来的,而不是她妈妈生的。小女孩不听话,她的妈妈就吓她说,要把她退回去,换一个更好的孩子。小女孩哭得撕心裂肺地说:“不要换!希尔达很好。”看来,日后之所以会塑造理想自我的幻象,其重要原因之一就是难以成为模范儿童,而理想自我非常适合用于教育中。因此,我们将自我理想的塑造与被爱的愿望联系在了一起。对喜爱的需求已取代了对完美的追求。现在,我们再一次回到对自己不满的讨论,这是本研究的出发点。

没有被爱的经历,或许更重要的是,没有不再被爱的经历,就不可能去爱人。复得乐园的热情源自曾拥有后失去的记忆。前面的讨论也回答了这一个问题:哪个需求在先?爱人还是被爱?当然,对被爱的需求不仅在儿童发展过程中更早出现,而且一直是一种更强大的需求。如果这个说法成立，那么新的问题又出现了，另一个强烈的冲动是去爱人，那被爱与爱人之间有什么关联？好像很早以前就已经回答了这个问题，然而这类心理学问题非常难以撼动。

我已尝试说明爱的起源，是对嫉妒、占有欲和敌意的反向作用。去爱的需求是源自不再被爱的经历，那么这个新的见解与我们的已有概念如何兼容？肯定新的见解与已有概念并不矛盾，且前者让后者更加完整。这个早期不被爱的经历是先于去爱的需求出现，而且这也解答了为什么在人的思想中会出现对喜爱之情的渴求。这个新的见解让我们明白了，去爱原本就是为了要重获确定被爱着的幸福感。这种努力源于对自己的不满，以及无法将自己讨厌的自我换成更好的模范自我而导致的挫败。

看来对于爱人者和被爱者关系的讨论，还可以产生更多、更深刻的见解。这可以让我们更加了解这个情感过程本身，尤其是目前还未解决的反向形成问题。大致的线条是清晰的。对象首先与其说是可爱，不如说是令人嫉妒。他最早是嫉妒、占有和挑衅的对象。然后，似乎这些倾向无法实现它们的目标；于是，出现了强有力的、神秘的反向温柔浪潮，我们称之为“喜爱”。我们现在用新的视角看待这一过程，把它放在目的是被爱这一新观点之下。

经历了母亲的不满和表面上对喜爱的撤回，儿童最初对这个威胁的反应是害怕。他试图通过表达敌意和挑衅来重新获得看似失去的爱。他竭尽幼童性格中所有的暴力，想要再次拥有这最宝贵的物品——母爱。想要重获母爱的绝望之举中有着原始占有欲的基本特征。它几乎有本能反应的特点,想要抓住对方,并紧紧依附住。在这种努力中,敌意和占有欲超过了温柔。这项努力的性质转变发生在失败之后,在儿童发现他的努力没有用之后。于是,现在发生了非常奇怪的事,与我们有意识的思考无关,但与婴幼儿的行为方式很接近。不再是直接去抓住对象,用凶狠的方式占有对象,儿童像从前一样将自己等同于对象。在过去的欢乐时光里,母亲是怎么对待他的,现在他也同样这样做。这个过程非常富有启发性,因其大致决定了爱的模式。因而,小男孩会用自己的行为展示出他希望母亲怎么对他,她应该用什么样的行为对他。他宣告这个愿望的方式是通过对母亲表达他的温柔和喜爱——这些母亲以前给予他的情感。这是一种通过接替母亲的角色来克服绝望和失落感的尝试。男孩通过自己的行为来表达他的愿望:看,我希望你这样对我——这样温柔,这样关爱。当然,这种态度不是深思熟虑或理性计划的结果,而是一种情感过程,通过等同,即角色的自然交换,在无意识中诱使母亲来满足他的愿望。他通过自己的行为展示了他希望怎样被爱。这是一种逆向的原始呈现方式,他先示范希望她做的事。在这个展示过程中,留存着曾经从母亲或关心自己的人那里接受的关注、温柔和亲热的记忆。这种过程的心理动态非常原始,但这是婴幼儿独有的态度;对于我们成年人来说,需要花费一番精力才能领会其中的意义,因为我们已经失去了轻易将自己的态度转换为他人态度的天赋。这个机制的本质就是通过自己的行为,展示出希望对方呈现的态度。小男孩亲热地对待母亲,是告诉母亲应该怎样对待他。他希望被温柔对待,但除了自己做出表率、主动表现之外,没有其他方法来传达这个迫切的愿望。与他的激情对应的，与其说是他自己的欲望，不如说是他想在对方身上激起的欲望。

先于这个行为出现的，是一个无意识的幻想，是关于对象应该如何行事的愿望。急不可耐的自我继而扮演了对方的角色，呈现出希望看到的对方行为，并展示在她或他的面前。一个人追求他人、向他人求爱的方式，反映了他想要得到什么样的深情对待。爱的开端是对被爱的无意识幻想。

这种展示是一种主动形式，通过逆向的方式表现出期待对方呈现你想要的态度。之后，这将决定爱人的方式有什么大致特点。在爱中，我们都无意识地这样表现。我们对于对象的关注和温柔，是展示出我们想要得到的对待和我们想要被动接受的体验。可以说，在这个愉快的游戏里，我们都扮演了两个角色。之所以我们表现出爱，是因为我们期待从对方那里接收到爱。就好像我们要去演示：我希望你对我的感情这样炽热。显然，我们通过一人分饰二角，演出了一个幻想。我们既是这份渴望之爱的施予者，又是接受者。我们的爱在无意识地宣传着我们希望如何被爱。这是代为他人演示。我们朝对方展现的行为，是我们希望对方展现给我们的行为。这样，我们就无意识地宣告了我们缺少什么，我们渴望什么。

因此，我们现在到了寻找爱最深层含义的时刻。爱的目的是被爱。最初是以进攻征服的形式追求这个目标的达成，而最终实现的方式是一人分饰二角。最初这是一个幻想，之后，通过我们的宣言、关注、温柔以及温和言行向对象演示了这个幻想。

3

在儿童期，爱仅限于少数人——父母、保姆、玩伴。儿童想要被这个小圈子的人欣赏和仰慕，这个圈子就代表了他的整个世界。世界有多大，并不在于其在物质层面上有多宽广，而在于个体对其范围的想象力。拿我两岁的孙子来讲，他有了一个惊人的新发现，那就是其他人也有爸爸。他曾以为世界上只有一个爸爸。

儿童想要被爱、被欣赏、被赞同的这个圈子在逐渐扩大，包括了老师、朋友、熟人、游乐场的小伙伴。之后，这个圈子还会包括更大的群体。一个人不仅会向他的家人、朋友寻求社会认可，基于他雄心壮志的大小和特点，还会扩大到社区、国家、大洲、世界去寻求认可。被一个女人所爱只是这种需求的形式之一；仅限于某一个女人。你也可以说，寻求社会认可的需求是想要被一个人欣赏、仰慕这个原始愿望的放大版。这种需求，我们每个人都有，以不同形式存在。每个人都渴望得到社会认可。诗人或作曲家可能会把自己的作品放进抽屉，决定永远都不发表；但在这个作品的构思和创作过程中，他都有意识或无意识地假想了受众：许许多多的读者或听众，或是仅有一个读者或听众，那也足够了。在他独自一人时，他或许感受到了创作的快乐，但在无意识中，他并不孤单。他有看不见的受众。在这个例子中，现实并没有心理上的意义重要。没有人会仅仅为了自己而创作，因为成就和爱一样具有社会属性。对社会认可的渴望是个体对被爱的需求最为笼统的表现形式。这种渴望可以强大到替代另一种需求，即替代被某一个人爱或被某些人爱的需求，就如同社会群体取代了这些个体的位置。原本渴望的是某个人的欣赏、认可和仰慕，现在偶尔某个群体或是许多人可以替代这个人，这是一种显著的发展。

我对一个特定的问题感兴趣，即突然获得社会认可会带来怎样的情感效果，这个问题涉及的对象是许多人。如果一个人在某个瞬间猛然发现他成为仰慕和社会认可的对象，他会有什么样的感受？我对这个小的心理学问题感兴趣，因为我发现不同人的情感反应都大致相同。个体差异可以忽略不计。

随机挑选几个例子。第一个是最近发生的。有一次，我的小女儿米丽亚姆过五岁生日。这个夏天，我们在一间山上的小酒店度假，小女孩很快便成为宾客们的可爱宝贝。她一点也不腼腆，又讨人喜欢，跟每个人都友好地聊天，既开朗又待人亲密，很快便赢得了众人的心。酒店的几位女宾客偶然得知米丽亚姆今天过生日。对此，米丽亚姆自己功不可没，因为她到处去问经理、服务员和宾客："我打赌你肯定不知道今天是什么日子。"然后，接着告诉他们，今天是她的生日。在吃早餐时，几个客人祝贺了她，还给她送了小礼物，她一点也不害羞。午餐的时候，餐厅里发生了一点情况。当时，一百多个宾客在各自的小家庭餐桌上就餐。在上点心之前，酒店经理拍了拍手，以唤起大家的注意。然后，开口讲道，今天是一个特别的日子，每个客人都喜爱的、年纪最小的客人今天过生日，他希望在场的各位都祝贺她。他跟小女孩握了手。她笑了，感到受宠若惊，礼貌地感谢了他。然后，门打开了，一个女服务员端着一个漂亮的生日蛋糕走了进来，上面点了五根蜡烛。她把蛋糕放在桌上。宾客们像一个大家庭一样，对着蛋糕唱了起来："祝你生日快乐……"本来因为收到很多礼物而兴高采烈、受宠若惊的小米丽亚姆，突然做出了奇怪的反应。当她意识到每个人都在笑着看她，都在为她唱歌时，她的眼里泛起了泪花。她试着把脸藏到她妈妈的大腿上，然后，又突然钻进了桌子底下。她仍然在哭，但桌布挡住了所有的目光。

显然，本来无忧无虑、勇敢无畏的小女孩惊慌失措了，既感动又羞愧，流下了眼泪。当天晚上，她妈妈问她为什么会这样，她说："这太过了。所有的人都在看我，为我唱歌。"

我想把她的情感态度和一个比她年长七十岁的人作比较。法郎士是一个非常谦虚、不喜欢被表扬的人，但他在北非之旅中，受到了众人对神一般的称赞和崇拜。旅途从摩洛哥到突尼斯，目的是拜访沿线国家的古迹。在这长长的旅途中，他一直受到热烈欢迎。小村庄的师生们等待着为他献上一束野花，大城市的知识精英争相设宴款待并盛装出席，成千上万的仰慕者不断地展示着他们的热情。每个城镇都竞相向他表示敬意。他的朋友米歇尔·科迪整个旅程陪伴着他，他记叙了在特贝萨的欢迎宴会。宴会设在弥涅尔瓦古神殿，一处保存完好的罗马遗迹。梯级两边的年轻女孩列队而立，身着古典白裙，手持棕榈绿叶。在胸前紫红的绸缎绶带上，金色的丝线鲜明地绣着法郎士的作品名字。年老的作家在这魅力十足的列队欢迎中，登上了台阶。他哭了。①

---

①米歇尔·科迪，《阿纳托尔·法朗士——他的秘密和回忆》，Flammarion，Editeur，Paris，1927，p. 67。

这位伟大的作家和这个儿童的情感特点有什么相同之处？从那一刻起，他们哽咽了，他们必须哭出来。显然，他们因得到意料之外的荣誉而感动。但为何流泪？你可以说突如其来的幸福会让人想哭，但我们想要更多地了解这个心理过程。这与预料之中的赞美一定有所不同。出人意料，这一点一定是重要因素。在多年前出版的一本书中①，我尝试着提出了一个理论：过去有一个期待，现在已进入无意识中，当它突然实现成为现实，人就会感受到惊讶的情感。举例来说，曾经有一个很强烈的愿望，没能实现；在有意识的思想中，它已被埋葬。然后，突然从天而降一般，它被实现了。当无意识的愿望（或担忧）实现时，就会感受到惊讶。在我们的例子中，一定是过去幻想着被爱，被大家认可、欣赏；然后，出人意料地，愿望实现了。但在这两个例子中，主人公在一定程度上都有所准备，他们都期待着会受到光荣的对待。在著名作家的成功之旅中，他预见到在每一站都会受到赞颂。小女孩也预计到一些宾客会说些友好的话语，给她好吃的糖果，等等。看起来并不满足上文提到的意料之外这一条件。而事实上，尽管法郎士和小米丽亚姆对荣誉有所预期，但他们没有准备好接受如此盛大的庆典。两个例子中肯定存在惊讶这个成分。庆典的盛况让他们难以承受，他们在情感上被震惊。他们有所准备，但他们的情感如此强烈，只能被认为是过往幻想的情感回响。在以前的白日梦中，伟大的老者和小女孩都曾想象他们将被人深深喜爱。

我们刚才探讨了惊讶这一因素可以强化情感反应，我们还要

①西奥多·赖克，《惊吓》，Vienna，1926。

回答为什么他们会被感动到落泪。幸福的表达方式,通常难道不是胜利的大笑或是其他表示深感满意的面部表情吗?如果说强烈的快乐也会通过眼泪表达,这也有道理;但我们必须加一句:这并不是对所有极度幸福的情况都成立。这并没有让我们可以免于去解释这种特殊的情感。

这个情况结合了几种情感因素——惊讶、骄傲和羞愧。结果是,幸福的满溢,加之深受感动,造成了情感的爆发。对于这种有点复杂的情感状况,我的精神分析肯定是不充分的。我将它呈现出来,因为我只知道这种分析方式。从我查阅的心理学文献中,我发现,没有人试着阐明过这种奇怪的复杂情感。可以明确的是,惊讶在结果中发挥了作用,但仅仅是在情感的强烈程度方面。一个过去的愿望突然达成了,一个遗忘的白日梦突然实现了。这种实现曾经期待过,后来放弃了,这一点无疑是重要的;但要做心理学层面的评估,这种放弃背后的无意识动机更加重要。我认为,大部分人都觉得放弃是必要的,不仅是因为外部世界拒绝认可一个人的优点或天赋,还因为本就没有优点和天赋而只能放弃。就好像周围的人不认可、欣赏我们是因为我们不值得被认可。他们的克制仅仅是表达出他们对我们的负面评价。在我们能认识到自我价值的有意识状态下,我们觉得,他们对我们缺乏欣赏不仅仅表达出他们的忽视或漠不关心,还表达了他们的裁判。他们通过态度宣布了对我们的判决:我们不配获得我们所期待的普遍认可。对于这种负面的反应,对于社会对我们的努力没有反应或反应得不够,我们无意识的解读可以回溯到我们隐藏着却时刻感受到的无价值感。

当巨大的社会认可突如其来地赋予我们，我们的幸福感不仅源于实现了一个无意识中的旧心愿。不仅如此。我们深受触动，因为我们摆脱了无价值感和愧疚感。突然，确实无误的迹象告诉我们，这个群体，无论大小，已经原谅了我们的思想犯罪，已经赦免了我们。不仅如此，这个群体已经准备好了欣然认可我们的优点和努力。我们再一次变得正当合理，走出阴影，走入阳光。我们不仅被他们欢迎，还被他们欣赏、仰慕、认可；这意味着我们被他们爱着。这就像是罪人被神恩所救赎。

突然的宽恕产生了极大的满足，这会赋予一个人幸福感。救赎的奇迹只能通过爱来实现，社会认可除了包含广义的爱之外，还有什么？也可以通过宗教来实现，宗教除了相信上帝爱人之外，还有什么？一波波的幸福感，以及对被爱的确定无疑将无意识的愧疚感冲走。在这自得意满的情感中，出现了一个回声，回忆起了以往的感受，让我们觉得自己毫无价值，不值得被认可，不值得被爱。这种回忆导致了复杂的情感。就如同一个人想要说："但我不配拥有这么多的幸福和爱！"正是将现在的极大满足和过往隐藏的痛苦相比较，使人受到触动。对他来说，就好像不是因为他值得，而是尽管他不值得，他还是被赋予了如此大的荣耀。这个情况就如同罪人得到神的恩典时的感受。在确信将被奇迹拯救的同时，他卑微地回忆起了他应是在地狱中受罪的人，他觉得自己应该受到严厉的惩罚。他能够像圣人一样共享救赎，这种幸福的感觉中，骄傲夹杂着谦卑，同时还觉得自己配不上这一切。这种情感中，混杂着高昂和低落的感受，让这个情形变得苦甜参半。欢腾中也带着谦卑，即便在恋人初婚的美好时刻，有时都能感受到一丝疑虑，怀疑自己是否配得上这样的欢乐。同样，胜利的旋律越来越强，将旧曲子的回声都淹没了。

4

在对爱初始阶段的描述中，内在涌动的不满和不安是决定性因素。我们对其本质的了解越深入，越发现其重要性不仅显现于前期，而且体现于爱的情感构成中。与其他理论相比，我们强调的事实是，离开自己的推力比选定对象的引力更为重要。人内在有一些力量在推着他逃离自己，摆脱自己，驱使着他想要逃开自己的存在。要逃避内在的不满或自我厌恶有几个方法。可以通过喝醉来感受与以往不同的自己；可以热心地投身于政治或宗教事业，继而忘却自己；还可以进入一种创作的心态，觉得不是抑郁不满的史密斯先生在写小说，而是别人在写。

在爱中，这个令人厌烦的自我消失了，和另一个人融为了一体。大部分关注爱这个主题的心理学家都忽视了或是根本没有看到情感的背离（emotional departure）这一要点。他们看到朝向对象的心理活动，却忽视了最开始当一个人转身离开自己时，就已经指明了这个方向。当一个人努力克服内心的不和谐时，其结果显然是由两个因素决定：对自己的原始不满有多强烈以及一个人能积聚多大的能量来脱离这令人不快的境况。如果这个论点是成立的，那么有两类人是无法去爱的：一类是自满自足的人，另一类是对自己极其不满的人。

是否有那种非常自满自足的人，不仅无法去爱，甚至不需要去爱？无疑，有一些人，比如天才、研究员、作曲家、作家、哲学家和伟大的宗教人士，这些人都沉浸于他们的工作中。他们选择了逃避自己的另一条路，因为偶尔他们也和我们一样，被他们的自我困扰。他们爱人的能力是受限的，因为他们的自我专注于工作中。而对于另外那些千千万万的人，不从事创造性工作，没有如此强烈的兴趣来消耗心理能量，他们又会怎么样呢？

要更容易地处理这个问题，我们可以先回到另一个论点。我们说过，爱人者起初必须无意识地妒忌或嫉妒对象。他必须仰慕对象，并感到相形见绌。因此，我们得到了如下心理学结论：不能嫉妒他人的人就无法去爱。这个论断有点奇怪，但只要它涉及的是无意识情感，对我来说这就是无可争辩的。上文提及的创造性人士，他们不是无法去嫉妒他人，而是他们太忙于自己的工作，以至于他们的嫉妒只是一时的，或是他们可以醉心于自己的天赋和卓越品质，来迅速克制自己的妒忌。我们可以将之前的论述放大，因而得到以下观点：一个人要去爱人，必须要能嫉妒他人，并维持这种嫉妒一段时间；并且要持续妒忌这个人，而不是妒忌他的成就。

是否有些人只能短暂地嫉妒和妒忌他人？有没有凡人能做到从来不嫉妒或妒忌他人？我表示怀疑。实际上，我倾向于否认这个观点，只有孤岛上的鲁滨逊及其他相似案例可能会是例外。在人与人的相处中，能否真正避免嫉妒和妒忌，这是非常值得怀疑的。但又有那么多的男男女女，对自己非常自信，显然是自足自满的。在这种时候，他们一定没有嫉妒或妒忌他人。那他们无法去爱人吗？不一定是如此。他们没有不满，充满自信：可能正是因为他们正在爱中，或是曾经爱过。他们可能取得了显著的成就，或是完全投身于宗教或政治事业。但这并不意味着他们从未能够去嫉妒或妒忌。

然而，有些人好像被免于受到嫉妒和妒忌的攻击。如同200年前的诗人所说，他们似乎对丘比特之箭刀枪不入。他们的秘密是什么？他们似乎对于他人的天赋和魅力不感兴趣。但真是这样的吗？他们从对方身上获得乐趣，但他们自己的情感开放程度有限。他们不是没有情感，他们只是不去爱。这类人常见于被精神病医生称为癔症和偏执狂的人格中。但在非病态人格中，这类人也数量巨大。他们中的大部分人没有意识到他们的短处。他们将自身的挫败归咎于外部环境和他们对象的缺陷。

精神分析可以证明，他们的优越感，他们表面上没有嫉妒与妒忌，都只是他们自己的伪装。这是一个无意识的防御机制，给他们的生活施了魔法，让他们可以抵抗强烈的喜爱之情。他们情感上的疏离、自负、自命不凡、自立自强都仅仅是伪装，是替代品。他们的自信只是替代品。之所以他们自我保护，是因为他们感到非常敏感脆弱。他们人为地强化缺乏安全感的自我。这种自我强化和高人一等的态度，在自足的盔甲开始瓦解时，拙劣地掩盖着情绪主人的孤单。法语里有个说法叫“遮盖旧衣的外套”，恰如其分地表明了这种态度的心理学本质。这些人在一方面的冷漠，常伴随着另一种热切的心情：就是对一些品质进行浮夸，并展示给身边的人看。他们过着间接的生活，总是热衷于打动他人讨好他人。迎合他人通常只是用来掩盖缺乏对他人的真正喜爱。这类人的特点是，在对自己的优越感大肆渲染一番后，他们常会感到某种自责和内疚，就如同他们知道这种优越感只是一种替代品。

内心有个声音坚不可摧，抱怨着生活有多么沮丧，他们试图淹没这一声音，却只是徒劳。就好像在内心深处某个地方，他们知道他们的傲慢只是伪装，自立只是假装，骄傲只是掩盖软弱。在维也纳时，我曾认识一位女士，她说："上帝应该一直给我足够多的自信；这样的话，我就不用变得自负了。"看来，她对这些替代品很了解。

嫉妒和妒忌是心理上的必要情感，沉着冷静的人可以避免自己出现这种情感，但他也被剥夺了幸福和极大的满足感。他的自足让他避免悲伤，但也将他的生活置于玻璃罩下，没有机会放松或是在情感上放下防备。最终，他会厌烦自己。这就像针对强大的内在需求而进行的静坐罢工。这种执拗的镇定会成为自我否定，克制会变成禁欲。这有时会给人自我主义的印象；人们说，这样的人，其实是太自私了，不愿去爱。但是不是自私剥夺了他们巨大的满足感和快乐？实际上，让他们远离爱情的原因是：害怕失掉自己的独立，害怕被人发现他们不够好。他们不允许自己有这样一种内心深处，要将自己的命运与他人连在一起的冲动。他们不愿意屈服于对陪伴的隐藏需求，他们选择自我膨胀，自我强化。他们不仅想感到独立，还想感到重要，要站在舞台中央。而爱一个人意味着要以另一个人为中心。

他们成功了，但同时生活也忽略了他们。他们不会有意识地感觉到缺乏喜爱之情，但有时他们觉得自己像行尸走肉。从冷漠和情感的自足中，他们得到了骄傲和些许的满意，但这些最终都无济于事。有时,他们对这个谎言半信半疑,用半真半假的内容加以渲染,但他们内心某个地方明白这只是演戏。有时,他们试着去坠入爱河,但最终只成功地发现那根本不是爱。即便他们在与自己玩捉迷藏时,都充满了深深的恐惧。这只是虚假的爱,伪装的廉价品,因此,害怕的人是无法去爱的。

在多数情况下,他们的优越感掩盖了无意识的内疚感和不足感。他们害怕抛弃他们自己,害怕交出自己,因为他们认为自己不配被爱。在他们的自信背后是极度缺乏自信。在精神分析中,要除掉这些人无意识中为自己建立的防护墙,必须要有足够的耐心和心理上的理解。他们对精神分析学家也会展现出同样的自满和自信,也会把对他人的情感防御和冷漠照搬过来。必要时,要卸下他们伪装的自信和表面的自负,要进入更深层的内心不安全感和自卑感。一句犹太俗语能很好地表达这种治疗手段的目标方向,对这种人的建议是:"不必自吹自擂,你本就并不渺小。"

精神分析学家不仅需要除掉表面的自负,那些造成外表上优越态度的情感动机也需要被一并清除。他必须要除去对方的自信,甚至是自以为是,并用一种真实合理的安全感取而代之。非常奇怪的是,看上去过分自信、自尊自大的人,居然需要被鼓励。这是一个艰难的任务,不容易成功,有时根本不会成功。他们常会异常顽强地维护他们的立场,对他们性格的真正价值不屑一顾,欣然地用伪装的品质与之交换。就好像一个女人,总是将一套古老珍贵的餐具锁起来,却想用一套崭新锃亮的廉价餐具在客人面前显摆。我想强调的心理学事实是:这些人中大部分人的态度都是自我伪装。在表面自足自满的仅仅几英尺之下,就是深深的自卑感和不足感。

另一群无法给予喜爱之情的人，是那些觉得自己不配被爱的人。当然，这种感受通常不是有意识的。在多数情况下，这些人认为在难以捉摸的命运中他们是受害者，命运不允许他们找到合适的爱的对象。实际上他们极度缺乏安全感，怀疑是否没人会爱上他们。他们不愿冒险，因为他们的自信非常薄弱。他们的自我被摧毁、被削弱，充满胆怯，就好像遭受了人生的重创。不管表面行为如何，他们感到自己的不足，觉得被拒绝也是意料之中的事。没有一定的自尊自重，是不可能去爱人的。对自己一点也不友好的人，无法成为任何人的朋友。要想和别人关系融洽，至少你得和自己关系尚可。这些胆小鬼不仅在预想中就已接受被拒绝的结果，有时甚至还会去挑起这种结果。因为自我厌恶，所以无意识中他们也准备好了被他人厌恶。他们怯懦的灵魂常处于强烈的恐惧中，担心一旦让他人知道他们有多么恶毒、愚蠢和肤浅，就没有人会再喜欢他们。他们几乎不向他人索取，因为自知没有什么可以给予他人。一天，一个家教很好的女孩告诉我她与一群大学生出去玩的经历。玩着玩着，我的这名患者越来越没有安全感。她说："我想喝醉，因为我怕十五分钟过后，我就会变得不再有趣了。"很多这样的人会通过风流韵事来摆脱内在的不安全感，但性远非一个适当的避难所。一个人没有能力去爱，这种感觉会持续追击，使他的性生活也不如人意。

我们了解爱形成的首要条件是对自己不满，甚至是一定程度的自我厌恶。但那只是发端。去爱意味着战胜内心的不和谐。人既感受到一个阻碍，但也有清除障碍的能量。就如同道路被河流阻断,但可以找到力量,建造桥梁,跨过水流。想要去爱的人必须有的情感前提是,重获一定的勇气。一定的自信必不可少。觉得自己毫无价值的人也会被他人鄙视。一个信心完全被摧毁、没有任何自尊的人不可能成他人为仰慕和嫉妒的对象。他只是令人怜悯。他不仅无法被爱,他自己也无法真正去爱。通过比较可以清楚地表达我的观点:两年前,我们在宾夕法尼亚的一个农场上。附近是另一个农场。我常站在门廊上,看邻家的狗跑出去,迎接它归来的主人。这只狗会扑向农夫,舔他的脸,使劲摇尾巴,用各种方式表达快乐和喜爱。一天,主人回来了,它却没去迎接,而是趴在一个角落里舔舐伤口。后来,我才知道,村里一些坏心的男孩用石头砸伤了它。一个在舔舐自己伤口的人,是无法表现出喜爱之情的。

他确信,没有可爱之处的他,不能去爱人。在爱之前,最初的自我厌恶和抑郁必须在一定程度上被战胜;如此,他才敢于去爱另一个人。现在,我们回到我们的一个主旨或主题,即起决定性作用的是一个人对自己的态度,是他是否可以鼓起足够的勇气来战胜他的自我不满并至少试着去爱。我需要补充的是,这种无意识中感受到的不安全感或自卑感,其本质是一种隐藏的内疚感(guilty)①。对他人的敌意和贪婪受到抑制后产生了这种内疚感,同时在怪异的恶性循环中,内疚感不断滋生。产生恶的不是我们恶意、刻薄的想法,而是我们良心的恶。想要去爱的人,必须对自

①guilty 在精神分析领域根据不同的语境常译作“内疚感”“负罪感”或“罪感”。——校注

己敌对挑衅的想法和冲动宽容以待。只有先原谅自己,才能对他人表现喜爱。只有成年人能原谅自己。现在,我们进入了内疚感的问题领域。在另一章里,我们会探讨内疚感与喜爱之情的联系。

一个人去爱的能力在根本上是由他的勇气和恐惧决定。让我来对比一下,在精神分析治疗中,两位年轻女性的言论。这两个言论的发表时间相差不到一周,我在记录的时候就发现了二者之间的巨大矛盾。第一个年轻聪明的女孩说:“我无法去爱,因为我不够漂亮。”听上去有点费解,但在心理学层面是很好理解的。这个年轻的女孩显然高估了外表的吸引力,甚至明显认为,有时,在年轻男人眼中,这是唯一有价值的品质。她的意思是:我知道我不漂亮。当我忍不住坠入爱河时,我从一开始就觉得,这个男人不会被我吸引。因此,我只会体验到不幸和挫败。我不能冒险去坠入爱河,因为我痛苦地预见到了我的情感不会有回报。另一则言论是几天后一名已婚少妇在讨论夫妻关系时提出的。她说:“我非常清楚,我并不漂亮;但我仍然爱着约翰。”显然这与第一则言论存在矛盾。她所认为的外表欠缺与她的挚爱之间有什么关系?这番话背后不仅有女性思维,还包含以下无意识心理过程的逻辑:尽管我不漂亮,我还是敢去爱我的丈夫,因为我还有其他好的品质;这让我充满希望,他某一天会回应我的。这两个案例有什么样的区别?真的是两个年轻女人之间魅力的差异吗?不可能是这样,因为,客观来讲,这个女孩比那位少妇更加年轻漂亮。在她朋友和熟识的人眼中,她甚至非常有吸引力。但在她的内心里散发出一种冷漠的气质,让她看上去很漫不经心、疏离,有时甚至是自负。她的追求者很少。她抱怨年轻男人不喜欢她，看来，这也情有可原。无意识地，她把他们吓走了。当精神分析将她从无意识的内疚感中释放出来，她的情感生活也变得更加自如，她有了很多追求者。

这两种情况的区别不是吸引力的多寡，而是自我的勇气。在其中一种情况下，勇气是缺乏的。在另一种情况下，勇气是存在的，也发挥了作用。许多女人因为知道自己吸引力不及他人，或是缺乏某种身体天赋，而自信被削弱。然后，正如心理学观察者所注意到的，一种安慰机制开始发挥作用——问题是“什么是甲小姐有而我没有的”？答案是“身材更好”，还是“自然卷的头发”；继而出现了一种安慰的想法：“是的，但我有好看的眼睛，他们这样说，而且我更健谈。”这个安慰机制的成功并不取决于是否拥有某些品质，而是取决于是否拥有勇气，因为说到底每个女人都有一定的吸引力。一个人是否能重获自尊并战胜恐惧，尤其是战胜我们称之为无意识内疚感的社会恐惧，仍然是一个疑问。

我将这个观点与弗洛伊德追随者的观点作对比。他们认为，个体爱人的能力受到自恋即自爱的限制，一个人如果太爱他自己就无法爱别人了。我们认为没有原初的、真正的自爱，一个人爱人的能力会因为缺乏自信、自我厌恶、自我轻视以及太少“自爱”而削弱，而且我们与他人的大部分情感问题都只是反映和展示了我们与自己的矛盾。

5

无法去爱这个问题与我们常说的不幸福的爱之间有着密切

联系，跟受挫与失败之间的关系类似。不幸福的爱不仅包括没有回报的喜爱之情，还包括很多情况下，因为一个人与自己的矛盾而导致的失败。他并不是逃避这个任务，而是开了头却没法完成。不幸福的爱意味着一个人听到了召唤，却没能达到目的地。这意味着任务的失败。

在过去的年月中，一个人见过了一些不快乐的、不幸福的恋人和不幸的爱，他会深深地觉得，失败的主要成因并不是外部因素，而是恋人自己内心的一个或多个无意识因素。当然，许多时候也确实存在不幸、不利的外部情况，有时这些情况也确实排除了实现目标的可能性。“从来没有天时地利人和。”但更多的时候，我们无意识地利用了这些外部的阻碍来造成失败。当一个人看到一对恋人很容易地克服了障碍，而这个障碍对另一对恋人而言，又是绝对无法解决的；此时，他就会变得怀疑。他不得不相信在实现某个具体目标的过程中，有无意识的倾向在与之作对，而且如果一个人一次又一次地重复他的经历，那么通常是他无意识地操纵着这个经历的失败，尽管参与的是不同的对象。

这种隐蔽的反向倾向可能在选择伴侣时就已开始发挥作用。一开始就做出错误的选择，而且可能会在开端时，就已决定了结果。这些反向倾向可能会破坏看似上天安排的情感关系。有些人似乎无意识地预知了最不合适的伴侣类型，而他们偏偏就选择了那一种。我说的不是一时迷恋或一夜风流，而是真正的喜爱之情。我指的不是在爱的边境上短途游玩，而是到爱的国度中深度旅行。初期强烈的吸引会掩盖性格气质的差异。无疑，在对伴侣的不恰当选择中，自我挫败和自我毁灭的倾向已经在发挥作用，且通常是在幕后进行。一些案例似乎经历着高涨的爱意与失败和不幸的循环。每次,追求幸福的人在开始时确信终于找到了真正的伴侣,结果很快就被扔进绝望的境地,因为发现这只是又一次失败。

还有其他的例子,有人会相继怀疑自己和他们的伴侣:在恋爱时,他们摆脱了内在的不安全感;而当不爱了时,他们又再度成为不安全感的牺牲品。他们从灰心丧气中爬起来,却又被扔进更深更暗的绝望中。有人竭尽全力去达成目标,然后又对得来的一切放手。他们中的很多人在寻找爱的对象时四处奔走,最终却只是成功地失去了他们。有人不敢与对手竞争。他们该坚持阵地时,却站到了一边,把道路的中央拱手让人。还有人想要被爱,但当时机成熟时,他们却不能接受别人给予的温柔情感,甚至感到有义务去破坏这份温柔。

还有的人不知道几个对象中,哪一个才是对的真命天子。有的男人无意识地被迫在三四个女孩之间摇摆不定,就好像他对不确定和疑惑有情感上的需求,精神分析学家可以提供很多这样的案例。显而易见的是,他并不想要其中任何一个女孩。他还没有能力去爱。有很多人会混淆性与爱,混淆感官吸引与永久的喜爱。当他们意识到二者之间的差别时,为时已晚。

失败和受挫有太多种可能,需要也应该有另一本书来讨论其背后隐藏的动机。在大多情况下,这些爱的失败形式与其他形式在开始时是无法区分的。只有恋人情感关系的发展能决定其最终是什么形式。我们怀疑的并不是对象是否名副其实,而是自己去爱人的能力。真正喜爱一个对象的人,不会在几个对象之间摇摆，因为爱意味着明确地选择一个对象——至少在一定的时间内。怀疑自己爱人能力的人，就像一个在莫扎特面前演奏了钢琴的小男孩，他问大师："你建议我成为一个音乐神童吗？"莫扎特回答说："不，千万不要。"小男孩吃了一惊，说道："但莫扎特先生，您不就成为了音乐神童吗？"莫扎特答道："但我没有去问任何人。"这个例子清晰地阐释了自信或自我信念与自我怀疑之间的对比。如果你对发生在你身上的奇迹感到怀疑，那么你或许可以确定这不是一个奇迹。

每当爱的任务失败，心理学观察者都能发现它为什么一定会失败。在爱崩溃分解之时，每个部件都变得清晰可见。这些部件没能构建起一个紧凑的整体，而它的解体揭示了这些部件的本质。客观的人会承认，瓦解时，分裂出的这些成分证实了我们的理论，即爱是一种针对原始嫉妒、贪婪、敌意、占有欲和主导欲的反向作用。通过调查建筑物的废墟，我们可以发现建造时用了哪些材料。心理学家知道即便是空中楼阁，也是花费了情感精力来建造的。无中不会生有，哪怕是一个幻象或影子也不可能凭空生出。

事情经常会与预期相反。正在修建的建筑，其最终外观是无法预测的。它会是一个永久的居所还是临时随意搭建的庇护所？而从长远来看，建造者是否还会自我充实，这也是无法预测的。可能他们只会变得越来越匮乏。

有没有方法可以帮助人们避免这些失败，将挫败扭转为成功？我相信方法有很多，但没有哪个方法能保证完全成功。精神分析无疑可以帮助人们，且通常能圆满完成任务，但它不是万灵丹。和人类所有的尝试一样,它也有短处和不足。弗洛伊德欣然承认了这一点,并把这一状况比作如下趣闻:一个男人抱怨着女人的诸多缺点和短处,比如虚荣心、表里不一、卖弄风情,等等。他的朋友耐心地听完后,说道:"是,你说得很对,但你要知道她们已经是'单身市场'上最好的那种了。"

6

当爱靠近时,并没有被当作客人欢迎,而是被当作入侵者驱逐。爱最初出现的时候,是作为一种令人害怕的情感,不论在有意识的心理层面,它是多么的称心。我们觉得,有一些未知的因素在这里发挥作用。要更好地了解这些因素,我们最好通过分析一些病态现象,因为这些现象以扭曲和夸大的方式呈现出正常状态下的情形。在对一个年轻女孩进行精神分析时,我发现,她会经常重复某个经历,这让我感到疑惑。她被一个男人吸引,当他追求她时,她对他的兴趣变得更浓,她觉得她就要爱上他了。然后,总是会发生下面这一幕。她会突然抽身而退。她会导演一出关于鸡毛蒜皮的争吵,或是用一个托辞不再见他,或是毫无缘由地突然终结这段关系。一位以前治疗过她的精神分析师简单地解释了她的怪异行为,认为她害怕性;但在她对待情感的态度中,并没有证据支持这个观点。她其实是害怕爱,更准确地说,她是害怕去爱。

这个案例很具有代表性,值得心理学家关注,因为它说明在导向爱的情感发展过程中,扰乱或阻止其发展的不仅仅是敌意,还可能是其他倾向。就好像自我害怕某种危险，感到了会失去什么的威胁。一位法国作家曾经将爱定义为“没有恐惧”。这个论述非常出人意料。你感到很惊讶，很想反驳。当然，你不能用一个否定的表达来形容一个概念。你可以辩称没有恐惧也不一定就是爱。在你认识的人中，有很多是你厌恶的，但你也并不害怕他们。然而，你还是会发现这种表述中包含一定的真理。这种格言警句式的话语还是有一定的洞察力。那是什么呢？我们不可能同时对一个人又怕又爱。这两种情感看似是不相容的。焦虑感、强烈的羞愧感和明显的不信任排除了喜爱的可能性。但难道我们不都是对他人有些许的不信任或害怕吗？是的，我们必须承认这一点，因此，我们总结认为，爱意味着战胜这种普遍的恐惧。这位法国作家道出的情形，其实只是爱的一项基本特征，爱的判断标准之一是对爱的对象没有恐惧。他并不想对爱下定义，而只是说出了爱的特点之一。

很奇怪的是，在很多情况下，当个体察觉到爱在靠近时，这种无意识的恐惧就会增加，就好像这种情感是仇敌一般。在我们的例子中，这个女孩在害怕什么？在预想爱对她意味着什么时，她隐约地感到一种强烈的恐惧。爱意味着完全交出她自己，卸下所有防备，任由这种新情感摆布。如果你将自己交给它，你就放弃了你自己。这个女孩认为，爱不能有情感上的保留。但是什么在威胁着她？就如同她的自我预知到她将会受伤，将会因无条件地交出自己而遭受痛苦。她父母不幸福的婚姻使她警惕，她预料到她会遭受激情的消退和男人的残暴，还可能会被抛弃，丢下她孤身一人。她的自我觉得不堪一击，对自己的软弱一清二楚。

在很多情况下,对爱的这种恐惧会造成与对外部危险的恐惧相似的一些反应。感到内在危险的人会试图跑开,试图逃避。我提到的这个女孩常会找借口去旅行或是有迫切的愿望要换个环境。看上去,她的独立就像生命一样重要,她必须紧紧抓住不放,而她的反应也表明了她感到越来越强的欲望要对爱投降,她也渴望失掉她的独立。她预料到,她会将自己完全交付给那个男人,而他并不会对她同样温柔。她害怕未来自己被拒绝。许多女人都认为,自己可以去喜欢一个男人,但对方最终都不会再爱她们。她也有这样的想法,所以她想要逃跑。但是在所有这些情况下,她都不能否认她已经开始喜欢这个男人了,她也不能否认这个男人展露了喜爱之情,真正被她吸引。尽管如此,不断滋长的焦虑总是迫使她中断这段关系。

我们感兴趣的有三点:她的逃跑意味着什么?她的恐惧背后是什么?什么动机导致了她对爱如此恐惧?表面上看来,她逃跑是因为害怕将喜爱之情给予一个男人。至少这是她对自己奇怪行为给出的有意识的解释。更深层的观察发现,之所以她突然中断与这个男人的关系,是因为她担心自己会变得太喜欢他,而他就会抛弃她。他可能对她做的,她就先对他做了,通过这样的方式保护自己免于面对这种冲击,免于遭受未来的悲伤。她的行为完全就是向前逃避(flight forward),是我首次在受虐癖心理学①中提到的一种防御机制。每当她感到坠入爱河的危险在增加,她就会备受惊吓,就会突然推翻这一切。她的行为跟我认识的一位

①《现代人的受虐癖》, Farrar, Straus and Company, New York, 1949。

女性类似:当这位女性的女仆表现出情绪不好或是不满,她就会把她解雇。这位女性其实非常害怕女仆会突然离开她。她不愿忍受这种悬而未决的紧张感,因此,选择了向前逃避。

而这个女孩真正害怕的是什么?为什么她不冒险接受并给予爱,不要惧怕未来?这是由于一种比普遍的恐惧更深层的不安全感。女孩心里某个角落潜伏着一种可能的危险,必须予以防御。她害怕被这个男人摧毁自信,害怕被拒绝,害怕他与她断绝关系,这一切的根源都在于她自己的不安全感。和许多同性(以及不少的异性)一样,她害怕当她放下一切束缚,她的短处、缺点,甚至她的一文不值就会被这个男人发现。

她们不仅觉得自己不堪一击,还感到不安和不确定。她们拒绝去爱,因为怕自己并不可爱。如果她们让情感自由释放,这个男人可能不会认可她们,甚至会拒绝她们。许多女人一发现有男人喜欢她们,焦虑就会增加,因为她们会思考这个问题:当他真正认识我后还会喜欢我吗?我曾经见到一个刚怀孕几个月的年轻女性,她老是纠结于一个念头,就是必须要从爱她的丈夫身边逃开。在无意识中,她怕随着孕期的增加,她的丈夫会觉得她非常丑陋,最终会将她抛弃,她忍受不了这种焦虑。

许多女人在无意识中都觉得她们没有什么可给予的,当她们不得不从每个人为自己建造的外壳中出来时,她们就感到害怕。她们不信任所爱的男人,她们试着贬低他们;但在更深层次上,她们是对自己的不信任,怀疑自己的价值。

自我感到羞耻的地方,不仅局限于性区域和排泄。自我也害怕它的弱点被发现,因此,不得不大加掩饰。精神分析学家会立即从中发现性羞耻,但对爱的恐惧并不是由性相关的抑制和焦虑引起的,而是在于自我的深层问题。精神分析学家对这些问题无能为力,就像森林中的幼稚小孩:他们看不见树木,只看见生殖器符号。

我们知道了对爱的恐惧是基于对伴侣反应的预期,人人都会在无意识中出现这种恐惧,但通常当自我的疑虑被打消,恐惧就会被克服。甚至有时这种使自我安心的因素,还可能会促使一个人逃开。观察者常会有这样的印象,那就是欲擒故纵是得到追求者的好方法,逃开的目的是被抓住。

尽管如此,仍然存在对爱的真实恐惧。这就是自我所害怕的全部,会把自我吓坏的全部吗?不,除此之外还有别的恐惧之源,我们目前所掌握的知识还无法企及。这个问题涉及自我边界这个神秘的圈子,这是心理学最后一块未知的大陆。我们意识到,我们作为个体存在,是与他人明确不同的个人。或许,我们一无所有,除了我们的灵魂之外,我们可以出卖我们的一切。作为自己我们感到自豪,对于成为别人或是被别人拥有这种观点,我们筑起了最坚固的防线。我们意识到,对爱最深的恐惧是害怕失去对自我的拥有。

有些丛林无法穿过。你的前路看似被挡住,你不得不绕道前行。如果我们不知道个人自我意识由什么构成,我们就无法直接处理这个问题。这种对爱的恐惧不可理解,我们最好先不要从这个问题的本质出发,而是从这种危险好像已经过去的时刻出发。换句话说,从坠入爱河这一刻开始。从恋人身上我们知道他们不再觉得是两个人,而是一种一体感,一个不可分割的整体。他们不仅承认他们已失去了个体性,而且他们为此深感欣喜,就好像他们终于摆脱了个体自我这个曾经的负担,就好像爱的魔力超越了自我的边界,越过了单身和孤独的障碍。用一个比喻:就好像两个分开生活的健康小孩有一天早上醒来,惊喜地发现他们一夜之间变成了连体双胞胎。对于我们这样清醒的旁观者来说,这并不是一种完全享受和幸福的状态。

这就是恋人的情感状态,这就是克服了对爱的神秘恐惧后的结果,这种恐惧我们无法理解。但如果这是战胜这种恐惧的结果,我们难道不能猜到到底恐惧的是什么?根据深层心理学的普遍原理,正是这个放弃自我个体性的条件,使得潜在的爱人者感到恐惧。但这意味着什么呢?如果我们搜寻线索的范围不局限于情爱,而是包含与其大体相似的其他情感,我们更有可能理解这种恐惧。在一些其他的情感状态中,个体性的边界似乎也被消除了,自我不再脚踏实地,而是像恋爱时一样飘在空中。在这些状态下,自我不仅在身外,而且超越了自己,不是得到放松,而是迷失在更广阔的空间中。奇怪的是,这些状态也预示着幸福,并给予人幸福。

药物成瘾者明白失去自己后的快乐和至高无上的幸福,一些精神病患者和空想家也是如此。在一定程度上,艺术家在极致的创作时刻也有相同的感受,完全投身于自己认可的事业中的热衷人士也是如此。显然,在这些情况下的心理状态与爱相似,自我似乎迷失在放大的区域中。此时,人不仅感到充实和力量,自我也似乎突破了限制,打破了束缚它的镣铐。

奇怪的是,尽管我们可能会嫉妒他们中的一些人,因为他们拥有那些深刻、强烈的体验，比如艺术家的体验，但我们也不想和他们换位。如果要失去我们自己，失去我们现在这个独一无二的自己，我们好像有点害怕。我们不想要迷失在这个世界里，我们没有准备好要付出这样高昂的代价，以失去我们的个体性来换取狂热的苦行僧或药物成瘾者的快乐。我们害怕这样的经历会给我们带来巨大的改变。我们不想成为神秘力量的受害者，不想将我们自己托付给一种不管是狂热还是难以理解的激情。我刚刚说的是激情吗？而正是这个词，我们常用来描述强烈的爱。

我们发现，在这里和之前的讨论中，使我们惊恐的应该是同一种恐惧，害怕放弃自己，害怕将自己托付出去。同时，我们了解，想到失去自己，想到摆脱令人厌烦的自我，会感到一种诱惑。我们不是说，将成为爱人者的人对自己不满，渴望逃离自己，希望成为别人，成为不被各种短处和瑕疵所累的人？在爱靠近的时候，他所处的状况与面临救命手术的病人一样，充满了致命的恐惧。他对手术既期待又害怕，因其既预示着新生的可能，又带有灭绝的威胁。

我们或许对我们的自我感到不满，我们或许想要不同，但自我与我们紧密相联、根深蒂固，我们熟悉它，害怕将它交给未知的事物。在我们必须放手的时刻，我们感到危险，对曾经鄙夷的个性感到怀恋。对爱的恐惧有时触及到恐慌的深处，与对死亡的恐惧类似。这种思绪有不同的呈现形式。在奥尼尔[①]的一出旧戏剧中，女主角说，“我想死去然后成为你。”许多人在恋爱时都有同样

---

①Eugene O’Neill（1888~1953）：美国剧作家。——中译注

的感受。他们想有对方的感受、有对方的行为举止,想成为对方,但同时他们又想保护自己。他们对于交出自己有着极大的恐惧。

就让我们承认,我们不知道这种神秘恐惧的根源是什么,我们只不过是在猜测可能的原因。这个问题超越了我们现有的知识范围。在我们的儿童期,曾有一段时间我们并不拥有这宝贵的自己,在那时我们还意识不到我们是以单独的个体存在,那是无我(I-less)时期。人以一些快乐为代价,才得到了这个新的认知,知道了你是你,不是别人。在无自我(egoless)时期,个体的边界尚未被界定或未被感知,从无自我到自我的过渡无疑是个深刻的经历。我们将其忘却,将其掩盖在某处,但如今无意识中,我们害怕有可能回归到这个曾经的无自我状态。我们觉得这样的改变会动摇我们存在的根基,这将意味着放弃我们人格的重要组成部分,就像疯掉或被麻醉。自我的边界又会变得不确定、不稳定。不管我们多么厌烦原来的自我,我们都害怕这个新的自我。成为自己还是不成为自己,这是个问题。这里的选择与这个高贵的丹麦人①有着相似的疑虑:宁愿忍受现在的折磨,而不是飞到我们所不知道的痛苦中去。人所害怕的不是失去行动的自由;如果是这样的话,也只是反映了更深层的恐惧,人真正害怕的是失去个体性(individuality)。他既希望自由,又希望被占有,被爱者既是朋友又是敌人。即将坠入爱河的女人常会逃避对方,因为她们害怕会太喜欢他,而失去自己心灵的平静。她们怕爱的对象,但她们更害怕自己。

①指哈姆雷特,与前后词句呼应。——中译注

这种恐惧在感情强烈的人身上常表现得较为明显，但它反映的是一种人坠入爱河之前的、普遍的情感状态。它默默地反映了他的深层情感，拒绝被拯救又渴望被拯救，就好像躲避自己影子的马。然而，这个自己是什么？这个身份感由什么组成？其含义是什么？我们是我们自己，不是其他人。我们是否还记得，曾经某段时间里，我们并不太确定这个我是谁。没人描述过那个奇迹的时刻，自己第一次感受到自我；对儿童来说，这是新时代的破晓，他第一次发现自己不是整体的一个部分，而是一个独特的整体，对于他的存在有了新的领悟。我们不知道儿童的心灵经历了怎样艰难的努力才认清了这一点，不知道在自我意识的开端，黎明怎样打破黑暗。是否真的如心理学家所断言，这是自我各个组成部分的统一联合过程？难道不是一个崭新的认知，意识到自我与此前所认知的世界分离开来，形成对比？

这里的问题仍然让我们难以分析，通过我们的心理学研究无法充分理解。每当我们遇到这样的问题，每当心理学不得不承认失败时，我们都惊讶地发现诗人们已经跨越了有形的领域。深层心理学的先锋不是精神科医生，也不是内科医生，而是诗人。他们有魔杖，可以告诉他们人性最宝贵的秘密。任何心理学家都无法像下面这句如怨如诉的美丽诗行一样描述在爱中失去的自我：

在你来之前，
我还是我。

相较于我用不理想的拙劣词句徒劳地讲述了对爱的恐惧，哲拉鲁丁·鲁米的诗句描述得更加清晰，更接近问题的本质。哲拉鲁丁·鲁米(1207~1273)是波斯最伟大的诗人和思想家之一，比我们的时代早约700年：

温柔的心因爱而退缩，
就像受到杀戮的威胁，
当真爱觉醒，
自我就死去，
那位君主悲观又自负。
那就让他在黑暗长夜中死去，
又在黎明的自由呼吸中醒来。

是的，当爱觉醒，自我就死去，那位君主悲观又自负。这些诗句触及了我们论点的核心。但自我又在被爱的人身上庆祝它的复活，它变得更美更强了。

7

爱源自一种情感状态，其特点是对自我的不满；这种不满的要点是无意识的内疚感。我们有违法犯罪的念头时，会感到内疚；无法满足我们对自己的要求时，也会感到内疚。面对憎恨和敌意这种无意识冲动，我们会出现内疚的反应；当我们意识到自己的不足时，也会出现这种反应。

爱战胜了对自己的不满。它将内疚感一扫而空，就像汹涌的波浪带走了障碍物，并将其埋葬在深海。不可抗拒的爱的魔力超越善恶。它不允许社会焦虑与它共存，而内疚在本质上就是社会焦虑。虽然性与内疚并不矛盾，但爱不能容忍内疚感。爱平息了一切良心的折磨。它对我们像是极大的补偿，赎了所有的罪。它让人变得没有恐惧、没有自责。它不仅驱散了根植于过去的内疚感，还阻止了它们的发展。我们被宽恕，我们变得无罪。爱是救赎。一切只要因爱而成、由爱而生，就不会错。仅仅这个动机就让一切手段合理化，同时也让爱的目的变得合理。在爱和战争中，一切都是合理的。

以爱之名犯的罪也变得合理，这些罪原本会让人良心非常不安。是什么让这样不寻常的情况变得可行，答案显而易见，爱的对象已经成为了理想自我的化身。既然如此，他就是所有罪恶的救世主，就像耶稣基督拯救宗教信徒一般。为被爱者所做的一切，都来自至高无上的权威，具有最高层面的许可。与之情感特点相似的，只有宗教狂热在人身上才有这样的功效。爱具有与宗教救赎一样的细微情感。被拯救的人是不会犯下罪行的。爱让人卓尔不群，让人更有尊严、更加果断。王者不会犯错。这种感觉正好与内疚带来的压力和抑郁相反。后者将人拉向地面，而爱让人飘在空中。有内疚感的人感到孤单寂寞，茕茕孑立，被群体所排斥。恋爱中的人从不觉得孤单。他与一切生命紧密相连。随着内疚感的消失，自信和志气空前高涨。恋人们展示出一种对危险极大忽视的姿态，对自身的安全毫不关心，对死亡没有恐惧。爱人者赴汤蹈火也会找到他的心上人。

内疚会让我们变得胆小怕事，而爱会消除焦虑。良心让我们都变成懦夫，而爱让我们成为英雄。

我们也可以通过另外两条路径获得爱能消除内疚感这个洞见。第一条路径的出发点是，我们因为怀疑无法去爱，而在心中产生内疚感，不管我们能否意识到。一些案例使你确信，无意识中认知到爱的缺乏，进而产生了内疚感，然而研究这些案例并不能让你一开始就明白为什么会是这样。于是，你慢慢明白，在无意识中，爱的缺乏就等同于敌意。无法去爱与恨这两种感受的情感反向作用都是一样的。这与弗洛伊德的观点相同，即无意识不知道否定，不会说不。

当别人向我们展示出喜爱和友谊而我们无法回应时，我们会感到尴尬和些许内疚。为什么？或许有人认为些许的某种情绪是不需要解释的。但为什么当我们无法回应对方的爱时，我们会感到难辞其咎？不管怎样，我们觉得，让信任我们的人失望了，我们在情感回应上失败了，因此感到内疚。就好像如果我们对其缺乏关注，不但表达了漠不关心或不感兴趣，还表达了完全的不喜欢、憎恶，甚至是敌意。如果一个人既没有受到对方的无礼对待，也没有被对方所冒犯，且对方仍然值得去爱，而这个人却收回了对对方的情感意向。这种时候，此人也会感到内疚。为什么对于这种退出，我们不但觉得有责任，还感到内疚？难道我们有义务要回报对方的喜爱？难道仅仅因为他或她爱我们，他们就可以对我们有所要求？不可能是这样的，但我们仍在按这个道理行事。

当一个家教良好的女孩收到了真诚的爱的表白，如果她不得不拒绝，她会觉得很尴尬，会在言语上用糖衣包装。很少会出现冷酷又直白的拒绝，宣称自己不喜欢这位追求者；然后，又接着聊其他话题。我观察到一个案例，一个女孩突然收到一位她不爱的男人发出的真爱表达，既出乎意料又不容置疑，她抽泣了起来，哭着跑开了。后来，她说，她觉得自己"是个很坏的人"，尽管她从未鼓励过对方这种行为。她觉得自己像一个罪犯，深深地冒犯和伤害了一个喜欢她的无辜之人。尽管后来得知她给对方带来的悲伤并没有她想象中的大，但这种感觉还是伴随着她。另一个年轻女性，嫁给了她不爱的一个男人，她说"挺喜欢"他。她坦承觉得自己"像个混蛋"，因为她无法回应他那炽热的求爱。她的内疚感越重，就越难去回应他的喜爱。最终，她一直因为感到内疚而内疚。她常抱怨道："我早就准备好了要给予他所想要的，但我总是过不了这一关。"在这些相似的案例中，这些对回应的要求如果无法满足，就会被赋予道德层面的色彩。人会感到害怕，就像受到内在危险的威胁。

当我们亲近的人去世时，我们也会感到类似的内疚，我们知道，我们还没有向他证明我们的爱。于事无补的"太晚了"，每个人都知道这种糟糕的感受。在一些情况下，我们对逝者的怀恋之情会因这无声的内疚感而增加，最终达到绝望和深度抑郁的程度。有人说，回看过去的主要感受就是懊悔。我们会懊悔不已，因为我们在逝者生前，没有给予他足够的爱。

当我们假装去爱时，难道不是一个罪因吗？这与我们假装同情或假装感激不一样，有着不同的情感特点。其他伪装的情感或许是可宽恕的小罪，但假装爱是对圣灵犯下罪行。这就像欺骗，承诺一些我们无法实现的事。假装爱就是给爱换上一个廉价又劣质的替代品，需要的是实物，你交出的却是个影子。任何对爱的假装都不可能持续。不真诚很快就会被感知。人与人在意识层面或许会有一些误解和错误,但一个人的无意识能理解另一个人的无意识,就像无线电报一样。要去爱人,一个人必须完全是他自己。有时,我们会把无意识的内疚与喜爱混为一谈。内在要求我们去回应,这个要求变得非常迫切,以至于我们在表面上不得不屈服,尽管我们并不是真正地在回报这份爱。有时,女人会处于在这种奇怪的情感状态。她们让男人情感受挫,她们感到很歉疚,最终出于同情,屈服于对方的求爱。此后,心理和身体的反应证明她们欺骗了自己。让她们投降的不是爱,而是内疚感,因为她们无法回报对方的爱。有些善于反省的女人会立刻认识到这种区别。一个女人因为觉得伤害了一个追求了她很久的男人,而跟他上了床,结果却发现自己完全没有感觉。于是,她意识到,她的屈从只是为她对他的不公平而赎罪。她最初以为是爱,结果不是。接受爱而不予以回报,也会让我们感到内疚,就像欠下巨款却无力偿还。去爱一个人能减轻、甚至消除内疚感。被爱但自己不去爱会产生或加剧内疚感。

我们现在可以引入一些对害羞(shyness)的讨论,这种情感可以从两方面来考虑。它可以被视作、被理解为面对他人时的一种恐惧或焦虑,或是一个人在有机会见到他人时,其内在不安全感的表达。不安全感显然是其主要感受。其中的理由似乎是,一个人在无意识中知道,自己无法对他人自然流露情感,与他人在一起会感到局促不安,就好像感到惭愧或是害怕。如果不是预期他人会对自己持有批判性的态度,就不会出现害羞。有意识或无意识地想象出来的这种批判或负面的反应,在想象者心中激起敌意或强烈的烦恼。害羞则是针对这种无意识情感的情感反作用。众所周知,害羞是会传染的。一个害羞的人进入一个群体,会使其他人都变得害羞起来,就好像他隐藏的对立情绪在其他人身上激起了相同的情感和相同的情感反作用。另一个心理学事实是,当这个害羞的人公开表明"我太害羞了",那么至少当时他的害羞感会消失。就好像这样自然地坦白隐藏的敌对冲动可以驱散害羞的情感一样,这种害羞情感正是对自己敌对情感的社交反应。

随着对害羞心理的讨论,我们来到其他问题的领域,即内疚感阻止或阻碍了喜爱的形成。我们已经在前一章讨论过这个问题。我们在这里需要补充的是,这种不安全感最重要的组成部分,也是爱的一大障碍,那就是内疚。如果一个人不能在很大程度上克服它,那么他就无法达到恋爱所需的内心自由。你也可以说,他不敢去爱。这个论述不仅限于两性之间的关系。至少对于普遍的社会关系而言,它都是成立的,而且是有价值的。内疚感太重的个体,无法对同伴建立喜爱之情。换句话说,如果一个人因为对他人有恶意、残酷或敌对的倾向而总是感到难辞其咎,如果他对自己有着太严格的道德要求,如果他不能设法宽恕自己不友好的想法和冲动,那他就没有能力去爱人。

8

在小学里,动物学老师介绍他们的科目时,会让学生判断某种动物属于哪个科。当你听到老虎属于猫科时,你会对老虎有了一些概念;当你听到狗是狼的后代时,你会对狗的本性有一些了解。为什么心理学家无法确定爱属于哪一类情感？例如，为什么精神分析学家大错特错地将爱归为性欲的一种特殊的、目的被抑制的形式？就好像动物学家说出了夜莺属于飞鱼科这样的话。爱与热情、狂喜、灵感、激情类似。它跟梦一样，由这些成分组成。它所属的类别将艺术灵感和宗教热情都欣然接受在内。需要补充的是，宗教狂热分子（fanaticism）必须分配到这个群组中，作为大家庭里的"败家子"，被孤立的"恶亲戚"。对组内所有成员来说，目的只有一个，那就是燃烧激情。灵感和痴迷都是由这同一个火花点燃的。

爱一个人意味着达成某件事，心中充满一种类似于给艺术家和神职人员以启发的精神。爱是一种创作，就像诗人或先知的工作。如今，每个少男少女都认为他们能去爱，就像他们都会写诗一样。但在两种情况下，尽管很多人听到了召唤，但只有少数是天选之人。方向正确的爱只在天才身上出现。勃朗宁夫妇①的爱与花花公子的迷恋之间的区别，就像对比这对夫妇的绝佳诗句与差劲的打油诗人写出的贫乏词句。业余水平并不可鄙，至少是诚实地进行创作尝试，但不管意图有多好，创造力确实匮乏。在一种情况下，灵感才华如深井泉涌：而另一种情况下，却如同浅水寥寥。

每个流氓无赖都确信自己跟旁人一样能够去爱。他不知道去爱意味着去创造，需要高度集中的幻想和意志力，既要能让情

---

①指英国诗人罗伯特·勃朗宁（1812~1889）及其妻子、诗人伊丽莎白·巴莱特·勃朗宁（1806~1861），他们的爱情故事是英国文学史上最美的爱情佳话之一。——中译注

感自由流动又要能对其进行把控。他不知道爱是一项成就，去爱意味着去完成某项任务，爱人的方式深深根植于爱人者的性格中。跟任何一项创造性技艺相同，个体的性格是决定性因素，决定了结果成败，是开花还是衰败。在艺术创作中也是一样，决定作品价值的不仅是艺术家的天赋，更重要的是他隐藏的性格。歌德意识到了这个潜在的因素，他写道："先有人格才有风格。"你首先要有自己的人格，才能去爱。

我说去爱是一种个人成就，就像创作一样，都属于同种情感类别，即要掌握内心无意识的反向作用倾向，并在外部或自我之外的某事或某人身上找到自己。在两者的情感产物中，也有同样的对完美的追求。易卜生曾说，写作意味着自我审判。他应该再加一句——并宽恕自己：通过创作，在作品中找到救赎。试想爱的形成这个无意识的过程，对自己不满，继而追求理想的自我，而后在被爱的人身上得到自我实现。这是一个类似创作的过程，具有相同的价值。

这些价值不是外界加诸它的，而是创作本身及其成果的内在价值。爱人者或艺术家选择的主题并不是决定性因素，他的处理方式、他的创作成果才是最重要的。德国著名画家利伯曼曾说："画妓女的人道德并不败坏，道德败坏的是画得下流的人。"道德价值从主题换到了作品创作上，这一点也体现在左拉①的评论中。他认为，写好一个句子就是干了一件好事。从更高的角度看，这次创作到底是成功还是失败，并不由所选对象的价值决定，而是

①Emile Zola(1840~1902)：法国作家。——中译注

由爱她的方式决定。与艺术一样,爱的对象不需要高贵,创作取得的成就使它变得高贵,甚至将它美化。

如前所述,情感在爱中变得有创造性,类似于激情(enthusiasm)。这个词源自希腊语,意思是人被神灵附身的状态,与神灵的结合使被青睐之人脱离了世俗烦恼。对希腊人来说,神秘的就是狂热的;在狂热中作预言的先知,被阿波罗附身的诗人,都是这样。而后,激情的意思变为对神的直接感知,最初是说与神结合会带来激情,而现在这种结合的表征变得非常粗俗。带来激情的方式是饮酒,因为酒神狄奥尼索斯化身为酒(我们不也会说陶醉在爱里?)。另一种方式是吃掉神灵(爱人者说他可以吃掉他的心上人)。最初,所有关于激情的表达都是指在实质上占有神灵。激情所点燃的光亮从天而降,人们认为这是真理的保证。这与一见钟情有什么不同吗?

这两种情感的相似性不仅局限于它们的大致特点。激情心理学揭示出:在狂热出现之前,会有一个感到不足、不满的抑郁阶段,这甚至在一定程度上是有意识的。而且也经历着内部矛盾。人会尝试去拒绝将要占据他的念头或真理。抗拒不断增大,接着是突然的反击,最终自我完全屈服,完全沉浸于推翻自己的情感中。最初竭力要将对象驱逐,而现在这种无限的激情与活力则是情感对抵抗情绪过度反应的结果。

一些突然发生巨大转变的案例为这种痴迷提供了最佳类比。宗教狂热分子的激情和爱人者的狂喜都是由于反向情感的洪流冲走了所有的疑虑和抗拒。来自外部的不可抗拒之力好像支配并引领着接受者,进入了他的体内,将他带离他自己。先知、艺术家、爱人者——他们都觉得命运在牵引着他们。他们觉得这不是一种心理过程,而是一种不以他们意志为转移的力量。一场风暴将他们席卷到它要去的地方。宗教天才的灵感和爱人者的情感有着相关的起源和特点。前者宣称上帝借他之口教诲世人,后者觉得有幸得到他所无法理解的超自然力的灌注。奇迹发生在了他们身上,奇迹经由他们发生。受到如此青睐,他们的自信达到了难以置信的高度。所有的不满都烟消云散,自我的边界被扩大到无边无际。经历了改变的人被一种外溢的情感所淹没,已经容不下其他人。狂热分子和爱人者心中只有一个神。他们都无法理解其他人怎么可能不去崇拜他们这个理想。

爱可以被称为一项成就,因为它意味着通过潜意识的意志力掌控巨大的反向倾向。这里跟艺术和宗教创作一样,我们倾向于低估爱中想象的力量和意志的至高权威,但是它们克服了人类灵魂中的障碍。跟艺术家一样,爱人者的创作取材于现实,并为这些材料注入生命力。创造力与黑暗中看不见的敌人、与自己心中的对手摔跤,在这个过程中,创造力达到了目的。跟艺术家一样,爱人者可以告诉同雅各搏斗的上帝的天使一样,说:"你不给我祝福,我就不容你去。"①去爱、去创造,跟任何一种通过自我掌控获

---

①源自《旧约·创世纪》第32章:雅各在一个渡口送家人过河,只剩下他一个人时,有一个人来和他摔跤,直到黎明。……那人说:"天黎明了,容我去吧。"雅各说:"你不给我祝福,我就不容你去。"那人说:"你名叫什么?"他说:"我名叫雅各。"那人说:"你的名不要再叫雅各,要叫以色列。因为你与神与人较力,都得了胜。"雅各问他说:"请将你的名告诉我。"那人说:"何必问我的名?"于是,那人在那里给雅各祝福。——校注

得的胜利一样，会使灵魂充满愉悦。对爱人者和艺术家来说，达到卓越状态带来的情感效果都是幸福感。没有内疚和匮乏，他的成就使他与自己、与他人和解。

然而，只有实现奇迹、取得成就，才会有这种欢欣鼓舞的情感。它不会提前出现，当爱人者、艺术家或先知对自己不满，没有安全感，或是怀疑自己的使命时，在这些过渡阶段，这种情感也不会出现。激情和浪漫之爱一样，难以保存，难以持续燃烧。当它需要等待时，它就会熄灭。爱和艺术的开端都是游戏和幻象，但游戏变成了现实，将它的创造者占有，直到他这个“遗忘世界的人，被世界遗忘”。艺术和爱都是情感恢复过程，每种创作都是。它们有时看起来像是神圣的癫狂，但其实它们是防止人变得疯狂。只要一个人是真正地在爱，或是有真正的激情，他就不会不快乐。他已有了很好的安全保障。

爱人者与工作中的艺术家、祷告中的圣人一样“自私”。他们完全投身于实现他们个人的救赎。这一个主题把其他所有念想排除在外。这三种狂热分子都需要他们对象的回应。爱人者希望他的喜爱之情能有回报；艺术家希望他的作品会被欣赏；圣人希望他的祷告会被满足。同时，去创作、去爱的意志又是独立于外部反应存在的。他们本身就是独立存在的。在艺术、宗教和爱中，对自我完善的欲望不是追逐私利的。

将爱的对象理想化与宗教崇拜相关。罗密欧与朱丽叶初见时，他用“两个害羞的信徒”般的双唇，吻上了她这“神圣的庙宇”。他的爱遮蔽了所有的无礼。“这一吻涤清了我的罪孽。”宗教能给信徒带来的救赎，爱也同样能带给爱人者。

9

19世纪的诗人与作家常会描绘出爱与怜悯看似紧密相关的情形。有女人因为同情男人而爱他，有男人因为女孩楚楚可怜而对她产生迷恋。在这里，爱、同情和怜悯似乎相互交织。莎士比亚比这些浪漫主义作家看得更明白。他在爱和怜悯之间划了一条清晰的界限。《第十二夜》中的薇奥拉打消了追求者的念想，告诉她同情不是“爱的一个阶段”。她理论道：

> 我们对敌人也往往会发生怜悯，
> 这是常有的经验。

我坚持认为，怜悯与爱是不相容的；也就是说，它们不能共存。这两种情感中，如果一种很突显，那么另一种必须得让位。看来深深的同情与爱有着不可调和的矛盾。这似乎与我们所有的传统观点都相反；然而，心理学事实与传统观点无关。我的论断也适用于个人关系以外的领域，包括一个人与社会或宗教团体之间的关系。显然，你可以同情某个受压迫的种族或宗教少数群体，而不需要去爱这个群体的成员。同样清楚明白的是，你可以觉得，穷人非常可怜，可以有强烈的社会主义或共产主义倾向，而同时又不爱那些艰难困苦的人。我认识一个男人，他对被剥夺权利的工人充满了怜悯。我见到他因心中强烈的感触而为工人们争取权利，但许多次的观察证实了他并不真心喜欢他们。我们不需要证明就知道,喜爱和怜悯是不同类型的情感,它们的本质截然不同。要证明这两种情感互不相容比较困难。是否因为一个舞台上容不下两个女主角?还是因为两种感情都太过强烈,如果对方在人类灵魂中的存在超过一定程度,它们就无法容忍?

我将采用我在爱的论题中所呈现的视角,试着证明怜悯和爱的不相容性。我们假定一个人在无意识中对另一个人感到嫉妒或妒忌,这个人就是他此后会爱上的人。我们说过,爱人者认为其对象更优越,在心中怀有不情愿的仰慕之情。爱的对象有着爱人者所缺乏的品质;有着爱人者所无法达成的成就;它很成功、强大、自信,而爱人者感到挫败、软弱、疑惑,心中充满了矛盾和不满。

将这种情感状态与对疾病、不幸或穷困的人感到同情的情感状态作比较:对于我们所同情的人,我们不会认为他比我们优越。总的来说,是我们有优越感。或许你会反对这个观点,认为你对同情对象根本没有优越感,你只感受到纯粹的同情。然而,在这种情况下,优越感是无意识的。如果你能够自省,加以敏锐的自我观察(而且,如果你不会被你自己内心令人不快的事实所吓到的话),你会发现这种优越感确实存在。你也可以修正我的论断,但只能改到以下程度:这种优越感将会一直是无意识的。怎么可能还有别的情况呢?对比我们自己的境况或如意的命运,和那苦难之人的所处境地,我们在无意识中感到幸运。如果我们跟他处境相同,或是更加窘迫,我们不会对他感到同情。

对比爱人者和心生怜悯者,我们常看到极为不同的特点。在怜悯时,我们无意识地俯视着我们情感的对象,就像我们身处更高或更有利的位置。但爱是朝上看。在爱中,我们对被爱者感到嫉妒或妒忌;但对于我们怜悯的人,却没有这种情感动机。宽厚仁慈的人对他的对象可能是一种心软的情感,但这种温柔与爱人者的温柔不一样。在无意识的态度层面,这是一种富人对穷人的关系。换句话说,这是爱人者所处情况的反转。我们慢慢认识到,爱与怜悯在心理上互相排斥。要紧接着不断向上看,又向下看;一会儿感到自卑,一会儿感到优越,不断变化立场;这种情况不可能持久。内心必须要做个抉择。

我已准备好迎接现阶段可能出现的反面证据:在日常生活的一些例子中,有人爱上了他极度同情的人。和其他人一样,我也见过这样的例子,似乎对对象的同情是与仰慕伴随出现,甚至还对受难者有一定的嫉妒,嫉妒其过人的勇气、坚忍或尊严。但每次深刻的精神分析都证明了:这种爱与怜悯的共存,只是一个过渡阶段;它会引起无意识的冲突。在这种冲突中,一种感情最终会战胜另一种。

我曾经观察到一个例子,一个男人爱上了一个患肺结核的女孩。他同情她、照顾她,尽其所能提供帮助,对她关怀备至,这一切都非常令人感动。毫无疑问的是,他不但爱护、照料她,而且喜欢她。当女孩逐渐康复,重新获得了一定的独立,不再像以前一样迫切地需要他的帮助时,这种感情变得日益凸显。她表达了她的感激和柔情,并常常告诉他是他给了她新生。这个例子不是有力地驳斥了我的论点吗?并非如此,因为怜悯并没有转变为爱,同情也没有转变为激情,而是怜悯中生发出了喜爱之情,最终这份情感变得如此强烈,以至于将此前的态度推到一边。在女孩患病时,男人意识到了她的优良品质,她的忍耐力和温顺,她无声的自尊。她的禀赋使他充满仰慕之情,这种仰慕继而进入无意识中,成为我们所知道的嫉妒之情。爱的崛起所需的最必不可少的前提已然形成。怜悯和喜爱并没有都坚守阵地,怜悯向爱情屈服。

在所有类似的例子中,都可以看到同样的发展过程。爱这个新情感的诞生,并不依附于旧的怜悯之情。虽然一些心理学家会有与之相反的想象,但同情并不产生爱。虽然有怜悯之情,但仍然萌发了爱,而且最终爱取代了怜悯。这是同一块土地上长出的新植株,其蓬勃生长将很快侵占怜悯之树的空间。仁慈的对象不会一成不变,而是会变成爱的对象。在刚才的例子中,可怜的女孩变成了令人嫉妒的对象。男人反而变得自惭形秽。在一段时间后,女孩旧病复发,男人的喜爱之情,又逐渐以怜悯的形式出现。他身不由己。他感到他的爱不由自主地在消退。与他有意识的愿望相反,他的喜爱让位给了同情。他对女孩的情感固着持续了较长的时间,但关系已与此前不同;随着女孩的康复,关系逐渐消散。

在每个此类案例中,我都能审视到心理学层面发生了相同的事。每当爱看似从怜悯中萌发,其过程都证实了爱其实是棵独立的新植株,无视怜悯而萌出,它的发端不是怜悯,而是源自对对象的仰慕。对象所受的苦难与新生的爱情没有关联。你可以说一个男人爱上一个女孩是因为他最初对她虽然只感到同情,但尽管如此还是爱上了她。吸引他的不是她的苦痛遭遇,而是在她苦难之时,他所注意到的优良品质、魅力和性格。显然,这是在这个主题下，心理学研究中的一个最重要的区别。那些被认为是反证的例子都没有推翻我们的论点。相反，它们证明了怜悯和爱不可能长时间共存。在这些案例中，一种情感会接替另一种出现。那些认为这些例子与我的论断相矛盾的观点都是基于心理学谬误和失实的观察。认为怜悯转变成爱的观点是想当然式的推理。

你或许想继续进一步关注爱与怜悯之间的对比，再次审视摆在我们面前的惊人设想。有时，表示慰问的话语会被误解成爱的表现，但它们是有区别的，通常给人的感受也不一样。我们可以清晰地区分一个人到底是同情我们还是爱我们。我们的自尊使得我们讨厌被怜悯。怜悯就像是一种微妙的侮辱，如果有人表现出怜悯，就会触及我们做人的尊严。这样的反应难道没有说明同情我们的人潜意识中拥有一种优越感，而我们不愿意让他有这种优越感。而谁会被爱冒犯呢？每个人都想被人爱。没有人想被怜悯。

用我们现在熟悉的话语来说，这两种情感的状况可以进行对照比较。爱的对象实现了我们的自我理想，我们所缺乏的，被爱者拥有；而怜悯的对象则是匮乏的一方，我们需要供给他所需的内容。在爱中，我们需要对方；在怜悯中，对方对我们有无言的索求，他需要我们。在一种情况下，我们感觉到，可以从对象身上获得许多；另一种情况下，我们可以给予对方很重要的东西。在爱中，我们想与对象合为一体；在怜悯中，我们与对象处在不同的位置。前者趋向于结合，后者趋向于分化。爱人者与爱的对象感同身受，怜悯者试着与对象一起感受。母亲不会怜悯她的小孩，她不是与它一起受苦，而是与她的小孩感同身受，小孩就是她的一部分。爱人者在无意识中觉得给予是一种荣幸，但对仁慈之人来说，给予是一种礼赠。爱是宗教意义上的恩典，怜悯是一种赎罪。很多人认为，仁慈是一种美德，这种美德的“温柔”源自自以为是和自我夸大，而没人会对爱有这种看法。当我们展示怜悯时，不会感到狂热、激情和疯狂。只有那些在神圣的狂热中激情燃烧的人会这样，我们称之为“仁慈的鬣狗”，还有那些诱使我们成为厌世者的人也会这样。我们知道背后的原因，也知道他们有多少事需要隐藏和赎罪。

怜悯通常与一种无关爱的多愁善感相互交织。多愁善感不是一种真实情感的表达，而是用更廉价的材料制成的替代品，是对缺乏真情实感的证明和补偿。爱和怜悯都认同了对方，但两种认同的程度和本质不同。爱人者觉得：如果我能成为你就好了！怜悯者觉得：要不是上天仁慈，我也会那样。一种情况的前景是幸福的可能，另一种情况面临的威胁是迫在眉睫的灾难。

从这个心理学见解中，我们了解了怜悯和爱是不相容的。二者此消彼长，甚至通常势不两立。我们经常看到，爱失掉优势，怜悯步步为营；有时，情况又与之相反。两个领域没有桥梁相连。可以这么说，这两种情感或许住在同一个心理街道，但它们是住在不同的房子中，氛围也不一样。它们之间隔着篱笆。在怜悯统治的区域，激情没有立足之地。

可能现在应该对另一种情感冲突进行一些补充。与爱不相容的不仅有怜悯，还有责任。从摇篮到坟墓的短暂旅程中，我们对同行的旅人有许多亏欠，但我们不欠他们爱。爱不能被强求，只能通过征求对方的意见而得到。爱的必备条件之一是自发性，这与责任相矛盾。“责任”这一概念激起了我们无意识中所有的抗拒力和反感。如果你提条件的话，这就不是爱了。

你不可能说：“我准备好去爱你了，只要……”爱的本质是自愿给予，而不是在受胁迫的情况下施舍。尽职的爱(dutiful love)是一个自相矛盾的表达，因为喜爱意味着舒适自在、没有恐惧。爱的精神与责任义务的精神不同，后者试图对人施以威压。爱没有道德义务，也没有任何执法。你不可能同时、同样程度地投身于爱和责任。性情温和的朱丽叶，乐于顺从父母、尽孝道，却一夜之间变成了一个虚伪狡诈、诡计多端的女人。责任是秉持上帝之声的严厉女儿；她召唤我们时，带着苛刻的舆论工具。但对罗密欧来说，朱丽叶的声音是他的灵魂在“叫喊着他的名字”：

恋人的声音在晚间多么清婉，
听上去就像最柔和的音乐。

10

目前，在我们的讨论中，还没有出现区分不同种类的爱的必要。我已论述过爱的心理准备、本质和意义，还尝试着描绘其无意识的发展和动态过程。至此，在心理学意义上，爱作为一个整体出现，有一些清晰明确的特点。有些其他的情感与爱类似，甚至常与爱混淆，但它们不满足必要的心理条件，不能被称为爱。

喜欢一个人与爱一个人是不同的两件事。人与人之间有许多联系,但只有一种特殊的关系能被称为爱。其他相关的情感应该以不同的名字以示区别,就像一家人有不同的名字,例如詹姆士·史密斯和约翰·史密斯。我们会发现,甚至与爱势不两立的情感,都会被人弄错。我们心理学家一直在与这种混淆作斗争,却徒劳无功。难点纯粹在于言语层面,完全由于我们语言的低劣导致。一些言词,经久不变、不可动摇,毫无容忍、独断专横,为什么我们这些热爱自由的人几乎不去反抗这一点呢?

我们这样说的直接原因是,我们有必要讨论一下爱最具盛名的一种形式,即母亲对孩子的爱。我们的论点是否也可以兼容母爱?是否在爱的这条高尚之路上,我们也会遇到一些可疑人物,对自己不满,或是充满嫉妒、贪婪和敌意?这与我们一直以来的观点不符。

在描述母亲对孩子的情感特点时,我不是第一个也肯定不是最后一个希望能找到一个新词的人。语言的贫乏将情况篡改,把我们欺骗。它让我们相信并不存在的同一性。我将简要讨论这个问题,目的只是要证明这超出了我们的主题范围。最初,我已表明,只有当两个人意识到他们是不同的个体时,爱才可能在他们之间存在。我们对分析还进行了补充:爱是一种尝试,要跨越他们之间的鸿沟,克服这种分隔,要化分为合。

母亲对孩子的这种“爱”,或者用你所希望的任何一种表述,最初并不是这一种,并不属于这一心理学范畴。一个母亲不认为她的小孩是一个与她完全分开的独立个体。脐带只在物理现实中被剪掉,而在心理上,孩子仍然是母亲有机生命体的重要组成部分。其中起作用的力量比爱更加生机勃勃,其本能需求的结果超越了一时的激情。

我认为，母亲与孩子之间的纽带大部分是基于生物学本质，因为孩子在她体内成长，她越来越喜欢它，孩子的过去和现在都是她鲜活生命的一部分。这种依恋显然比浪漫爱情更坚固、更亲密、更恒久。它没有那么脆弱，也没有被时间摧毁的危险。不像人与人之间的其他关系，它不会注定失败。即使失败，也是极少的概率，只有病理案例或是在特殊情况下，这种纽带才会断裂。就像有人也会自断手脚，但这肯定是不寻常的事件。我不知道我们应该怎样命名这种极具生命力的情感，但“爱”这个词肯定是用词不当，因为我们的理论将心理上的分离设为先决条件。母亲和孩子的关系不满足这个条件，他们不是一个我、一个你，不是两个人。爱的起点不能是一体性，它的终点才是。

母亲的“爱”中只有这些内容吗？当然不是。在不断的加工过程中，很多内容被编织入内，甚至还包括我们所说的爱。只是因为我们希望将情况简化，所以只看到一个名不副实的单义词。举例来说，我们常忽视母爱中的一个特点，与母亲的幻想人生有关。我指的是小孩出生前和孩子长大成人前由母亲照顾的这段时期，母亲所产生的幻想和白日梦。而这些白日梦何时会停止呢？

在成为一个母亲之前，女人纠结于对自己的不满，这跟我们都一样。然后，奇迹发生了。有什么东西走进了她的生命，让她的心理发生了变化，超越了她所有的心理准备。她的体内孕育着新的生命，不仅是物质层面，而且这还成为了从今往后永远的想象对象。一段幻想人生开始了，除了在伟大艺术家的构思和白日梦中,找不到类似的体验。这些白日梦在婴儿出生以前就早已围绕它展开,幻想的内容呈现出一些特点,经过对爱的初级阶段的探究,我们对这些特点已经非常熟悉。

我们在这里看到了自我理想向婴儿的转移。生活曾拒绝给予母亲的,婴儿都将实现。它会变得美丽、幸福、成功,它会征服世界。在母亲的人生中,由于外部因素和内心状态而受到的每一个挫折,它都能成功实现。它将代表人性的完美,因为母亲生下它后,疲惫地躺在床上微笑着许下了心愿;而善良的仙女们会来到它的摇篮前,将所有的心愿都实现。婴儿的到来,确保了母亲有了第二次机会,让年华已逝的人生有了重生的可能。母亲又再次快乐了起来,因为未来可期。在爱的过程中,必不可少的一环就是自我理想的转移;要研究这个问题,最理想的素材就是孕妇的白日梦。

唯一的问题是,我们是否可以将这种现象称之为一种转移。现在母亲子宫中的孩子,难道以后不会又成为母亲自己,成为一个更好、更美、更聪明的第二自我?这与将自我幻象转移到他人身上真的有可比性吗?孩子难道不是自我理想的延续和延伸,化为肉身?白日梦中的深感满足,母亲看向孩子时脸上立刻洋溢出的幸福,这都让人想到爱的青春之梦在得到满足后的那种极乐。然而,还有一些别的特点,与这样的描述不符。

我们忘了这个婴儿——未来的儿子或女儿——不仅是一个更好的第二自我,也是一个爱的对象。在幻想的形成阶段(它是幻想的中心),父亲也扮演了重要的角色。婴儿会继承他的某些特点(不怎么好的特点不会继承),这些特点将会被改进,他的天赋将比父亲更加优异。我曾听过一个年轻母亲的话语,在心理学层面很具有启发意义。她的孩子出生时,孩子的父亲远在军队。他归来时,她去迎接,她仔细地端详了他的脸,然后说:“你的脸真大呀!”这句奇怪的话,一开始让他感到疑惑,但很快他明白了。年轻的母亲每天长时间专注地看着婴儿的脸,从他或她的脸上看到了远方丈夫的样子,他的脸和婴儿那与他相像的脸一对比,就显得巨大。

我们明白,在母亲的白日梦中,不是在寻求自我理想的化身,而是找到了这个化身。理想成为现实,梦实现了。在母亲的这个延伸中,所有她曾经希望自己拥有的心理和身体方面的各种可能,都已经成为潜在的现实。到目前为止,这与寻找爱的对象这一潜意识过程惊人地相似。也是在这里,母亲在一个对象身上找到了、实现了自我理想。然而,对于年轻的母亲来说,孩子是否在心理层面是一个独立的对象?

实际上,这是在自己身上实现理想自我的要求,这跟爱的过程大为不同:在爱中,你是在另一个人身上找到理想自我。这让我们有了新的领悟。母亲看着孩子,并不是带着爱人者看心上人的眼光,而是带着艺术家看待自己作品的眼光,看着他的创意梦想得到了完美实现。只需要看一看刚经历完分娩之痛的母亲,当护士把婴儿抱到她面前,她第一次看到孩子时的样子。她看到一个真实完美的婴儿,她自己的孩子。这是一种骄傲和谦逊的情感,当艺术家创作的作品超越了自己有意识的想象力时,就是这种感受。这一定很像上帝的感受,他在创世的最后一天看到他所创造的一切,觉得这还不错。不,并不像上帝,因为他是全能全知的，而一个母亲只能希望和猜测。在她的脸上，更多的是充满自豪的惊喜。她的身上出现了一个奇迹，而奇迹只会发生在凡人身上，而不是上帝身上。

这个孩子是她创造的作品，他或她来自于她，在她体内生长了数月，在她身上汲取营养，现在他或她来到了外面，被她凝视欣赏。他或她让她觉得难以置信。她这样一个无足轻重、贫穷软弱的凡人，怎么可能创造出这样一个奇迹？是的，就好像艺术家看着他最棒的作品，为自己的成功和自我实现感到无比骄傲。他觉得，他或她是集合了他所有优点和才华的一个实体；同时，他或她还包含在他能力范围之上的成分。"我不可能写出它。不是我创造出来的。"海顿①听到他的"创作"后，泪水涌上了脸颊。母亲觉得她的孩子是她的成就，是一个骄傲梦想的实现，她心里充盈着一个人看着自己最大成就时的情感。她照着自己的样子进行创造，与上帝不一样的是，她并不知道她是怎样取得的成功。现在我们清楚地看到，母亲对孩子的情感与爱的无意识阶段既有相似之处，也有不同的地方。我们有两种方式去实现自我理想的要求。我们可以通过选择一个爱的对象，或是通过我们自己的成就来实现。当然，母亲对孩子的情感融合了这两种心理过程，但其中的大部分，还是一个人实现了其最大梦想时的情感。

当然，我并不是想否认母亲与孩子的关系中也存在我们所定义的爱这种情感，只是这种情感是后期出现，与最初的更为恒久

①Franz Joseph Haydn(1732~1809)：奥地利作曲家。——中译注

的情感共存。“灵魂是一个广阔的国度”，亚瑟·施尼茨勒[1]写道，他无数次地向我们展示我们内心有多么广阔的空间，可以容纳不同的、相关或是矛盾的情感。之后，母亲会不情愿地意识到，她的孩子已经长成了一个独立的人，不管怎样，他都已经与她分离开来。仅仅在这个时候，爱才沿着我们已经描绘过的路线开始出现。

一个母亲也在潜意识中嫉妒、妒忌她的孩子，嫉妒他拥有更好的机会、更好的未来可能性以及更优异的天赋。甚至还在无意识中嫉妒孩子现阶段的幸福快乐和无忧无虑；这种情感在勃拉姆斯[2]的歌里就有表达：“噢，如果我知道回去的路就好了，那通往童年国度的宝贵之路！”这种无意识的嫉妒会导致一种怨恨和敌意，与对孩子的深厚感情形成强烈对比。反向作用开始蓄力，像其他案例一样，对这种负面倾向的全面拒斥引起了更强烈的温柔情感。但我们称之为爱的这种情感，是后来才加入到母亲情感中的，比它更早就出现的是一种生物学纽带，我还尚未为它找到一个名字。

在考虑父亲对孩子的情感关系时，我觉得，并不像讨论母亲的心理一样有着坚实的基础。可以这样说，一种猜测是，对比母亲的复杂情感，父亲的情感是其去除生物学因素后，稀释或弱化后的版本。其中也聚集了希望、期待和幻想，源自自我理想的需求，他也觉得，这个小生命是他自己的延续，同样，希望它能够完

---

①Arthur Schnitzler(1862~1931)：奥地利剧作家。——中译注

②Johannes Brahms（1833~1897）：德国作曲家。——中译注

成他的自我实现。在一定程度上,其中也包含对自己作品一样的骄傲和满意,我甚至可以说,他是把它当作自己创造的艺术品和成就。在这些预设之外,这里的爱的形成与其他关系中爱的形成一样,源起于同样的渴望。

那么孩子们呢？我们不该谈谈它们对父母的爱吗？在母亲情感中非常强大的生物学纽带,并不存在于孩子这方,它与母亲的唯一联系是依赖与附着,这是源自它婴儿期的需求。婴儿不会意识到母亲是一个与它分开的独立个体;而在我们的定义中,只有满足这个前提时,爱才可能出现。即便是在后期,我们也没有观察到小孩对其母亲有任何爱的表示,只有情感依赖和感激的表达(你可以感激一个人,同时并不爱他)。你或许可以称之为依恋,源自小孩的无助和母亲的照顾,而不是爱。

在后期,我们观察到的任何表示喜爱的迹象,可以说本质上都是一种模仿。孩子对母亲的关心照顾作出反应。它接收到什么,就回报什么,这是对母亲的一种原始认同。母亲所展示出的爱,它反射回来。你是否可以将这种现象称之为爱的诱导,与电磁感应类似？有这样的可能性,即孩子学会用母亲爱它的方式去爱母亲。这意味着婴儿与母亲交换了位置,这样的方式还有很多。比如说,在游戏中,两人交换位置,分别扮演对方的角色。这样,爱进入了孩子的人生中。在这样的角色反转中,扮演母亲的孩子爱着另一个人扮演的自己。

如果我们接受这种换位想法的可能性,那么我们所勾勒的情感发展过程就出现了一种例外。那这整个现象是否能被称作真实自然的爱呢？鉴于它的起源,我们最好把它称为回应的爱(responsive love)。婴儿会用自己的爱去回应接收到的爱,就像一个成年人长期被人追求,被殷勤照顾和赞美之词所征服。于是,有可能当婴儿没看到表示喜爱的迹象时,它就会对自己扮演母亲的角色,可以说是作为母亲的代理人的身份,肩负起这个角色,回应了它对母亲行为的诉求。它像一个演员一样,通过自己的行为,展示了它想要再次被爱的渴望,它通过去爱母亲来反向表明这个情况。

无疑,在此之后,孩子对父母的爱具备所有真情实感的特点。但这种爱是后期形成的,伴随着早期的回应形式。这种爱会经历相同的阶段,始于对自己的不满以及无意识的嫉妒,结果是以温柔情感的形式出现的反向作用。它的准备阶段里也有幻想,跟我们看到的其他情况一样。

除了此前所描述的情形,母亲的所有这些谦逊的爱、关心、照顾和悲伤就没有其他情感效果了吗?除了孩子对接受的反射这种回应的爱之外,就没有带来其他影响吗?孩子长大之后,父母之爱的持久深远效果体现在哪里?这么多年的喜爱之情,其心理效果不可能只是这么肤浅。父母对子女长年累月的喜爱一定影响了子女在儿童期、青春期和成人期的性格。我们能够猜到,儿童所接收到的爱润物细无声地深刻影响着他们。在父母的关心照顾中长大的儿童,以后会给予自己所谓的"自爱",这只不过是儿童在无意识中将自己等同于曾经温柔照顾自己的父母。后来,在无意识中,我们用曾经被给予的喜爱之情爱我们自己,就好像我们把那些曾经爱我们的人并入了我们的身体,因此,他们可以在我们身上继续存在。

就这些了吗？父母给予我们的喜爱还有没有别的深远效应，还有没有与我们生活紧密相关的无形影响？这个问题不应该由我自己来回答。我会请一个生活在300年前的人就这个主题发表看法。大约在30年前[①]，一部犹太文写成的古老手稿在德国被发现，并被编辑出版。这是一位商人的犹太裔遗孀所写的人生故事，她育有14个子女。她希望子女们能够了解她人生中的酸甜苦辣。当然，这部手稿原本不是用来出版，而是用来让后代阅读受益。这位女性的名字叫格鲁克尔·凡·哈梅恩，1646年生于德国，并在那里度过了一生，与佩皮斯[②]同个时代。她的回忆里常插叙着虔诚的思想、对子女的教诲以及敬畏神明、维护道德的冥想内容。有时，这些思想会通过朴实的寓言故事阐明，这些故事取自犹太传统文化的宝库。这里简单举其中一个例子，这个例子能完全回答我们的问题。曾经有一只鸟要带着它三只羽翼未丰的幼鸟飞越一片狂风肆虐的海洋。海面太宽，风力太强，鸟爸爸不得不用它那强健的脚爪带着小鸟一只一只地轮流过海。当它带着第一只飞到一半的时候，突然一阵疾风袭来。它说："我的孩子，看看我为了你，多么辛苦，还冒着生命的危险。等你长大了，你会这样对我吗？你会为我养老吗？"小鸟回答："您只需要把我带到安全的地方，当你老了，你说什么我都会照做的。"听到这句话，鸟爸爸松开了小鸟，小鸟掉进海里淹死了。鸟爸爸大喊道："这就是你这个骗子的命运。"然后，它回到岸边，带着第二只小鸟

①1932年《格鲁克尔·凡·哈梅恩回忆录》英文译本于纽约出版。

②Samuel Pepys(1633~1703)：英国作家。——中译注

出发了。在大海上空，鸟爸爸又问了同一个问题，得到了同样的回答。于是它将第二个孩子也丢进了海里，说道："你也是个骗子。"最后，它带着第三只小鸟出发了，中途也提出了同样的问题。第三只也是最后一只小鸟回答道："我亲爱的父亲，确实您为了我历尽了艰辛，也冒着生命的危险；如果当您年老了，我不回报您，那将是大错特错。但是，我无法做出有约束力的承诺。而我可以承诺的是，当我长大了，有了自己的孩子，我会像您对我这样对待它们。"听到这番话，鸟爸爸说："说得好，我的孩子，聪明的回答。我将饶你一命，把你安全带到遥远的对岸。"

这位年老的妇女没有受过教育，但在这则小小的寓言故事里，却蕴含了犹太人民的智慧，在他们的谚语中，也道出了同样的心理学见解："父母的爱传递给孩子；孩子的爱传递给他们的孩子。"父母之爱对我们的人生有什么样深远的影响，我们在这里找到了答案。因此，那些早已远去的母亲和父亲们，可能从来不是伟大的教师，却成为了教育者。就像当星星的光亮到达地球时，那些星星已经消失几十年了，那些曾经给予我们的喜爱，不仅照亮了我们的人生，还会照亮我们的子孙后代。浪漫之爱会让我们失望，友谊也一样；但父母和子女的关系，虽然没有其他关系那样喧闹，却无法抹去、坚不可摧，是地球上最牢固的关系。与我们父母来自逝者国度的无声呼唤相比，没有哪个活人的声音能够如此坚持、如此恒久、如此深刻。

11

人类的语言常被证明是一个非常贫乏的表达媒介，而不是非常有辨别力和区分力。你爱你的朋友吗？你可能很想回答“是的”。同时，你又觉得，“爱”这个词并不能最恰如其分地表达你的情感。这份情感肯定与男人对女人的情感不同。虽然不同，但又有一点相似之处。你尝试着区分这两种情感。你会说你爱她，而另一方面你会说你很喜爱你的朋友，你非常喜欢他，等等。当然，对象是异性这一点使得情况变得大不一样。但这是唯一的原因吗？跟你心爱的女孩聊的话题，肯定跟朋友聊的不一样；即便一样，聊的方式也不一样，气氛不一样。为什么交一个异性的朋友更难？是因为性元素会影响这种关系的发展？如果说是性欲将爱和友谊区分开来，这无疑是不正确的。我们不是已经清楚地区分了爱与性，还指出了二者截然的不同。似乎即便在同性之间，也很难找出爱与友谊的不同。同性之间的爱当然是可能的，比如男人爱他的父亲，女孩爱她的母亲或老师，但同性的对象不一定是朋友。我们又要怎样去理解这样一句话：友谊中的爱比爱中的友谊多？我们觉得，其中有一些情感上的细微差别，难以理解。

每当你认为了解二者的差异时，又就会看到一些相似相像之处。你会非常疑惑，甚至上一秒钟你还觉得爱和友谊截然不同，下一秒就感觉二者相差甚微，几乎相同。于是，你认为，你遇到的大部分困难都是源于语言的匮乏。这都是言语层面的问题。尽管如此，在这个因素之外，这两种情感仍有一些源于其心理特性的细微差别。

我建议，我们先搜集一些友谊中有但爱中没有或是不显著的特点。如果我们真能找到以前没有发现的某些特点，我们或许就可以了解二者的根本区别及其意义。这样一个间接的路线或许还会把我们带向友谊的起源。我提议,系统搜集这些心理学数据;这样一来,由我们自身的经验和他人的经验组成的印象集合可以引导我们的分析。

先从友谊不如爱强烈这个印象开始吧。我们立即就可以指出,很多例子中男人之间的友谊比男人对女人的喜爱要强烈,或是友谊比爱的关系更持久。当我们又说友谊不会像爱一样让人坠入忧愁痛苦时,我们又会发现一些例子中,友谊正是很多人痛苦的祸根。无论如何,我们一个确切的看法是,友谊没有爱那么迫切、固执和激烈。你或许会思念一个朋友,渴望见到他,但爱有时会让我们被一种痛苦的怀恋所占据,这两种情感的温度是不一样的。

是否可以用“热情的友谊”(passionate friendship)这个表达?听起来语言平淡无奇,有点夸大甚至可笑。当我们听到一个男人说他爱他的朋友时,甚至会觉得有点奇怪。如今,我们觉得这是一种夸张的表达。我们知道,友谊的语言在过去的几个世纪发生了变化。对比现在和过去对友谊的表达,我们不难发现,友谊的语言变得不那么热烈了。它失去了对感情的热情夸张的表达。在莎士比亚的时代,你会毫不犹豫地对朋友宣告你热情的爱。而今天,这个形容词与这个名词不再搭配。即便是在爱默生《论友谊》这样的文章中,他对主题的描述都非常热情洋溢,然而是我们听起来觉得热情洋溢,爱默生同时代的人并不这样认为。阅读100年前的小说,我们会发现,人们谈论友谊的方式会让今天的我们觉得难为情。我们不会再那样夸张地表达情感。我们甚至倾向于绝口不提。我们不再喜欢热情地宣示友谊。如果听到男人们用爱默生的语言谈论他们的友情,就像本该用弱音演奏的乐章却用了强音。现在,友谊的言语表达十分简朴。这是否意味着现在不会有像过去那么亲密的友谊了呢?大卫与约拿单[①]、俄瑞斯忒斯与皮拉得斯[②]这样的关系是否已经变得不可想象?当然不是,今天我们也经常听到真正的友谊故事,不管是发生在战场上,还是在普通人的苦难生活中。无论如何,我们最终的印象是友谊和爱在程度上是有区别的。友谊没有同样热烈的气氛,它要冷静一些。爱中常见的热烈激情,友谊中也没有。友谊中没有忘我,没有完全的顺服,没有情感的过盛。友谊更加明智,更加清醒。它绝不会像酒醉一般,它的情绪也不能被称为精神异常或是疯狂。友谊不会像灾难或地震一般向你袭来。与朋友相伴,你会感觉非常愉悦,但你不会像恋人一般快乐得发狂,感觉像着了魔,或是神志不清。友谊是一个温暖的开放式壁炉,而爱是一栋着了火的房子。

如果你的印象是无误的,那就意味着这两种情感之间存在强度或程度的差异。这最终导致了质的区别。我之前已经提到我们思念爱的对象和思念朋友之间的情感对比。当爱的对象不在场时,爱人者会出现持久的强烈渴望,而友谊则不会这样。朋友属于彼此,但不需要黏在一起。

我们进一步发现,爱的特点之一是将对象理想化,而这一点

①David and Jonathan:圣经之中的友谊故事,喻指莫逆之交。——中译注

②Orestes and Pylades:希腊神话中的友谊故事,喻指莫逆之交、生死之交。——中译注

对于友谊来说,并不是必要的。你欣赏朋友的优秀品质,但你也知道他的短处和缺点。友谊不需要像爱一样盲目。它可以既挑剔又宽容,而爱却很少是这样。你的朋友不像被爱者一样代表你的自我理想。他充其量只是你自我榜样的一部分。我们说过,爱以一个愿望开始——“我想要成为你”,或是想与被爱的人交换性格。在友谊中,我们没有看到这种占有欲的体现。显然,我们不想要成为我们的朋友,我们只是希望拥有他部分的品质,那些我们缺少的品质。你真的想成为你的朋友,或是想和他一样吗?难道你不是只想拥有他的一些特点或天赋吗?你只想在某个方面成为他或是跟他一样,但你不想拥有他的所有特点,你对自己挺满意的。当斯多葛派哲学家芝诺①被问及“什么是朋友”时,他的回答是:“另一个我。”这个回答对于描述爱的对象更加恰当,因为朋友只是“另一个我”的某个确切部分。我们的论点是,爱可以被追溯到对于对象整个人的无意识的嫉妒、妒忌和贪婪。对象的任何一点都被希求。而在友谊中,我们想要的只是对方在智力、情感、心智或体能方面的某些特点。我们无意识的嫉妒只涉及这些内容,并不包含他整个人及其本质。

对我来说,还有一个重要的区别。在爱中,你觉得你的对象比你优越。对于男人来说,可以说被爱者是一个更高级的生物,是个天使。这种自卑感,这种对于对象的谦卑,显然不存在于友谊中。你可能发现并认可你的朋友在这方面或那方面比你优秀,

---

①斯多葛学派是塞浦路斯岛人芝诺(Zeno)(约公元前336~约前264)于公元前300年左右在雅典创立的学派;因在雅典集会广场的门廊聚众讲学而得名。英文stoic,来自希腊文stoa,原指门廊或画廊。——校注

但你不会认为他在所有方面都胜过你。这种态度不仅在友谊中缺失,而且还会使友谊无法建立。似乎友谊只能在平等的基础上茁壮成长。不管是你自己,还是情感的对象,只要存在明显的、有意识的优越感或自卑感,都会严重阻碍真正友谊的形成。歌德把艾克曼①称为他的朋友,但艾克曼肯定不敢称自己为歌德的朋友。对于对方的优秀卓越,他实在太过清楚。一个如此优越于你的人,可能对你非常友好,但他不是你的朋友。被他称作朋友当然是件值得骄傲的事,但并不能因为这样的优待,你就能把他当作朋友。这是单方面的。这会唤起骄傲感,有利于激起对对方的爱、尊敬和仰慕,但不会促成友谊。当你觉得自己乏善可陈,就无法跟天才成为朋友。成熟的友谊有一个必要的条件,那就是双方的等值感。如果一方的优越感凸显,那么相互的友谊将无法形成。人与人之间的差距太大,难以跨越。

我们再从另一个方面来比较一下爱和友谊。你爱上了一个女孩,是否这样你就无法同时再爱另一个女孩了?肯定是这样,只要你不是神经症患者。见到朱丽叶的那一秒,罗密欧对罗瑟琳的激情便消失了。特里斯坦在伊索尔德身上感受到了命中注定的爱情,心中再也没有别的女人的位置。爱意味着对象的专一性。就像《旧约》中上帝的训诫:“除了我之外,你不可有别的神。”友谊是否也有同样的排他性呢?答案是否定的。确实,友谊也不是与众人订约。虽然跟每个人当朋友的人实际上没有朋友,

①Johann Peter Eckermann(1792~1854):德国作家。歌德晚年时期的助手。——中译注

但你可以同时有几个朋友，甚至几个好友。之所以两种情感在这方面有差异，是因为它们提出的要求不同。爱更为自负，它索取得更多。它像漩涡一样，将受害者吞噬。友谊像条温柔的河流一样托着你。爱会占据你的整颗心，而友谊只要部分的你。友谊不像激情那么强烈，不会将你独占，不会让你备受重负。它不做过多的要求；它具有民主的特点。它不想占有你；只想在你的人生中有一席之地。

以前，对爱和友谊的心理学分析基本都忽略了这些区别，而现在我们所作的阐释是否足以解答我们的问题？我们从这些印象中得出的见解，是否足以让我们敢于猜测二者的本质区别？爱是对嫉妒、妒忌和贪婪的情感反向形成。友谊也是一种反向作用，针对的是最初的竞争和较量之情；这些情感源自无意识中对对象某些特质的认可。你朋友的一些特征或性格特点可能非常有吸引力，以至于你也想拥有这些特点。他是你的一个补体，但只是在某一特定方面。他性格或本质的一些特点令人嫉妒。最初，他的出现或行为在你心中唤起的情感是希望在这方面或那方面战胜他或征服他。他激起了你的竞争欲。你想与他一决高下，希望是你更胜一筹。然后，情感反向作用开始起效。这些最初的冲动被拒斥，想要与他战斗并将他战胜的倾向，变成了想要帮助他、团结他、加入他并与之齐心协力的愿望。继最初的战斗倾向之后，反向作用出现，将初始的冲动一扫而光，相反的奋斗方向占了上风。竞争和较量从情感的表面消失了。它们退回到无意识中继续存在，并随时准备着在友谊破裂时破土而出。早期的倾向潜伏在角落，在一些情况下，随时可能再度萌发。不可否认的是，友谊中也存在无意识的嫉妒和妒忌，但不如在爱中那么密集。

友谊的成分有一些不同，因其无意识的根源只是激起了竞争，而并非嫉妒和妒忌，从它不甚激烈的特性中便可知一二。友谊要成为可能，前提条件是两人的成就和类似特征大致相同，这一点将友谊与爱区分开来。

在友谊的范畴中，无意识的竞争也会上升到一定程度，几乎要变为敌意。如果此后的情感反向作用并没有那么剧烈，只是因为友谊形成前的紧张状态其程度比爱之前的要低。在友谊形成之前，情感中也弥漫着敌意，但并不是决定命运那一种，它像是摔跤比赛前的敌意，而不是决斗前的那种。结果决定的不是谁生谁死，而是谁取得胜利。可以这样说，在爱中，两名对手在最后时刻决定不再决一死战，而是选择拥抱、亲吻。未来的朋友也举起手臂迎战，只不过他们没有扭打在一起，而是握手言和，继而同去把酒言欢。友谊的无意识基础并不涉及一个人的全部性格。这不是关于生死的决定。这里的浪潮永远不会像爱袭来前那样汹涌。要是真的那样波涛汹涌，接下来的反向作用就会是崇拜或爱，而不是友谊。爱的结局实际上是放弃自己的个性，两人合二为一。这不会发生在友谊中。

在完全建立的友谊中，情感反向作用的结果显现在表面：友善取代了敌意，饶恕朋友、支持朋友的倾向取代了伤害他的冲动，不再想要挫败他，而是努力地助他一臂之力。

那么那些原来就有、现在依然存在于无意识中的竞赛和较量的情绪，是否完全没了踪迹？当然不是。你可以欣然地赞美你的朋友；但当别人赞美他时，你就不乐意了，这与爱人者的态度截然不同。在朋友之间,最初的竞赛关系会以一种和平争胜的形式继续存在。这甚至渗入了基督教弟兄的友谊中,每个人都争相得到基督的爱,朋友们相互鼓动为上帝工作。当竞争较量被温和形式的争胜所取代时,友谊的最高形式就实现了。即使隐藏的敌对活动仍在某个角落存在。你很少会忽视朋友犯的错。那你的朋友是好心的吗?当然,至少在他有意识的思想中是如此。但是,在精神分析发现最亲密的朋友间存在矛盾心理的四百年前,拉罗什富科①就说过,我们朋友的灾祸并不会完全使我们不悦。

女人之间的友谊有其自身的色彩。与男人间的友谊相比,在这种关系中,琐碎的较量或妒忌似乎存在得更为明显。这种友谊本身或许与男人的友谊一样真诚,但它有时会呈现出一丝或不止一丝的原始竞争关系。里瓦罗尔②将女人的友谊称为“敌对的暂停”。或许,总的来说,女人的友谊不如男人的友谊那样稳固、持久,但难道后者不也是一种休战?菲尔兹③曾经恶意地评论道,女人之间几乎不会因为对方的美貌而建立起友谊。当然,我们都可以举出反例。许多女人就跟比她们美丽的女孩建立了友谊,欣赏她们朋友的成功和胜利,就像欣赏自己取得的成就一般。然而,对于这样令人惊讶的宽宏大量,我们可以从“就像”二字中找到其心理学解释。这个女孩将自己等同于那个更美的女孩。这样,她

---

①弗朗索瓦·德·拉罗什富科(François de La Rochefoucauld,1613~1680):法国作家,他以大部分时间博览群书和参加文艺沙龙活动,把沙龙游戏中的机智问答记录下来写成《道德箴言录》,该书主要表现了他的愤世嫉俗思想。——校注

②Antoine de Rivarol(1753~1801):法国政论家、记者。——中译注

③W. C. Fields(1880~1946):美国喜剧演员、作家。——中译注

经由代理的方式享受了她朋友的成功。

然而,坦白地讲,男人的情况真的大有不同吗?在无意识中唤起竞争精神的对象或许不同,但在友谊的外衣下,依然隐藏着竞赛的心态。竞争的目的或许并没有那么物质或是有那么直接的效用,可能比的不是穿着、人气或性魅力,或是任何虚荣的方面,而是志向与抱负。这给两种性别的情感反向形成增添了不一样的色彩,但这并不会改变其本质。对于男人,避免较量的方式同样是经由代理的方式享受友人的胜利,把它当作自己的成就。我想到亚瑟·施尼茨勒①的戏剧《荒凉之路》,其中一个男人对另一个说:"我们如此巧妙地给对方提供线索,不是吗?一些言辞浮夸的人把这种关系称作友谊。"然而,对于二者中更聪明机智、在社会上更成功的那一个来说,友谊的开端难道不是在初始的竞争中获得胜利?给对方提供线索,难道不是对之前窃取对方消息的倾向产生的反向作用?现在骄傲地推介朋友,让朋友站在聚光灯下,难道无意识中他不想比朋友更出色?他们现在是朋友,不是友好的敌人,但无论如何,在成为朋友之前,他们是敌人。真正的友谊都有着这样的背景,大都存在于无意识中。"请助我防备朋友,我自己能抵御敌人。"这样的说法难道没有揭示出无意识中敌对冲动的存在和效用吗?这随时可能让朋友受到惊吓。

了解友谊的心理学和起源,或许可以帮助我们理解两个令人困惑的现象,如果你只看到友谊在有意识思维中的呈现方式,就

①Arthur Schnitzler(1862~1931):奥地利剧作家、小说家。大学时攻读医学,毕业后成为医生,同时进行文学创作,共写有30多部戏剧。——校注

无法解释这两个现象:其一是面对共同的敌人时,情感纽带会增强;其二是男人和女人之间友谊的罕见。当然,对这两种现象的解释有很多,但没有哪种解释足够充分。这些事实本身是没有争议的。

比较有趣的是,即便是不冷不热的友谊,在遇到敌人的时候,都会变得更加牢固。相较于一个共同的兴趣或事业,一个令人同仇敌忾的敌手似乎更能强化友情。为什么一个我们都对其感到敌意的外人,能让我们友谊的纽带变得更紧密?仅仅是因为他让意气相投的我们感受到了共同的危险,以至于我们要联合起来对抗他?无疑,这个因素在其中发挥了作用,但还有一个原因,虽然是无声的,但作用更为强大。我说过,在每段友谊的最深处,都隐藏着较量和敌对,即一种被友好情感所掩盖的仇恨。当一个敌人出现时,敌人对我们的朋友展现的敌意,唤醒了我们心中想要与朋友为敌的欲望。这种欲望由这个第三者激起,然后被拒斥,继而出现了原来的情感反向作用。而被激起的敌意将会转向,不再对准我们的朋友,而是朝向对我们的朋友心怀敌意的外人。由于这种偏离机制,我们的敌意将会把外人视为对象,因为他代表了我自己所拒绝的一种心理可能性。我与他为敌,因为我坚决拒斥他所体现的这种诱惑:去攻击我的朋友。通过这种转移机制,朋友间隐藏的对抗情绪找到了一个出口,一起对抗有敌意的外人,而不是朋友间互相攻击。这个共同的敌人,不管是一个仇视的政党,或是一种社会形势,都会使友谊更加坚固。这不仅是一个绝佳的友情防腐剂,还能将友谊中随时间积压的敌意一扫而空,增强双方的喜爱之情。我们应该感谢他。我们的心理表现揭示了瞬息之间朋友可以变成敌人,敌人也可以变成朋友。

另一个问题,为什么男人和女人之间的友谊那么罕见。这个问题可以简单快捷地解答,所谓的解释,是性欲是建立友谊的干扰因素。这个理论可以用事实证明,但这些事实大部分是扭曲的,或是筛选方式并不公正中立。有些情况下,出于年龄等因素的差异,一个人对对方并没有性欲,或是说即便有,也是少到可以忽略不计的程度。还有的情况下,双方共同的兴趣看上去应该有利于友谊的建立,却没有产生友谊。是什么阻止了这些情况中喜爱关系的形成?肯定是性别差异的原因,这个说法无疑与此前的断言不同,即认为无意识或有意识的性欲是唯一阻碍。如果我呈现的观点是正确的,那么这种关系面临的障碍其实是异性二人之间缺乏竞争或较量这样的强烈情感所致。仅仅是两性间的鲜明对比并不利于产生相互较量的情绪,但非常笼统的总体较量除外。一个男人和一个女人之间如果有真正的竞争,那不是友谊这个反向作用能轻易解决的。这会表现为深仇大恨,最终导致漠不关心,或者在极少的情况下,会融入爱中。

因此,看来在男女之间,如果先行出现了某种特殊的竞争关系,那么爱情比友谊更加伸手可及。当然,这种情况的结果取决于许多心理因素,但显然爱形成的几率要高于友谊。在大多数情况下,如果竞争很激烈,那么强烈的敌对情绪将继续肆虐,而友谊则几乎不会作为反向作用继发出现。另一方面,我还见到过男女之间的友谊因一方的竞争情绪而深受困扰,转而迅速终结。在这种情况下,两性之间的对比并不会有助于克服这种竞争,不会继而形成友谊这一反向作用。更有可能出现的是,这种对比会加剧竞争性，因为这种较量会让人联想到性别差异。就像这条路又重新折回到最古老的敌对关系——两性之间的战争。一个人会觉得对方自以为是地宣称拥有的某些特权是极不公平的，因为这不是基于其自身的成就，而是基于他或她的性别。他或她以性别的名义宣告自己的优越感，拒绝低人一等。这样的态度最不利于友谊的发展，因为我们已经知道，最适宜友谊生长的土壤是平等的关系。对我来说，异性之间缺乏竞争是他们之间不常产生友谊的最根本的心理成因。当然，无意识的竞争只是一个人被另一个人吸引的原因之一。异性之间还存在其他形式的吸引，会生成不同的关系。

12

基督教的训诫和理想包含爱自己的敌人，这被称作人类最高愿景的最崇高表达。而我认为，上帝自己的本意并非如此。耶稣基督有许多隽语都被基督教所误解，以下便是其中之一。要理解其矛盾的本质，你需要大声地反复诵读："你们的仇敌，要爱他。恨你们的，要待他好。诅咒你们的，要为他祝福。凌辱你们的，要为他祷告。"[1]设想一个在遥远的异国他乡成长起来的人，既有才智，也无偏见，没有接触过基督教，当他第一次听到这个准则时，他的第一印象是什么？我敢说，他会觉得非常困惑；当他理解了其全部影响后，他会表明："但这是不可能的！这违背人性。没人

---

①参见《新约·路加福音》第6章第27节至28节。——校注

能有那样的感受。”他可能是对的。这确实与人性相矛盾:本意就是要与之相矛盾。这听起来像无意识的嘲弄,本意也就是如此。这意味着这是一项受虐的指令,要让痛苦的事变得愉悦。这是一种苦行的、自我折磨的计划。异曲同工的是,印度教对苦行僧的要求:要在插满钢针的床上休息数天。

这真的与人性相矛盾吗?不,因为人性也包含受虐冲动。在另一本书①里,对于从痛苦、耻辱、自我贬抑中得到快乐这种奇怪的情感态度,我试图找出其心理起源和隐藏的目的。在书中,我说明了社会受虐癖并不是将寻求折磨和羞辱作为最终目的,这只是在满足自我内疚感的道路上必要的中继站。在这种情况下,在享受禁忌的快乐之前,必须要先忍受惩罚,这样才不会有自责。渴望痛苦并不是因为痛苦中有任何快乐,而是因为它为最终的满足扫清了道路,否则此路不通。我们的愿望和需求的满足,也是受虐癖的隐藏目的。满足的代价是,首先接受、甚至是享受必要的不快、羞辱和耻辱。目的还是原来那些。在忍受了战败后,现在目的已经达成。去爱我们的敌人这一要求的隐秘、无意识目的是通过羞辱、击败、摧毁自己来羞辱他、击败他、摧毁他。我们在幻想中期待着最后的满足。羞辱、贬抑自己,让自己丢脸的人,只是预先接受了他想让别人承受的惩罚:去贬低、惩罚他们。“爱自己的敌人”这一要求,实际上是教导你如何从极为不快的事中获得快乐,方法是无意识地在幻想中期待未来的满足。这与耶稣基督其他一些矛盾话语的情感模式相同,比如,“自卑的,必升为

①《现代人的受虐癖》, Farrar, Straus and Company, New York, 1949。

高。”或是“那在后的，将要在前”。“爱自己的敌人”这一指令的秘密含义是爱到使他们感到羞耻、爱到将他们摧毁。这里描述的态度有一层无意识的含义：“你这无良之人，你本该被我憎恨，但我不恨你，相反，我爱你。我这样做就证明了我比你高尚百倍。”只不过这层意思是以相反的方式道出，在看似矛盾的隽语中，包含着无意识的反讽与嘲弄，符合《圣经》中古代先知的语言风格。爱自己的敌人是可能的吗？可能，通过使他们感到羞愧这种可恶的方式。一个人可以通过自我羞辱、自我谦卑的方式来爱他的敌人，从而证明他是多么优越。在耶稣基督的训诫中，我们找到了一个巧妙的方式，可以对自己的谦逊感到自豪，通过喜爱来进行复仇，通过自我菲薄来贬低他人，通过完全的臣服来征服他人。所有围绕耶稣基督这个要求进行的神学或道德说教方面的诡辩都是徒劳的，都改变不了这句话原始的无意识含义，即爱他们直到最终击败他们。这里比其他任何地方都更清楚地表明，爱恨只在一线间，二者可以相互激发，占有欲和贪婪可以转瞬之间变为喜爱之情。

爱你的敌人，方法只有一个，就是先要对他们深恶痛绝。当你在幻想中享受了敌意和复仇达成后的完全满足，你会想要原谅他们，甚至在一定程度上同情他们。曾经一名患者向我诚实地抱怨：一段时间后，他开始喜欢他的敌人。他无法长年保持这种仇恨，毫不松动。他开玩笑地说，上帝比人类有不公平的优势，因为他的复仇可以持续到第三代人或第四代人。他显然与我们不同。这位患者没有注意到的是，他的敌意和复仇的渴望已经在无意识的幻想中消失殆尽，在他发现自己对敌人的奇怪倾向前，他心中存有的仇恨已经耗尽了。在幻想中惩罚了敌人之后,爱敌人确实是可能的,甚至可能是基督教意义上的爱。

几星期前,我在收音机里听到几位大学教授讨论这个主题,“有必要去恨我们的敌人吗?”当然,这不是一次理论探讨。这个讨论涉及了战争,涉及了士兵和海员在海陆空战场与敌人作战时的态度。问题提得相当严肃,然而,我猜很多听众和我一样,听来觉得好笑。你怎么可能不带仇恨地作战?战争的输赢不靠道德的判决。你可以选择作战,这只能带着仇恨去做,或是选择不作战,于是,放弃自由,这也只能在仇恨的情绪中进行。但是,如果说因为这场战争是必需的、有用的,所以要理性地、不带情感地作战,这对人来说是不可能的。冷血漠然地杀死敌人、炸毁他们的城市、消灭他们的妻儿、破坏他们的财产,这是骇人听闻的事。假设你是一名士兵,正在攻击纳粹分子。你是否可以带着善意的超然心态将刺刀插入对方的身体?因经过充分考虑而杀人是多么可憎的一件事。如果不是因为激情、仇恨或报复,仅仅因为有所裨益就去摧毁生命,这是非常残忍的暴行。

有哲学家说,我们应该去恨抽象存在的残暴和野蛮,而不该恨我们残暴的同胞;我们应该鄙视恶,而不该鄙视作恶的人。对于抽象的概念,爱恨无从谈起。两种情感都与鲜活的人物相关。你在战场上的敌人不是残暴和野蛮,而是一名活着的纳粹分子。在你向他开枪时,你要说服自己:你射杀的是残暴或恐怖的一则信条,你击中的不是敌人而是暴政的本质及其令人无法容忍的自负;这是非常荒谬的。有教授说,如果我们现在恨我们的敌人,我们会荼毒后代人的思想,让他们也充满敌意。这种说法高估了我们情感的稳定性。我们恨不了那么久。

对我来说,这整个问题并不需要太认真思考。不可能命令一个人去爱或是命令他不去恨。要指挥某些情感、禁止另一些情感,这超出我们的能力范围。情感不需要任何借口。提“汝不可杀戮”这个要求是可能的,但不可能要求“汝不可有杀念”。情感不受指挥。我们对基督教爱敌人的理想进行了心理研究,并结合相关分析引入了当前这个主题,我们的目的只是要再次证明:如果没有初期的负面情感,爱就不可能出现。如果你从没有恨过你的敌人,你永远也不会爱他们。你将对朋友或敌人都非常冷淡,无法去恨,也无法去爱。耶稣基督自己的爱恨都很激烈。

基督教的道德规范中还有另一个训诫,看上去更易于听从:爱邻如己。同理,这个要求有机会实现,前提是你克服了嫉妒、妒忌和贪婪的情感,根据我们的论点,这些情感是爱必要的无意识前提。一个人对自己邻居的初始情感是敌意和怨恨,就因为他是你的邻居。最好的情况也不过是你对他漠不关心。但要是这样,实现耶稣基督要求的几率就会变得最低。漠然、不带感情和爱之间没有道路相连。爱只能经由无意识的敌意和嫉妒到达。而基督教的要求不是要体谅邻居或对邻居友好,而是要爱他。这意味着,这个要求考虑到了无意识的仇恨和怨恨,及其极端的反向形成,这与耶稣基督许多矛盾的隽语一致。在地表以下的敌意被驱逐到另一个极端:爱自己的邻居像爱自己一样,像爱自己更好的那部分一样,或是说,像爱自己的自我理想一样。在这个准则中,隐藏的敌意不仅是沉睡的伙伴,还是活跃的伙伴。要喜爱自己的邻居,其前提不是没有较量和怨恨的情感,而是要战胜这些情感。

通过对这两个要求的心理学分析,我们回归到我们的结论上,那就是:爱不是一件现成品。爱的存在必须有一个复杂的情感先行过程。我们现在对爱自己的敌人这个准则有了新的看法。你可以矛盾地说:你只可能爱上你潜在的敌人,那些你曾经无意识中认定的敌人,因为爱仅仅是对那些仇恨倾向的攻克。没有这些仇恨,地球上也就没有爱。

耶稣基督传达的信息如同温柔动听的旋律,我们可以从中捕捉到它的弦外之音,带着隐藏的反讽和驾轻就熟的嘲弄,很少有人真正听懂。有时候,听上去,爱的曲调就好像是鸣的锣、响的钹①一般。

13

似乎喜爱之情涉及的群体越大,这份情感就会变得更淡薄、微弱、乏力。爱自己的朋友、女儿或父亲比爱自己的国家或爱整个人类来得容易。真正兄弟之间的手足之情肯定比一个团体的兄弟之情发展得更为紧密。要把国家或某个宗教派别塞进人的心里是很困难的。当我们说“爱全人类”时,我们用的只是比喻义,像做个类比。当然,在我们提到这种情感时,就好像它与真正的爱丝毫不差,但其实并非如此。我爱我们的家庭,意思是我们爱某些家庭成员;对我们来说,他们代表了家庭这个整体。我们

①此处指称的是《多林哥前书》第十三章中:“我若能说万人的方言,并天使的话语,却没有爱,我就成了鸣的锣、响的钹一般。”——中译注

爱我们的国家,意思是我们爱国家中的杰出优秀代表。

我们可以即刻比较一下我们对这两个群体的态度。我们对家庭成员、同胞的喜爱之情可以简化为我们所熟悉的这个指示词。这意味着我们的喜爱之情实际上是我们对其没有恐惧。我们不会对家庭或国家的敌意或恶意感到害怕;或是说,不像对家庭或国家之外的恶意那么害怕。这样看来,陌生人最初就被等同于敌人。一个人对于另一个人来说就是一只狼,这句话相当于是在诋毁诚实的狼群。

我们通常会将没有恐惧和相对的安全感误解成喜爱。然而,对自己家庭和国家的爱,产生的前提也是要战胜自己对它们的仇恨和敌意。作为一个家庭或国家的一员,一个人难道不感到自豪吗?或许有时是自豪的,但这是次生的情感,且并不源自一种原始的、真正的喜爱之情。如果我们对自己坦诚一点,我们会同意亚瑟·施尼茨勒的论述:每个民族或国家最初都是令人反感的,只是其中的个体让我们与之和解。意思是每个国家或民族,当然包括一个人自己的国家和民族,都有自己的独特性和区别属性;如果太过显著,就会给人留下不好的印象。似乎在国家、民族、群体这个更广的范畴下,喜爱之情也是作为对原始敌意的情感反向作用出现。

国家和家庭的对比还可以进一步深入。观察者会奇怪地发现,当一个人对其他家庭和国家的仇恨、敌意加剧,他对自己家庭和国家的喜爱就会随之加深。必须要这样吗?我们是否可以想象,一边投身于自己的家庭和国人,同时又依附于其他的家庭和国家?当然,在一定程度上是可能的,但日常观察显示,通常对一方的喜爱与对另一方的敌意有相互关联。就好像一个方向的正面情感会因另一个方向的强烈负面情绪而加剧。这对宗教团体来说也是一样。对其他宗教的敌意,有力地增加了对自己宗教的激情。外来的狂热进攻就像一剂强心针,使受到威胁的群体增强了内部的忠诚和相互依恋。

当某个国家或宗教团体不存在外部危险或敌人时,其内部的喜爱之情也会随之减少,这个观点的正确性可以由此证明。人与人之间不冷不热的情感会很快被竞争、嫉妒和权力欲这些旧倾向所取代,继而会导致群体内部矛盾。因而,对外人的仇恨有很重要的作用。它可以维持并增强团体内部成员的依恋。同仇敌忾将人与人联系在一起。每个团体内部像暗流一般潜在的嫉妒和攻击性,都流向了外部的敌人。不管表面的行为如何,人与人之间的友好和善意只是例外,而不是惯例。任何一个团体的成员都像塞缪尔·约翰逊看到的爱尔兰人一样行事。他安慰胆怯的巴纳德博士:“先生,您没有理由怕我。爱尔兰人不会为他的同胞做虚假的描述来欺骗整个世界。真的不会!先生,爱尔兰人是很公正的。他们从来不说对方的好话。”

要想清楚地知道人与人之间的真实情感到底如何,只能通过观察托儿所里的小孩子,因为儿童社会是每一个群体不加掩饰的缩影。凡是观察过托儿所或游乐场活动的人,都不会怀疑嫉妒、妒忌和占有欲是强烈、持久的情感。“我也要”这种态度每个小孩都有。丹麦谚语说道:“如果嫉妒是一种发热病的话,全世界的人都病了。”跟身边的人攀比,尤其是女人之间的攀比,只是这种普遍倾向的一种具体形式。如果你让一个拿着三个玩具的女孩将其中一个给什么玩具都没有的可怜的珍妮,她会回答,“但是珍妮会把它弄坏的”,或是“珍妮的妈妈该给她拿一个”。你在成年人口中也会听到相似的借口和推托。儿童具有占有欲,有时宁可把玩具弄坏也不愿给别人玩。一个小孩想占有自己的东西,也想要别的小孩有的东西。这个社会问题的起源不在高度工业化的社会,而在儿童的原始社会中。“我的”和“你的”在文明的开端就出现,它们会与我们的成长一路相伴。只有在爱中,而不是在性中,我的和你的之间的分割线才会消失。懂得人性的人会知道,嫉妒比仇恨更难以化解。

如果我们对托儿所的印象是可信的,那么所有嫉妒的最初形式是对食物的嫉妒。对其他个人物品的妒忌是随后才出现的。对金钱的嫉妒极大地破坏了我们的社会,而这种嫉妒也只是其最古老形式的一个后期替代品。托儿所里对食物的嫉妒已经展示出了这种情感的特点,小孩想要的比他当下所需的更多。光是看到别的小孩有不一样的食物或更多的食物,就会激起他的嫉妒。你也会发现,这个年龄的小孩已经会因为小伙伴有一道他没有的菜肴,哪怕是他不喜欢的菜肴,而妒忌对方;这一点跟他的父母一样。比如,他的妈妈没有被邀请去参加一个聚会,虽然她一点也不想去;但当她发现布朗太太接到了邀请时,她会出乎意料地感到嫉妒和妒忌。

我也清楚地知道,在托儿所里,喜爱之情也能战胜最初的贪婪和妒忌倾向,这些似乎是人类的遗传特征。有时,你会看到一个小孩将他的一块蛋糕或一颗糖果送给他的妈妈或小伙伴。同理,在以后,将自己想要的东西送赠他人是爱的确切表现。

在人性的所有必要成分中,世界大同这个理想是令人惊叹的愿景。“勿以怨恨对待任何人,请以慈爱加给所有人”是一个理想,与其他所有理想一样,这也表明了其源自何种情感状态。被诋毁的狼群社会可能会达到人类一样的野蛮和残暴,但狼群不会装出一副手足情谊。对于无法去爱任何一个人的人来说,爱全人类可能会成为一个完美的借口。

人道主义项目,通常是一个省事的替代品,替代了真正的成就。建造一些空中楼阁,就可以不用真正努力去让流浪汉有家可归。对于我们所知的人类的仇恨,最强烈的反向作用就是救世主精神,同时,这也是最危险的诱惑,会让人变得自满和自以为是。人只有过分地自负,才会想要拯救人类。为了人类、友情和兄弟情谊的理想而做的表面文章,往往都伴随着隐藏的憎恨和愤怒。兄弟之爱并不会让人不再对邻居幸灾乐祸。是的,我们互相信任,但是我们也不冒任何风险。这就是人与人之间的生活。

在过去的40年,我们见证了所有关于人类手足之情冠冕堂皇的辞藻,那都只是空话。整个计划就如同纸牌屋一样倒塌了。因打翻了人类的善意这杯牛奶而哭,已然毫无益处;但由于我们缺乏思考的乐观,在一定程度上导致了现在我们不得不为打翻的鲜血而哭泣。如果先没有对人类的恨,就没有对人类的爱。至少你得先恨人类中的一部分人,否则是很难去爱整个人类的。现在,爱和强烈的敌意形成了奇怪的混合物,带来的结果就是拯救人类的计划。

上帝在人间给撒旦赐予了太多的力量,为上帝和美德而战只是对撒旦的仇恨的另一面。如果不对持相反想法的人大发雷霆,对人类的爱似乎就显得不完整。人类的喜爱之情也没能阻止那些笃信宗教的教会领袖活活烧死成千上万的异教徒、无宗教信仰的人、穆斯林、犹太人和基督徒。宗教狂热分子认为,这样做才能确保这些人得到永恒的祝福。烧死了肉身,灵魂才能获得天堂的拯救。看来,崇高的理想也并不会排除极端的残暴和不宽容。爱自己的邻居,与之相辅相成的是恨自己邻居的邻居。对祖国德国的爱以及对阳刚之气和尚武精神的推崇,伴随着对所谓非雅利安人的仇恨,蔑视那些不一样的美德,将其视为可怕的恶行。

树立崇高的理想,先入为主地为人的品行定下高尚的标准,这会让人忍不住想要毁灭掉那些达不到规范要求的人。多数的暴君、狂热分子和独裁者都是理想主义者,对人性有很高的评价。因此,他们不得不杀死、烧死、毁灭成百上千万人。智慧的老法郎士说得对:只有当你对人性没有过高的看法,才会对自己的同胞和自己宽容友善。任何对原始人性有着过高评价的人,肯定都会变得偏狭和残暴。对他人要求过高的人,最终都会憎恨他人。只有对人类没有什么期待的人会爱全人类。

这里有一个很有趣的对比。我们如果没有首先高估一个人的禀赋,就不可能爱上这个人。而我们只有对人类的价值抱着非常朴实的看法,才能爱全人类。今天,许多人宣称他们对同胞有着炽热的爱,高度赞扬着人类,对人类的事业充满激情。但我不认为这是真正的爱。这最多是一种对人类的痴迷,就像常会发生在年轻人身上的那样,有时只是一时兴起,无伤大雅。

这种油腔滑调的对人类之爱的宣扬、冠冕堂皇的词句、高中生般的自负以及对一种幼稚文化的理想主义,都让我非常沮丧,我也不知为何;而对人性的现实主义看法却让我感到乐观有希望。人类既不是一等圣人,也不是头号无赖,因为他在任何方面都并不拔尖。如果少一点期待,他多半会惊喜地发现同胞的善良和友好。有时,他甚至会被他们的关注和喜爱所感动。将一个人的高道德标准降低一些,就更有可能获得好结果。少一点理想化,会让实际情况大有不同。

政治演讲或宗教布道中常会呼吁兄弟情谊,而兄弟情谊的出现是缓慢的。只有当人的思维发生了根本的改变,当对同胞的友善不再被当作一种"道德"责任,而是一种自然自发的反应,这时才会出现兄弟情谊。你是否记得这个故事:一个男孩背上背着一个更小的男孩爬山,路过的一个男人说:"真是一个负担呀。"但这个男孩答道:"先生,这不是负担。这是我的弟弟。"

14

现在,我们来到了我们主题的边缘部分。对爱进行评价并不属于科学研究的范畴。你不能对爱下定论,你顶多对爱有自己的看法,而你的看法和我的看法都同样有效。有这个合理的提醒在前,我敢于去问以下这个问题:对人来说,爱的价值是什么?我说"敢于去问",是因为有人可能马上会说:"嘿,兄弟,世界上是没有圣诞老人的。"我们早就知道。然而,我们的怀疑论者(或最好称之为实证主义者)必须承认,有人扮成圣诞老人的样子,孩子们很喜欢他的表演和礼物。同样他不能否认的是有种叫爱的情感,不管它到底是什么,这种情感在我们的生活中发挥着作用。激进的现实主义者或许称之为愚蠢或疯狂，但他不能否认它存在于我们的世界中。

没有人会认为我们能就这一主题取得普遍一致的看法。但有一种说法是，爱是上帝给人类的最好的礼物，也是魔鬼给人类的最坏的诅咒，这难道不奇怪吗？要让这两个老对头联手是没有可能的，可能的情况是他们二者都有份参与其中。如果我们知道一些简单问题的答案，便能更容易地解决整个难题。例如，为什么爱是必要的，没有爱的人生是什么样子，或是爱满足了什么需要？但如果你不讲明你说的是哪种爱，也不可能对爱进行评价。显然在评价爱时，两性之间的爱必须区别于对自己母亲或邻居的爱。此外，还需要确定一个价值标准。是要基于个人的幸福还是基于对社会的重要性？这二者可能区别很大。爱使个人快乐，它因此给个人带来的影响可能与群体的利益相悖。于是，又涉及这个问题：到底指的是哪种爱——迷恋、浪漫、青涩还是成熟的爱（这不一定与年龄相关）、一时的吸引还是持久的喜爱？

我们只来谈谈两性之间的爱的价值。一些人会说，要知道这是否是真正的爱，只能通过个人得到的结果来判断：凭着他们的果子，就可以认出他们来[1]。作为答复，另一些人会说，这不过是回避问题的实质。谁又来决定果实的价值？那么答案就是：果实的本质就是个人的幸福。完美自我的幻象常让人无法捉摸，而爱几乎实现了这个幻想。是的，这是一个膨胀的自我（inflated ego）；

---

①"by their fruit shall ye know them" 引自圣经，意指看果实就可以分出树的好坏。——中译注

因而,必须将爱的对象纳入进来才能实现。这或许是虚假繁荣,但只要它还存续,就能让爱人者幸福快乐。那么有人会问:“这种幸福真的能持久吗?这么多的热情、激情和心理能量,难道不应该用到更好的事业上吗?”但爱人者会急迫地打断你,“还有更好的事业吗”?任何让他理性一点、防止他出洋相的告诫都不会有用。理性是个好东西,但不会让年轻人快乐。它最好也不过是防止人变得不快乐,最坏的情况就是它会阻止人变得快乐。理性通常是平淡无味的,如亨利·詹姆斯①所说,是“一张没有床垫的床”。在特定的情感紧急状况下,让自己变成傻瓜可能是一个人的最佳选择,像傻瓜一样的人不一定真是傻瓜。无论如何,傻瓜的天堂也是天堂,虚幻的幸福也是幸福。相比在政界、科学界、文学界闹笑话,在爱里犯傻岂不更好?当然,也有一些真正的傻瓜,成天只想着“求爱”,因为除此之外,他们没什么可想的了。他们说,其他所有事情都可以写入一首歌中,一首情歌中。他们对爱上瘾,就像有的人对可卡因或吗啡上瘾。生活中只有浪漫的人,不配被称之为人,而生活中从未被爱触碰过的人,也同样不配。从没在爱中犯过傻的人,将永远不会在爱中拥有智慧。

所有的爱都是基于对自己的不满。爱是试图逃开自己,去追寻一个更好的理想自我。爱人者想象着在对象身上找到了理想自我,因而爱就是一个幻想吗?当然,爱是幻想,但这并不是最重要的一点。幻想也是心理上的事实。弗洛伊德将宗教称为一种幻想,但他并没有否认它在人类历史上的重要教育功能。我们去

①Henry James(1843~1916):美国小说家。——中译注

看剧院演出，自愿地沉浸在一个幻想中。当演出还在进行时，我们不愿这个幻想被剥夺，也不愿意被人提醒麦克白夫人其实是佩吉·史密斯，而邓肯国王是某个叫哈利·布朗的人。我们享受着这个幻想，对台上的场景带着真实的兴趣和强烈的情感，就像我们在这里关注的是“真实的人生”一样。爱是试图将梦想世界的一部分变为现实。每个关于爱的研究都面临着一个任务，找出幻想与现实的关系，以及二者之间的妥协。

“浪漫之爱”与其他类型的起源没有不同，不同的是它的浓度和强烈程度。它非常激烈，有人甚至会说它非常凶猛，这揭示出一个人想要摆脱令人烦恼的自己并改变自己的性格，这种迫切的渴望已经达到非常高的程度。“坠”入爱河的突然性，并不表明情感的深度，而是表明情感的紧急性，表明爱人者正处于非常紧迫的境况。就好像游泳的人，面临溺水的危险，最后拼尽全力才得以抵岸。因此，罗密欧坠入爱河，是为了逃离他的极大痛苦；朱丽叶正好在恰当的时间出现了。浪漫之爱中的狂喜和极乐，很大程度上是源于突然被拯救的惊喜；否则，那神秘的力量就快要逼迫这个不快乐的人走向自我毁灭了。头脑和血液都热得发烫，证明了病情的危急，心理有机体的反向作用力必须与之一战，并将其战胜。浪漫之爱是为了拯救自我在危难中的孤注一掷。

或许，浪漫持续的时间短与爱的这个特点相关。“酒、面包和你”①这个时期显然不可能持久。持续数年的浪漫只可能出现在

①引自11世纪波斯诗人海亚姆诗集《鲁拜集》第12首：“在树阴下带着一块干粮、一壶酒、一卷诗，还有你在我身旁，在荒野中为我歌一曲——荒野也就足够成为天堂。”（梁实秋译）——中译注

乌托邦中。沉醉之后就是宿醉。浪漫的浮夸必然会引起反向作用。没有人会长时间处于一种奇异吸引力的控制之下。没有哪个心理经济体能承受自我的通货膨胀而不受损害。浪漫只是昙花一现。历经数年也丝毫不减的爱是一个奇迹,比那些记录在《圣经》里的奇迹故事还要神奇。

在浪漫之爱中,被爱的人被理想化,被当作偶像崇拜,被尊奉为神。情感如此强烈,说明了敌意和嫉妒的反向斗争是多么激烈,必须要将其战胜。就像爱人者变成了崇拜者一样;为了坚持崇拜下去,他要将喜爱上升到疯狂的程度。之所以他以如此狂热的激情崇拜着他的神,是因为他要克服内心无意识的怀疑和反抗倾向。比起其他虔诚的灵魂,他变成异教徒或无神论者的风险更大。在这种夸大的表现中,我们能感受到一种不真实的成分,其本质是无意识地演戏。这个特点跟癔症性人格类似,后者会夸大与内心相矛盾的情感强度。当然,我不是要断言浪漫里没有真实的喜爱;在现实生活中,年轻人的浪漫形式并不像好莱坞电影里那样甜得发腻,但这种夸张的成分几乎不会缺席。因此,浪漫是一种合金,由稀有的金属和一些不那么纯净的金属构成。它一半是爱,一半是谎言;一半是信念,一半是自欺。如果喜爱的真诚度体现于一定程度的克制,那么不真诚就体现于过分夸张的情感表现。但谁又能测量真实情感的质量呢?我们没有仪器可以显示出具体数值,没有一个"真诚测量仪"。要评估浪漫,可以将浪漫视为真爱的一种准备,就像咿呀学语是对成人语言的准备一样。童言童语是多么可爱呀!浪漫的魅力背后也存在肤浅和伪装的成分,可浪漫是多么有吸引力啊!

当浪漫成熟之后，其特点由疯狂转变为爱之后，我们可以对浪漫的价值进行判断。朱丽叶宣称，她的慷慨和爱像海一样浩渺。“我给你的越多，我自己也是越富有，因为这两者都是没有穷尽的。”婚后几年，朱丽叶必须要承认，至少在自己心中承认，她的爱是有限度的。这时的罗密欧或许是最亲爱的伴侣，但肯定不是“你优雅的自身，我偶像崇拜的天神”。成熟的爱不需要这种情感的过度奢侈。它没有要逃离自己的绝望。在爱之前，自我感到挫败，但并没有处于彻底溃败的边缘。爱让人感到快乐，但浪漫意味着极乐的瞬间，不是兴高采烈，而是极度欢喜。与瘾症的恢复过程一样，从浪漫到爱需要经历一个转变过程，对爱的对象优良品质的理想化要变成一种更为现实的欣赏，喜爱之情将得到深化，失去它的喧闹和热情洋溢。谎言慢慢变成了真相。过度的行为让位给分寸和节制。虽然“从此，他们幸福快乐地生活在一起”是个童话故事，但事实是，一些情侣在不可避免的现实要求下，仍然能保留一部分珍贵的相互幻想。

或许，如法国人所言，爱是“一个影子的影子”。但我们的自我幻象所投下的影子会随着时间实体化、真实化。浪漫有时就像是一种预演。真正的演出还在后头。人年老了，会知道爱没有太多的占有欲，爱是更多地真正关心被爱者的幸福。人年轻时，非常残酷，当看到爱的对象的缺点和短处就会马上清醒。人成熟后，虽将这些不完美的地方看得一清二楚，但仍然能温柔以待，甚至有时会爱上这些缺陷（或许，这是爱最罕见的形式）。狂喜或沉醉或许不会再有，但这种情感上的陪伴会使二人之间的纽带变得更加紧密，形成一种亲密关系，这种关系会随着他们共同经历苦辣酸甜而不断成长。

爱的社会价值是毋庸置疑的。它克服了阶级、种族和宗教信仰的差异。它使人平等,使人结合。虽然爱不能赶走所有的嫉妒和敌意,但无可争辩的是,如果嫉妒和敌意能够被全部消除,爱将会是唯一的手段。爱是人类最伟大的教育家之一。但丁唱道:"爱和温柔的心是一体的,是相同的。"它的功能是驯化人类,缓和我们心中的残暴力量,平息那些对权力和破坏的欲望,无疑,这个功能在未来还会继续发挥作用。

爱对于个人的价值可以有争议,但不能被完全否认。试想一下,世界上如果没有这种最具说服力的情感,如果没有它所给予的、我们所急需的安慰,如果没有它所准予的自我满足,会是什么样子。地球将变成孤寂之地:"闪光的理智将嘲笑你,犹如冬日天空的太阳……寒风来临,把赤裸的你留给嘲笑。"①没有爱的人生只能靠忍耐度日,不能算是生活,苦苦支撑却没有希望和满足感。幸福和孤单不能共存。当我们独自享受极大的满足时,我们只能坚持很短的时间。很快,我们就想与另一个人分享,至少我们会在无意识的白日梦中幻想这个人在场。

只为自己而活,意味着只活了一半。为他人而活则可以分享许多的人生。但难道我们不是非常不愿意抛弃我们珍贵的自己吗?不是不愿意将自己交付给他人吗?不是不愿意为别人考虑更多吗?我们不是在俚语里称自己为"一号人物"吗?是,但是可能只有当一号变成二号或三号时,幸福才会存在。人越长大越坚

①引自英国诗人雪莱《当灯儿碎了》。——中译注

信，完全的自私意味着不快乐和得不到满足。屠格涅夫曾写道："我觉得，人生全部的意义就是将自己放到第二的位置。"人生通往幸福只有两条路，用两个词表示：爱和成就。二者都具有社会性，在追求自身的幸福时，需要包括他人在内。我想起一位未受过教育的老妇人曾说过的一句话，其中包含了与屠格涅夫的话同样的基本智慧。一位神经症患者曾试图自私地活着，不去爱人，也不被人爱；他向他的母亲抱怨那无时无刻的孤独。老妇人听后，沉默了一会儿，说道："霍华德，你的人生中到底让谁感到快乐了？连你自己都不快乐。"要让自己快乐，必须至少要让另一个人快乐。如果这是个前提的话，那么还能说人是非常自私的吗？人要获得幸福的秘诀不是自私自利，而是忘掉自己。

我认为，要逃离我们的孤单寂寞、茕茕孑立，爱是最成功的一种尝试。像任何一种人类对完美的探寻一样，这是一个幻想，但是一个必要的幻想。只有将自我推到一边，才能最接近我们都需要的自我满足。在思想和行为上，将自己的生活与他人联系在一起，是让人生有价值的唯一方式。

智慧的人一次又一次地提醒我们，不要期待爱会带来永久安宁的幸福，要记住爱会带来痛苦，会让人对对象产生依赖。爱会有波折起伏，与任何一种人类创造的产物一样。我们对爱要求过多，把我们所有的鸡蛋都放到了一个篮子里，这不是爱的错。我们要知道，地上没有天堂。甚至天上是否有天堂，也是值得怀疑的。

第二部

Masochism in Modem Man

现代人的受虐癖

引　言

“哲学家怎么会认为人是一种追求快乐、躲避痛苦的动物?”这不是一篇抽象哲学论文的导语,而是在瑞士的滑雪之旅中,一名男士向他的同伴提出的问题。这位滑雪者在写给《新政治家》(伦敦,1936 年 1 月 15 日)的信中描述了当时的状况,这些描述可以让我们理解为什么会出现这个问题。提出问题的背景是:“我们正肩并肩艰难地朝雪山上爬去,在刺骨的寒风中歪歪扭扭地迈着螃蟹步,而这只是为了待会又无能为力、一片混乱地从山上滑下来,耳边还会伴随着身旁高手尖酸刻薄的评论。”这样的情况让人怀疑,寻求快乐、躲避痛苦是否是人类普遍的特点。这位滑雪者问道,还有没有哪种快乐像滑雪一样需要如此耗时费力才能获得,而且几乎令人无法区分这到底是痛苦还是快乐。“如果你没有扭伤脚踝的话,”他接着说道,“你可能会摔断腿,即便你刚好保全了四肢,也还要经历数小时的丢脸和痛苦,面对种种令人不适的情况,而你本可以用更低的成本来度过这周的假期,在温暖的壁炉旁阅读或小憩,猫咪蜷缩在一旁的垫子上……”这篇幽默的记叙文有一个警句式的结尾:“人是有受虐癖的动物!”

这位作者自然是一位受过良好教育的人，他应该知道英国的哲学家们，从斯宾塞到罗素，都认为人跟其他动物一样，致力于获得快乐、逃避痛苦。不管他们在细节上有什么争议，他们都确信人都会试图避免不适。在《心的分析》中，罗素强调了原始冲动的方向是摆脱实际痛苦，而不是追求快乐，因而这种冲动是"一种推力而不是一种引力"。那我们怎样把受虐倾向这种本能现象放入这个理论体系中呢？通常要去避免的痛苦正是受虐癖想要达到的目的。受虐癖不仅不去"逃避痛苦和不适"，反而对其渴望，觉得它们有实实在在的"吸引力"。

当然，当滑雪者装作对哲学家有疑问时，他只是在开玩笑。日常经验证实了人总是追求快乐、避免痛苦的这个理论。要说"人是有受虐癖的动物"，听起来就是在颠倒事实，让人无法严肃地对待这个观点。或者说，这个作者就是这个意思？他的玩笑语气并不排除他的严肃态度。可能人类经历了数千年的环境改变和心理结构的转变，最终变成了有受虐癖的动物。我在后面会讨论这一点。

值得注意的是，我们并不反对信中使用的"有受虐癖的"(masochistic)一词。40 年前，没有人能理解它在现时语境下的用法。那时，受虐癖是指一种性变态，而这个滑雪者显然指的不是这个意思。这个词的意义引申了。最初的狭义指一种性异常行为(sexual aberration)，从与伴侣的被动关系中获得满足，这个意义得到了保留。但受虐癖又加入了新的含义，指对生活或某种特定社会行为所持有的特定态度：享受自己的痛苦或无助。这个词的词义已经超过了与性相关的狭义用法，变得去性化。

日益增多的心理学见解无疑促成了这种词义变化。在克拉夫特·埃宾①的著作以及弗洛伊德早期的著作中,受虐癖就是指情爱生活中将满足与身心痛苦绑定在一起的一种特殊癖好(peculiarity)。但埃宾已经使用了精神受虐癖(mental masochism)这个表达,指明快乐体验必不可少的要素是臣服和依赖的想法,而不是肉体关系。

后续的心理学和心理病理学研究表明,这些带有快乐色彩的想法与原始的性行为几乎没有关系。精神分析深入探讨了这个问题,证明这种想法并不一定是有意识的。许多人有意识地避免痛苦,而同时又在无意识中力求获得痛苦。而正是由于精神分析,我们今天可以用受虐癖来指称许多人特有的一种行为方式,而不会想到这是一种性变态。

在本书中,我使用的是"受虐癖"的广义用法,指对生活的一种特有态度。为什么人会力求获得身心痛苦,自愿忍受艰难困苦,故意接受牺牲、羞辱、丢脸和耻辱,我对这个问题有着多年的兴趣。要解决自愿受苦这个矛盾现象并探讨与之相关的快乐,我的首个尝试是《福楼拜与圣安东尼的诱惑》一书。这本书是关于这个禁欲主义作家和他的作品,作品描写的是一位圣人的心理危机。距此书出版已有 29 年了,而我对这个问题的兴趣却并未衰减。每当我带着精神分析的眼光去观察神经症患者和受虐癖人格时,这个问题又会引发我新的兴趣,我也一直在关注相关文献。在后期的一些著作中,我对这个问题的某些方面作了探讨,但并

①Krafft-Ebing(1840~1902):德国精神病学家。——中译注

没有试图要呈现受虐癖的整个问题，也没有试图完全解决它。在这本书中，我尝试着写下过去30年所形成的结果和结论。

毋庸置疑的是，尽管性学家、心理学家和社会学家做出了诸多努力，直到今天，受虐癖这一问题仍然没有得到解答。弗洛伊德的著作没有给出答案。我们要感谢弗洛伊德，不仅因为他对受虐癖的本质给出了迄今为止最有意义的见解，还因为他所提供的研究方法，仅仅依靠这个方法，我们就可以对这个本能倾向的目的和动机取得更深的了解。他的贡献在心理学层面具有前所未有的深刻意义，即便是错误的地方都富有成效，他让我们可以尝试用一种新的方式来思考这个问题。他给我们指了路，虽然他自己没有走这条路。他的许多学生都曾提出一些新的观点，但没有阐明问题的核心。受虐癖这个心理学问题仍然没有得到解答。

虽然对于此前那些寻找解决方案的尝试并不满意，在很长一段时间里，我也没能将从精神分析案例中获得的见解确切地阐释出来。这个被反复验证的见解可以被称为从大量经验中蒸馏而出的精华，逐渐有了最终结论的雏形。此外，我还不得不寻找一个分析结果的新方法，因为以前的研究最终都进入了死胡同，要将我的分析结果与这些研究关联起来不太可能。只有先找到一种一直被忽视的、能呈现受虐癖特点的新方式，我才能重新解决这个问题。许多理论因其自身的不足而不得不被舍弃。如果事实与现有理论相矛盾，我们必须保留事实，并调整理论以匹配事实。

其他人对于受虐癖说了些什么我不再赘述，不是因为我认为他们的著作不重要，而是因为那些内容已为人所知。我的目的是为受虐癖这个基础问题带来新的见解。我并不是要给现有的大量理论增加新的材料,而是尝试用新的材料来重新解决这个问题。这并不是陈述一些简单的事实,而是领会事实背后的事实,找出这些有趣现象背后的道理:是什么决定了它们的发生?是什么控制着它们的目的?

这个问题的潜在影响是深远的,不仅限于单独个体在性方面的独特性,还涉及文化发展这个范畴。一个人怎么会在遭受耻辱和羞辱中找到快乐呢?这是这种性变态行为给心理学家提出的原始问题。无疑,这种本能的受虐倾向是很普遍的。成千上万的人坦诚他们熟悉这种性享受,其中大部分的人还进一步承认他们只能以这种方式获得性快乐。想必还有很多人会说出同样的话,但保持了沉默。弗洛伊德将受虐癖称为"所有变态心理中最常见、最具有显著意义的一种"。对于这种情爱生活的独特癖好,我们可以从其最原始的肉体形式到最文雅的精神形式来评估其与日俱增的文化意义,只有社会的无知和虚伪才会阻止我们这样做。

然而,在性范畴之外,出现了一种社会型受虐癖,很容易主导个体或社会群体的全部生活。社会型受虐癖与性异常之间隔着深渊,它包含着过多的悲剧现象,从个人的失败、厄运或难以解释的人生浮沉,到影响全人类的巨大灾难,这些现象都受制于对痛苦的阴暗渴望。

我更关注的是,这是一种对待生活的典型态度,而不是一种不幸的异常态度。这个问题正日益威胁到我们的整个文化。我想指出人类今天所面临的这个方面的状况。

只有当精神分析指出这个问题的迫切性,才能有助于它的理解和界定。对受虐癖有了深入广泛的了解,会让我们郑重地同意那个滑雪者玩笑式的话语:人是有受虐癖的动物!

解决一个问题,对科学家来说,意味着将问号向前推进一步。在这个意义上,也只是在这个意义上,我才可以说,这本书解决了受虐癖的一些问题。

第 一 章

现 象

1

研究者的第一项任务是解答这个问题:发生了什么?第二项任务是解答:怎么发生的?要完成第一项任务,我们的研究必须从受虐癖的现象世界出发。我们必须找出这种本能倾向的确切特征和特性,它的表现形式有什么共同点,它与其他本能现象有什么区别。在开始这个筛选分类工作之前,最好先停下来说明一下受虐癖现象给观察者留下的第一印象。当然,我们不能听信于这种第一印象,但也不能低估它们。它们或许同时既是有欺骗性的,又是真实的。这些稍纵即逝的印象,如此模糊又如此清晰,正是值得保留的印象。它们停留在表面,但如果以正确的方式来看,这其实是暴露在外部的内在。每个人想要隐藏的秘密都会在表面流露,都会在外部展现出来。

没有成见的观察者对受虐癖现象的第一印象是矛盾的(paradoxical)。"矛盾"一词的字面意思是:对立的、难以置信的、违背常理的。用在这个现象上,这个词的意思仅限于:从理性层面来讲不可能发生的事，却发生了。如果说一条河在此处消失了，又在数英里外的地表出现了，那么这是一个奇怪的现象。但是，如果一条河突然改变了流向，开始朝着源头倒流，这就会给人一种矛盾的印象。显然，不能将不一致性与荒谬性混为一谈。对立情绪和表面故意为之的矛盾正是说明了这种不一致是有意义的。不一致并不是荒谬，而只是对立而已。它没有完全脱离普遍的观念，只是表明其反对立场。在所有形式的受虐癖中，都能轻易地识别出这个第一印象。在社会受虐癖中，自我旨在寻求自我贬抑和挫败、自我贬损和排斥，这同样也是令人感到矛盾、难以置信的。

这种矛盾的印象不仅仅归结于这种本能满足的异常和奇怪因素，这些因素常见于所有的变态心理，而受虐癖的印象应该会带给我们一些不同的想法。这个印象一定是源自于我们一开始并不清楚的特点，这些特点是在异常性这个总特点之外的。这个印象将这种本能表达与其他行为区分开来，我们可以通过一个比较来清楚地了解这种区别。其他变态心理就好比徒步旅行团里的个人偏离了干道，错误地选择了一条路线；而受虐癖患者则是“故意”偏离干道，通过绕道达到他隐秘的目的。

这是在我们仔细审视这个现象的细节前，得到的第一个总的印象。这个印象可能被忽视，就像它一直都被忽视一样，但我们却不能否认它的存在。

矛盾的印象也必须要有它的心理学解释。

有没有什么特点要素是所有形式的受虐癖都共有的？性学和心理学文献当然提供了充足的观察材料，以便于对受虐癖现象进行特征描写。但即便这些材料已经过剩，我敢说，迄今为止，连受虐癖的现象学都没有调查清楚。目前,仍然缺乏对所有受虐癖形式的共同特征进行细致描述。

有必要引用一些例子作为说明材料。选择这些例子的首要考虑是,它们必须确实具备受虐癖的特点。在选择例子时,我们并不考虑性别差异,也不考虑这个例子到底是实际发生的受虐场面,还是幻想中的变态心理。从这个视角出发,我可以宣称以下三个例子具备了所有基本要素。

有一位年轻的女孩,长年抱有一个幻想,这个幻想一直没有什么大的改变。在傍晚或夜里,她幻想着穿过街道来到早已打烊的肉铺。她敲了敲门,屠夫打开门,她说:“对不起,我想被屠宰。”他并没有大惊小怪,而是答应了她的要求,好像这事司空见惯,他让她进了门。她走到宽敞的肉铺最里面,脱掉了衣服,赤身躺在一个肉贩摊上。她必须在那上面躺着,并等待很长的时间。屠夫正在宰杀一些牛犊。偶尔,会有肉铺的员工走来,触碰她的身体并检验她的肉质,就像专家检验即将被屠宰的牲口一样。终于,屠夫亲自过来了。他也将她身体的各个部分检验了一遍,把她当作死牛一般翻来覆去。最后他拿起了屠刀,但在切下去之前,他将手指放入了她的阴道。这一刻她的高潮来临。

在这个毋庸置疑的受虐幻想之后,我们再来看另一位男人的幻想。这个男人 37 岁,是三个孩子的父亲。他只有在各式各样的幻想辅助下,才具有完全的性能力。我随机选择了一个:为了献祭给古代野蛮人的偶像,类似腓尼基人的摩洛克①,每隔一段较

①以小孩为祭品之古代闪族火神。——中译注

长的时间,就需要牺牲一些年轻力壮的男子。他们被脱光后,依次摆放在祭坛上。鼓声隆隆,寺庙的唱诗班歌声传来。大祭司及其随从走上祭坛,用批判的眼光逐一仔细审视这些牺牲品。他们必须满足某些要求,比如要有美丽健壮的外表。大祭司将每个潜在牺牲品的生殖器放在手中,仔细检查其重量和形状。如果他认为这个生殖器不合格,那么就会拒绝接受这个年轻人,认为他令上帝厌恶,不配作为祭品。然后大祭司会下令行刑,仪式继续。年轻人的生殖器及其周围组织被锋利地切割下来。

这位患者显然属于视觉化的类型,他将这个场面的进程想象得非常生动。他自己不是一个参与献祭的人,而是一名观众。那么,可能有人会质疑这种幻想到底反映的是受虐倾向还是施虐倾向。这个幻想最初用于自慰,后来才在他与妻子性交时,激活这个幻想。关于这个幻想的属性到底是偏受虐还是偏施虐,决定性因素在于这名患者到底将自己等同于其中的哪个人。在我们的例子中,可以肯定的是,这名幻想者将自己等同于其中一名受害者,通常不是正在被阉割的那一个,而是下一个,这个受害者不得不眼睁睁地看着同伴被行刑。患者与这个受害者有着同样的感受,包括一丝一毫的强烈情感和身体感受带来的恐惧焦虑,因为他想象着:等一会儿,他自己就要经历同样的命运。

第三个例子不再取自幻想层面,而是一个受虐变态实例。一个已婚的中年男人会不时地去召妓,并演出以下情景:一进去,他就会问她上不上“俄语课”。在他的国家,某些报纸会用这个表达来宣传受虐癖行为。在这名患者的想象中,这个术语暗指他所读到过的俄罗斯恐怖大屠杀和俄罗斯监狱里的情景。如果妓女说

“可以”,他会给她明确的指令教她怎样做。她必须以某种特定的态度责骂他,就如同他是一个不听话的小男孩。她必须说他需要被痛打一顿,等等。他会顺从地脱下裤子,接受她对他臀部的击打。有时这种击打是多余的,因为射精已经发生了。在性交中,这名患者是性无能的。

无疑,这三个例子代表了性变态这一类的受虐癖。或许,很偶然的是,没有哪个例子中强调了痛的感受,对痛的感知也都是无关紧要的。即便在对年轻人受刑的幻想中,也没有强调因遭受痛苦而感到快乐,强调的是从焦虑和恐怖的想法中获得快乐。我们能回想起,下一个受害者在看到前面一个人被阉割时,他的惊恐中带有快乐的兴奋。在这个幻想中,阉割本身仅仅就像一个外科手术一样,并没有强调痛的感受。

如果我们因此从基本要素中排除掉痛带来快乐这一点,那么还有哪些共同点呢?当然,我们目前已知、已经认可的受虐癖特点还有:被动性、无能感和臣服于对方、被对方残酷羞辱对待并由此引起性兴奋。目前,对于受虐癖现象的特点,还没有新的发现;如果有,至少也还没有给予足够的重视。新近获得重视的特点不仅要是基本的特点,还必须被认可为受虐癖不可或缺的要素。当然,这些特点不会总是以同种形式或同种程度出现,但它们总是在场的。如果现象中缺少这些要素,我们就不能称其为受虐癖。

2

接下来,我将描述受虐癖的三个这种组成要素,这三个要素见于其性变态形式和去性化形式。它们是:**幻想的特殊意义**(***the special significance of fantasy***)、**悬念因素**(***the suspense factor***)(即必须要有一定的兴奋过程)以及**展示性**(***the demonstrative feature***)。在后面,我会证明,这三个因素是紧密相连的,它们只是一个更深层要素的表现形式。

三个因素中,幻想是最重要的。对受虐癖的精神分析研究因为忽略了这个因素,导致迄今为止这个异常行为的本质和起源都仍未被阐明。如果不从心理学层面去理解这些幻想,就无法解释受虐癖。幻想是它的源头,最初只存在受虐幻想。想象力很弱的人并没有成为受虐癖患者的倾向,这一点证明了幻想因素的重要性。因此,我们有理由从这个特点出发,来描述受虐癖的特点。

幻想作为性兴奋的预备过程,其重要性在以上三个例子中都有清晰的体现。肉铺中的女孩必须等待很长时间,直到屠夫办完其他的事情。当他来到她面前,他开始检验、触摸、检查她的肉,并把她的身体翻来翻去。另一个男人幻想中的囚徒,必须先参与所有的宗教仪式,要看着祭司缓缓走来,还要见证行刑的准备过程以及其他同伴的阉割。他必须去听受害者痛苦的哭喊,对其痛苦的呻吟和翻滚要感同身受。受虐癖患者与妓女上演的序幕比对臀部的击打更为重要。患者所设定的最令他兴奋的因素包括进入房间、对话、提问和回答、责骂、被迫而又渴望地暴露身体、等待击打。

幻想对于受虐兴奋的特殊重要性不仅体现在完全形成的受虐癖中。在引起这种变态心理的原始情景中,就已经能观察到其作用。以这个年轻女孩的一个基础情景为例:她家小时候附近有一家肉铺,实际上屠夫就是她叔叔。因为他干这一行,她的父母都不跟他来往了。这可能导致了在女孩和比她稍长的哥哥心中,这位叔叔的行动有了一些神秘和可疑的色彩。两个小孩经常有机会看屠夫叔叔和手下干活,仔细观看过动物的宰杀过程。之后,他们在自家花园玩过一个游戏,叫 slagertje(芬兰语的“小屠夫”)。小女孩躺在花园的长凳上,哥哥模仿屠夫。他先是在别处忙,然后来到满心期待的小妹妹面前,假装像叔叔那样“宰杀”动物。他伸出手轻轻地平切她的身体,当然,是穿着衣服的身体,切成一片一片。对这个小女孩而言,此时,这个切割过程和之前的预备过程都已经隐约带上了快乐的色彩。等待和身体上的轻击使阴蒂产生了感觉。这个例子证明,在对受虐癖的生成起决定性作用的早期情境中,幻想对于性兴奋有重要作用。

在等待被触摸和被屠宰的过程中,这个女孩产生了性兴奋,而我的另一位患者是在“摩洛克情景”中期望着未来可能发生的可怕事件,这两种想象的功效是一样的。我们可以轻易看出,第二个幻想的素材也是幼儿时期想法的重塑。宗教的外包装是后来才加上的,这是后来阅读涉猎不同内容的结果。这位患者还是小男孩的时候,他的哥哥做了包皮手术,并给他看过刚刚愈合的伤口。小男孩后期的幻想都是基于这个印象。他的幻想是针对他既仰慕又害怕的善良而严厉的父亲。当时,他一定认为,他和他哥哥一样,会被父亲或由医生代表父亲,在他的阴茎上动手术。在这个想法中,同性恋倾向的萌动与其他情感结合在一起,这些其他情感源自早期自慰带来的对惩罚的需求。在这个“摩洛克情境”中,祭坛上的年轻男子代表了他的哥哥们,其间也有他的位置。很有意义的一点是,他把自己等同于整个过程的观众,并且体会着下一个受难者的全部焦虑。

同样,第三名患者与妓女的行为也是衍生于儿童时期的情景,这些情景以幻想为媒介而获得了意义。这个男孩在家娇生惯养,变得很调皮、难以管教。他的一位阿姨,当着他的面,表达了对这种教育方式的不赞成。她说,要是他是她的儿子,她就会脱了他的裤子,然后“啪、啪”地打他。这个拟声的威胁是他开始想象这个情景的源头。

然而,想象上的准备对性刺激的非凡意义是否只体现在受虐癖中?无疑,在正常的性生活中其重要性也不可否认。那想象是否是受虐癖与其他变态心理的区别之处呢?其他变态心理也常会期待着渴望的状况发生。实际上,变态心理的本质就是幻想,会持续停留在准备活动上,而不是进展到生殖器满足。那么,我们可以比较一下幻想对于施虐癖和偷窥癖这两种性刺激的意义。显然施虐者和偷窥者也会在幻想中期待这个渴望的情景,因此变得兴奋。那么,似乎其间的区别可以简化为兴奋程度高低的问题。

但其实并不是这样。这不是一个量的问题。区别在于,受虐癖患者少不了这个幻想,幻想是一个不可或缺的预备过程,是一个必要条件。施虐者或偷窥者即便没有这个准备过程,也能获得满足。如果一个偷窥者走到树林里散步,偶然看到一个裸露的女人,不需要预备的幻想,也能使他产生强烈的性兴奋。再将受虐癖患者与这个情况做比较。我们假设他的具体兴奋条件是被一个雍容华贵的女人扇耳光,以及被她辱骂。我们再假设这个情况突然发生，意思是，没有通常的预备幻想。这个男人平静地走在街上，一位富态的女人走过来，对着他一阵狂骂，然后使劲地给了他一耳光。要让这个情景更逼真一点，只可能假设这个可怜的男人被对方认错人了。这个打人的女人把他认成了一个冤枉过她的男人。这个受虐癖患者会因为这突如其来的袭击而产生性欲吗？几乎不可能。当然，这个情景可能之后会被用于幻想中，用来产生性刺激，但它当下的效果不会是这一种，即便它完全再现了一个患者渴望发生的情况。别的不缺，只是缺少了准备阶段的幻想。这个假设的情况只是用来阐明幻想对于受虐满足不可或缺。这里并不是要断言对其他变态心理而言，幻想准备是不必要或不重要的，只是要说明对于受虐癖而言，幻想是绝不可少的。

对这个观点有两种批评的声音。第一种提醒我们，幻想准备对于暴露癖也有特殊的重要性。精神分析的经验证实了这一点。因而，我们不得不做一个修正：对于有被动性本能目标的变态心理，需要有预备阶段的幻想，才能获得性兴奋。在心理学层面这是很容易理解的，只是显然迄今这一点还没有被认识到。这些变态行为并不仅仅取决于性变态者的意志，还取决于对方的自主反应。如果他的反应不是性变态者想要的，也不会产生性方面的效应，或是仅产生较弱的效应。

对方的反应对于受虐癖患者和暴露癖患者更为重要，而施虐者和偷窥者则对对方行为的依赖性较低。曾经有一个报道，一个冬天的夜晚，在巴黎森林公园的僻静角落，一名暴露癖患者突然出现在一位英国女士的面前，裸露着他的生殖器。这位女士急中生智，走向他问道：“噢！先生，你难道不会着凉吗？”我们可以猜到,这种体贴周到会有很好的缓和效果。但是即便如此,幻想对于暴露癖的作用并不如其对受虐癖患者那么重要。看到一群年轻女孩走过来,就会让暴露癖患者马上决定裸露自己。

另外一种反对是,在一些案例中,某一个细节的突然出现就足以引起受虐兴奋。因此,一个同事向我提及了他治疗的一个案例。这个案例中,受虐幻想的焦点是杀鸡。之后,仅仅是看到一只鸡腿都足以让患者产生性兴奋。但是否这样的例子就真的能说服我们预备阶段的想象准备是不必要的?我不这样认为。应该说,这证实了我的观点。在这些案例中,实际上,准备从很早就开始了,而且是广泛存在的。头脑中非常频繁地温习着这些材料,一切都准备就绪。瞥见鸡腿只是触发因素,使得准备好的心理材料被释放出来。就好像听见琴键上几个初始音节微弱的敲击声,就想到一首熟悉的旧旋律。

在我的案例中,有一名患者对学校里的一次笞打情景有着快乐的回忆,他看到紧绷的臀部就足以产生性兴奋。在另一个案例中,听到如"击打"这样的词,就会使他回忆起受虐的情景和所有与之相关的感觉。有摩洛克幻想的这名患者,当他看到年轻健壮的男性以某种姿势出现,就会感到兴奋,甚至有时只是看到照片中的人摆着某种与摩洛克幻想中受害者类似的姿势,也会兴奋起来。因此,看见一个男人张开双手躺在沙发上,就能让他想到残酷的偶像祭坛上那些受害者的形象,继而带来相应的性兴奋。

那么,这些反对声音并不像看上去那么有力。在这些案例中,准备阶段的幻想并不是更少,而是程度更高。这里起作用的心理机制是我们所熟知的移置(displacement),用一个细节、单个特征来替代、代表整体。某个男人沙哑的嗓音可以启动某个女人的整个受虐幻想。铁块碰撞的叮当声可以唤醒一个人被铁链锁住的愉悦幻想。在这一点上,变态心理并没有什么独特之处。我们可以看到这种替代性的细节在正常的性行为中也有同样的效果。在一本杂志近期的一篇小品文中,描绘了一个女人在偏僻的街角停下来整理吊带袜,她不得不将裙子提起来才能整理。有两个男人正好经过,其中一个人见状说道:"没看到多少,但这让人觉得很刺激。"

因此,我们所讨论的这些反对的意见并不会让我们修改我们的看法。预备阶段的幻想对受虐癖有特殊的重要性,这一点仍然不变。从历史的角度看,幻想仍然是主要因素。受虐行为只是将先行存在的幻想和白日梦表演出来,将它们转变为现实。每个深入的精神分析案例都证明,受虐变态是将个体此前长期想象的熟悉情景重现出来。对于受虐癖来说,最初没有行动,只有幻想。

因此,实际的情景就像是戏剧的上演,实际情景与幻想的关系就好比演出与编剧构思之间的关系。它们都会遇到同样的意外和事件,都会需要根据实际情况做出一些改动,而且都同样依赖于表演者的情绪和配合。只有在极少数的情况下,表演才会胜过作者的想法。通常,即便是受虐情景,表演都达不到构思的程度。有的案例中,患者在实际情景中并不满足或是只有轻微的兴奋,而在回忆这个情景时却能达到性高潮。在这样的情景中,给出的规则指令就如同舞台监督给予的指示。正因为受虐癖具有这种戏剧性元素,它几乎不会像施虐变态一样变得"一本正经"。

或许,我们不应该强调受虐癖的戏剧层面。对变态情景仪式的特点分析证明,每一个特点都是有意义的。我是故意使用了"仪式"(ritual)一词,因为受虐情景有着特别严格的规则和命令,像宗教或魔法仪式的流程一样严谨。一个变动或干扰都会减少这种受虐仪式的欲望值,甚至可能破坏整个仪式。随时间会形成一种传统,必须要遵循,就像教会的仪式一样。先做这个,再做那个;话语要以某种特定的方式说出来,等等。所有这些特点或许看起来是随意的、未经计划的,但研究这个仪式历史的心理学家知道其中的意义和关联。在其任何他的变态心理中,仪式都没有如此重要的作用。与其他方面一样,受虐癖现象在这里接近强迫性神经症的现象。

受虐仪式与幻想之间有什么关系?我将用一个有代表性的例子来阐明这一点。一个年轻男人多年以来都在他的受虐性行为中履行一种制服仪式。他会穿上非常紧的外套,并用腰带将衣服束到最紧;然后,在脖子上戴一个很宽的皮项圈,使他的头几乎无法移动。裤子是反穿的,所以后面穿在了前面。他以这副打扮走到穿衣镜前,在这极度紧绷的服装允许的前提下,转来转去并做某些动作,然后欣赏自己的形象,或者更准确地说,想象别人将如何欣赏他。这个仪式他几乎每晚都会重演;经过这个仪式后,他会感到性兴奋;然后,他会倒在床上自慰,尽管衣着的障碍让他很难摸到他的生殖器。

这些看上去很疯狂的活动,到底有什么意义?它们看似莫名其妙。后面,我会讨论这个问题,但目前我只想指出它的历史前提。患者的父亲很早就去世了;在患者的青春前期,他的母亲很难管教任性的他。她常威胁说,要把他送到军校去,并给他描述那些学校里面的严厉处罚。因此,可以从历史的角度来解释穿衣镜前的情景。男孩对军校里的处罚有相关幻想,他会想象制服会有多紧,操练会有多恼火,惩罚会有多严厉。同时,他想象着穿制服的自己会看起来非常阳刚。穿衣镜前的情景从青春期就开始了,这个情景相当于对这些幻想的舞台督导,有排演的属性。他自己认为这是对预期情况的"脑内预演"。很容易猜到,自慰在这个局面中占据什么位置。现在,我必须要强调,幻想先于受虐情景出现,在他计划演出这个情景、为这个情景做准备时,比如在他将服装的各个配件提前摆好时,性兴奋已经开始出现。

因此,受虐仪式是将幻想表演出来,而通常未被搬上舞台的幻想就足以引起受虐癖患者的兴奋。在思想舞台上的演出,归根结底是难以令人满意的。这个人最初的想象必须要在镜子前实现出来,通常后期需要与性伴侣一起演出变态情景。

在这里,可以补充一些与受虐幻想的独特性不太相关的内容。一个特别的地方是"同步性"(synchronization)倾向。这个值得赞赏的表述是我从有摩洛克幻想的患者处得来的。他常观察到自己有这样的现象:性兴奋的时间历程与幻想舞台的事态发展完全对应。幻想者与幻想中的受害者有着相同的感受,随事态发展而经历情感的变化。他会与受害者做同样的动作,发出同样的声音。因此,射精也总是发生在同样的时间,即大祭司将刀挥下的瞬间。

幻想的守旧和顽固非常显著,这无疑与受虐癖的本质一致。通常,某个受虐情景会维持数年,几乎不会有变化,但一直令人兴奋。改变仅限于对人物、时间、地点的微小替换,而主题,如果可以称其为主题的话,是坚持不变的。然而,在很长的时间间隔后,会引入大量的改变,产生一个全新的主题,这个过程或许就像对一个旧体制的改革。相应地,新内容也会维持很长时间,几乎不会有变化。原来"用旧的"幻想会时不时地再次闯入,恢复原有的力量,但短时间后就会消失。

因此,我们可以区分个体的幻想时期。在不同的时期中,支配他的是这个或那个幻想内容,在这些内容之间,界限清晰。上面提到的那位患者将这些幻想组群称为"周期"。在精神分析的过程中,我发现了某种专用语,就像某些人相互之间可以明白的暗语。当他提到"阿兹台克周期"时,我知道他说的是一个具体的时期,其间让他性兴奋的念头是阿兹台克王国的囚犯献祭。"女酋长周期"指的是另一组幻想,其中亚马逊的一个女酋长让她的爱人们经受可怕的折磨。"拉奥孔周期"是指一系列不同的幻想,它们都源自这个雕塑①。"玛息阿周期"围绕着玛息阿与阿波罗的争吵②这个为人所熟知的神话故事,但也不局限于这两个人物。

我们的印象是,经过很长一段时间,受虐幻想就会失去其令人兴奋的特点,继而被新的幻想所取代。我的精神分析经验显

---

①《拉奥孔》又名《拉奥孔和他的儿子们》(*The Laocoon and his Sons*),是古希腊雕塑家阿格桑德罗斯等人于公元前 1 世纪集体创作的群雕名作。该雕像源自特洛伊战争中的一个传说,阿波罗神庙的老祭司拉奥孔曾警告特洛伊人不要把巨型木马拉进城内,以免中计。这触怒了雅典娜和众神要毁灭特洛伊城的意志,雅典娜便派遣两条巨蛇,把拉奥孔父子三人缠死。——中译注

②指在古希腊神话中,太阳神阿波罗与林神玛息阿进行音乐比赛一决高下的故事。比赛规定胜者可以用任何方式惩罚输者,结果玛息阿输了比赛,而被阿波罗剥皮。——校注

示，如果一个幻想曾被证明是令人满足的，那么只有无数次的重复才会让它变得不再顽固。值得注意的是，这些幻想和行为并不局限于视觉层面。根据我的印象，语音也起作用。话语受虐癖患者会因为想象自己遭到恶语辱骂而获得性兴奋。在演出这些幻想时，受虐癖患者期望听到侮辱或羞辱人的话语，话语内容的选择、顺序或语气强调似乎对于性兴奋的产生很重要。在某个受虐情景中，患者期望一个女人对他说“你！”（“Du！”）（德语中熟悉的人之间使用的人称代词），因为这给他一种快乐的亲密感。在想象的时候，他自己对自己念出了这个词。同样，这个对话中的某些细微的不足之处也在对幻想的不断重复中得到修正，患者会争取使用更具有可塑性的措辞，但话语的要点保持不变。

受虐幻想中的对话很频繁。因此，某些特定的腔调和表情被认为非常重要，某一句话的抑扬顿挫都会给人带来感官享受。这些细节的意义在于头脑中腔调的转变。在一个案例中，患者父亲的一句话成为了幻想情景的内容：“下次你给我小心”；这句话被一次又一次以某种音调重复。必须跪在地上的儿子会以某种恐惧的神色问：“我可以起来了吗？”

这里的想象材料能够被延伸和发挥，这比在其他变态心理中更为常见。它可能以一个故事的形式出现，把许多人带到幻想的舞台上演出和受苦。通常，它可以从患者的阅读或日常经验中找到支撑；或是取自电影或戏剧的精华内容，与别人的交谈，或是其他的记忆内容。在上个提到的案例中，激起男学生受虐情景想象的是被阿波罗剥皮的玛息阿的故事。结果证明，这个故事的核心非常牢固，持续时间也长。20 年后，虽然形式有所改变，但当患者在布鲁塞尔看到大卫①所画的受剥皮之刑的法官时，仍然产生了同样程度的性兴奋。

受虐幻想执着于细节，患者会对细节仔细挑选，并钟爱于对它们进行反复测试，这一点与受虐癖的另一个特点悬念因素有关，我们将稍后进行探讨。对情景的选择是根据不同画面引起性兴奋的能力，效果不理想的就会被舍弃。

如果心理上对某个细节持反对态度，那么就可能导致幻想的分散或模糊。就好像曝光不足的底片。一位患者言简意赅地说道，有时幻想很难“聚焦”。她在描述一次强暴幻想时，使用了这个表达；这次幻想失败了，因为一想到流浪汉恶心的臭味，就会受到干扰。一位年轻女性曾想象她死于分娩。她惊异于这个想法给她带来的满足。她想象着丈夫为她服丧，甚至想象他娶了另一个女人；直到这里，她都能一直感到满足。她甚至可以想象他娶的是她认识的某一个女孩。但当她想到接替她的女人要照顾她的小孩，她就不得不中断这个幻想。这个想法太令人痛苦了，她再也无法忍受。另一名患者频繁地提到一个“殉道者周期”，这个幻想的核心是基督教殉道者极度痛苦的死亡。这次，他在一本书中找到了一幅中世纪的画，画的是躺在炉条上的殉道者圣劳伦斯②。他尝试着在想象中重现这幅画面，用于激起受虐兴奋，却功效甚微。画中的圣人虽然遭受着无法言说的痛苦，可他的脸却非

①疑指雅克－路易·大卫(Jacques-Louis David，1748~1825)，法国著名画家，新古典主义画派的奠基人。——校注

②罗马的圣劳伦斯(St Lawrence，225~258)是最早一批基督教殉道者之一，因违抗皇帝瓦勒良(Valerian)要求上缴全部教会财产命令而被活活烤死。——校注

常平静冷漠。这并不适合用于幻想，或者用患者恰当的表述来说，这“没有说服力”。

通常，单个画面会出现并维持或长或短的时间，就像万花筒中的画面一样。当然，幻想中的一些长期有效的特征可能会在后来被拒斥，因其作为性刺激物的价值降低了。因此，对变化的需求胜过了守旧的受虐幻想，揭开了幻想者心理变化的序幕。

当然，一个幻想是否“成功”取决于多种因素，有时可以提前判断。一个成功的幻想理所当然地伴有一次令人满意的高潮。相反，则没有高潮，或顶多只有无趣的高潮。

幻想者将自己等同于谁，这一点并不总是很清楚。当然，他会将自己等同于情景中被动的那个人，那个受害者，但也会等同于那个主动、残暴的角色。他常会将自己等同于一个没有参与的观众，但不可思议地对情景中主动和被动角色的想法、感受非常熟悉。受虐癖诗人波德莱尔①这段诗节常被引用：

我是伤口，我又是刀具！
我是耳光，我也是脸皮！
我是四肢，又是车轮刑具，
我是屠夫，我也是祭礼！

这段诗节的意思并不完整，因为受虐癖患者在幻想中还是行

①夏尔·皮埃尔·波德莱尔（Charles Pierre Baudelaire，1821~1867）：法国19世纪最著名的现代派诗人，象征派诗歌先驱，代表作有《恶之花》。——校注

刑过程的观众，享受观看的乐趣，这种快乐似乎是一种节制的、弱化后的施虐满足感。对上述画面、情景的选择最重要的因素是它们是否倾向于唤起性兴奋；但这不是唯一的决定因素。其他因素，比如是否与现实情况相符，也是很有影响力的。通常，想象会不断去思考细节，直到它们看上去与现实一致。想象还会对情景进行安排和修改，直到它与其他细节没有严重的矛盾之处。但是更引人注意的是，在另外一些时候，受虐癖患者又完全没有这方面的考量和反思。例如，有摩洛克幻想的患者一方面会反复思考炽热的炉条，某种古代偶像崇拜的牺牲品会被放在炉条上面，他会努力保证所有技术细节都是正确的。这并不容易，因为当这些受害者被烤得差不多的时候，炉条就必须在这个精准的瞬间自动打开；这样，他们就可以坠入下面的火焰中①。

在另一方面，他又从不犹豫地为他的幻想引入严重的时代错误。他清楚地知道时间地点方面的谬误，但他并不介意。这种态度跟诗人一样，他的创作可能在某一处贴近史实的细枝末节，然而只是为了在别的地方最大限度地享受诗歌的破格。这名患者集中深入地研究过墨西哥和秘鲁的古代史。他不仅熟悉关于这两个国家历史的主要著作，还专门研究过它们的祭祀礼仪。对于这些已无生命力的文化，他自己常去参观遗址，考察建筑、祭坛等等。因此，他明白无误地知道，阉割并不是阿兹台克人②的祭祀礼

①要阐释这个幻想，参考《圣经·哥林多前书》7:9就足够了。“如果他们不能自制，就应该结婚，与其欲火攻心，倒不如结婚为妙。”

②阿兹台克人（Aztec）又译阿兹特克人、阿兹特卡人，古代推崇活人献祭。——校注

仪,但他的幻想仍坚持这一点。下面这个例子是与历史相矛盾的幻想之一,我选择这个例子是因为其中有很多明显的细节可以阐释患者的心理状态。

一名英国军官被古代的阿兹台克部落抓获,这个部落会定期将他们的囚徒献祭给他们的神,方式是庄严地将其阉割。在行刑之前,这名囚徒都是在其捕获者家中做客;平时,他都受到非常友好的招待,而祭祀的操作也是由捕获者来完成。一天,他带着这名军官来到一间房间,参观此前从别人身上阉割下来的生殖器。这时,幻想就会出现典型的迟疑和深思。问题出现了:这些生殖器是怎么储存的?储存在哪里?最初,患者想象它们被存于一个雕刻精美的箱子里,但这个念头很快就在幻想的过程中被拒斥了,因为这样的话,肉会腐烂、萎缩。另一个可能性是像死去的鸟儿那样被填充起来展示,也被摈弃了。最终,幻想者决定它们是被泡在装满酒精的瓶子里。在这里,我们发现了与其儿童期经历的无意识联系,这个想象源自于现实片段。如上所述,患者四岁的时候,他的哥哥做了包皮手术。小男孩似乎将这个手术等同于完全阉割;后来,他看到哥哥的阴茎尽管受了伤,但确实还在,但是,此前的印象比亲眼确认更强有力,在他的想象中具有了真实性,他固执地坚持着这个印象。几年后,同一个哥哥又做了阑尾切除手术;此时,这个印象又复苏了,特别是当患者看到酒精瓶里装着的阑尾后。于是,一部分史实绕了个弯,被隐姓埋名地移植到了后期的幻想中。

构成整个幻想的部分材料是清晰可辨的。关于储存方式这一细节的疑问,代表了其儿童期和成年期无意识的疑虑:父亲都会阉割自己的儿子吗？我会被阉割吗？患者对其幻想的态度是模棱两可的。一方面，他花了大量的精神能量和聪明才智来精心构思。另一方面，他觉得这些内容很是疯狂可笑，为此感到羞耻，而且无法理解为什么这样幼稚、荒诞的内容会将他彻底占据，并使他如此兴奋。

我们已经强调了，受虐癖患者演出的情景可以说是幻想的上演，他们会添加一些新的特点，更换一些旧的特点，目的是获得最大程度的快乐。从分析观察中获得的无数印象来看，令人兴奋的幻想最初是自发出现的，只有在后期才是为了获得兴奋而故意调动的。偶尔可以强行使幻想出现。就如同歌德可以“使唤”诗歌一样。因此，从起源的观点来看，受虐癖的开端是幻想。在受虐癖后期的组成结构中，幻想的重要性没有减少，甚至还会增加。如果性兴奋最初就伴有某个幻想，那么之后可能出现的情况是，单凭性兴奋就足以唤起此前处于蛰伏状态的幻想。

在去性化形式的受虐癖中，即在作为生活态度的受虐癖中，幻想起到了独特的作用，这一点目前还未受到认可。乍一看，似乎幻想要不就完全缺失，要不就无关紧要。如果这个说法是正确的，那仅仅是因为很少有人去探寻个体所执着的幻想是如何产生的，这些幻想既主导个体的生活，又毫无疑问地促成受虐满足。在这里，讨论个体想法的产生是多余的，因为任何一个人都可以借助于从宗教和传统中获得的社会化的大众幻想。个体化构造的幻想消失了，难以辨识出幻想的个体性。然而，幻想贯穿了这个人的整个人生和命运，给他指派了某个角色。他对人生的整个构想都受到一个无意识的受虐幻想支配，这个幻想的分支几乎不会变得有意识。性伴侣的位置现在由更高等级的力量占据,带有情欲色彩的折磨被命运的打击取代,这些打击仍会带来隐秘的满足。我会在后面更清楚地讨论这些问题。

在这里,我只想强调的是,精神分析理论迄今还没有意识到幻想作为受虐癖的核心要素的重要性,幻想的不可或缺性还没有得到认可。然而,被忽视的想象已经开始了复仇,它进入了一些精神分析学家的理论中,让这些理论看起来过于异想天开。

3

受虐癖的第二个特点涉及获得性满足的一个独特过程,目前,这个过程的所有潜在影响还从未被探讨过。这里指称的过程是一个特定的紧张发展过程。这种独特的紧张元素与正常的性行为有两点显著不同:焦虑因素占主体;有延长悬念的倾向。受虐紧张比其他任何一种性紧张都更为强烈地在快感和焦虑之间摇摆,而且它倾向于使这种状态持续下去。这与追求释放的自然冲动是相冲突的。显然,这两个特点之间有着内在关系,我们有责任去探讨这个关系。

首先,我们禁不住会认为,这种摇摆表示了精神层面总体的不确定性。但是由于这种不确定性仅限于性领域,我们不得不摒弃这种假设。

受虐癖患者的性快感总是夹杂着这种焦虑,而在正常的性体验中,这种焦虑要不就完全缺失,要不就几乎缺失,紧张的过程完全不同。

对于正常的性紧张曲线来说,“紧张”这个词就足够充分了。而受虐紧张曲线的最佳描述词是“悬念”。对比这两个词之后,我们发现,紧张是指一种简单的兴奋状态,其内在倾向是达到高潮,获得释放。相反,悬念包含了不确定、“暂停”、拖延的元素;同时这个状态没有明确的结束时间。你可以称其为痛苦的悬念,因此指明了其中的痛苦元素,甚至是难以忍受的元素。然而,这个词可以用来形容儿童在圣诞节时的愉悦期待,非常兴奋激动地等待圣诞老人。罪犯在“悬念”中等待陪审团的判决,就像读者对于侦探小说的态度一样。歌德所写的“渴望和焦虑,在不断的痛苦中”,描写了在这种悬念状况下的快乐和焦虑元素。被某种奇怪的装置吊着或悬挂着(suspended)正是最受欢迎的受虐做法之一,或许,这会给悬念的感觉赋予一种功能客观性。

受虐紧张曲线的第二个特点是倾向于延长悬念,而在正常性生活中,我们看到的是相反的意图,即解决这个紧张状态。我们的提法很谨慎:受虐癖似乎有这样一种倾向。从表面上看来,这仅仅表明了受虐癖患者想让快乐持续,跟尼采表达的意思一样:“一切快乐都要求永恒。”①但这只是表面,任何一项批判性研究都能证明,受虐癖患者力求延长前期快感(forepleasure),或者更重要的是,避免终期快感(end-pleasure)。在这里,受虐癖区别于其他依附于前期快感的变态心理,受虐癖会避免终期快感,因其包含着焦虑。

对终期快感的推迟和最终摈弃可以用一个类比来轻易阐明:

①尼采:《查拉图斯特拉如是说》,第312页,现代图书馆版。

我们都知道,小孩会把食物中最喜欢的那一口留到最后。对于老师来说,小孩的这种倾向或许是个有益的习惯,作为日后自我控制的基础训练。但他也应该注意到,这种行为一旦过度可能会带来的危险:小孩最终会学会完全摈弃这珍贵的最后一口。保留变成了弃绝,自我控制的训练呈现出禁欲的特点。我知道,一个少年将他非常喜欢的瑞士糕点放进了一个抽屉里,并且努力克制住想要吃它的欲望。当他几天后打开抽屉时,却发现这个蛋糕已经发霉了。

与此相对应,性行为在青春期也很常见:自慰的一个典型形式是通过暂停手上的动作和转移注意力来避免释放。过了一会儿后,自慰又重新开始,然后,又在即将射精前暂停。那些采用这种自慰方式的人常宣称他们这样做是为了延长性快感。但结果通常是射精提前发生,或是没有快感,或者根本没有射精:这一切都无异于摈弃了性高潮这个终期快感。

显然,这种推迟或是说避免终期快感的倾向与悬念感的本质是一致的。一方面,这种终期快感被渴望着;另一方面,出于我们还尚不知道的原因,它又被避开。在每一个受虐固着(masochistic fixation)的案例中,这两种不同方向的努力形成矛盾,导致了一种心理状态,使得这种紧张曲线具有独特的摇摆属性,在快乐和不快乐之间摇摆不定,用矛盾的话语来说,就是令人快乐的不快。受虐癖患者看起来似乎既希望摆脱紧张,又想抓住紧张不放,想“鱼与熊掌兼得”。结果是,他摆脱了它,或者准确地说,是它将他舍弃不管了。追求快感的努力逐渐减退为不快,导致无快感的射精,或是紧张消散而没有射精。

在悬念因素中,我们可以识别出受虐癖给性行为留下的烙印。它相当于一种合金,由相互矛盾的成分组成,既力求快感,又力求自我折磨。受虐癖的典型性兴奋过程倾向于限制紧张,以免其溢出带来令人满足的性高潮,其倾向于将紧张控制在"悬而未决"的状态。

悬念因素既可以体现于幻想中,也可以体现于受虐情景的兴奋过程中。在我之前提及的摩洛克幻想中,有一个情景可以佐证其效果。这段幻想有以下内容:一排年轻男人将被烧死,以献祭给摩洛克。他们依次被放到可移动的炉条上,下方就是摩洛克口中吐出的熊熊燃烧的火焰。这些受害者被悬在烤架上;他们身体接触到烤架的部位都被烧焦了。然而,这个幻想的核心问题是:这些年轻人会一直悬在上面,一点一点被烧焦,还是会将自己投进火焰中,寻求还算幸运的速死?或是说:他们能忍受多久的折磨,才会"放手"自愿掉入熊熊大火中?考虑到患者通常将自己等同于下一个受害者,因此,体会着前一个受害者"在不断的痛苦中的渴望",同时预期着他自己的命运,悬念元素的引申在这里已显而易见。有时,在幻想开始时会描绘两名火夫准备烧火的细节;而这两名火夫本身也是囚犯,他们也知道自己最终将被火烧死。如果达到了"同步性",那么射精发生的时间,就是幻想中受害者最终"放手"的那一刻。

这个患者的另一个幻想是基于迪亚斯·德尔·卡斯蒂略①书中的一个特写内容:阿兹台克人的一名葡萄牙囚徒必须被迫在十

①Diaz del Castillo (1496~1584):西班牙征服者之一。——中译注

八天的时间里观看同伴被行刑的过程;最终,他将作为被判刑的最后一个,被折磨致死。这个幻想的悬念因素常存在于一些猜想中,比如活人身体的哪个部分会最先被剥皮,接着又是哪个部分,受害者会有什么反应,他在晕过去之前能坚持多久。这个幻想周期是受到了玛息阿传说的暗示。在幻想的过程中,患者会对摩洛克之火上面的炉条的技术细节思前想后:这样摆放还是那样摆放。在这样的过程中,性兴奋冷静下来或是渐渐衰退。

我再用一个幻想来对女性患者的情况进行汇报。这个幻想的内容是穿戴很紧的束身带或是非常压迫的紧身胸衣。患者总是想穿着这些装置,其产生的压力会让她产生强烈的性兴奋,她能将这种兴奋维持在一定程度,并延长至更久的时间。通常,这个幻想的开端是想象购买这些装置,怀疑女售货员会怎么想,以及推迟购买。幻想的起源在于过去发生的一件事。小女孩体态不端正,她的妈妈曾要求她穿一段时间的矫形束身带。束身带对她肩膀的压力带有性欲的含义,这个含义在随后的时期得到增强。几年后,半大的女孩曾和她的哥哥摔跤。根据比赛规则,要战胜对方,需要把对方的肩膀按在地上并保持一定的时间。女孩会拼命抵抗,但最终总不得不"屈服",在字面意思和比喻意义上都屈从于对方。悬念的感觉与幻想中的不确定性有密切关系,在摔跤比赛中、在被按倒在地时都存在这种感觉。总有可能他的哥哥最后不会强行把她按倒,或是当她躺在地上时,仍有可能把肩膀抬起来。

把受虐癖想成不变的整体是错误的。这种错误的想法不认可其中存在的不同阶段、发展和变化,继而生成了一些误读和错误的观念。如果一位学者认为,一个长时期的心理发展过程所导致的特点从一开始就保持恒定不变、前后一致，那么这位学者就走进了死胡同。如果一些精神分析学家，比如威廉·赖希[①]，认为受虐癖不能增加兴奋，那么这对问题的解决无疑是一个无法战胜的障碍。我已经说明过，受虐癖患者希望避免紧张加剧到性高潮的程度，其明显的解释不是受虐癖患者的无能为力，而是他想要避免终期快感，因其与焦虑相关。

在进一步的发展中，通过焦虑的移置，将会导致性高潮的紧张加剧得以避免。我们在受虐癖患者中常看到性无能的现象，也只是这种过程的最终结果。赖希的假设是不正确的，他认为，任何一点强烈的快感都会立刻被抑制并被转化为不快，因而终期不快就取代了终期快感。这或许可能是受虐癖发展的结果，但也并不一定会这样。最初，受虐癖患者对兴奋的加剧是非常渴望的，只要这不会导致性高潮。只有当对终期快感的恐惧，或是更具体地说，只有当对终期快感的后果的恐惧变得无法抗拒时，才会避免兴奋的加剧。要了解悬念因素的意义，就不能在这方面还存有怀疑。然而，性兴奋的加剧也会使焦虑加剧；因此，任何一丝紧张加剧的迹象，都被视作更为紧急的“危险讯号”加以应对。

这种焦虑的延伸和移置最终使得任何一点兴奋的加剧都是不想要的，直到最终导致性无能。然而，基督教早期的禁欲主义者也获得了类似的结果，他们不允许他们的道德意志力经受诱惑的考验，就会小心翼翼地避免这种情况。而避免性高潮和性满足

---

①Wilhelm Reich (1924~2008)：奥地利医生、精神分析学家，代表作有《性革命：走向自我调节的性格结构》。——中译注

的理由有所不同。他们认为,这会引来神秘的惩罚。

我们现在对悬念因素的本质更了解了。可以说,它代表着紧张中的紧张。它的本质是分裂的,介于快乐和焦虑之间,这种分裂是由于怀疑或犹豫到底是否应该获得性高潮。想要跨越禁忌的门槛,这种渴望非常迫切;然而,对后果的恐惧也同样强烈,最终强于前者。因此,悬念感与性紧张不一样,它等同于被焦虑改造后的性紧张。最初它并不令人愉悦,它变得令人愉悦只是因为在一定程度上它是退而求其次的选择,是性高潮的替代品。

我必须要再一次强调,受虐癖的不同发展阶段和各种可能性的重要性。悬念因素的地位可以被比作指南针,指出这许多道路的方向。其中一种发展可以被描述如下:最早是快感伴随着焦虑,后来在快感的位置出现了能产生快感的焦虑,最终导致快感和焦虑的渗透。如果受虐癖已经形成,可能出现的情况是,通过心理重心的转移,变得渴望和享受这种焦虑。只要能让人对焦虑产生充满感官刺激的期待,悬念感就可以当作替代品。这种独特的混合物与发展成熟的受虐癖是相容的。一位患者把受虐的感觉描述为"非常愉悦的折磨"。

对比其他变态心理的兴奋过程而言,我们认识到悬念是受虐癖的显著特点。但是,我们也必须在这里指出,悬念因素的重要性不仅限于受虐癖的范畴。这是一种独特微妙的感觉基调,涉及广泛的心理状态,在许多不同的心理现象中都起作用,目前这点还几乎未被意识到。

我们已经提出,紧张曲线中的干扰体现为不允许终期快感出现,为此就要使其变得乏味,甚或要使它的属性变得完全相反,变成终期不快。如果快感渗透进了焦虑,那么悬念就能为加剧快感起到积极作用,因此,悬念会被用来增加压力以追求快感。悬念让位于更为强大的对手,既不情愿,又不得不欣然接受。弥尔顿对音乐力量的描写,最为贴切地描述了这种既不情愿又主动自愿地让步的本质:

> 音乐里有如此悦耳的强大力量,
> 既能使命运的女儿们放松下来,
> 又能让不安定的自然遵循她的法则。

到目前为止,我们审视了悬念因素在受虐幻想中的效果,但没有考虑其与伴随发生的受虐行为之间的关系。随着受虐流程的建立,情况会有所不同。在受虐癖患者体验到惩罚、羞辱或不适之前,悬念感的干预都将阻止受虐癖患者获得终期快感。我们可以发现有特征明显的两个选项:惩罚、羞辱、不适——性高潮;或没有不适、没有惩罚——悬念、没有令人满意的性高潮,最终导致终期不适。换句话说:如果受虐癖患者经历了痛苦或不适(即便只是在想象中体验),他都能够获得高潮并感受强烈的快感。在这种情况下,紧张的加剧是大致正常的。但是,如果事先没有强烈的不适,悬念将替代紧张的加剧,导致之后性能力失调,最终导致性无能。这些可能性之间会出现一定的转变,但对这两种选项的整体描述是正确的,毋庸置疑。在每一个有受虐癖态度的单个案例中都能得到证明。

在那些受虐行为先于性满足发生的情况,也证实有悬念的时刻，尽管是在出乎意料的地方、在移置中出现。只有在这种情况下，才有必要对我们的论述作出一点修正。让我们继续描述一个受虐情景：上面提及的一名患者会定期去找一个妓女，让她辱骂他、叫他脱衣并接受对屁股的击打；之后，射精发生了。这只是对情景表面情况的粗浅描述。对细节更深入细致的观察会让我们相信这个情景可以被分为两个截然不同的部分：对击打的期待和受虐行为的实施。整个序幕都属于第一部分：对情景的幻想预期，在爬楼梯时的期待，言语交谈。辱骂、言语威胁及相应的表达手势，以及最后几分钟对击打满心期待的等候，这些过程在挑逗情欲层面比击打本身更为重要。在一些案例中，由被责骂或威胁获得的紧张情绪已经足以产生终期快感。

这种期待的心理属性与悬念完全对应，在快乐和忧虑的情绪之间游移。更准确地说，我们可以说这种期待是享受对惩罚和羞辱的恐惧。因而我们可以将之前的论述修正为：在这种变态行为中，也能体会和注意到悬念感。其角色已经减弱，并转变为了对不适既快乐又焦虑的期待。①

我们现在知道，预备阶段的幻想与悬念因素在心理层面是一体的。幻想的内容包括细节、推迟和障碍、疑虑和不确定性，这些幻想的目的与悬念时刻的目的是一样的。实际上，它们仅仅是生成悬念的心理倾向的思想化分支。

通过对比受虐情景和幻想中的悬念分配，我们得出如下结

---

①S. 纳赫特在观察到这类情绪时提及的说法是，“对痛苦的担忧期待”。这个描述中没有考虑到悬念的双重属性，也没有考虑到其强调的重点从焦虑转变为快感。更为合适的说法是“对痛苦充满感官刺激的期待”。

论:在受虐情景中,紧张在快感和焦虑之间摇摆,其目的是指向期待的惩罚、羞辱和耻辱。在幻想中,紧张的目的是指向终期快感。这与我们的猜想只有一步之遥,我们的猜想是因为害怕羞辱和惩罚,所以会避免终期快感。我们可以认为,性交的终期快感无法获得或转变成了终期不适,正是这种焦虑导致的结果。

幻想中的紧张最初是令人快乐的,其性质改变是因为受到了伴随这个想法的焦虑的影响。换个方式来说:现在,我们已经知道,悬念因素就是被无意识的焦虑所改造的那个原来广为人知的性紧张。在受虐情景中,在这个心理发展的新阶段中,焦虑变得令人快乐。充满焦虑的快乐逐渐发展成为令人快乐的焦虑,从而决定了悬念感的性质。只要完成了这个发展过程,真正的受虐癖就已形成,而对于这个发展过程的心理学洞见,必然会改变人们对这种变态心理的构想。即受虐癖的特点并不是像目前所猜想的那样以不适为乐,而是以对不适的预期(expectation)为乐。最初强调的是终期顶点和高潮的快感,现在重心转移到充满焦虑的预期上。这种移置使得焦虑失去了原有的特点。至于悬念感和前期快感的关系,前期快感是每次少量地提前感受终期快感,是高潮的一份样品。悬念感与之相类,但同时还预期着来自惩罚的不适,可以比作一份令人渴望而又禁止品尝的美食样品。因此,悬念感就是前期快感加上前期不快,而且最终越来越向后者转变①。

①当然这种转变并不仅限于性变态者的受虐实践。悬念感在别处也可以具有这种特点。这个见解使得我们怀疑乔西·比林斯幽默的含蓄说法是否具有普遍适用性,他是这样说的:"男孩时光中最无趣的一段时间,就是等待被鞭打的时候。"受虐癖患者对男孩时期的回忆证明了这种充满悬念的期待也可以被享受。

但为什么受虐癖会最终会寻求这种前期不适？对我们所有人来说，当预期会出现一些不适或痛苦时，都不会欢迎且会试着赶走这种惧怕的感觉。我们肯定不会愿意提前感受即将到来的痛苦。肯定也不会有人因为面临严峻的手术，而去割破手指提前感受未来的痛苦。然而，在某些情况下，每个人都做过类似的事。

例如，我感觉到有点牙痛，就是那种突然出现又很快停止的阵痛，我下定决心一有时间就要去看牙医。半小时后，牙齿不痛了。我知道还会复发，我还是该尽快去看牙医。我小心翼翼地用我的舌头去触碰这颗敏感的牙齿。一碰到就痛起来。几分钟后，我又重复了这个动作，虽然我知道这会痛。这样做的目的肯定不仅仅是要说服我自己这颗牙齿还是在痛，肯定还有别的动机。我害怕这个疼痛会重新自发出现。我用舌头去碰，是为了让自己准备好面对这个可能的结果，让自己变得不为所动。或者，反过来说，是为了避免焦虑或是避免焦虑变得太过强烈。因此，我去寻求我所害怕的东西——这是为了我的焦虑。我自愿忍受一点痛苦，目的是不被突然毫无准备地暴露在痛苦中。这是一种对前期不快的故意寻求，是受虐行为的缩影。

另一个更为可信的例子：一名患者有明显的受虐特征，有复杂的神经质表现，她说，在她还是小女孩的时候就发现自己有某种受虐癖。小女孩被放在浴缸里，当保姆走开时，比如去拿毛巾时，女孩就会将冷水龙头拧开一点，让一些水滴在她的手臂上，这样就可以体会到一种令人不快的快乐感受。

无须强调的是，女孩讨厌被冷水淋，甚至对此非常害怕。她知道，待会要用冷水擦洗，于是预先让一些水滴到她的手臂上。

我们可以毫不犹豫地说，这个小女孩之所以这样做，是因为她非常害怕。她寻求前期不适是为了加强身心的准备，让自己更好地应对更大的不适，或是为了避免被迫体验太过强烈的焦虑。

因此，跟受虐癖一样，此处预先感受的前期不适是为了防范剧烈的惊吓，或是为了避免焦虑的加剧。为了避免焦虑，会主动引发不快。通过引发令人恐惧或惊慌的事件，通过让水滴在她的皮肤上，小女孩的恐惧得到了减轻。很重要的是，她所害怕的事并不是被人强加于她，而是她自己引发的。是她做的，她是主动的一方，是她自己命运的主人。在这种预先采取的行动中，被动转变为主动。除此之外，另一个时间因素也很重要：紧张被扩展到更长的时间范围内，因此可以有所准备。当保姆打开冷水龙头，免不了会有惊吓。当小孩将冷水打开，则减轻了这种紧张，因为她把这种紧张分为了几个时间段。她可以让自己在精神上做好准备，避开紧张的突然加剧。她可以用更长的一段时间来控制她的感受，这样就将剧烈的紧张转化为了中度的紧张。

这里提及的因素体现在受虐癖的每一个案例中。对受虐癖患者来说，前期不适并不是出人意料的事，而是在他有意的指示下发生的。他诱使或甚至是命令对方将令人不快的行为施加于他。他遭受的一切并不是在违背他意愿的情况下发生的。他受到的对待或是遭受的惩罚或羞辱是按照他自己选择的时间、节奏和顺序发生的。紧张被扩散到一定的时间范围中，因而，焦虑得到安抚或消除。在全面评述了这些因素后，我们开始猜测一个常见论断的原因：为什么受虐癖患者没有呈现出焦虑的症状。焦虑无法形成，因为受虐癖患者已经达成了避免焦虑的目的。与其遭受焦虑，他选择将自己暴露在痛苦中。与其害怕羞辱、耻辱或惩罚，他选择自己将其引发，因而掌控了艰难的命运。通过预先感受这些感觉，他去除了它们的恐怖。就方向性而言，受虐机制是一种朝未来逃跑。

可以看出，悬念感是焦虑的最后一点残余。正是对这个因素的研究可以让我们了解为什么受虐癖患者通过他的变态行为成功地避免了焦虑的形成。为了逃避对惩罚和羞辱的恐惧，他自行安排了它们的出现。对悬念因素的理解会带领我们进一步深入，可以揭露出对不适的精神准备是受虐癖的一个重要因素。可以断言，受虐快感更多的是基于这种对不适的预期，而不是基于不适本身。

另一方面，对悬念因素功能的见解阐明了受虐癖发展的第二个可能性。如果避免焦虑是其最重要的特点之一，那么后期的快感如何发展成不适、终期快感又是如何被推迟并最终摈弃，这些问题的答案都变得显而易见。或许，这里做一个比较能有助于我们理解：我们假设一个人曾经因为跳高而受过重伤。很久以后，又出现了需要跳高的场合。他助跑，来到起跳点，甚至开始做起跳的动作了；而在最后一刻，不知怎的，并没有真正跳起来。显然，对此前经历的记忆引起了无意识的焦虑，成为了行动的障碍。之后，他又跑到起跳点，但在他还没有开始起跳的动作时，焦虑就提前出现。再之后，他只是助跑，最终完全放弃了跳跃，提前确定了他的失败。

但我们是否可以做这样的比较呢？无数涉及变态和受虐人格的分析经验，以及患者的回忆和症状给我们带来的解释都支持这样的比较。然而,如果在分析治疗的过程中,我们能成功地跨过这条路走向相反方向,这些解释就能在一定程度上被间接证实。因而,我们发现,一个有受虐幻想的性无能男人在康复过程中会经历以上所描绘的所有阶段。某些典型案例显示,力求避免的不是焦虑的形成,而是剧烈惊恐情感的爆发。

这个为了保护自己免受强烈焦虑侵扰而打开水龙头的小女孩,我们该称她为受虐癖患者吗?当然不。因为受虐癖患者必须从这个过程中获得快感,而快感这一独特要素在这个案例中是缺失的。其只符合受虐癖的一个前提:防范焦虑。受虐癖的另一个功能是满足欲望,而这是更为原始和重要的一点。焦虑是后期才冒出来的,干扰对快感的追求,就像警察出其不意地拐了个弯,会妨碍原本兴高采烈的庆祝活动。要恢复此前无拘无束的嬉笑玩乐,必须让侵入者噤声或是离开。因此,当下要务就是要打败焦虑或是摆脱焦虑。然而,基本思想还是要达其成本能目的。

作为一种性变态的受虐癖,在压制和避免了焦虑后,会比带有受虐幻想的正常性行为取得更成功的效果。这种性变态之所以迎接惩罚和不适,是为了立即将它们打发走;继而免受它们的威胁,可以转而投向快乐。基于一种反向作用,这种预先感受的不适甚至可能最终带来更为强烈的快感和加倍的满足,我们所能掌控的任何一种恐惧都是这样。

现在,我们揭示了在快乐和焦虑的感觉之间摇摆的悬念感,实际上体现了想要获得快感又要避免痛苦的尝试。因此,受虐癖就是源自这两种对立任务的一种独特的尝试。悬念因素是其形成和本质的标志和证据。它出现的时候是这种性变态的开端。

它一路伴随着受虐幻想,当受虐癖发展成为真正的性变态时,它仍然幸存。虽然,在与性无关的社会受虐癖的各个阶段,其表达形式有所变化,但其本质是不变的。

4

我承诺要描述任何一个受虐癖案例中都从不缺失的特征。其中,幻想因其至高的重要性排在首位,悬念因素次之。第三个独特的特点被称为展示性,我会在后面对这个名称进行解释。它意在强调,在任何一个受虐癖的案例中都不能忽视的一点是:痛苦、不适、羞辱和耻辱都在展示给人看,可以说是被展出。考虑到这个特点在一些案例中的显著程度,我们难免会疑惑为什么这么久以来我们都对它认识不足。虽然一些精神分析学家,如霍妮①、兰普②、门林格尔③,都接近了这个论点,但最终还是错过,仅仅指出了受虐癖的自恋性或暴露性(exhibitionistic)。我之后将说明这些名称是有误导性的。虽然我认为总的来说,名称的选定并不太重要,一个名字能包含什么?然而,这个名称中确实传达了错误的观念。

在受虐癖患者的行为中,很重要的内容就是裸露以及展示他

①K. Horney(1885~1952):德国精神分析学家,代表作有《我们时代的神经症人格》《我们内心的冲突》《自我分析》等。——中译注

②J. Lampl(1895~1987):荷兰精神科医生。——中译注

③K. Menninger(1893~1990):美国精神分析学家,代表作有《人对抗自己》。——中译注

们当下的心理现象，以至于我们禁不住要认为受虐癖和暴露癖之间有固定的联系。相较于暴露性，我更倾向于将这个特点命名为展示性，这是因为以下两个原因。首先，可以避免一些完全错误的理解，这些理解单纯地将暴露癖与炫耀自己的美丽迷人之处联系在一起。此外，通过“展示性”这个词，我想暗示这种展示的潜在含义，这个含义在后面会变得更显而易见。目前以让·雅克·卢梭①为例就足以说明，尽管他感到非常羞愧，他还是不由自主地要向过往的女士展示他裸露的屁股，此例，不仅证明了受虐癖的暴露性，还证明了另一个很重要的特点，我称之为“挑衅性”（provocative）。这种展示或想要被别人看的行为，实际上是一种手段，目的是招引会带来性满足的惩罚。

有时，幻想中的展示就足以达到受虐满足，现实中的展示倒还不常有这种效果。又回到幻想屠夫的那个女孩。她赤裸地躺在那里时感到最为受辱羞耻，这是她最快乐的时刻之一，尤其是在想象中当她被所有的屠夫忽视的时候。在我引述的第二个例子中，一个男人经常去找一名妓女，让自己因为“调皮”而被打，脱裤子裸露出屁股的过程几乎跟之后的击打一样重要。在这里，我们必须注意到这种展示与自恋的区别。乍看之下，别人看到的地方，自己倒觉得是美是丑好像无关紧要。在一个例子中，受虐癖患者或许认为自己的身体很迷人，连排泄物都能带来性刺激，而在另一个例子中，它们可能就是单纯地令人恶心、厌恶。但是，更

①让－雅克·卢梭（Jean-Jacques Rousseau，1712~1778）：法国18世纪启蒙思想家、哲学家、教育家、文学家，启蒙运动代表人物之一。主要著作有《论人类不平等的起源和基础》《社会契约论》《爱弥儿》《忏悔录》《新爱洛伊丝》等。——校注

深入的研究揭示了更为复杂的情况。如果对自己的身体有意识地感到骄傲,或是对自己的身体有特殊的快感,在这些情况下,接下来的惩罚或不适将变得更加强烈,羞辱的程度也会加深。当无意识中感到身体丑陋,觉得幻想或展示令人恶心,那么这种感觉自身就成为受虐快感的一个特点,实质上有助于性兴奋。

我们再回忆下那个男人的大量与献祭相关的幻想,他想象年轻男人献祭给摩洛克或其他阿兹台克人的神,并从中获得满足。对于那个可怕的火刑,只有部落中最俊美的年轻人会被选中。他们被展示给所有人看。所有这些年轻人都是幻想者的"分身",我们可以认为,他们在偶像面前"除了微笑什么都没穿"是带着自恋的骄傲。他们美丽的身体激起了众人的仰慕。而他们自己认为,被选来痛苦地死于火焰中是一种荣誉。在这个幻想中,他们骄傲地承受着痛苦;而相比之下,在另一个女孩的幻想中,她的排尿排便过程被人观看,这给她带来了深深的无助、羞辱和耻辱感,然而,正是这样的幻想给她带来了独特的受虐快感。通过羞辱或贬损的方式展示心理或精神缺陷的这种做法通常取代了心理不适或痛苦的位置,在幻想中有使人兴奋的效果。和享受体罚一样,受虐癖患者可以带着同样的焦虑－快乐情感享受"令人尴尬的场面"。

我们现在即将跨入受虐倾向的去性化形式。即便是在确凿的广义变态心理中,在受虐癖意指一种生活态度的案例中,这种展示性特征依然清晰可见。当赖希发现受虐癖与"受抑制的暴露癖"有紧密关联时,他让自己被这个现象的外部表现所愚弄了。有意识地对暴露倾向进行抑制,与潜藏的一个更为强大的相反倾向之间并不冲突。这种力量对比的结果通常是展示性隐藏或反向暴露倾向。一个女人,当她还是女孩的时候,曾有过大量的受虐幻想,现在完全没了这些迹象。然而,她总不失时机地让人注意到她一事无成、平庸至极,而且不如别的女人迷人、友善。似乎,她想要向全世界展示她彻头彻尾的微不足道。然而,引人注意的是,她反复指出她的无魅力之处,仿佛她以此为傲。和受虐癖的其他案例一样,此处的必备条件是要有观众或听众。将自己的缺陷进行这样的展示或颂扬显然是与抑制暴露倾向不相符的。不能理解的是,为什么这些"不如别人"的人不像他人所期待的那样变得更沉默谦逊一点。①赖希所感受到的自我羞辱和自我贬损无疑是非常显著的,但"引人注目"(showiness)这一点,才是这些症状的本质特点。存在着这些症状,但更重要的是,它们要以醒目的方式存在。

例如,我刚提到的这位年轻女人,有一天被问及她是否会打字。"打得不怎么好",她说,"真的一点也不好。"第二天,她又看似偶然地提到她有打字的文凭。因此,通常能看到一种分裂或模棱两可的态度。让人不禁想说:"失败让人骄傲。"尽管对立的心理倾向导致产生了一种伪装下的杂合体或是一种反向形成,但我们仍能证明对受苦上瘾的人普遍存在展示性的特征。如上所述,最常见的结果是在展示和隐藏之间取得妥协。这实际上并没有

①我的观点与当代精神分析学家的观点有所不同,其差异程度可从以下与霍妮观点的对比中看出。对她来说,受虐癖是试图"通过不显眼和依附而获得人生的安全和满足"。(《精神分析的新方法》)她似乎是被受虐癖表面的自我获益印象所误导。

听上去那么矛盾。各个阶层的人都有这种独特的矛盾心理。举一个常见的例子:一位女士非常放松随意地跷着二郎腿坐在房间里,一名男士走了进来,她肯定会立即调整坐姿,并整理不整齐的衣裙。现在,一些情况下,她会为了强调或显示她的庄重而这样做。这位女士的动作透露出她既想展示又想隐藏。① 在受虐癖中,我们看到各种各样的这种妥协,从最微妙到最粗陋的形式都有。下面这个例子让我印象深刻:一名患者要去参加著名指挥家的音乐会。她本想穿新买的晚礼服,配上珍珠项链,那是她最近收到的礼物。然而,她又不愿意这样穿,害怕在这个小城市如此盛装会引人瞩目。犹豫之后,她穿着会令中产阶级震惊的衣服去了音乐会——她简单的日常装扮。结果自然是,她是当晚唯一一个没穿晚礼服的女人,众人向她投来了批判的目光。现在,她确实非常显眼,这正是她一开始想要避免的。她感到羞愧,而又有优越感。通过一种近乎狡猾的方式,这种展示实现了对立统一。目的依然——引人注意;结果是——她被人注视。随着最初的欲望与对立倾向的斗争,产生了一种受虐妥协,这是一种消极展示或反向暴露倾向。

一名律师多年来一直参加职业俱乐部的会议,但却从来没在讨论中发过言。然而他真心想参与到讨论中,他知道自己有重要的内容要说。尽管如此,他还是没有发言,因为他想知道别人是如何看待他的沉默的。他竟然因为从未发言而引人瞩目。在这

---

①圣杰罗姆在给罗马女人的信中就已发现了这种引人注意的隐藏的本质,比精神分析早16个世纪。“披风不小心滑落,露出雪白的肩头,而又立即被拉了起来,就好像她急着要去隐藏她乐于被人看见的东西。”

里,表面的谦虚背后清晰地展示出了想要成为注意力焦点的心理倾向。用一个比喻:紫罗兰让众人皆知它是静悄悄开放的。任何对受虐心理的进一步研究都说明,不能认为存在对暴露倾向的显著抑制。最多可以说是反向的暴露。即便在自我贬损和自我羞辱的案例中,或是伪装虚弱和伪装愚蠢的案例中,都能明白无误地看到这种想要展示夸耀自身缺陷和短处的欲望。很显著的一点是,如此多的受虐癖患者对自身的弱点和不良品质并不感到羞愧,反而进行夸耀。那些乐于贬低自身品质、展示自身缺点和恶行的受虐人格都是反转的虚伪之人。实际上,他们对自己感到骄傲,甚至对他们的自我贬损和自我贬抑感到骄傲。他们的好品质和天赋在后面才会更光彩夺目地出现。他们的谦逊都是假装。他们想要荣光和魅力,可能比我们更甚。想要比他人逊色的倾向是由想要出类拔萃的欲望衍生出的反向作用,这同时也后者持续存在的表现。

每个人都能说出他人炫耀自身苦难遭遇的例子。受虐癖中的痛苦有一个外在层面显然是注定要面对外部环境的,是为外在世界设计的一个外立面。如果没有这个环境的关注,痛苦会失去大部分的快乐属性。任何用心关注过受虐癖患者相关报道的人都会同意,从默里克①的诗歌中引用"一半是快乐,一半是抱怨"恰如其分。如果外界对痛苦的关注度下降,就会产生激愤和怒气。一位女性患者一天在沙发上躺了很久,不断呻吟;通常,她的家人都非常担心她的症状发作;但这天她的唉声叹气没有得到同

①Eduard Moerike(1804~1875):德国浪漫主义诗人。——中译注

情的回应。于是，她起身穿衣，没有再去关注自己的痛苦。平常对她关怀备至的家人中的一员，就这一次没有关注到这位病人，听到她对自己咕哝道："哼，没门儿！"

通常，在受虐癖患者展示出自己在默默地遭受痛苦时，我们也能看到既想隐藏又想展示的混合欲望。在一些典型的案例中，如果这个人真的受到了委屈，那么就像在展示："即使我很伤心，我也没有心生怨恨。"如此显眼的默默承受就是做来给人看的。与之相伴的沉静是做来让人仰慕的。在这里，可能会有反对的声音出现：难道没有不带展示意图的受苦吗？当然有，但那就不是受虐癖性质的受苦。展示性对于受虐癖而言是必不可少、不可分割的。如果突出了这种展示性，则常会显得有点虚假或虚伪。社会受虐癖患者则是演出了自己的悲惨遭遇，宣告和赞扬他的痛苦。受苦的约伯①将自己的不幸展示给朋友们看，我认为即便在这个例子中，展示性这个特点也在发挥作用。

这种展示性也不局限于身体层面。比如俄罗斯史诗级作家陀思妥耶夫斯基和托尔斯泰，他们将软弱的自己暴露给全世界并从中获得感官的享受。从中可以重新发现这同一个特点。受虐变态和受虐性格的案例中都呈现出展示性的特点。可随手拈来的例子包括卢梭的《忏悔录》和《书信集》，波德莱尔沉溺于受虐幻想并难以抗拒要坦白的冲动（赤裸的心）。宗教史也提供了同样特点的例子。早期基督教的殉道者非常强调他们"愈显主荣"（ad majorem Christi gloriam）的受苦受难被人看见。这些信仰的见

①圣经中因受难而蒙福的人物。——中译注

证者希望他们的殉道行为有人见证。他们热衷于显示他们的伤口和耻辱。他们想要全世界都知道他们狂热的激情。比如还有像圣西米恩这样的高柱修士[①],法朗士[②]曾生动地描述了此人,他在集市的高柱上,展示着他的禁欲、贫苦和忏悔,让每个人都能看见。

15世纪的《法国圣徒受难记》中率直地坦诚了受虐享受及其展示性特点。据传,在佩鲁贾有一位圣徒被关押着等待行刑。他的同伴非常沮丧,而他却兴高采烈。他说:"你要知道,我是很高兴的,因为我将被全世界尊为圣人了!"这种行为与其他宗教的苦行僧自我折磨的表现如出一辙,一个人必须将自己的苦难和惨死展示给大量显赫的观众。如果说孤独的苦行者或殉道者是反例的话,这些反例也只是表面上不一致。即便对于那些隐修者,沙漠中的圣杰罗姆[③],堤伯德的圣安东尼[④],以及所有那些对自己进行最严厉鞭笞的隐居修道士,他们都有一个最重要的见证者:上帝。他们想向他展示,他们为他受了多少苦难;想向他证明,他们

①高柱修士圣西米恩(Saint Simeon Stylites,约390~459):拜占庭帝国时期的隐修士,创立一种奇特的苦修方式,建造了一高柱,居其顶端修行,据说历时37年。——校注

②阿纳托尔·法朗士(Anatole France,1844~1924):法国作家、文学评论家、社会活动家。——校注

③圣杰罗姆(Saint Jerome,约347~419或420):圣经学者,经过在罗马一段时期的文学研究,他撤回到沙漠,奉行苦修和研究经文。——校注

④尼罗河下游的堤伯德(Thebaid)在古代的底比斯(Thebes)附近,是一个隐修活动中心,吸引各地的基督教徒前往隐修。圣安东尼(St. Anthony,约251~356):罗马帝国时期的埃及基督教徒,是基督教徒隐修生活的先驱。——校注

是如何惩罚自己以涤清罪孽。

不管忏悔有多真诚，受苦有多心甘情愿，若不是公开的都不行。在大多数情况下，这种行为有一种表演的属性，通常还有一定的戏剧色彩。这种展示性并不局限于具有受虐癖的个体。对于某些群体或民族，如果命运注定了他们有着苦难的过去和现在，那么我们也可以从这群人的态度中发现展示性的特点。在他们的人生中，被爱和被惩罚之间的关联已经上升到了更高的层面，通常是宗教的层面。人民的受苦受难被视为一个明确的使命，证明他们被赋予了人类历史中很重要的角色。上帝通过施予他们特殊的苦难和严酷的折磨，使得这群人与众不同。在群体的精神生活中，也体现出对惩罚的性化（sexualization），这一点跟个体一样。“上帝所爱的，他必管教。”

因此，有着特别悲惨命运的一个部族会认为自己是上帝最爱的选民。这种民族心理学跟婴幼儿的想法类似：爸爸打我，他爱我。这里揭示了受苦中隐秘的骄傲。受苦被显示为一种荣誉或是更高的文凭。对最终胜利的期望带来了狂喜，带来了苦难的狂欢。贫困和痛苦的加剧，预示着救赎之日即将来临，即将战胜敌人。因此，在性变态者的实践中，痛苦的加剧表明高潮即将来临。所谓令人欣然接受的快乐的痛苦，只是一种虚构。在现实中，痛苦被致敬，因为痛苦是先于快乐的一个阶段。区别在于，在性变态者的精神生活中，性因素占主导；在族群和大众的精神生活中，社会因素占主导。宗教或民族群体的受虐癖，或是说受虐态度中，也体现了这种展示性行为。

再回到个体的精神生活上，我们必须补充一点，在受虐癖从性变态向去性化的转变中,也存在这个特点。它以在他人面前自我贬损和自我嘲笑的形式出现。即使独处的时候,一些受虐癖患者都会表现出与童话中的王后相反的行为:"魔镜啊魔镜,谁是世界上最愚蠢、最丑陋的人?"自我必须要通过笨拙和不良行为,甚至是犯罪,来吸引他人的注意。我曾有机会仔细观察这样一个转变的案例:一个中年男人,多年来都通过受虐行为获得性满足;在精神分析期间,他放下了他的变态心理,获得了正常的性生活。然而,他的性格却逐渐经历着独特的变化。他会经常进入社交圈,给他的朋友和熟人讲许多关于自己的逸闻;在这些故事中,他要不就是不幸的家伙,要不就是上当受骗的傻蛋,以此来博大家一笑。他的故事倒是基本上都很切题,妙语连珠地对他自己的愚蠢、不得体或自负进行无情的嘲弄。换句话说,他就是在扮小丑,好让大家笑他。

可以说,他的性变态已经转变成了社会型的变态心理。通过扮演德比罗①的角色,说着自嘲的双关语,他的受虐癖存续了下来。他的自我羞辱戴上了社会性的面具。通过公开展示他的耻辱、讥诮他的自我,他也同时清楚地表现出自我展示性这一特点。如同曾经在鞭打情景中暴露他的臀部一般,现在,他暴露的是心理上的赤裸。

在此处我想强调的是,对于这种心理发展的研究,可以给我们带来很有价值的见解,不仅有助于了解言辞诙谐的人的心理,特别是那些自我挖苦的人,还能洞悉那些故作滑稽的心理起源。

---

①Jean-Gaspard Deburau(1796~1846):法国哑剧演员。——中译注

将自己的短处坦诚给全世界，以期被他人笑话，这是一种受虐展示。一些喜剧角色，比如法尔斯塔夫[①]或堂·吉诃德，对自己的弱点和愚蠢的这种故意展示，偶尔会揭示出其受虐特点，这也是没有矛盾的。即便是丑角，有时都会有这种独特的既想展示又想隐藏的复杂情感。列昂卡瓦洛[②]的主角唱道："笑吧，丑角，做鬼脸吧……"但这种笑声的目的不只是隐藏痛苦，它也为了流露痛苦。对于滑稽的人来说，制造笑声是受虐满足的特殊手段。愚弄自己的人，并不就是真正愚蠢。

一种反对的意见是基于一些性变态者独自进行的受虐行为，这一点我们可以轻易驳斥。经常有年轻男人对着镜子进行自我鞭笞，女人很少出现这种情况。在一个案例中，一名患者必须先从镜子中看到他在屁股上留下的鞭痕，才能达到性高潮。这种独处是现实层面的，却不是心理层面的。受虐癖患者想象着有一名观众，有时由他自己扮演。这名幻想的见证者参与观看和享受这种暴露和鞭打。在幻想中，不能少了这第二个人，因为他是带来快感行为的载体。在独自进行的受虐行为中，第二个人是不可或缺的，就像自我怜悯一样，需要幻想出另一个人（父亲、母亲）在场，来同情我们的遭遇。

很容易猜出这种镜前的鞭打情景是如何出现的。这是为了实现幻想，在这个幻想中，他自己必须一人分饰两角。这种尝试标志着从幻想向真实受虐情景迈进了一步；最终在真实情景中，

---

①莎士比亚历史剧《亨利四世》中的人物，是莎翁笔下最出名的喜剧人物之一。——中译注

②Ruggiero Leoncavallo（1848~1919）：意大利作曲家。——中译注

需要在现实生活中找到一个性伴侣。现在,可以回忆下我们此前论述过的幻想在受虐癖中的重要性和主要作用。

现在,或许该解释一下,为什么将上述特点命名为"展示性",并与其他相似的命名做区分。我们已经说过,"暴露性"这个词不适合,因其预设了展示者对展示的内容感到自豪,或是认为这些方面很美、值得赞许。然而,性变态者和道德层面的受虐癖患者都不是这样。他们中的很多人对自己的暴露和贬损感到羞辱可耻。最终,我们只能说这是反向的暴露癖,就像"丐军"(the Gueux)这个词,荷兰的贵族采用了这个有辱骂性质的名称("*gueux*"即"乞丐"),后来,赋予了它荣誉,他们将有乞丐形象的小银纽扣或铜纽扣当作会徽别在帽子或腰带上。他们将耻辱的标志变成了一种光彩耀眼的胜利,就好像霍桑小说中的海丝特·白兰将红字戴在身上,这是地方法官所认为的惩罚,而她以此为傲。即便在有这些重要限定条件的情况下可以将这个典型特征称为暴露性,也不能像有些观察者(兰普、门林格尔)一样将其等同于自恋。目前我们暂不讨论它的目的到底是获得惩罚还是获取他人爱的证据,也不讨论它是否还涉及别的本能目的。当有人将这个行为称为自恋时,我就觉得很奇怪。

我们将"自恋"这个名称局限于一种自我示爱的态度。其中,自我满足这一特点既是它最明确的证据,又是它最明显的表现形式。在希腊传说中,那位俊美的年轻男子爱上了自己在池面的倒影,他肯定不在意是否有他人的关注。他沉浸在自己的美丽之中,并不在意身边的环境。而受虐癖患者给我们留下的印象又是多么的不同!他展示、表现着自己,完全就是在求爱,在吸引别人的注意。他的行为与自恋的行为正相反。更准确的说法是，这些受虐癖患者的自恋显然受到了严重干扰，因为他们要疯狂地去吸引他人的注意。因此，受虐倾向从来不是自恋的标志，而是自恋被破坏、试图恢复自恋的表现。用“自恋性”来指称受虐癖的典型态度，这种对比就好像用喜欢独自享用美食的美食家和举着煽动性口号走在绝食示威队列最前面的人的对比。在这样的命名和误导性的特点描述中，会出现对分析术语的误用和滥用。①

选择用“展示性”一词来指称这个特征，是因为这个词比其他可用选项更贴切地表达了上述典型行为。此外，这个词对我来说最为中性，因为它并不涵盖受虐展示的目的。仅因为这个原因，我就觉得这个词比明确无误的“暴露性”一词更好。

在概述受虐癖的特点时，我指出了幻想的主导地位和悬念因素之间的紧密联系。在心理层面，它们组成一个对子。受虐癖的展示性特点孤立地位于旁边。如果它与另外二者之间存在联系的话，我们现在还没能够识别出这种联系。

我们不能提前猜测展示的目的。我们可以换种否定的方式来说：它的目的并不是像许多精神分析学家所认为的那样——自恋性或暴露性。如果他们的这种论断能够被驳回或排除，我们或多或少会有所收获。或许，我们可以通过观察它想要展示或呈现的内容，来了解展示性特点的隐秘倾向。答案看上去很简单。观

①比如霍妮断言：“有明显自恋倾向的人，虽然没有能力去爱，但需要他人作为仰慕和支持的来源。”（《精神分析的新方法》）不难找到这个谜团的解决方法，就在于这个错误的论断中。一个迫切需要他人仰慕的显著的自恋者就肯定不是自恋者。

众或见证者是要看到受虐癖患者的不适、痛苦、羞辱或耻辱。在社会受虐癖的范畴内,呈现给观众的是受虐癖患者自身的失败、短处、愚蠢或低人一等。这个答案是否可以圆满地解释展示的隐秘目的?我觉得并不能。它只是首先回答了展示的内容这一问题。它没有阐明这样的展示隐藏了什么。如果一个坐在房间里的人不断明显地去看房间右边的角落,那么这可能说明他发现那里有惹人注意的东西。而另一方面,他这样做也可能是为了分散在场的人的注意力,不想让他们看到房间左边的角落。或许,他在那里藏了东西。不管怎样,一个人自己的耻辱和惩罚被如此公开地展示,这一点是非常明显的。

所有的心理现象都有自我暴露的倾向,受虐癖也不例外。其展示性是为了展示或证明某一方面,这毋庸置疑,这是它的本质特点。但在明显地展示某一方面的同时,它也隐藏着另一方面。展示性的存在就像一个谜,让我们更深刻地感受到,受虐癖中有一个隐藏着的矛盾。

5

我尝试对此前未被理解、而又常见于受虐癖所有形式的特点进行客观描述。这些特点对这个本能倾向的本质和起源有什么意义,目前还没有得到解释。任何一名精神分析学家都可以观察到上面强调的三个特点,在任何完全形成的受虐倾向的案例中都有这三个特点。

当然,还有一些其他的特点,并不是有规律地出现,但与受虐癖有着确切的关系,值得心理学家关注。在一些案例中,它们清晰可见;但在另一些案例中,又几乎难以察觉。我们不禁想把某个经常伴随出现的现象归结为受虐癖的必要因素。但需要通过仔细的研究来确定这些特点到底是属于"纯"受虐癖,还是代表源自其他本能源头的相关症状。

刚开始,我也想把一个经常伴随受虐癖现象出现的特点与三大特点放在一起。我称之为"挑衅性",我先简要介绍它的本质,再评论它与受虐癖的关系。最好这样描述这个特点:受虐癖患者会利用一切手段来诱使他的性伴侣为他自己制造出获得快感所必需的不适。他强迫另一个人来强迫自己。这个表述听上去有点奇怪,但那是因为受虐癖的本质如此,而不是因为我在文体风格上的欠缺。

在实际场景中,很容易就能识别出非常不雅的挑衅因素。最简单粗俗的例子是,那个男人跟妓女解释,他想要受到怎样的一种极度不适又无礼的对待。奇怪之处在于,他要求另一个人给他带来疼痛或羞辱,而大部分人对这种疼痛和羞辱都是深恶痛绝的。我不知道这个主题的文献是否已将这种邀请或指令认定为受虐前期快感的一部分。我表示怀疑。当然,对妓女下命令可以不用介怀。然而,对于其他的性伴侣,则需要使用更为礼貌的手段和要为隐蔽的方式来找到实现本能目的的方法,让对方知道自己兴奋和满足的个人前提是什么。受虐癖患者通常会非常积极地去达成这个被动的目标。在很多例子中,他为此所付出的心理能量、聪明才智和知识素养,只有强迫性神经症才能与之相比。他所渴望获得的不快对他来说是快感,为了获得这种不快所做出的努力其本身也是受虐前期快感的一部分。这种倾向的表现形式从温柔的邀约（“亲爱的，再欺负我一次吧！”）到鲁莽的挑衅都有。

但是，如果目的没有达成，那么这些努力的方向和特点就会趋近于施虐本能的表现。就好像在实现受虐目的的道路上出现了障碍，就使得整个人变得不耐烦，就会激起他的施虐癖。当受虐癖患者发现自己的冲动不能被立即、直接满足，他就会变得有挑衅性，试图引起对方的适当反应。有非常多“恼怒的”受虐癖患者会折磨他们的对象，直到对象用他所渴望的惩罚方式进行反击或报复。在那之前，压力会不断增加。与此同时，受虐癖患者会在不知不觉中以特有的方式暗中监视、观察对象。受虐癖患者的这种行为特别像一个调皮的小孩，不断纠缠妈妈或保姆直到最后被罚。这样的小孩也会变得越来越调皮，同时也会观察和偷偷关注大人。在耐心的妈妈面前，他好像在问自己：“她现在会生气吗？还不会？那这样她还会有耐心吗？”我曾听到这种情景下，一个被妈妈训斥的小女孩好奇地问：“但，如果我一直这样做，你又会怎么样呢？”

在上述行为中，受虐与施虐行为的边界被短暂地抹去。使用挑衅、强迫的手段是为了获得惩罚、责骂和羞辱。对疼痛上瘾的人变成了折磨人的人。在此期间，角色似乎颠倒了。受虐癖患者像施虐者一样行事，而他期望被其施予疼痛、痛苦和贬损的对象成为了施虐者的受害者。这些为了达到渴望的受虐满足而进行的挑战、诱惑和挑衅是以施虐的形式出现。在我看来，这种挑衅性特征几乎没有得到任何心理学层面的评价。弗洛伊德说，真正的受虐癖患者会在有可能被掌掴时，送上他的脸蛋。他之所以这样说，肯定也是想到了同样的因素，他认为这是一种温和形式的邀请。从中也可以透视出这种受虐行为的婴幼儿时期原型，尽管在大多数情况下，小孩是送上身体的另一个部位被打。这种婴幼儿原型决定了挑衅性表现的形式。然而，这也延伸至道德、宗教发展出最为崇高、最为理想化的受虐感受形式。从被打的性快感，到耶稣基督的教义教导信徒被人打了左脸，就伸右脸过去；再到甘地的非暴力运动，其间有一些距离，但有直接的联系。

此外，值得一提的是，这种受虐挑衅在幻想中没有在现实中那么重要。可能的原因是，在幻想中获得受虐满足的过程中，遇到的抵抗较少。在受虐性格的人生中，这种挑衅会根据本能目的是较轻还是较重的惩罚，而随意选择取笑、嘲弄、争吵或折磨等形式。如果没有引起相应的满足，这种行为可以从略微讽刺发展为对对象的鲁莽挑战，从无伤大雅的取笑进展为无礼的辱骂。荷马笔下喜欢恶意谩骂的忒耳西忒斯①是一个专事诽谤之人，他不断地去嘲笑、激怒希腊的英雄，直到被痛打一顿。在读者眼中，他可以作为这种折磨他人的受虐癖患者典型。

考虑到这种挑衅的顽固与无情，我们可能会倾向赋予这种受虐癖患者一种残暴和专横的属性。在这种煽动的背后，能感到一股强大的意志，它拒绝被回绝，不达目的誓不罢休。很奇怪、也值得思考的一点是，受虐癖患者的性格是对他的对象完全臣服，完

①忒耳西忒斯(Thersites)在希腊联军围困特洛伊城时，经常挑剔联军统帅阿伽门农及其他将领的毛病，甚至对其谩骂，后被俄底修斯痛打，最终为阿喀琉斯所杀。——校注

全顺从，而他又坚持用他的方式，只要实现他的意志，全然不顾对象的意愿。这种专横的性格特点是否只是受虐癖患者谦逊和顺从特点的反面？在对受虐癖患者的精神分析治疗中，可以察觉到这种挑衅体现为愤怒的抵抗或违抗，直接敌对或其他类似的表现形式。其程度包括从固执的沉默到粗鲁无礼的言行。这种行为的目的可以被统称为受虐性破坏行为（masochistic sabotage）。

就好像患者似乎不被冷漠对待、不被拒绝就不舒服，就好像他离了责怪和羞辱就受不了。在挑衅的刺激下，受虐性格的人并不比施虐性格的人弱势半分。有时，这种典型的挑衅会体现为过度的侮辱，旨在耗尽精神分析学家的礼貌和耐心。有位受虐癖患者在一次精神分析治疗中，第一句话就是嘲弄的话语："你到底做了些什么？什么都没有，你就只是坐在那而已。对我做点什么吧！"他无意识的目的是想被责骂和侮辱。

比起性变态形式的受虐癖，这种挑衅在去性化的受虐癖中体现得更为显著。但无论如何，在性变态的案例中，也能轻易观察到这种挑衅。让我来引用一名患者生活中的绝佳例子。这名患者获得性满足的唯一方式是被女性打屁股。在对他进行精神分析的后期，他成功地战胜了他的强迫性变态心理；但是，他换了种奇怪的方式来迂回地获得以前的满足。他习惯晚上在维也纳最拥挤的一条街上散步。在那里，他可以有机会不引人注目地靠近走在前面的女性，然后，轻拍一下她们给他带来快感的身体部位。通常，这个动作都很隐蔽，没有人会注意到他的触碰。但有一次，一位散步的美女拒绝接受这种抚摸的致敬，或许因为力度有点大，她快速地转过身，朝这名不认识的爱慕者狠狠地给了一记耳光。这名患者当时真正愤怒了,他吼道:“嘿,你这婊子,什么意思! 我才是施虐的人!”

下面这个挑衅的例子属于社会受虐癖范畴。患者是一名律师,偶尔必须在法庭上帮小偷和骗子辩护。在这个过程中,他对法官的行为有些不寻常。在开始的时候,当他担心客户会受到严厉的惩罚时,他就会表示相当的敬意,甚至是很谦卑的态度。然而,一旦形势看起来不利,被告可能只会被轻罚,甚至是被判无罪时,这名律师就会明显改变他的行为。他会在言语上冒犯法官,会大吵大闹、粗鲁无礼。他无意识的企图似乎是要激起法官的愤怒,获得厉声斥责。从中可以轻易分析出律师是将自己等同于罪犯,希望引来严厉的惩罚。需要强调的是,无数被告,包括清白的被告,都会在法庭上呈现出一种类似的受虐挑衅行为。

如果受虐癖患者因此成功地诱使了他的受害者来伤害他,他通常会真正感到被冒犯和伤害。当然,这种反应仅限于有意识的层面。但这并不排除无意识中的满足。有一类人总是觉得自己被轻视、被冒犯,这属于无意识的受虐癖患者,他们会去挑衅他们的同伴,直到同伴最终冒犯或羞辱他们。我认为,那些被命运所忽视的人,事实上,其中的大部分人都是这种伪装的受虐癖患者,他们自称受到了不公正的待遇。受虐癖患者的坚定不移和一心一意几乎总能让他成功达成他隐秘的目的。跟夏洛克正相反,他虽然有意识地竭力抵抗伤害,但他又坚持要求被伤害。当然,他不屈不挠地持续努力,会激起对方所有的攻击性和复仇倾向,让对方忍不住要放任自己的残暴。在他无意识的寻求中,受虐癖患者会无一例外地找到对他施虐的对手。

在性格结构中,并不是总能轻易发现这个挑衅因素。有时,它会躲在殉道(martyrdom)这种心理态度背后。在被羞辱和被冒犯的群体中,有很多人是自己诱使他们的环境来迫害他们的。挑衅能使得他们被虐待,能确保他们被剥削、被牺牲。这种急于牺牲自己的心理殉道,针对的是一个既爱又恨的受害者,妻子、父母、子女、朋友。敌对的命运被拟人化了。受虐癖患者背负着满是牢骚的老板、疾患缠身而又喋喋不休的妻子、忘恩负义的子女、吹毛求疵的亲戚和背信弃义的朋友。而他的反应是非常典型的,无异于对苦难的享受。此外,“树敌雅术”也应该被认为是一种绝佳的挑衅形式。这种想激起他人嫉妒和妒忌、仇恨和愤怒,为自己树立一群敌人的隐秘冲动,是社会受虐癖挑衅技巧的一部分。

如果被责骂、批评、惩罚是嗜痛成瘾者的本能目的,如果这个本能目的具备无意识的性属性,那么显然这种挑衅会被判定为一种受虐求爱。包括赖希在内的许多精神分析学家倾向于对这种受虐挑战选择一种显而易见的解释。他们轻易地认为受虐癖患者在婴幼儿期早期对爱失望,也不难证明受虐性格的人对爱有更高的需求。这种理论在没有阻力的情况下继续发展,出现了“被惩罚 = 被爱”这样一个等式。之后,这个理论就偏航了。还留下了一个并非不重要的问题,即被批评是否真的是受虐癖患者的主要本能目的。我们在这里并不关注对挑衅性特点的心理学解释,只是关注对它的描述和归类。

它在整个受虐癖现象中占有什么位置?我认为,毋庸置疑的是,它属于受虐癖的技巧手段。它的目的是引起对象的某种特定行为和动作。特别之处在于,这种受虐癖的技巧具有主动性,甚至是攻击性的特点。而我们希望能够洞察并描述这种独特技巧的原理。它不仅在情爱生活中具有明确的重要性,在情爱生活以外也是如此。我们可以把它视作一句德国谚语的变体:你想别人怎么对你,就怎么对别人。①

我们将这个挑衅因素归为一种受虐技巧,那么它与我们此前描述的受虐癖的展示性特点之间有什么关系呢?挑衅是达成隐晦受虐本能目的的手段,而展示是受虐癖自身结构的固有特点。两个特点位于不同的层面。产生某种特定状态的多种手段与这种状态的本质之间有一定的联系,但这些手段并不是这种状态不可分割的特点。用火柴划火柴盒是产生热量的手段,但仅仅描述这一点并不会对热量的本质贡献新的知识。展示性特点表现为一种受虐需求,需要有见证者来见证他愉悦的受苦状态。挑衅因素力求促成这种状态。

除此之外,还有两个原因不建议将挑衅性归为受虐癖的本质特点。其一是在这种本能倾向的现象中,它并不是有规律地出现,只有在受虐满足不被给予或被推迟很长时间的情况下,它才变得引人注目。它可以被其他特点所取代或掩盖。将它排除在特点之外的第二个原因是,它的本质与受虐癖有些格格不入。对挑衅倾向的描述,显示了它的主动性和攻击性特点。换句话说,它的源头是施虐本能。在一定程度上,它代表了受虐癖的隐名合伙人——施虐癖,代表了施虐癖在其对立本能倾向中的贡献。它不属于纯受虐癖的本质特点。特定的声音会在对位音乐中变得很清晰。挑衅性不是受虐本质的基本特点,而是代表了其复调中的对位特点。

---

①*Was du willst, dass man dirtu, das füge einem Andern zu.*(德语原文。——中译注)

因此,我们注意到这个特点的存在和效用在心理学层面是显著的,但我们暂缓对其进行评价,等我们对施虐癖和受虐癖之间的关系有更为深入的了解时再重拾这个话题。现在,我们转而讨论新的问题,以期对受虐癖特点的构想和描述能让我们在解决这个难题的道路上更进一步;这个难题将一直考验着我们心理学层面的好奇心。

第 二 章

动 态

1

我们认为,我们找到了一种研究受虐癖的新方法。我们描述了每个受虐癖案例中都从不缺席的几个特点,这些特点此前并未受到相应的评价。这些描述是长期观察的结果,并且在新的情况中屡次加以验证。对这些特点的心理学理解和描述是实证主义的成果和公正客观研究的结果。这项成就独立于前人对受虐癖本质的分析观点。任何一名心理学观察者,包括非精神分析的观察者,通过仔细研究并批判性地验证这个现象的具体细节,都可以使他们自己确信这些特点的存在。

我们发现受虐癖的三个特点,最初看来并没有任何心理学联系。它们位列一线,但彼此孤立,互无关系。我们有理由认为,幻想的独特意义与悬念因素之间有桥梁相连。但目前为止,展示性与其他二者之间还没有可识别的联系。如果有人不喜欢诚实的答案,喜欢看上去聪明好看的答案,那么对于受虐癖的这三个特点最初很难用同质概念进行构想这一点,他一定会有意见。甚至现在我们也无法判断这个独特的本能倾向中任何一个单一因素的具体意义。我们可以猜测,幻想的重要性是一个基本要素,悬念因素决定了这个倾向偏离了常规,展示性特点是用于揭示或暴露隐藏的内容。任何确切的论断都为时过早,在这个可以通过心理经验进行研究的领域,我们不相信任何猜测,包括我们自己的猜测。

对受虐癖三个特点的发现和评价或许是有理论意义的。然而,要为这种性变态和态度构想一个新概念,必须理解它们在受虐癖本质和起源层面的意义。我们必须能够证明,为什么它们必须出现在受虐癖的每个案例中,它们的存在以何种方式决定了性受虐癖和社会受虐癖的起源和发展。我们的任务就好像一名研究某种新物质的化学家偶然发现了它的三个基本特性。他必须确定,这些特性对于该种物质的合成和本质有何意义;这样,他才能将这个物质归类于我们所认识的物质中。接下来就是为了解决这个问题所作的尝试,其中难免会有不确定和重复的地方。

我们选择悬念因素作为出发点。它赢得我们的关注是因为它与寻常的心理过程有着显著的偏离。在它的表现形式中,我们看到两种明显对立的倾向。一种是旨在增加紧张直到释放;另一种是反对紧张的加剧,避免放松。悬念是这两种倾向相互作用的结果,是它们之间的冲突产生的结果。我们发现,它的目的是将紧张刺激维持在某种中等水平,并延迟释放的到来。悬念中的紧张,其特点源自快乐元素与焦虑元素的结合。显然,两种感受都是用于增加紧张,或者更准确地说,是为了将紧张加剧到会带来释放、带来终期快感的程度。因此,终期快感是这种快乐又焦虑的预期的对象。对正常紧张过程的偏离之处在于故意推迟这种紧张的加剧以及焦虑的存在。目前,我们距离因为焦虑才避免紧张加剧的这个设想只有一步之遥。虽说只有一步,但这一步非常危险;同时,在心理学层面又至关重要,所以我们必须尤其谨慎。

我们通常认为,紧张是令人不快的,释放是快乐的。我们称之为饥饿的这种紧张,我们都体验过它的不快,我们会寻求避免这种紧张的加剧。当然,也存在令人快乐的紧张,比如性兴奋。但即便是这种愉悦的紧张,也有它的天然局限。如果它持续的时间过长,它的性质就会改变,变得令人不快,让人渴望它的终结,把释放视作目标。显然,受虐癖患者想要为这种正常的进程提供一个反例。他想尽可能久地维持这种紧张,并避免释放,或是尽可能久地延迟释放。

一些精神分析学家从这种行为中得出的结论是,对于受虐癖来说,长时间的紧张从一开始就是令人愉悦的,而释放是令人不快的。这个结论是正确的吗?看上去,这种假设中缺乏逻辑思维,甚至缺乏心理学思维。如果一只狗每次靠近香肠时,人都用鞭子吓唬它,那么它最终就会避开香肠。这是否就意味着狗对香肠完全没了兴趣?避免靠近香肠远远不能说明狗的习性就是讨厌香肠。这仅仅标志着它害怕鞭子。

悬念中的焦虑因素表明,兴奋的加剧和释放在刚才的例子中相当于接近香肠和吃掉香肠,避开它们是因为对它们感到害怕。受虐癖患者和所有凡人一样想要性高潮,想要令人快乐的释放,但他对此感到害怕,或是说害怕的是与之相关的东西。他避免兴奋的加剧,并不是害怕这件事本身,而是因为这会让他临近释放,因而临近他所恐惧的东西。他认为接近高潮是危险的信号,他把它视作一种紧急警告予以反应。就好像一个靠近铁轨的人,听到标志着特快列车即将驶来的铃声,就会小心翼翼地不去跨过铁轨一样。

下一个问题自然就是:受虐癖患者究竟害怕什么?要获得答案,最简单的方法显然是去问他。但他的答案肯定会是,他并不知道有这种恐惧,他什么都不怕,他推迟性释放是因为延迟给他带来快感。他可能是对的。实际上,他在有意识中什么都不怕,只是对悬念中暗含的焦虑暴露出一种无意识焦虑的影响。他坚称,延迟对他来说是快乐的,我们也不能怀疑这一点。我们认为,这种快乐是后期形成的,是次生的。我们的观点依然成立。最初延迟是一种预防措施。受虐癖患者用这种方式来推迟释放,因为他害怕释放,或是害怕与之相关的什么东西。

受虐癖患者究竟害怕什么?对于这个最本质的问题,没有直接的回答方式。于是,我们迂回前行,从侧方靠近。从悬念的本质中,我们推导出受虐性格中出人意料地存在着焦虑。从一个角度来看,悬念本身是用来减少或排除这种焦虑的一种尝试,而从中暴露出的焦虑色彩告诉我们,这种尝试并不完全成功。只有这种结果吗?在受虐领域中,还有一种更成功的结果,我们通过心理学层面的研究来接近问题的核心。虽然在受虐倾向的所有案例中都呈现出悬念的紧张,但在所有的受虐表现形式中,这种紧张的程度并不一样。在伴有受虐幻想的性交过程中,这种紧张最为直白,而在性变态行为中,这种紧张最为温和。在惩罚和羞辱的情景中,悬念感是有限的。也就是说,我们已知的焦虑因素在这些情况中更不易察觉。一个需要妻子打他来获得性高潮的男人,在准备和仪式阶段还是能感到一些悬念的焦虑快感。但是,这种感觉的时长和强度,如果与和同一个性伴侣进行伴有持久受虐幻想的性行为相比,是不可相提并论的。在受虐情景中,这种焦虑无疑尚存,但可以说已被减弱。

这不可能只是巧合。我们发现了一条线索。为什么在成为现实的性变态行为中,焦虑会减轻?答案就是因为惩罚、羞辱或贬损都已实实在在地实施了。我们先暂时假设悬念中的焦虑是与惩罚相关,比如被打。这无疑是最粗陋也不够充分的一个假设,但这是为了当前的调查而对事实进行简化。在同意这一点之后,我们当然能轻易明白变态行为的实施是如何减轻焦虑的。受虐癖患者正在被打。他可以不用再对未来的威胁担忧。它正在进行中。惩罚不再是步步逼近,他已经在经受惩罚。我能再回顾一下此前提及的内容吗?受虐癖的要点并不是惩罚,而是对惩罚的恐惧。如果必须要等待惩罚,或是惩罚没有出现,那么这种恐惧就会加剧。

我们再回到与饿狗的对比中。我们能轻易明白,在不断增加的饥饿压力下,这只狗会一下夺走香肠,尽管它非常害怕鞭子。但是,没有哪只狗会主动要求鞭笞,要求棒打。它可能愿意以得到香肠为条件来接受鞭笞,但它肯定不会将痛击视为它快乐的对象。在这里,我们意识到这种对比的不足。就像后腿被打了的狗一样,这种对比有点乏力。不管怎样,这个对比足以再次确认我们的观点:只有人才是有受虐癖的动物。

在悬念因素中,我们发现,有一个倾向在发挥作用,其目的是排除伴随高潮而来的焦虑，方法是避免紧张的加剧超过一定水平。我们规避了焦虑的起因。在性变态者的实践中，焦虑的对象是惩罚，但他们并没有去避免惩罚，而是相反，他们在寻求、引发惩罚。然而，我们相信，两种对立的行为方式都旨在达到同一个或是相似的效果：减少或排除焦虑。这是否存在矛盾，又如何解决？

回到此前的一个例子，坐在浴缸里的小女孩害怕保姆用冷水冲洗她身体的那一刻。她很害怕，但她自己打开了水龙头，让冷水滴在她赤裸的手臂上。我已说过，我们不能把这个小女孩称为一名受虐癖患者。这里缺少基于不快的快感这个必要元素，虽然在一定程度上，这种快感确实隐约地体现为某种满足感，似乎是小孩的机智胜过了保姆。或许这也显示出，在这非常令人不快的冰冷感中，混杂着某种令人愉悦的感受。无论如何，这个小女孩绝不是受虐癖患者。那些思想纯洁的人也没有理由对如此早期的道德腐化而胆战心惊。但这个小孩正在朝着以后形成受虐倾向的道路发展。她看上去很愚蠢的行为与受虐癖患者、成年性变态者的行为之间有什么联系？只有这一点：一个人会故意引起他所害怕的事，这个过程会减轻焦虑。

这个论断是正确的吗？我们不能错过可以检验假设的时机。在小女孩的案例中，她引发的并不是她所恐惧的事件本身。她并没有突然让冷水淋到她的身上，而是小心地让一些水滴落到她的手臂上。因而，她触发的只是她心中恐惧事件的一小部分，象征性地，非常小的量。这个小孩无疑是害怕冷水的，而她自己引起了她所害怕的事，但不是引发了整件事，而是一小部分，或是说一份样品。虽然听起来会有点矛盾,但她自己引发它,是因为她太害怕它了。

我们现在必须再次提及受虐癖本质中幻想的独特意义。我们会一再遇到这个现象。小孩是如此害怕,因为她在生动的幻想中预想了即将到来的具有威胁性的事件。对我们来说,对冷水冲淋的恐惧或许有些夸张,但谁能确切无疑地说这种幼年的恐惧就是比对世界末日的恐惧程度更低?焦虑随着小女孩的等待而增加,当她无法再忍受焦虑的加剧时,就会倾向于至少部分地实现这个无法避免的幻想中的痛苦。然而,通过这个举动,她就减轻并几乎克服了她的焦虑。出于极度的焦虑,她成为了某种女英雄。听上去或许有点可笑,但拧开水龙头这个动作,其英勇程度并不逊于贝多芬要"扼住命运的咽喉"的决心。

焦虑通过两方面得到减轻和控制,首先是通过将被动地忍受转变为主动地做,其次是通过预先感受(anticipation),因而将一个未来的威胁转变为现有的事件。幻想中的预想会无限地加剧焦虑。行动中的预先感受使得焦虑可以逐渐消失。测试事件——也就是幻想——变成了测试行动。同时发生的两项改变合力减轻了焦虑。其一是关系到自我的主动性和被动性,其二是关于自我和时间的关系。

通过第一种改变,自我从一个被动的角色转化为主动的角色。通过第二种改变,一个未来的事件变成了现在发生的事件。通过第一种改变,自我使自己成为了世事的主人;通过第二种改变,自我还成为了时间的主人,决定事情在何时发生。第三种改变与前两种相协调。测试行动只与幻想中预想事件的部分有关。

惧怕的危险情况并没有被完全引发,而只是玩笑式地引发了其中一部分。总而言之,浴缸中的小女孩通过三种改变控制了她的焦虑:改变关乎自我的被动或主动态度、事件的时间历程和这个令人害怕的事件的程度。在将来会出现的一些见解之前,我提出,在性变态的受虐癖案例中,这三项改变导致焦虑减轻,甚至是消失。

其中,我觉得与时间相关的这项改变最为有趣,也让我们可以做出最为广泛的心理学阐释。它与我们的初始问题,即受虐快感体验中紧张的加剧问题,有着最紧密的联系。我们再回忆一下,一般来说,心理紧张的每一点加剧都意味着不适,每一点减少都意味着快乐。但是,性兴奋这个例子提醒我们,这个观点并不是普遍成立的。因为在性兴奋这个例子中,紧张的加剧至少在某个时间段是会带来快感的。针对这个例子,弗洛伊德强调,快感和不快不是简单地与紧张的增加和减少成正比,“尽管它们无疑与这个因素有较大的关系”。他认为,它们并不取决于一个量的因素,而是一个我们会称之为质的因素。“如果我们发现了这个因素是什么”,他接着说道,“那么我们就在心理学里又更进了一步。”他提出可能是节奏(rhythm):“这些有吸引力的感受适时地变化、增加无停止。但我们还无从得知。”

我们现在进入了弗洛伊德所说的“心理生活最幽暗、最难以进入的领域”。不仅增加和减少对于结果(快感或不适)很重要,这些改变的时间安排也很重要。弗洛伊德认为,与时间相关的增加或减少有可能是“得出结论的决定性因素”。他认为,这个领域可以进行实验研究。只要我们对此还没有确切的观察和经验,我们就最好像弗洛伊德一样谨慎。

尽管如此，我们尝试从他的观点出发再向前一步，仅此一步。但对我们而言，这是迈向神秘幽暗边界领域的决定性一步。我认为，与时间因素相关的紧张的某种增加或减少肯定是令人不快的。简而言之：紧张的突然改变与强烈的不适相关，不管紧张是突然增加还是突然减少。这里的关键之处是与时间因素的关系。决定这种不快性质的，是紧张总量改变所需要的心理逆转不可能在片刻间完成。如果突然一束光闪过照亮了我们身边的黑暗，我们会感到一种不愉快的感觉，哪怕我们本就希望有光亮。在其他的领域，只要我们毫无准备，即便是有好消息出现，也会引来激烈的抵抗。

我们在这里需要考虑经受这种紧张突变的心理机制构成。显然，婴幼儿的有机体和心理生活难以像成年人一样承受紧张的突然增加或减少。儿童会以更为激烈的防御行为来应对这种紧张的突然改变。现在，我们需要提到最初的惊吓情感，对这种惊吓起到减轻作用的重复和延续就是我们所认为的焦虑。①

另一方面，成年人能在短时间内轻易承受一定量的紧张增减，而这个量会对儿童的心理机制造成重压。

因此，快感和不适不仅取决于紧张的增加和减少，还取决于紧张改变的时间条件。只有当这种改变有一定的时间间隔、容许均匀的过渡，才会是令人快乐的。如果这种改变是没有规律地发

①在我的书中，对惊吓和焦虑与时间元素的关系有过多角度的探讨，见《惊吓》和《惊讶和精神分析学家》，以及我对安娜·弗洛伊德《自我和防御机制》一书的书评。

生在毫无准备的人身上，那么总的来说，这种体验都会是令人不快的。当然，更好的说法是，每当这种改变没有按照某种确切的节奏，就会令人不快，尽管我们还没能辨别出这种节奏。之所以我们必须强调与这个节奏之间的关系，是因为对于有些紧张的突然改变，我们的体验是愉悦的。在这里，我只提及诙谐（wit）中的快乐这一例子，其大部分的快感都是基于心理紧张的突然减少。①

显然，我们已经偏离受虐快感这一问题很远了。事实上，我们只是绕了个路，又回到了主题上。将我们引入心理学沉思的，难道不是浴缸中的小女孩这个例子吗？她是如此害怕温度的突然变化；所以，出于对自己的保护，她自己把水龙头略微打开了一点。在她对恐惧事物的幻想预期中，紧张不断增加，她无法承受。这相当于是不能忍受紧张的突然涌入。

受虐癖患者的自我最初也是以同种方式进行自我保护，夺去即将发生的事的压倒性属性，避免受到心理惊吓，避免经受紧张的突击。准备工作包括改变紧张的分布。浴缸中的小女孩并没有避开不快，这也是无论如何躲不掉的，她是主动去迎接了不快。准备还包括改变事件的发生次序。小女孩通过打开水龙头并没有怎么改变事件的本身，而是改变了事件发生的节奏。她创造了一个本来不存在的过渡阶段。她或许无法让自己感到惊讶，但可以保护自己不被巨大的惊吓压倒。通过让惧怕的事情以减弱的

①当然，需要指出的是，这里紧张的突然改变并不与物质层面的作用力相关，而是经由美学媒介。因此，危险元素被减轻。弗洛伊德在《诙谐》一书中描述了紧张的减少。他所忽视的突然性因素，是我在关于诙谐的著作中首次引入并进行评价的。

形式发生,她就减少了、甚至消除了焦虑的紧张。

然而,我们在悬念中观察到与上述行为大相径庭的对紧张的延长,这又怎么解释呢?这是受虐态度不同发展阶段的两种典型应对方式。延迟、悬念和避免决定是一种更早就存在的应对方式,而且会持续长时间存在。当一个人变得越来越不耐烦,无法再忍受本能的冲动时,就会力求加速惧怕事件的发生。更早期的这种行为方式可以简化为一个儿童时期的典型情况,其中教育带来的影响必须要与强烈的自然需求作斗争。

我们假设浴缸中的小女孩在几年前常在其他情形下体验到类似的情况。那时,可能她独自在育婴室,突然迫切地想要解便。最初的冲动自然是屈服于这种欲望。但是,她想起屈服于这种欲望会让她的母亲或保姆生气。想到母亲会生气这一点,有助于她抑制放手或让它发生的自然冲动。这种头脑中清晰的阻止会体现为生理上对这个冲动的抵抗,即括约肌的收缩。小孩现在处于两种力量的拉锯战中:她想,实际上,她不得不屈服于这个需求,但是她同时又很害怕。她预想到了母亲的愤怒和失去母爱。她最终将会屈服于排便的冲动,会把自己弄脏;但焦虑会体现在这之前的延迟过程中。紧张的涌入和最终屈服之间的间隔即被标示为悬念,体现出其所有特点:对释放的推迟和既快乐又焦虑的特点。她是否能成功地控制这个迫切的冲动?屈服于本能冲动,在对危险后果的不安预期下进行释放,是后期悬念感完全形成的基础条件。因此,对母亲责骂的忧虑可以产生更长的延迟。这个延迟可以被延长,这种抑制将具有一种不同的心理色彩。这种在焦虑和快乐之间摇摆产生的最终结果是二者的混合物。

让惧怕的事处于悬念状态和加速它的发生是应对某种类似情况(而非同一情况)的两种不同行为模式。后期,因对快感的冲动愈发急不可耐,而对这种情况造成了改变。概述一下会更加明晰:由本能需求引起的一种紧张因为一个恐惧的念头而偏离了它的自然进程。由于两种倾向的冲突而导致了进程的中断。这种紧张具有了一些焦虑的色彩,而焦虑又与伴随出现的快感相关。要减轻或消除这种焦虑有两种方式。第一种是推迟终期快感,害怕终期快感是因为害怕其后果。换句话说,是努力阻止紧张上升到一定程度以上,将紧张维持在一定水平。这等同于逃避惧怕的事件:惩罚、责备,或不管那会是什么。

当然,我们对“逃避”(escape)一词的使用,必须有所保留,因为对这种行为更为准确的描述应该是在逃避和靠近之间摇摆。此外,快乐倾向显然是在利用由焦虑所决定的延迟。受虐癖患者将这种强迫性行为转变为了快乐,似乎是“既来之,则安之”。另一种应对焦虑的方式是通过引发惧怕事件来预先感受它。为了区别于前一种,我将其命名为向前逃避(flight forward)。同样,这种应对方式并不是只用来让焦虑远离。它的任务是帮助急切的欲望获胜,即使代价是痛苦或不适。这里显现出一系列有趣的心理学问题,必须在之后另行讨论。

现在,我们先回到最初的问题。以对悬念因素的讨论为出发点,我们研究了快乐和不适的几种情况。我们发现,受虐癖患者会在焦虑和对快感的追求之间摇摆,试图将紧张维持在“悬而未决”的状态。在此之前,还有过多种努力,尽管有焦虑存在,也要实现追求快乐的目的。然而,在无意识焦虑的影响下,这个目的已经逐渐淡去。这种心理状况跟神话中的坦塔罗斯[1]类似。坦塔罗斯本是众神的伙伴,后来被打入地狱接受惩罚。他必须站在齐下巴高的深水中,鲜美的果子伸手可及。但是,他不得不忍受永久的饥渴,因为只要他张嘴去喝水,伸手去够果子,水和果子就会向远处退去。在神话的另一个版本中,这副给人留下深刻印象的情景与悬念状况更为相似:这位不幸的国王头上还悬着一块巨石,随时会掉下来将他压得粉碎。

到目前为止,这项研究让我们相信,受虐癖患者异乎寻常地不能忍受焦虑的紧张。不管我们认为结论的关键是悬念还是对惧怕事件的引发,结果都是一样的。不管他是通过将兴奋控制在悬而未决的状态来避免焦虑的紧张加剧,还是他自己引发他所害怕的事情,他都无法忍受焦虑的增加。与现行的观点相反,我们认为,与绝大多数他的同胞相比,受虐癖患者极其没有耐心。他非常不擅长等待,他的耐心是一种心理反向形成。

2

每个人的自然倾向是争取快乐、避免不适,而受虐癖现象似乎驳斥了这个倾向。这是否能作为一个例外,证实弗洛伊德提出的快乐原则无效?因为与之相反,受虐癖患者似乎在避免快乐、追求痛苦,或是说,从痛苦中获得快乐。然而,我们前面的思考对

---

①坦塔罗斯(Tantalus)是希腊神话中宙斯之子,起初甚得众神的宠爱,获得别人不易得到的极大荣誉。他变得骄傲自大,侮辱众神,因此被打入地狱,永远受着痛苦的折磨。——校注

这种论述的正确性提出了怀疑。我们怀疑受虐癖患者只不过是在以独特的方式追求痛苦减少、快乐获得，像我们所有人一样，以绕道的方式接近目标总是可能的。

要继续我们的研究进程，或许最好先不从快乐欲望的支配地位出发，而是先关注它的对应面。教育的重要任务之一是让我们学会将本能满足的快乐推迟到能安全享受的时刻。小孩必须学会等待，学会将愿望的满足推迟。这种对本能需求的推迟是文化教养的要求。这不仅能提升小孩的安全，而且对于他适应外在世界和社交生活都是很必要的。最终，在某些情况下，可能需要将本能满足与另一种获益进行交换。

我们被教会的同时，我们也教自己放弃那些易于获得的本能满足，而去追求另外的兴趣。我们都学会去避免阻碍最少的那条路，而是选择益处最多的那一条。弗洛伊德将文化教养的要求称为现实原则。这并不意味着废除对快乐的基本追求，而是根据生活所需和对环境的适应来对其进行限制。这并不是使快乐原则无效，而是限制它极权主义的要求。我们所有人都或多或少地学会了推迟愿望的满足。但这意味着，我们学会了忍受这种延迟带来的令人不快的紧张。

但如果忍受紧张是现实原则置入的条件之一，那么悬念因素呢？在受虐癖中，难道不是自愿甚至乐意地在承受紧张吗？它被延展、延长，甚至变成了快感。乍看之下，好像受虐癖患者确实特别适合承受不快的紧张，好像他对这种紧张特别有耐心。但是，他不仅仅是接受，还主动去寻找，他不但前去迎接还把它变成享受的对象，这都表明实际上他是多么的没有耐心。他似乎承认了现实的要求。

他真的接受它们了吗？不，他夸大了它们。这种夸大的结果，一方面是带来了现实紧张所没有提供的大量不必要的焦虑和不适。另一方面，他从这种延长中避开了现实原则的主导，获得了一些快感。实际上，受虐悬念是一种遵循现实要求的努力，虽然这种努力失败了。同时，受虐悬念以夸大的方式对现实要求进行破坏。受虐癖患者对这种延迟进行夸大，并将其转化为快感。此外，他并不是一味地忍受紧张，而是根据他的喜好将紧张进行分配，这里要一点，那里不要。他顺应了要求，但他的服从带着违抗的态度，把紧张转变为相反的意义。显然，他的行为可以与老奥地利的某次铁路工人罢工相比较。当这些工人对他们的薪酬或工作时长不满时，他们并没有停下工作。相反，他们更加勤奋精准地干活，认真牢记董事会最细枝末节的规定。通过遵守规定的每个字眼，在每个细节上遵循指令，完全不考虑实际的后果，他们瘫痪了交通。火车既不能驶入，也不能驶离。通过夸张地服从导致破坏，这被称为被动抵抗。针对现实的要求，受虐癖患者也处在被动抵抗状态。

我们说过，看上去受虐癖患者似乎会拒绝快乐的紧张，而享受不快的紧张。我们知道这只是伪装，而且我们知道这个看法的源头：因为没有考虑到受虐癖患者在幻想中对即将发生的事件的预期。在这里，我们要再次面对此前讨论过的一个话题，即幻想对于受虐癖的主导意义。坦塔罗斯的神话帮助我们阐明了悬念的状况。而在受虐癖中，幻想和服从现实原则之间的关系可以用另一个不那么重要的神话人物来阐释。在德国的民间传说中，有很多讲述捣蛋鬼狄尔(Till Eulenspiegel)奇怪举止的故事。狄尔是一个既愚蠢又聪明的小伙子,四处流浪。每当他轻松地大步下山时,他总是感到沮丧,而每当他费力地爬山时却感到兴高采烈。他对自己行为的解释是,下山时,他不禁会想到爬下一座山将会是多么地艰辛;而当他在辛苦地爬山时,他会在想象中预想和享受即将到来的闲步下山。在这种奇怪的行为中,存在着一种矛盾,让人不禁会想到受虐癖,也让人看到了一种世俗的智慧。听上去是要提醒我们笑对困难,居安思危。

这个既愉快又忧郁的小伙子难道不像受虐癖患者的亲戚或邻居?他难以承受快乐,当一切都很顺利时,他就会感到抑郁;当遇到困难时,他就会兴高采烈。在某种程度上,他似乎颠倒了合乎时宜的情感的自然顺序。当其他人不悦时,他感到轻松;当其他人享受生活时,他却感到忧郁。这些情绪不是由他当前的状况所决定,而是由对未来的预期所决定。当令人不快的事就在前方时,幻想中的预期就会破坏对快乐的享受,而当最终的预期是快乐时,辛劳就会变得令人愉悦。第二个过程尤其使得故事中的捣蛋鬼和受虐癖患者相似。如果他能从莫尔恩的墓中出来,可能会为受虐癖心理学提供有用的信息。就受虐体验而言,预期在幻想中具有切实意义,对于还没有认识到这一点的牧师或精神分析学家,这位喜剧角色可以为他们提供一些帮助。

我们提出了一个看法,即悬念因素中的焦虑属性是由即将到来的灾难造成的。性高潮的临近是被惧怕、被避免的。受虐癖患者无法忍受这种接近带来的焦虑加剧。因此,他不得不停留在悬念中。然而,当快乐倾向占据优势,变得不耐烦而向前推进时,可能发生的是受虐癖患者无法再等待未来危险的发生,他会前去迎接它,加速它的发生。他不仅对焦虑的紧张失去耐性,也对快乐的紧张失去了耐性。他的想象比其他人更加生动,更加令人兴奋;想象中不仅预示着危险,还预示着享受和满足。焦虑在加剧,但对快乐的强烈欲望也在加剧。当这种欲望变得不满和残酷无情时,就会推翻焦虑,跨越之前小心翼翼遵守的边界。

接着出现的问题是,这种特殊的对紧张加剧的不耐烦和不能容忍,是否可以追溯到儿童期的早期经历?是否受虐癖患者曾经在童年经历过一些事件,其中他体验到了疼痛、耻辱和羞辱,因此可以解释这种焦虑程度?精神分析经验既没有排除这个假设,也无法将其证实。当然,在很多受虐癖患者的个人历史中,能找到许多童年受到责备和羞辱的例子。但同样肯定的是,很多受虐癖患者讲述,他们的人生经历中没有受到特殊的虐待,没有受到教育者粗暴或可怕的对待。我们甚至还得到相反的印象,有的孩子得到了特别友善和关爱的对待。任何关于童年受到严厉斥责和惩罚的记忆都是例外,通常的情况,是儿童受到的斥责程度极少会超过他们的心理承受能力。在某些案例中,由这种惩罚引起的夸张印象并不取决于惩罚本身的程度或严重度,而是取决于目前未知的一个因素和儿童心理结构中较高的敏感性,二者似乎都起到了主导作用。

我们宁可假设在大多数的情况下,教育都过于温和纵容,因此宠坏了小孩。如果这种小孩偶尔会被责骂或惩罚,那么这种跟平常对待方式的对比将会有更大的心理价值。教育若是以不规律、摇摆的方式进行,一方面纵容、允许冲动的自由,另一方面又施以突然的严厉禁止,则会促成类似的反应。我们已经强调过突然性这个因素。在一些案例中,较为显著的一点是,在儿童期,威胁取代了惩罚和羞辱。这种可能会发生的惩罚或羞辱有时会长时间占据儿童的头脑,儿童会在幻想中预先感受,并描绘其可能有的细节。

对于受虐幻想及其伴随的性感觉的起源,威胁具有重要的意义;到目前为止,这一点还没有得到承认。在一个小女孩的案例中,幻想就直接起源于这种威胁。每当她调皮或是不听话的时候,母亲就会威胁说父亲晚上回来会打她。小女孩不得不在数小时的焦虑悬念中等待着她想象中的惩罚。令她惊奇的是,在对苦难的预期中,她感受到了性兴奋。这个案例与一个男孩的例子类似,他的母亲威胁他说会把他送到军校去严加管教。当男孩想象着将要发生在军校的操练和惩罚的细节时,性感觉出现了。显然,威胁的内容在后期成为了性兴奋的条件。

引人注意的是,许多受虐癖患者记忆中的特殊惩罚经历都不是发生在他们自己身上的,而是发生在他们的兄弟姐妹或小伙伴身上,这些经历在后期成为他们幻想的核心内容。更奇怪的是从大量分析案例中得出了另一个特点,这个特点正与那些惩罚或羞辱的特殊记忆相关,这些记忆被保留在脑海中,仍能激起生动的情感。我有充分的理由推测,在这些特殊的案例中,儿童是在无意识中渴望、争取获得惩罚,是故意通过调皮引来惩罚。换句话说,惩罚不是受虐本能发展的起因,而是它的结果,是由儿童主动招致的。惩罚并没有使儿童变得具有受虐癖,惩罚已经是儿童某种本能目的的产物。与这个假设相反的观点是基于一个错误的心理学视角，并且是由于我们将儿童心理发展的不同阶段与更晚出现的成长阶段联系在一起了。

如果受虐倾向源自过于严苛的训练这个说法是错误的，那么儿童的倾向中是否有某种可辨识的倾向使他忍受紧张的能力不如他人？一些精神分析学家（赛哲①、赖希）假设这是一种体质因素，是某种肌肉和黏膜层面更为强烈的性欲。对我来说，这种假设并不比其他假设更具有必然性，也并不会在每个案例中都完全彻底地得到确认。当然，每个观察者都意识到，身体某些特定区域已经成为受虐感觉的首选区域。然而，这并不等同于体质上的高度敏感。保姆和母亲对这些区域给予了特别的关注。儿童最早必须学会忍受的是肛门肌肉的紧张。这本应该是教育的首个成功，却成为了首个失利。

关于受虐倾向体质上的“原基”（Anlage）问题，还没有清楚明白的解决方法。或许，最有可能的促进因素是起决定性作用的肛门施虐倾向。这种本能倾向的后期变迁带来的心理结果就是受虐癖。

儿童首先要学会忍受的紧张是与他的需求相关的，在训练中，他需要经历紧张的改变，目的是干净和准时。他需要暂时忍受不适，这些不适可能与控制排便相关，与体温改变相关，等等。教育通常会惯坏小孩，因为会太快太乐意地让他满足他的本能欲望；当然，偶尔也免不了陷入反面的错误，即不合理又出人意料地不允许。

---

①IsidorIsaak Sadger（1867~1942）：维也纳精神分析学家。——中译注

我们可以从最初的基础紧张追踪到后期的紧张和更大的心理任务。对肌肉的控制是儿童期早期教育的要求。

此时,儿童的焦虑是与失去爱相关,担心如果放任自己的倾向会受到惩罚和羞辱。在后期取代这种焦虑的是对自慰后果的焦虑,甚至是对性兴奋后果的焦虑。恐惧的对象不是父母,而是良心,超我。不是受到了外在的要求,而是来自自我的道德或美学要求。本能需求的受挫激起了攻击性,这种攻击性没有适当的表达手段,既因为自我的软弱,又因为教育让我们友善。因此,它只能被压制。然而,这种无法表达的攻击性加深了个体的内疚感,即他的社会焦虑。

早期的恐惧是害怕周围的大人,怕父母生气,怕失去他们的爱,而社会焦虑将取代这些恐惧。曾经来自外部世界的危险现在变得内在化了。对受虐癖患者的精神分析清楚地显示,这种焦虑最初是与儿童最为接近的人的责骂或惩罚相关。有可能在性变态的受虐癖中,与对象之间保留了许多更为亲密的人际关系,而在社会受虐癖中,与对象之间的这种关系得到了极大的放宽。

我们的出发点是受虐癖对现实和快乐两大原则的态度。回归到这两个原则上,我们现在发现它们遵循着不同的节奏。在饥饿和饱足、汲取营养和排出废物、睡眠和醒来之间,这个小小的生物遵循着所有生物都在遵循的自然规律,我将这称为本能节奏(instinctual rhythm)。当儿童学会保护自己以免其生存受到威胁,当他学会适应社会生活的要求,他此前的行为就必须改变。现在,他必须在特定的时间睡觉和吃饭,他必须学会根据时间地点来约束本能需求的满足。此前,他只需服从由他的冲动所决定的节奏。而现在,他需要注意由外界施加给他的节奏,并改变原有的节奏。

自己该做什么、不做什么,要依据并适应这个新的教养节奏,这已成为每个儿童的任务。他不仅要按照内在的规律生活,还要遵守外在施加给他的规则。在教育的协助和社交需要的压力下,儿童可以逐渐适应新的节奏。外在影响将之前的本能节奏改变,将其减慢或弱化,这种外在影响在后期成为一种内在动力。为了准备好在群体中独立生活,儿童必须要理解这种影响,并将其内化为自身的冲动。这种对节奏的减缓会带来间歇和延迟,使人能够忍受来自内部和外部的紧张。

看上去,在用教养节奏取代本能节奏这一点上,受虐癖患者做得太过成功了。悬念作为一种特殊安排,来长时间推迟本能的满足,并使他能够忍受不适。然而,过于成功的事却是个失败。受虐癖患者如此乐意达成此事,是因为他害怕更多的紧张,是因为他尤其不能容忍不适。他并没有让自己适应这种教养节奏,他将其夸大,继而篡改。教育的目的没有达到。达到的是对这个目的的扭曲或夸张讽刺。

受虐癖患者故意固执地将他的节奏与支配我们所有人生活的节奏相对抗。不管是在悬念中还是在变态行为中,他总是领先或滞后一步(或几步)。通过这次绕道,我们又见到了流浪的捣蛋鬼狄尔和他在流浪中的独特举止。当他在悠闲地下山时,他很沮丧;当他辛苦地爬山时,他很快乐。对于不适,他欣然接受,他享受不适,甚至将其转化为快乐。这是受虐癖的核心本质。受虐癖患者和捣蛋鬼狄尔遵从的是另一种节奏,他们自己的节奏。他们与我们的步调并不一致。或许,这是因为他们听从的是另一个鼓手。

3

弗洛伊德宣称,任何一个试图解释受虐癖现象的理论,都必须合理地解释这个本能倾向和与之相对的施虐癖之间的关系。分析心理学家对于这个要求的态度是值得一提的。一组学者并不在意这个前提,其成员从这个心理学语境中挑选出一个因素,如自恋、黏膜性欲或对爱的需求,但几乎没有触及它们之间的关系,施虐受虐癖。另一组学者将他们的理论基于这种关系。其拥护者以这种关系为出发点,却没有向前推进。他们特别关注这一点,却无法将目光移开。

当然,唯一正确的方式是将研究调查基于受虐癖的现象本身,而不是聚焦于其他现象,并且要摈弃先入为主的想法,对这些现象进行仔细审视。不能把解释受虐癖与施虐癖之间的恒定关系作为研究受虐倾向的目的,但它必须是研究的结果。永远不能将这个前景作为出发点,但它必须是得出的结论。如果不能达成这一点,我们就有权拒斥这个理论,认为它是不令人满意的。

在我们目前的讨论中,我们只在一个地方遇到了施虐癖的相互作用,就是在挑衅因素出现的时候。在那个时候,我们意识到我们跨出了纯受虐癖的边界,意外地踏入了外部领域,所以,我们立即退回了我们原来的问题中。

然而,在处理这个因素时,我们也偶然发现了非常重要的焦虑时刻。我们对此完全没有准备。在精神分析文献中,并不重视受虐癖和焦虑之间的关联①。就连弗洛伊德都认为焦虑对受虐癖没有任何特殊的意义。

受虐癖中的焦虑因素迄今为止未受到关注,我对此感到很惊奇。对于这种忽视,我只能解释为焦虑位于幕后,处在阴影中。在受虐癖给我们留下的第一印象中,焦虑没有扮演任何角色。对于疼痛和羞辱的预期不仅不会产生任何焦虑,相反,还会唤起快感。焦虑的不在场或许可以解释为什么它没有出现在受虐癖的精神分析理论中,但不能解释为什么心理学家对它缺乏求知欲。这种焦虑的不在场应该让心理学家思考这样一个问题:在这些现象中,一般应该会有的焦虑在哪儿呢?是看不到它吗?这可能说明,它不存在。但也可能说明,它被隐藏了。

实际上,它就是隐藏着的,但在一些微小的细节中又暴露了它自己,例如在悬念中。在某个时候,它会从藏身之处走出来,自由表达自己。我不能理解的是,为什么在这个时刻精神分析学家没有去抓住它,并关注它。

我暗示的这个时候是受虐癖退却、回归到正常心理态度的恢复阶段,如果你愿意称之为恢复阶段的话。在此时,变态或受虐幻想被焦虑所取代。焦虑的各种迹象可以被解读为:这证明了受虐倾向正在缓慢丧失其势力,幻想正在失去它们的快乐价值。但如果焦虑几乎没有出现在变态心理或幻想中,现在却被释放,得

①截至S.纳赫特著作的发表(《受虐癖》,1938),这个论断都是成立的。这位作者从一个不同的视角认可了焦虑的角色,但他错误地认为受虐癖是仅仅起源于焦虑。

到完全的发展,那么其中必然的结论是什么?只能是这个:幻想和焦虑有密切的关系。一旦变态心理失去其影响力,此前隐藏着的焦虑就会显现。

我们常在神经症的精神病理学中遇到同样的机制。它们也常涉及对受苦和疼痛的忍受,目的是避免焦虑的爆发。我想提醒读者注意的是,在强迫性神经防御措施中,那些极度精确、极其严苛的对惯例的遵守,那许许多多悔过的行为以及广泛存在的仪式行为,导致了对心理能量的极大浪费。在强迫性神经症的严重案例中,这些病态的禁令和命令都被严格执行,严格到导致精力衰竭的地步。患者屈服于苦难艰辛的重压之下。这种严苛的仪礼一有疏忽就会导致焦虑的出现,跟受虐倾向在削弱过程中引发焦虑一样。在这里,焦虑本身的效果是另一种情形,通常是针对施虐诱惑的一种防御症状,有时又体现为一种强迫性的担忧。在一个性变态的案例中,现在自由浮现出的焦虑体现为对自我潜藏的心理可能性的特殊恐惧。我们此前提到过的那位患者,基于他的某些经历,他已经宣布摈弃了受虐变态心理。似乎有某种强大的冲动,驱使着他去做自我大力反抗的事。当充满情欲的杀手出现在他念头中时,当他将自己比作开膛手杰克①时,他才开始意识到发生了什么。对暴力和谋杀的幻想使他产生性兴奋,这已经取代了此前被女人抽打的虐爱情景。

此外,我们也经常在分析中遇到这样的案例,就是变态倾向

①开膛手杰克(Jack the Ripper)是1888年在伦敦东区以残忍手法连续杀害至少五名妓女的凶手的代称,凶手始终未落入法网。——校注

夹杂着神经症的症状;当受虐癖消退时,焦虑就加剧。如果说这种冲动的表现形式是,比如在自我伤害和自我惩罚行为中挑起事故,那么它就是被社会焦虑(即内疚感)所取代了。如果精神分析成功地减轻了自我贬损的倾向,那么患者就会感受到此前没有的有意识内疚感的压力。在这种案例中,无意识自我惩罚和无意识内疚感不可能同时以同种程度存在。我们认为,在精神分析中,一个关键的治疗进展就是严重的自我惩罚被社会焦虑所取代。这种症状更容易被战胜,而自我惩罚的意图更加难以攻陷,它就像神出鬼没的哥萨克骑兵不断骚扰拿破仑的军队,直至将其逼退出俄罗斯一样。

焦虑肯定存在于受虐癖中,只是躲藏在不适和羞辱的背后,从而被遮盖起来了。心理学家需要将其重新发现出来,就好像画谜爱好者需要从画谜的线条中找出隐藏的房屋、树木和动物一样。我们首先在悬念体验中发现了焦虑的隐秘存在。当我们研究受虐快感的独特性时,它的存在就像化学家试管里的某种元素一样清晰无误地暴露出来。这种焦虑与快感最大程度地加剧相关,因为这关系到对苦恼的预期(惩罚、责备、羞辱)。悬念被引入以避免或是至少推迟这令人惧怕的事件。在这个语境下,唯一矛盾的特点是:既感受到接近这个惧怕事件的诱惑,同时,又出于焦虑而拒斥这个诱惑。因此,它同时代表着接近和逃跑。实际上,它并没有听上去那么难以理解。实际上,它就是在想要接近快乐和因为恐惧而拒绝这个诱惑之间摇摆。在靠近的冲动和逃开的冲动之间摇摆。受虐癖患者无法放弃他的目的,因为他对快乐的欲望实在是太强烈了。但他也无法获得快乐,因为他的焦虑也是异常强烈。这就是悬而未决的状态。

在这种状态下,有着焦虑的残留:如果受虐变态行为得到实施,焦虑就会减少;如果变态活动缩减,焦虑就会增加。这些现象只允许一种解释:受虐癖与焦虑有密切关系。用更谨慎而又不容商量的方式来说:受虐癖代表了想要约束焦虑的努力。然而,如果这是变态倾向的结果,那么必要的假设就是控制焦虑是受虐癖的目的之一。

悬念是一种通过避免太过接近惧怕事件来躲避焦虑的尝试。它首先体现为一种逃避,然后又是一种靠近;是一种独特的位于两者之间的行为,但总的来说还是更接近于逃避。当对快乐的冲动变得更为紧迫,继而出现焦虑的增加,那么就会找到另一个出口,我已将其称为**向前逃避**。

想要体验快乐的倾向变得如此强烈,以至于突破了危险的阻隔。在这种情况下,我们会看到,一个人会不顾风险地去追求他的快乐。我们从受虐癖患者身上观察到的行为是非常不同的。他幻想出他所恐惧的事件,上演着痛苦、责骂、羞辱的情景。曾经惧怕的事,现在他主动地去寻求、迎接。自我无法再承受不断增加的焦虑,它不得不迎面而上,去迎接惧怕的事件。然而,快乐倾向的加剧仍然具有决定性意义。自我不仅仅是乐于付出不适和羞辱的高昂代价,更是渴望和索取痛苦与羞辱,将它们置于欲望的中心,目的是更快地得到快乐。

以前,在悬念阶段,受虐癖患者会避免接近本能目的,因为焦虑会同步上升。现在,原本要避免的事件现在反而主动去寻求,为的是达到本能目的,让快乐增加得更快一些。以前,焦虑的紧张会抑制快乐。现在,同样的紧张会引起快乐,并且逐渐成为快乐的前提。将惧怕事件置于悬念状态和迎接惧怕事件并不是两种相互矛盾的心理状态,我们所面对的是同种心理状态的两种不同发展水平。在悬念中,对快乐的冲动和对焦虑的抵抗互相抵消。在受虐癖性变态中,对快感的冲动变得非常强大,以至于它将惧怕的事转变成了令人快乐的事。可以说,这种状态是经历了自转。

加剧的焦虑以前抑制着快乐的增加,现在成为了快乐的前提,让快乐更加靠近。在一个案例中,患者看到骷髅会激起性兴奋。这名患者在小女孩的时候曾经通过激起对死神的想象来与她的性兴奋作斗争,她将死神想象成骷髅的样子。当时,这个恐怖的骷髅幻想可以使她避免自慰。现在,同一个想法会让她产生性兴奋。

无疑,快乐目标的趋近也加速了焦虑的增加。然而,决定向前逃避的并不是增加的焦虑,而是加剧的快乐倾向。有个关于塞尔维亚农家女孩的故事,她被告知未来的丈夫肯定要打她,因为在这个国家,喝多了拉克酒的丈夫晚归后都会这样做。女孩说:“我希望他已经打了我了!”是这个女孩迫不及待地想被打吗?当然不是。她是迫不及待地想要结婚。太过急切,以至于热切期待着伴随婚姻而来的重击。

如果是对快乐的欲望变得越来越迫不及待决定了行为进展的方向,那么则是隐藏着的焦虑给予了它向前逃避的性质。如果没有焦虑,就不会有受虐癖,有的仅仅是对快乐目的的追求;这种追求会因为外在阻碍而变得愈加毫不留情、急不可耐。

向前逃避本身也是失去耐心的一种表现。如同一个威胁一般等在快乐后面的惩罚,现在被人主动迎接,因为无法再忍受焦虑的紧张。可以说是把马车放到马的前面了。然而,驱动因素仍然是对快乐的欲望迫不及待。诚然,马车放在了马的前面,但是马推动着马车向前。这种不耐烦表明:最初对于受虐癖患者而言,忍受这种拖延是多么困难,哪怕只是拖延几分钟。他恼怒起来就像路易十四。有一次,路易十四下令让一名侍臣陪他去参加一个庆祝活动。刚到指定的时间,他已经准备好要出发了,侍臣也现身了。他冷峻傲慢地说道:“我差不多是在等你了!”受虐癖患者也是一样,如果他几乎要被迫等待,他就会觉得受了冒犯。

在研究相关文献时,我们会惊讶于一个错误的构想,即将受虐癖视为一个不变的心理学整体。实际上,一切都取决于受虐癖个体已经发展到了哪个阶段。此前的描述使我们能够全面审视受虐体验,包括从悬念的起源到发展成熟的受虐变态的感觉。决定这种体验的,首先是自我与快乐和焦虑的关系以及自我对这些影响的反应。任何试图对这个现象作出的解释,如果不能使我们厘清这些关系,都应被视为失败的尝试。

最初的情况可能是这样的:在一个具备幻想能力的个体中,激起了本能满足的冲动。在焦虑的干预下,这个冲动不得不经历一个延迟、一个停顿,因为这个快乐的念头变得与某种苦恼相关(如失去父母的爱、惩罚)。自我尝试着控制这种焦虑。由此产生了摇摆,到底是不顾焦虑的加剧也要达成本能目的,还是应该摈弃这个目的。尽管存在着焦虑,结果还是坚持了这个目的。悬念现在成为一种令人愉悦的紧张,带着些许焦虑的色彩。可以理解在本能满足临近时，焦虑会加剧，因为苦恼的威胁也在迫近。悬念最初出现是为了将快乐的念头与随之而来令人烦恼的焦虑念头分割开来。它显现为一种同化焦虑和利用焦虑的倾向，目的是延长或加深快乐。

悬念主要表明了自我希望避免焦虑，并通过绕道来获得快乐。在后期的一个阶段，悬念又证明了快乐冲动已经与焦虑的念头紧密结合在一起，无法分割。正是由于这种发展，自我对焦虑的体验也变成愉快的了。在原初的受虐情境中，焦虑是对快乐冲动的严重干扰。这种情境被呈现为一种二选一的情况：非此即彼。为了寻求解决方案，于是，通过对焦虑建立心理预期来控制焦虑。最初这可能意味着：先此后彼。最终的结果是将焦虑接纳为快乐的前提：此和彼已变为同一。

向前逃避并不是这种发展的对立面，而是其在现实中、在发展成熟的受虐癖中的延续。它在螺旋的另一条线上重复着悬念的进程。它开始也同样地想分离焦虑，想在中途迎接惧怕的事件，目的是自由地获得快乐。这种尝试最终失败，惧怕的事件本身成为了快乐的前提，最终，其本身也变得令人愉悦了。从悬念转变为向前逃避，这首先是因为快乐的欲望变得越来越迫切，焦虑紧张也在相应地加剧。共同决定这个结果的，还有内心的一个经验，用文字表达为“悬念比现实更糟”。然而，这不仅意味着朝焦虑迈出的关键一步带着风险，也意味着从幻想向现实、向变态情景的过渡。此前，看似偏离了本能，其实只是一个绕道，而且代价高昂，目的只是为了达到正常的本能目标。

曾经觉得像威胁一样的灾祸，现在增加着快乐。焦虑的威胁已被转变为一种希望。当痛苦和不适达到顶点时,快乐和满足肯定也不远了。最初的感受是:当快乐加剧到某一程度时,惩罚肯定就不远了。这是一种威胁,一种可怕的前景。向前逃避意味着对这种前景的逆转:当惩罚如此严厉、痛苦如此尖锐时,快乐肯定近在眼前了。最终,这种有意识的界限变得模糊不清,不适、痛苦和羞辱都变成了快乐。

向前逃避作为一种防御机制,并不仅限于受虐癖。它是独立于受虐癖存在的,在与这种变态无关的情景中,也能观察到它的存在,在这些情景中,人们感到一种无法抗拒的欲望,想要摆脱某种难以承受的焦虑紧张。想要通过这种方式战胜的不一定只是焦虑,还可以是对极大痛苦的预期或是逃避不了的命运的打击。当人们宁愿选择恐怖的结局而不是无休止的恐怖时,就会采用这种方式。

如果向前逃避是为了达成获得本能满足这一目的,那么我们可以推断出向前逃避的本质是具有受虐倾向的。当然,在一些案例中,到底其目的更多是由焦虑决定还是由快乐冲动决定并不容易判断。然而,其中基本的区分仍然是有效的。我曾经观察到一个笨手笨脚的小女孩将桌上的一杯水打翻了,打湿了桌布。她的母亲随时会走进这个房间。显然,小女孩对于责备和惩罚的恐惧在增加。在她母亲走进来之前,小孩走到房间的角落,站着面壁。这显然是一个向前逃避的确切案例。但同样肯定的是,这个案例不包含任何受虐癖的成分,也就是说,没有受苦中的快乐这一成分。想要抑制焦虑这一点是很明显的,但快乐元素是被控制在了最低限度。

向前逃避的主要目的，并不是要去寻求不适或痛苦，而是要扫除阻拦满足的障碍。通过预先感受令人惧怕的惩罚，通往本能享受的道路被打通了。受虐癖患者并不是喜欢那些击打和羞辱。他渴望它们只是为了避免因想到它们而干扰自己对目的的追求。通过心理重心的移置，标志着高潮即将到来的不适变成了快乐，这只是一种次生的快乐。

因此，受虐情景或幻想分为两个部分，必须在心理学层面区分清楚，这两个部分只在最终阶段发展为一个统一体。首先是不适、羞辱、惩罚；然后是快乐和本能满足。从神学的角度来讲：首先是赎罪，然后是罪过。人所渴望的并不是不适，只是不适构成了快乐的代价。最终，快乐慢慢进入了不适。赎罪本身转变为了一种罪过。最初被早期基督教修士和苦修者用于自我惩罚的鞭笞，后来成为产生性兴奋的一种手段。增加的痛苦带来了狂喜。最终，教会不得不禁止过于严厉的赎罪行为，因为这些行为经常会导致性满足。

上述的心理过程可以在日常的受虐情景中看到，也能在最具升华效果、最为高尚的幻想中发现踪迹。它涵盖了各种阶段，包括从被女人打而获得的性高潮，到被狮群折磨致死的殉道者所感受到的极乐感。在一个案例中促进性满足的元素，就是另一个案例中使得殉道者靠近天堂、靠近无限富饶的上帝之国的元素。受虐癖患者急切地欢迎来自妓女的鞭打，就像殉道者欢迎来自迫害者将其解放的最终虐待。快乐和不适的更迭最终变为同时发生。曾经相互抵触的感受现在相互渗透，最终变得完全相同。墨菲斯托谈及可怜的格雷琴时说道："她被判有罪。"而上方另一个声音回答道:“她被拯救了。”受虐癖也是如此,最严酷的惩罚成为了通往极乐和救赎的转折点。

4

现在,我们必须要处理此前搁置的一个问题:受虐癖患者究竟怕的是什么?我们回忆下浴缸里的小女孩。她不允许水被全力地倒在她身上,而只允许几滴水作为代表,作为象征性或标志性的替代品。成年受虐癖患者到底在害怕什么?手边最近的答案自然就是:他害怕的是他向前逃避的事件,害怕的是他安排自己上演的事件。

这个答案不可能是正确的。一个成年人肯定不会害怕屁股被轻轻的击打,也不会害怕被一个女人厉声责骂。受虐癖患者通常会上演一些小举止,这些举止常显示出奇怪的特点。比如,一个男人必须要在房间里匍匐前行,而他的性伴侣要坐在他的背上,指挥速度和方向。然后,这个女人的任务是辱骂这名患者,命令他去做作业,否则就会给他一顿痛打。另一个男人被皮带捆住,然后被鞭打。还有一个男人被罚站在墙角,被骂调皮,等等。在这些惩罚中,没有哪个例子能达到我们所推断的焦虑程度。同时,要从这些上演的变态情景内容中,推断参与者的焦虑也并不容易。当然,这些内容是对先行幻想的重新上演。

但如果我们回到这些幻想本身,比如摩洛克幻想,或者杀人女王周期,那么我们更会面临一个谜团。一名被缚的囚徒躺在地上,美丽的处女们使他产生了性兴奋,直至他获得性高潮,对于这个幻想我们作何评价？另一个幻想中，使一名患者产生兴奋的是被巨蛇缠身的拉奥孔，或是被阿波罗残忍"剥皮"的玛息阿，这又如何解释呢？我们是否能寄希望于从这些扭曲想法的背后找出受虐癖患者惧怕的事物本质？是否这些幻想虽然存在个体差异，但能够简化为某个共同点？事实上，有一个方法来理顺所有这些表面的变形，看透这些构思的核心。心理解析这一分析技巧提供了非常精确的手段，如同解剖一样，小心翼翼地剥开外面的包裹，抵达最内里的隐藏部分。

总的来看，可以说受虐癖患者所忍受的或是实际上所祈求的惩罚和羞辱并不是他真正害怕的事情，对于他所害怕的事物及其本质，他是无意识的。他表面上所害怕的实际是某个隐藏事物的替代品或是减刑。这最多可以被比作一种赦免(indulgence)。众所周知，赎罪券是基督教会制定的罚款或税赋，信徒自愿购买，目的是避免他的罪在审判日受到严厉惩罚。面对威胁着他的恐惧，任何形式的赦免，哪怕是非常痛苦的，都是小事一桩。

分析发现，在很多案例中，让性变态者经受这么多的不适和羞辱以求赦免的灾祸，实际上就是切割男性生殖器，换句话说，就是阉割。

在很多案例中，受虐癖患者从主动行事的一方接受的击打，在无意识中被解读为这个可怕惩罚的象征替代。在我长时间观察的一个案例中，产生兴奋的幻想是被女人打屁股。这个幻想的起源情景可以通过拼凑一些回忆的片段，再填补一些重要的空白，从而在分析中重现出来。当这名患者还是小男孩的时候，他的母亲曾吓唬他说，对于一些小的不良行为，惩罚会出其不意地降临。当时,她说这话的时候,是开玩笑的语气。后来,在他的幻想中,代表母亲的人会用激动的语气说:“我会打你个措手不及!”(这名患者是英国人。)在这个事件背后,我还发现了另一件事,包含了受虐幻想的真正本质。

这件事比刚才那件事早几年发生。在他的记忆中,这件事并不能产生性刺激,只是给他留下了深刻的印象。那时,患者的父亲是在一战中服役的军官,当时,他回家休假。他常陪这个男孩以及男孩的哥哥一起玩。有时,他们会相信父亲是亚瑟王,而他们是国王圆桌旁拿盾牌的人。一次,两个男孩要被封为骑士。最小的这位,也就是后来的患者,必须要跪在亚瑟王面前。亚瑟王身穿年代错误的制服,坐在王座上。他做了一番演说,然后,轻轻地用他的剑碰了一下儿子的肩膀,庄严地说道:“这是你所不会还击的最后一击。”在这个场景之后,父亲很快回到了前线,牺牲了。这个早期的封爵情景在后期被替换为母亲威胁男孩的事件,并被转化为有她参与的受虐幻想。

后来,他在一个完全不同的语境中,回忆起这个情景,从中辨析出了其原始版本。我们可以记起,这个封爵仪式只是某些更古老仪式的中世纪变体,从远古时代原始部族一直到现在,我们一直在奉行这些成年礼。这些仪式的核心虽然不是阉割,但也是阉割弱化后的替代品,比如环割和下割。这是古代心理生活的一部分,从远古时代投射进了现代,人类无法追溯其根源。

在男性的受虐癖中,阉割或许是一个重要的关于惩罚的无意识想法,但绝不会像很多精神分析学家假设的那样,认为它是唯一一个。还有其他更奇特的想法单独出现,或是与阉割的念头一起出现，比如被一个男人当作女人使用，被强暴或是被侮辱。值得注意的是，在澳大利亚土著的成年礼上，成年人正是用这些被动同性恋（passive-homosexual）的方式来对待这些经历了割礼的年轻人。更值得注意的是，年轻人遭受的割礼和多重的折磨可以与受虐行为相比。这些折磨的结果是，年轻人在今后便可以自由地发生性行为，标志着进入成年。在这里，也应该注意的是，惩罚在先，才能获得原本禁忌的快乐，这代表着对本能满足的许可，跟受虐癖别无二致。我们禁不住要把这些自愿接受残酷成年礼的澳洲土著青年称为受虐癖患者。然而，在仔细考虑后，我们发现，最好还是把他们与我们文化层面的受虐癖相比较。在部落的宗教或社会体系中近似现实的事，变成了个体幻想的主题或是变形的幽默描述。

在阉割的背后，还有其他模糊的恐惧，不仅限于男性生殖器。这并不令人惊讶。阉割焦虑对应的年龄是了解了生殖器在性生活中的统治地位时。阉割明确代表了对禁忌的乱伦欲望的惩罚——跟原始部落的割礼完全一样。按照古老的同态报复法（Talion law），这是乱伦淫欲的预期惩罚。然而，受虐癖出现得更早，可以在婴幼儿时期形成，而这个阶段对这些欲望还一无所知。一些常见的奇特幻想和情景，比如被粪便弄脏会引起性兴奋，或是觉得被打是令人愉悦的事，这些幻想和情景只可能源自更早的婴幼儿时期的构想。

此前，我将不适或痛苦称为一种赦免，一种预期中的赎罪行为，应该能代替或消除更严重或更痛苦的惩罚。我说过，受虐癖患者放弃一部分、牺牲一部分，目的是获得全部。在这个部分代表整体的构想中,我非常接近纳赫特和其他精神分析学家的睿智论述。赖希也有过类似替代惩罚的设想。

经过更深刻的洞察我们发现,对于受虐癖患者通过牺牲一部分来保全整体的这种经济的构想,我们不能高估其重要性。它的重要性肯定是排名其次的。替代惩罚承担了原有惩罚的强烈情感,所有焦虑都转移到它身上。举例来说,它的情感价值就相当于一个强迫性神经症患者对强迫性禁令的一次微小打破所带来的情感。虽然在这个例子中,经济模式的思考是成立的,但其重要性是远低于动态思考模式的。在现实中,并不是放弃部分以获得全部,而是在部分中牺牲掉全部。因此,我要撤回跟赦免的比较。它不是不正确,只是不够充分。最好将痛苦或不适指称为实际惩罚的象征性替代,这样才能更为恰当地描述其与受虐癖中惧怕事件的关系。

纳赫特的理论是:受虐癖患者会牺牲部分来保全整体,从这一点出发,他得出了一个关于价值的有趣观点。他用优雅的措辞来指称这个账单:傻瓜的计算。虽然在后面我们会发现,这实际上是多项账单的清算。对于这个命名,他的解释是,受虐癖患者所经受的痛苦和牺牲是真实的,而他所逃离的危险(顺便一提,我们现在可以说,他是奔着这个危险而去)只是无意识的虚构。当然,在很多案例中,这样的价值评估在逻辑上都是成立的,但其在心理学上的价值却很薄弱。在很多案例中,这是合理的,但却过于理性主义。此外,如果本来构想的就是一种计算的话,那么这种计算不能只单方面考虑所冒的风险,还必须要考虑获得的收益。

换句话说,受虐癖中的痛苦和牺牲是否能被快乐所抵消? 纳赫特似乎认为,这是不划算的。从旁观者的视角来看,这个判断或许是正确的,但参与者的视角无疑才是真正重要的。受虐癖患者似乎觉得为快乐所受的苦是完全值得的,他体现出坚持、顽固和执着,其他变态心理都没有这样的特点。要回答关于价值的问题,不能只从冷静客观的立场出发。拿破仑曾经运筹帷幄的书桌可能对某些人来说价值高昂;而对另一些人来说,就只是一件帝国时期的家具。当然,对于行家来说,变态的快乐也有它的价值。我的观点是,受虐行为和幻想中有尚未被发现的快乐价值。我们可以说,赌博游戏为的不仅仅是桌上的赌注,还有一些隐藏的赌注。所以,当纳赫特认为受苦和本能满足之间的受虐平衡是一种傻瓜的计算时,我认为他的观点有误。我认为,他自己在计算的时候,没有考虑到快乐的因素。我更加质疑的是他的结论,他认为:受虐癖现象是完全围绕着焦虑运转的。

至于这个危险的本质,我完全同意他的看法,认为这些危险都是虚构的。但即便如此,对于受虐癖患者而言,它们会缺乏真实性吗? 这种焦虑不是成年人的焦虑,而是相当于婴幼儿时期的固有焦虑。当格列佛来到小人国,他开玩笑地比了一个威胁的手势,导致了周围人群的恐慌;虽然对他的同胞而言,这个手势只是无伤大雅地挥挥手臂而已。必须要反复强调的是,受虐癖患者既不知道他在害怕,也不知道他怕什么。因此,他并不知道他是在通过实施变态行为来向前逃避。在精神分析的过程中,对于他所回避的危险,他只能说出一些无关紧要的荒唐内容,那不可能是他根深蒂固的焦虑的根源。然而,他所陈述的内容只是代表或替代了他根本上的恐惧:这种恐惧起源于儿童期,和所有无意识的事一样永存不灭。

在受虐癖患者的实践和幻想中,那些看来奇特或怪异的事,其意义只能通过分析解读得以阐明。选择什么样的观察视角,对于心理学判断来说至关重要。受虐癖的所谓独特习惯或仪式过程,常常看上去很愚蠢或徒劳,但如果我们试着将它们看作隐藏含义的表征,它们就会获得意义和重要性。坐在剧场第一排冷静地观察舞台布景的人,只会看到绘制的画布和可活动的板子;他会发现舞台幻觉虚假和人造的一面。而楼座的观众则会觉得他看到了森林的幽暗深处,或是通往许多房间的宽敞大厅。如果我们的视角仅限于前景,那么我们肯定会认为受虐癖为了一丁点瞬息的快乐而付出了巨大的牺牲、遭受了巨大的不适。如果能以更远的视角来看这一切,我们会发现,受虐癖患者试图控制长久以来具有压迫感的婴幼儿期焦虑,我们会知道"要不要这样做"是个问题。

任何一种对受虐癖的心理学解释都必须回答两个问题:害怕的是什么?渴望的又是什么?任何一个人,只要发现了受虐悬念中存在着焦虑和快乐之间的这种典型摇摆,都不可避免地要去面对这些问题。惧怕的是什么危险?追求的是什么快乐?惩罚是什么?这么多的痛苦和牺牲,换来的奖励是什么?导致向前逃避的威胁是由什么构成?是什么样的希望和奖赏在吸引着那些拥抱不适和羞辱的人?任何一个提出受虐癖理论却又不解答这些主要问题的人,都不能满足我们在心理学上的好奇心。

现在,我们对于受虐癖中焦虑的本质已经听得够多了。而关于快乐呢?我们指出了焦虑是无意识的,它与笼罩在婴幼儿时期的某种危险相关,这种危险给婴幼儿时期带来难以解释、无法形容的威胁。快乐不会离意识太远。在性变态受虐癖中,快乐其实是被坦率承认的。实际上,快乐是变态心理的决定性动机。虽然在社会受虐癖中,它更难被发现,但它肯定是存在的。肯定有某种巨大的满足能让如此严重又持续的牺牲和不适变得合情合理。

事实上,受虐癖中的快乐比焦虑更令人费解,包括它的起源,它产生于不适、痛苦和羞辱这一点目前还未被解释;还包括它的强度,迄今研究过受虐癖的心理学家都不愿意相信受虐快乐的性质和强度是各种各样的。而我们反对他们的论点。在我们对性变态者的精神分析中,经常听到这种快感比正常性交的快感层次更深、更为多彩、更令人满足。心理学家和医生听到了他们这样的说法,但回复道,每一种变态心理都认为它自己的这种快乐高于惯常形式的满足。

受虐癖的情况有所不同。其中添加了某种内容,使得快乐体验被强化,使之有了某种细微的差别。在对变态性格和受虐性格的精神分析中,我认为我已经发现,这个未知的内容是与本来会抑制快乐发展的恐惧相关。我们不是说过对焦虑和快乐的控制是异曲同工吗?我们不是追溯了焦虑是如何在最初干扰了快乐的发展,而后又通过向前逃避得到控制,最终助力于快乐的加剧。源自痛苦和羞耻的快乐会让人感受更为深刻,这一点一定具有某种意义。快乐的强度最终没有因痛苦或不适而减少,反而得到增强。我们现在怀疑,造成这种独特效果的不是焦虑本身,而是对焦虑的控制。

这种心理状况一定与躁狂症的心理状况很相似。自我克服了深度抑郁后，获得的感受不是安心和勇气，而是极端的、不可战胜的自信和傲慢。而背后的抑郁情绪继续在更高层面存在，为躁狂期赋予了暴力、过度和夸张的色彩。受虐癖也一样，满足之前的痛苦和不适一定是快乐加剧的原因。遭受了如此多痛苦的人就可以体验到更深层次的快乐。被抑制得越久，就释放得越剧烈。受虐快乐的这种欲扬先抑属性使其有了一种特殊色彩，我们必须对其进行讨论。与正常和保守的体验相比，在这里，痛苦的背景中出现了一种更为强烈的感受，带有更多感官享受。在这里隐藏着在别的性体验中不会出现的快乐价值。我们推测出，在性的本能满足之外，还有其他因素在这里显示出自身的价值，这些因素并非纯粹是性因素。

然而，如果我们不能充分认识到预期幻想在受虐快乐体验中的显著意义，就无法理解这种体验的独特本质及其与不适、痛苦和羞辱之间的密切联系。我已经指出，幻想是受虐癖最为首要的特点，我也证明了它与悬念的关系。当我们审视焦虑的角色时，又遇到了它，并发现受虐癖患者无法忍受焦虑的增加。在他的想法中，即将到来的危险变得如此迫近，他只能赶紧迎上前去，才能控制住焦虑。由于深陷巨大的焦虑之中，他变得勇敢；他无法再等待惩罚，只能向惩罚发起挑战。只有在这种预期幻想的基础上，才可能出现向前逃避。

受虐癖有一张两面神的脸孔，一半因焦虑而扭曲，另一半因快乐而狂喜。可以确定的是，快乐的曲线也受到预期幻想力量的影响。在此前出版的一本书①中，我稍微提到了一个话题，在这

①《惊奇与精神分析学家》，Dutton，1937。

里,我要再回顾一下。这个话题就是关于预期,其心理学意义迄今还未被完全认可。对于发展到最为成熟阶段的受虐快乐体验,其性质由这种预期机制决定。这个因素同样还维持了悬念的紧张。悬念机制不允许紧张上升到一定水平,但也不允许它降低。

如果快乐冲动不断增加其压力,那么这种屏障就会由于幻想中的预期而被冲破,紧张会增加,继而导向高潮。虽然仍然能感受到痛苦和不适,但在幻想中已经预见到了快乐这个目的。显然,幻想中的预期有助于忍受痛苦和羞辱。它仅仅是帮助忍耐吗?不,幻想欢迎不适及其加剧,因为不适的顶点标志着快乐即将到来。当击打的感受最为清晰时,当耻辱的感觉最为强烈时,高潮的顶点就达到了。因此,痛苦在不断增加的过程中,成为即将到来的快乐顶点的信号和标志,成为幸福的保证。

在这里,应该指出一个现象,我想称其为“受虐测试”(masochistic test)。受虐癖患者让自己去经受这样的考验,以向自己证明他能够忍受大量的不适、痛苦或羞辱。我们现在知道,在这些自行施加的测试中,不适的加剧与性兴奋的加剧相匹配。读者可以回想之前提及的一名患者,他一边想象着军校中的自己,一边将自己的皮带和项圈束得越来越紧。性兴奋与不适等比例增加。有摩洛克幻想的那个男人,将自己等同于想象中的受害者。他将想象中的受害者置于许多受虐测试中,证明他们有能力承受不断加剧的痛苦。他会一直持续这些测试,直到他达到高潮。

这种测试最初的意义似乎是:我是否能够承受这种考验和那种考验?在更为细致地观察后,另一层意义浮现出来:如果我可以忍受这种不适或是那种加剧的痛苦,那么我是否就可以被允许获得性满足了?

幻想的预期功能肯定与本能生活的自身特点有某些关系。对于冲动而言,主观上只存在一个时间:将来。意思是,冲动与过去和现在的主观关系仅为负关系。对本能冲动的记忆使其在一定程度上觉醒,继而复苏,并再次以需求的形式实际存在。没有哪个冲动的目的是关于现在的,如果这样的话,它就会失去作为一种内驱力的本质。本能目的是在将来。冲动只与一个时间存在正关系,与将来存在关系,这预示着满足,因而也预示着暂时的中止。

这种对将来的参照,在所有本能生活中都很常见。这一点在受虐癖中得到强化,因为它在发展进程中会首先遭遇拦河大坝和障碍。悬念就是其中一个大坝,而对幻想的贯注则是另一个。一旦在现实中找到了通往满足之路,这些大坝都会被猛烈地冲破。习惯于长时间推迟满足的受虐癖患者,即便现在也只是通过预先感受部分的方式获得满足。当痛苦达到顶峰,无法再忍受等待时,快乐出现了。痛苦和羞辱都不再关心,即便刺激和兴奋由它们而起,现在性冲动快速向其目标奔去。

从我们在心理学层面预设的观点出发,很容易理解预期机制在这种情况下发挥了完全的效用。向前逃避给予了受虐癖患者最惧怕的惩罚,使他从无意识焦虑中解放出来。快乐倾向可以在不适中逐渐显露出来,实际上是,尽管有不适,也要在不适的基础上宣泄。虽然受虐癖患者仍然能感受到击打带来的疼痛,他的幻想已经朝着他那代价高昂的目标奔赴而去。他渴望着痛苦或不适的加剧,以及更为严厉的惩罚,并不是渴望它们本身;而只是把它们视作未来快乐的前兆。只有肤浅的心理学观察才会认为受虐癖患者就是渴望痛苦,把痛苦视作原始本能目的。实际上,痛苦只是传令官,宣告背后的主人——快乐——即将到来。

正是由于忽视了幻想中的预期机制,才导致了迄今为止社会受虐癖仍然几乎难以理解。一些隐秘的心理倾向致力于尽可能地伤害自我,羞辱自我,让自我陷入耻辱和挫败。我们要如何理解这些倾向的运作机制?问题的要害,是想要解释难以理解的现象,却没有从合适的问题出发,比如到底这种隐秘的恐惧对象是什么?渴望的又是什么?想要避免什么样的惩罚?想要争取什么样的快乐?目前,我只想说,和性变态受虐癖一样,预期机制决定了心理进程。在社会受虐癖中,幻想也比现实领先了一步甚至几步。

5

在探索受虐焦虑和快乐的具体意义时,悬念因素成为我们的指引。现在,我们要在现有基础上继续我们的探索,因而,我们需要寻找一个新的指引。

我们所指定的另一个特点,即展示性特征,为我们指明了方向。我们记得,它揭示了受虐癖患者需要有人来见证他的痛苦和贬损。这个本能倾向是不可或缺的。与施虐癖或偷窥癖等其他倾向相比,我们发现,这些变态心理即使没有见证者,也可以获得满足。为什么受虐癖患者的行为有所不同?为什么他坚持要别人看到他的屈辱、知道他的悲惨遭遇?为什么他不能满足于独自的快乐和痛苦？在我看来，他至少会在想象中召来一名旁观者，这名旁观者会真正地看着他受苦，他向这名旁观者展示他的耻辱，即便旁观者只是他自己在镜中的影像。

这种展示性特征对于快乐体验有着特殊的贡献。他向旁观者表明的内容和他的刻意隐藏所展现的内容，一定暴露了一些重要的信息。

在本项研究的前一章节，我们在开始时引入了一个传奇人物：捣蛋鬼狄尔。可以说，他在门口迎接我们，让我们对接下来的内容有所准备。其他神话和民间传说中的类似人物也为我们展现了重要的特征：忒耳西忒斯对我们来说就是挑衅招来的惩罚的化身。坦塔罗斯的境况可以与悬念状况相比较。捣蛋鬼狄尔的插科打诨在愚蠢言行和智慧之间不断转换，让我们进一步了解了耐心的受苦者所特有的不耐烦。

在这里，我们会借助另一位著名人物来提供例证：约伯，《旧约》后流亡时代构想中的人物。来自乌斯地的约伯，完全正直，他与受虐癖典型特征之间的关系可能乍一看并不那么清晰，我们现在就是要研究这一点。如果我们回忆一下圣经中的那一章，一个哀怨、控诉、怀疑、绝望的受难者形象就会浮现在我们眼前。我们会看到，他坐在灰堆之中，头发剃光了，衣衫褴褛，满身毒疮；他一边拿瓦片刮身上的疥疮，一边向身旁的三个朋友诉苦。这个哀怨的约伯形象无疑可以体现出展示性特征。他不仅展示了他的人生和悲惨遭遇，还在绝望中说道："因此，我不再禁止我的口，我要说出灵魂里的忧愁，倾诉心中的痛苦。"（《约伯记》7:11）最终，他的听众不是他的朋友；他是在向上帝诉苦，向他描述自己的悲伤，向他宣称自己的无辜。这跟道德受虐癖中的典型态度类似:受虐癖患者会控诉命运对他这样一个无辜受害者的迫害。

展示性特征可以被称作受虐癖的外部特点,而预备的幻想和悬念这两个特点则代表了它的内部特点。将自己的苦难、羞耻和惩罚展示给周遭的世界看,这说得通吗?与受虐癖的其他许多特征一样,这个特征也是存在矛盾的。我们大多数人肯定是倾向于隐藏羞耻或惩罚。如果受虐癖患者要将周遭的注意力无意识地导向他的悲惨遭遇,如果他要如此过分地凸显他所遭受的惩罚或贬损,这其中一定具有某种意义,甚至是多重意义。他是想表现什么吗?还是他想通过这样做来隐藏什么?

我要在这里再次提及一个此前用过的比喻:如果一个坐在大厅人群之中的人,老是盯着左手边的角落,那么我们可以认为他看到那里有什么很显眼的东西,他想把其他人的注意力吸引到那里去。但是,还有一种可能性就是他故意看向左手边的角落,因为他想把身边人的注意力从右手边转移开。明显地朝一个方向看,可能意味着另一个方向有东西要隐藏。最后,两种“视角”可以统一起来,一个角落确实有什么东西值得关注,而另一个角落有更重要的东西需要隐藏。

从表面上看(在讨论展示性特征时,还有比这更好的出发点吗?),我们会像从其他理论出发的大多数精神分析学家一样,得出相同的观点。他们在没有考虑展示性特征的基础上得出了如下结论:受虐癖患者想要博取同情。他在寻求爱。因为受苦,所以他想要被爱。这与回忆儿童时期的经历是相一致的:生病或受伤的小孩肯定会受到更多的关注或温柔对待。事实上,只有受虐癖患者周围的人看到他的苦难和艰辛,他才会受到同情。但这是同情,不是爱。与普遍的看法相反,精神分析证明,如果你想获得他人的怜悯,那么你不会让爱增加,只会让爱减少。在很多案例中,同情取代了爱。而要想反转这个过程是不大可能的。此外,引起怜悯的只可能是社会受虐癖,永远不可能是性受虐癖。我们会同情像约伯这样的人,他无缘无故地成为了命运的受害者;我们会同情那些不幸福不走运的人,他们被疾风朝错误的方向一次又一次地吹打。在这些情况下,博取同情可能是受虐癖的目的之一。

而在性变态中,对同情的索求又如何理解呢?性伴侣是不快或羞耻的见证者。但是,看到这些耻辱并不会激起同情心。受虐癖患者自己的叙述就与这种假设相矛盾。与之相反,这样的观感会提升主动方继续打骂的兴致。在一些案例中,即便性伴侣出现了同情的冲动,受虐癖患者还是坚持要求惩罚继续。

然而,虽然一些分析学家有这样的看法,但博取同情和寻求爱这样的无意识目的不能被认为是受虐癖的一个强烈动机,更不能被认为是其唯一动机,即便在社会受虐癖范畴也是如此。这样一个隐藏的目的,即便真实存在,它所带来的实际心理成就也是与这种看法相矛盾的。即使我们同情这个明显遭到命运迫害、不断在抱怨的这个人,这种同情也不会持久。当受虐癖患者坚称命运选中了他作为受害者,当他暴露出的悲惨遭遇明显带有不真实和玩笑的元素时,我们的反应就会发生深刻的变化。由于抱怨得太多太久,怜悯就会转变为不耐烦。

而只需要一步,这种不耐烦就会转变为对这种卖弄惨状的倾诉的防御,继而转变为攻击行为。因此,展示最终导致了受虐癖患者被虐待、辱骂和责怪。就连约伯也没能在他的朋友中找到极度富有耐心的人,虽然他们为了哀叹他的不幸、表示他们的同情而来;最终,他招来了他们的严厉斥责。就好像在他坚称上帝冤枉了他的叙述中,他们发现了一丝反抗和傲慢。实际上,他的抱怨总的来说听起来像是控诉、责备和攻击。它们变得愈加急切,就好像是为了激起一个反向作用。

到目前为止,精神分析研究者都总是指向受虐癖中对爱的需求,将受虐癖患者的挑衅行为解读为对爱的无意识寻求。霍妮、赖希和其他学者都不厌其烦地强调这个观点。但这显露出的绝不是对爱的需求,而是对宽恕的需求,这一点很容易被混淆。

“对爱的需求”的加强形式标志着自我的安全感因无意识内疚感的出现而减弱。需要这么多爱的一个人,对他自己是否值得被爱存在怀疑。他不顾一切也要渴求他被爱着的证据。自我的不安全感是由内在知觉所决定,这种知觉意识到了被压抑的敌对和攻击冲动。在精神分析的过程中,我们通常能看到这种对爱不断增长的需求。

举例来说,我的一名患者因为很久没有收到她未婚夫的信,因内心急不可耐而饱受折磨,显现出受伤和被忽视的样子。然而,她的需求在加剧,这暴露出其根源是一种令人痛苦的焦虑,她担心自己是否在给爱人的信中无意冒犯了对方。但她信中的温柔言语完全与这种设想相矛盾,虽然这样想使得她的自责在心理上变得合理:她无意识的敌对冲动加剧了她的焦虑。她无意识的内疚感想要得到慰藉和安抚。这种想法以一种愿望的形式出现,她想要收到爱的证据,以确认他没有心生怨恨,没有想要惩罚她的敌对冲动。她需要他的原谅,于是,她对爱的需求增加了。

挑衅性行为可以被理解为一种无意识的坦白:“看我有多坏!”,但下面还有一句是:“但即使这样,你也必须原谅我!”当然,这样的坦白一上演,就会导致受虐癖患者被粗暴对待,因而,满足了他对惩罚的需求。因此,就形成了我们在受虐癖现象中常看到的“恶性循环”。

关于这种循环过程的意义,我们暂且不去探讨,我们目前只研究这种展示的目的。无疑,既存在激起新惩罚的倾向,也存在寻求原谅的相反倾向。它们相互渗透到一定程度,最终呈现出这样的状态:被惩罚就等同于被爱。然而,在受虐癖的初始阶段,这是不成立的,这只在受虐癖的完全发展阶段成立。在初始阶段,我们认为,这种展示有着另一种更为中性、更为模糊的目的:受虐癖患者想让别人注意到他的痛苦、惩罚和贬损。用有意识的语言来说,就是:“快看我,看我的苦难!看我的羞耻!看!他们是怎么虐待我、惩罚我的!”

由此可以推断出两层意义。第一层是:“我受到了应得的惩罚”,这意味着哀怨和悲叹。另一层是:“我受到了不公的惩罚”,这相当于是在控诉。它也可以有着完全不同的意义,且最初并不涉及对或错的问题。它的意义可以是:“我已经被惩罚了,我已经赎罪了,现在,我的本能满足将会被允许了。”因此,惩罚将先于不良行为发生,可以说是,使得不良行为合法化。这样的顺序颠倒和预期无疑是符合向前逃避机制的。

一些受虐展示的例子将把我们带得更远。这些例子属于社会受虐癖,代表着典型的幻想。一个在经济上依附于其慷慨兄弟的男人,沉溺于幻想某一天,他会衣衫褴褛地出现在他兄弟的房子里,并且再也不离开这房子一步。这是明白无误地对其悲惨遭遇的展示,并且在想象中害羞地享受着这一切。其动机很容易识别:不仅要在兄弟面前展示穷困,他还要受到训斥。受虐癖患者的行为并不是要唤起兄弟的同情和爱,而是要惩罚兄弟。再深度挖掘其心理背景,可以发现这种通过展示自我悲惨遭遇来进行惩罚的形式特点。它是以夸张的形式呈现,是受虐癖的典型表现形式。

患者的兄弟曾经常责怪他在买衣服、买鞋方面花钱大手大脚。这个幻想则夸张地描述了这种责备,认为这种责备毫无道理,他相当于是在驳斥:"意思是我穿得太好了,我花了太多钱?好吧,那你看看我的破烂衣衫吧。这就是我现在的样子。我必须要待在你家里,因为我这个样子没办法出门。"无疑,这种展示还有另一种目的,并不是像其他精神分析学家所说的那样只是为了博取同情和爱。

在另一个案例中,一个小女孩想象她的父亲将远行不归,客死他乡。幻想者决定她将努力成为一名教师,并由她来照顾她的母亲和妹妹们。她快乐地沉浸于这样的幻想中,想象着艰辛的生活,想象着她将做出的牺牲以及她将遭受的匮乏。在幻想中,还特别描绘了亲戚朋友对她的悲惨遭遇和不懈努力所表示的认可。对于这个常常重复的幻想,其动机并不只是要获得爱和同情。还有更多无意识的动机,很容易猜到,比如排除父亲,与母亲紧密结合;她的雄心抱负;她面对妹妹们所感到的优越感。

另一个例子:通过到目前为止的精神分析治疗,一个投靠亲戚的男人已经从无法工作的状态中恢复过来,成功地找到了一个可以挣钱的职业。他开了一家店铺,但是奇怪的不幸、令人不解地发作的健忘以及无法理解的过失行为似乎在不断困扰着他。他本打算向几千名客户寄去产品介绍书,在信封上写地址的时候,却总是被更紧要的事情打断。当他要去寄这些信件时,他会把这些信忘在家里,在去邮局的路上才会想起。他回家去取,把信拿上了;到了邮局,又发现没带信封。他会失掉订单、在约定的重要时间迟到、忘记打电话,等等。他会声泪俱下地抱怨他的不幸,就好像这些不幸的产生与他毫无关系,就好像有敌对势力在图谋与他作对。他向家人抱怨道,这些不利的事件阻碍了订单的配送。在他熟练的无能和健忘这两个单一决定性因素之外,还有一个恒定不变的无意识目的:要证明给亲戚看,这样是行不通的。

这种受虐破坏的目的是要表达:“如果你们不为我安排一个办公室,不帮我写信寄信,不帮我记录订单,我就没法继续经营我的店铺。只要我没有配送商品的车,这些烦人又倒霉的不幸事件就肯定会发生。”在这个案例中,我没有看到任何一个细节指向博取同情或爱。这许许多多的哀怨让整个展示无所遁形,其只有一个意义:“我早就说了!”其目的是要证明,如果要他按照他亲戚们的想法来做这个生意,是行不通的。

我不是要争论在受虐展示的动机中没有想要博取同情和爱的愿望,但我拒绝承认这个动机是这个问题的重要组成部分,或是说这个动机是很难发现的。相反,这个动机是主动自我呈现的,呈现在最没有经验的观察者面前。受虐癖患者高调呈现着这个动机。他的行为跟我们常提及的那个例子一样,老是盯着大厅的一个角落，所以，在场的人都跟随他的视线。上述的几个例子预示着在被忽视的另一个角落，有许多值得注意的重要内容在等待被发现。

如前所述，展示性特征代表了受虐癖特点的外表面，将这种本能倾向朝外界传递。它想展示什么？它又想隐藏什么？或是说通过努力去隐藏保密，又暴露出什么？它展示了惩罚、羞耻、贬损。这无疑是因为违反了某个禁令或是某个禁忌的冲动得到了满足——但这种禁忌的本能满足是紧随其后而来的。如果说展示不适和痛苦是为了证明受虐癖患者的内疚感，那么紧随其后的冲动满足又是要证明什么？这样的顺序难道不像强迫性神经症中模棱两可、两面派的仪式行为吗？在这些过程中，不都是先赎罪，再进行禁忌的行为？

对许多受虐癖现象进行的观察和分析研究促使我猜想一种历史发展过程。最初，这种对执行的惩罚、羞耻、赎罪的展示确实是为了证明迟来的服从，证明有内疚感以及证明惩罚是应得的。我们还没有忘记从向前逃避的效果中得来的见解：惩罚的执行已经成为了本能满足不可或缺的条件，或是必要条件。目前，惩罚的执行是以谦卑、悲哀的形式呈现。因此，畏惧的弱者将自己上贡。他们不仅是兑现惩罚，而且把惩罚作为他们屈服和顺从的证明。因此，反叛者显示出他们的内疚感，认为他们罪有应得。

然而，随着发展不断推进，这种展示也在改变其特点。惩罚被越来越多地拉入快乐冲动的范围。如果最初只是温顺地展示惩罚，那么现在明确暴露给旁观者的则是惩罚向快乐的衍变。如果第一种情感可以被解读为“看我是怎样被惩罚、怎样受苦的”，那么第二种则必须被理解为“看,就连这样的痛苦我都可以享受”。前者是一种让步,顺从于教育和外界的禁制力量,后者是对相同的对象宣战。展示在初始阶段证明了教育和道德约束的功效,最终又揭露了这些力量的破产。在受虐癖发展初期,证明了这些力量的成功,在后期又证明了这种成功如何变为失败。

我是在对许多具有受虐性格的人进行长时间分析观察的基础上,洞察到了这种目的的转变。在见证到某个奇怪的场景时,我认为,我看到了这种发展的终期形式的体现。一位 6 岁的男孩,很早就表现出落后和不服管教的特点。一天,他被他年轻易怒的父亲体罚,我想干预,但被拒绝了。男孩在被痛打的同时,一边喊道:“我在笑! 我在笑!”他想向他父亲,也向我证明,他并不介意这些重击;相反,他还很享受。这个例子不能被当作婴幼儿时期的受虐癖。显然,这个小孩并没有心情笑。我只是想说,受虐癖发展终期的这种展示,在无意识中决定了事件的外观。像一名美国患者所说,当受虐癖患者走进了“客户投诉部”,在我倾听他们的哀怨和诉苦时,我总是会想到这个场景。快乐向不适的渗透在性变态中非常显著,在社会受虐癖中被很好地隐藏起来,这种渗透暴露出了内在的受虐倾向,这种倾向在男孩的哭喊中表达得非常准确:“我在笑。”

本来展示惩罚是为了之后获得禁忌的本能满足,现在变成了展示在惩罚中就能获得禁忌的本能满足。本来是要暴露出不适,作为一种赎罪,现在变成了展示因赎罪过程的破产而快乐。

我们所描述的发展过程,是心理学家对受虐癖从最开始逐渐呈现的特点的回顾,这些特点决定并伴随着受虐癖的发展。受虐癖患者需要一名见证者来见证他的不适、痛苦和贬损;他需要向见证者展示他受到的惩罚和他的过错。然而,他也需要向这名见证者证明这个惩罚是令人无感的、徒劳的,甚至可以被转变为快乐。他展现了这个惩罚,也展现了惩罚的失败。当然,他展示了他的顺从,但也展示了他不可战胜的反抗,证明了尽管有不适,他仍能获得快乐。他证明了他能够从对不适的抵抗中获得快乐。原本的目的是,尽管存在这些威胁,他仍然能够获得满足;现在发展成为另一个倾向,即通过获得满足来向所有这些威胁泄愤。

在性变态受虐癖中,这种展示的发展显而易见。在社会受虐癖中,对于惩罚、失败和羞耻的展示和抱怨比任何时候都更为尖锐。我们将受虐癖构想为一种心理学单位,它可以体现为各种形式,如果我们这种构想是正确的,那么在社会受虐癖中也必然能看到同样的发展过程。这种展示应该具有同样的意义,即便我们只能识别出其中的一面,这一点我们会在后面论证。但目前,对于受难者约伯的命运,仅仅在初看之下,就已经揭示出,虽然他的朋友们把他的悲惨遭遇当作他罪责的证据;但他证明他们错了,最终,这些朋友们变成了他平反和胜利的见证者。我们开始意识到,类似的心理过程发生在许许多多有受虐性格的人身上。他们让自己成为公众的耻辱,成为令公众生厌的人。他们贬低自己,但实际上是以反向的方式自我宣扬。

展示性特征确实有某些意义:乍看之下呈现的是一种意义,而深入剖析,又是另一种意义。第一种是表达对爱的渴求,表达内疚感、软弱和顺服。另一种表达的是报复、反抗和胜利。这张哀怨脸孔的两半,表达了不同的意思。一目了然的那一面是为了隐藏另一面。这就是受虐癖的部分矛盾:如果本会被隐藏的东西被放到表面上,那么很容易猜到的是同时有另一样东西需要被隐藏。引人注目的一面是为了实现对另一面的隐藏。

然而,在发展的过程中,这个隐藏的事物会不断向外挤压,冲破黑暗而出。以往只能靠第三只耳朵[①]倾听的内容,现在能听得清清楚楚。目前,不适、贬损和羞耻都被转移到了表面,而心理学家将认识到为什么它们被推上了前台。因此,展示性特征会在同一时间展示一些内容,又隐藏一些内容。尽管有不适仍得到快乐这一结果,是要证明一些事情。它的隐藏含义,现在已经呈现在心理学家眼前:"即使你打我、惩罚我,我也能坚持,直到我获得本能满足。"对于受虐癖的这一显著特征,我选择了"展示性"这一个名称,因为这个词既可以表明展示的倾向,又没有对这种暴露的动机做过多说明。我们知道,想要公开指向的是什么,想要隐藏的又是什么。我们知道其目的不仅仅是被看见,而是必须要证明些什么。无意识的目的是:证明完毕。我们意识到,我们所选择的"展示性特征"这个术语有了此前没有的意义,并且我们已经认识到了它的全部含义。

6

一些精神分析研究强调受虐癖性变态的目的是获得性满足,

①The third ear 是西奥多·赖克引入心理学的一个概念,是指深入倾听讲话者所讲内容,并解析其中的深层情感意义。——中译注

又不承担责任。“没有责任的快乐”原则是由史德喀尔[①]和赖希在阐释受虐癖时建立的。受虐癖患者似乎喜欢这样的界定。有时，他们自己也会这样说。这似乎印证了他们对自己的常见描述：他们既懒惰，又低人一等。我们可以这样说：这样的原则恭维了他们负面的虚荣心。此外，这种描述还有一个作用，就是堵上了这个神秘的鸽子洞。

没有责任的快乐？听起来很有道理，也肯定含有一定真理。然而，我们总会去问，为什么这种责任的免除需要采取被打被绑的形式？或许，上述持这种观点的代表学者会认为这样的问题比较鲁莽。在我们思考问题时，应带着他们那样的细致态度，并选择一个看起来会证实他们观点的案例作为例子：一个男人的受虐幻想。

主要内容是：他的老板走进房间，用枪指着幻想者的头，命令幻想者和老板的妻子发生性关系。对我来说，这看起来是“没有责任的快乐”原则的最佳例子，特别是每当这个幻想出现时，都会引起性兴奋，而且这个幻想也经常出现。即便这整个过程不大可能真实发生，那些理论家或许也不以为意。然而，在这个幻想中，有一些别的特征与之前的原则并不相符。这样说都太含蓄了，因为更真实地来说是：一些特征与这个原则明显存在矛盾。因而，我们可以怀疑，比如，在这样的情况下，发生性行为是否是件令人愉悦的事？在卧室里，对方的丈夫手里拿着枪站在那里，肯定会让情人很扫兴。

---

①Wilhelm Stekel（1868~1940）：奥地利医生、心理学家。——中译注

而另一方面,这个幻想难道没有让幻想者兴奋起来吗?当然会,但这并没有证明这个原则的正确。其他的心理状况也可能对幻想的兴奋效果起关键作用。稍加想象,就能够想到另一种可能性。这个情况的性刺激是在对方丈夫的强迫下,与一位美丽的女人发生性关系,这个性刺激并不需要源自“没有责任的快乐”这个原则。许多男人都幻想过不同的情况,这些情况都可以带来“没有责任的快乐”,而且还不需要花费如此多的想象力。比如,他会想象不受打扰的享受过程,既没有遭到谁的禁止,也没有被枪抵着头要求。在这个意义上,快乐源自被允许做想做的事。无疑,要在胁迫下获取快乐肯定是很难让人感到满足的。我们可以再问一个问题:这真的是没有责任的快乐吗?实际上,这是有责任的快乐,是别人威胁着强加的快乐:“如果你不好好享受的话,我就开枪了。”读者或许会想,是不是在傻瓜的天堂里,生活真的就是这样。

你或许会猜想,这个幻想是怎么产生的。要解释这一点,我们需要看一下受虐癖对以下情况的反转。幻想者想要占有这个美丽的女人,但又害怕她丈夫的枪。他害怕报复。即便在死亡的威胁下,他对于这段性关系的渴望依然存在。在这个幻想中,禁令变成了命令:幻想者甚至是被强迫去做他渴望要做的事。现在,不作为反而会受到死亡威胁。对于初始情况而言,还有另一个变动;不是针对内容,而是针对时间顺序。在最初幻想的场景中,顺序是性交——死亡威胁。现在的顺序是:死亡威胁——性交。

时间上的颠倒指向了内容的反转。这完全符合向前逃避的精髓。我们还可以进一步猜测,幻想者是通过相反的情况来进行展示。我们可以假设幻想者对自己说:“要是她丈夫逼着我跟她发生性关系,这对我来说岂不完美!”那么就会出现这样一个很讽刺的幻想。实际上,幻想者超出了这个框架,表达的是:“我想占有这个女人,即使她丈夫会因此把我枪杀了。”在受虐癖的语言中,表达的是反抗和凶猛的情感,并没有“没有责任的快乐”的任何一丝痕迹。实际上,这是带着更高责任的快乐。

之前的“你不能那样做”衍变为了“你必须那样做”;禁令变成了命令。这样的例子经常出现在受虐幻想中。想象中会强调不适,而性兴奋会伴随幻想而来,证明并不总是会真正感受到这种不适。一名患者幻想他被亚马逊人捉住,被关在一个花园中,躺在地上,手脚都上了锁链。美丽的处女们会帮他脱掉衣物,并温柔地触摸他的生殖器,直到引起性兴奋,达到性高潮。这种严肃的嬉戏会一直重复,直到囚徒精疲力竭。接受清教徒教育的幻想者进行了抵抗。他试图避免兴奋,咬紧牙关,表情痛苦;但和囚徒一样,幻想者也数次达到性高潮。我们也可以在这里应用“没有责任的快乐”这一原则,但这并没有揭示这个心理处境的核心。这个原则听上去很有吸引力,但如果我们的目的是学术诚实,我们就不能被这种吸引力所收买。

这名患者还有另一个幻想,对它的分析研究可以让我们向前更进一步。在这个幻想中,他的替身是一个阿兹台克部落的囚徒,是神的代表;因而,要在指定的一天被烧死以献祭。在仪式之前的准备阶段,因为他所被赋予的角色,他受到了尊崇和优待,被众人体贴对待。每天晚上,阿兹台克部落都会送来一位全部落最美丽的处女,跟他发生性关系。这里保留了原始幻想的很大一部分内容。顺序是:性交——死亡威胁。然而,鉴于对死亡的预期允许了无限制的满足,这个情况已经被改变。

我们记得,这个患者曾经在看到拉奥孔被蟒蛇缠身的图像时或是在想到玛息阿被阿波罗剥皮时,都会产生性兴奋。但他是将残忍的惩罚与异常突出的罪行联系在一起。满足主要是源自这个罪行,只是后期才转移到惩罚上。我们还记得,有个女孩,她看到骷髅时就会狂喜。不可否认,这里的反转也很明显。最初,骷髅会让人想起死亡,这是对某种禁忌满足的威胁性惩罚。之后,它变成了这种满足的提示物,令人产生兴奋。如果这种快乐是要在死亡的威胁下享用,那么它难道不会更深刻、更令人渴望吗?然而,这种先快乐后惩罚的顺序反转,并不是受虐癖特有的唯一一种反转。另一种虽然从未被识别,但更加重要,因为它看似是一种变形,实际上隐藏了本能倾向的本质。

乍看之下,我们会有这样的看法,那就是受虐情景是重复儿童时期的小事件。看起来,似乎受虐癖患者想要被当作一个调皮的孩子。除了儿童时期之外,还有什么时候成年人会被辱骂、体罚、捆绑?还有什么时候一个成年人会被罚站在角落,手里拿着待会儿用来打他的棍子?诸如此类。然而,另外一些特征并不支持这样的猜想,这些特征说明,在这里上演的并不是对童年情景的真实重现。我们的看法有些令人困惑,因为许多让人想起童年情景的特征和另外一些并不源自童年的特征混杂在一起。我们几乎可以认为,最初,那些无伤大雅的童年情景及其幻想延伸受到了极大的夸张和增添。然而,对这种推测的考察并不能得到一个明确的结果。即便它得到证实,这个问题仍然存在:为什么一个稀松平常的情景,例如责骂或惩罚一个男孩,在某种情况下,会成为受虐幻想的核心,而在大多数情况下,它只会带来无关紧要的结果?

举例来说,我们搜寻原初场景会得到以下情景:一个男人在妓院里四肢着地爬行,一个女人骑在他背上,命令道,“慢速!……慢跑!……快跑!……停”;同时,还用一条小马鞭打他。如果我们考虑到反转机制的话,就可以看到这个场景的潜在意义。白日梦和神经症状中常会使用这种反转,目的是改变某个幻想群的原始意义,并且不让它变得有意识。如果我们尝试着反转这些案例的幻想内容,就会发现一个明确的意义。让女人骑在背上的这个男人无疑是参考了一个儿童期的幻想:他想骑在他母亲或保姆的背上,并打她们。这是一个感官欲望,以施虐的形式表现出来。可能当时,当他骑在父亲或母亲背上的时候,会产生微弱的性感觉。可是,为什么会把这种情况反转呢?

即便是在一个男人让一个女人向他嘴里排尿这样的情景中,通过撤销幻想中的反转后,也能获得其意义。我们知道,婴儿只会把他们喜爱的人尿湿,就好像在别人身上撒尿是一种爱的礼物。这里也一样,对儿童期早期的回归应该与幻想的反转相结合。无疑,如果我们考虑到受虐情景的来源包括反转的效果以及童年的特征,那么许多受虐情景就不会再像看上去的那样奇怪了。当然,这些童年情景或幻想是在很久之后才再度复活的。

受虐癖患者自己常常不明白,为什么如此荒诞、令人作呕的事情会使他产生性兴奋。他被迫要去做或是去经受某些事情,但他对这些事情心存疑问。当然,在一些其他的例子中,他会给出许多的原因,解释为什么这些事情有着强大的力量来使他产生性兴奋。然而,我们感觉这些解释是后来对现实的合理化。这些情景的荒诞或紧张元素带有一些细微的差别,这与宣称的对童年天堂的向往相矛盾。没人在听到对受虐仪式的细致描述后,会感受到一种十足的对童年的向往,如同勃拉姆斯①歌中表达的一般:"噢,如果我知道回去的路就好了,那通往童年国度的宝贵之路!"如何解释这些矛盾的特征?这些矛盾并不是无法解释的。无疑,一些特征确实是对童年幻想的回归,但这种回归并不是受虐癖的起因,而是它导致的结果。也就是说:受虐癖喜欢回归到这种童年的画面,喜欢使用这段时期的材料来达成它的本能目的。我们对这些目的仍不了解。在一些细节上,这种回归会与回忆或记忆的痕迹息息相关。然而,这主要还是幻想的成果,通过反转来使这些材料变形。

那么,这种反转的隐秘意义是什么呢?从被对方丈夫用枪威胁的男人这个例子中,我们能够做出一些猜测。它表示出:"要是事情颠倒过来就好了!要是我不是因为害怕而不能不跟这个年轻女人发生性关系,而是被迫必须跟她发生性关系,那就好了!"虽然这不一定是反转上演的唯一动机,但这肯定是一个重要因素。当本能冲动遇上无法克服的外在或内在阻力时,通常这种愿望就会出现。如果这些阻力的体现形式是禁令或惩罚,那么反转会轻而易举地转变为一种报复或反抗的形式。在受虐癖性变态的案例中,几乎从不缺少这种元素。

---

①约翰内斯·勃拉姆斯(Johannes Brahms,1833~1897):出生于汉堡,德国浪漫主义作曲家。——校注

另一种形式的反转与内容无关,而与人相关,但本质是一样的。我从梦的心理学中引用一个例子来阐明这个机制。一个成年人在梦中看到自己站在母亲身边,母亲坐在椅子上。他打湿了一块海绵,涂满肥皂,然后给他母亲洗脸,他母亲挣扎起来。她可怜地哭起来,不断踢打她的双腿。显然,在其他因素之外,这位做梦的人是在对他母亲进行迟来的报复,因为她曾经对清洁卫生的要求非常严苛无情。在这个受虐情景中,一个愿望通过被动反转的形式表达出来:“我就想这样对你!”我们现在可以理解那个让女人骑在背上的男人的行为过程。本应该发生在对方身上的事,现在的表现形式变成由对方施加在自我身上。

受虐癖的另一个表现形式更易于描述:这种表现结构的核心,可以被称为荒诞的扭曲或夸张。如果梦中出现荒诞或可笑的元素,那么与这个主题相关的意义则是:这很可笑、荒谬。由此,做梦的人表达了他的评价,也表达了他的鄙视和轻蔑。这跟人物漫画像一样:如果艺术家想画个大鼻子的人,他不会局限于正常的比例,而是会失真地将鼻子画成巨大的尺寸。他会将一个特征夸大成奇形怪状。同理,受虐癖的扭曲和夸张目的也是为了表达鄙视。不是去说“这很荒诞或荒谬”,而是去将荒诞可笑的情景表演出来。一些过头的、故意扭曲的情景常给人一种滑稽模仿或嘲弄歪曲的印象,感觉是要讽刺地证明教育方式或后期管教的失败。

下面是一个这种荒诞受虐幻想的例子:一个男人想象着他被父亲放在体重秤上,惩罚他亲吻了多个女孩。要解释这个幻想,我必须做些补充,这个男人在十三岁的时候曾经亲吻过一个女孩,因而受过父亲的训斥。父亲威胁说,如果这种不当的行为再次发生,就会惩罚他。与这个潜在惩罚相关的想法或幻想在当时已经略微有点受虐癖的色彩,并已经会引起性兴奋。在这个成年人的幻想中,惩罚的执行方式是由他的父亲将他抱起来放在秤上,他是完全不由自主的状态。而这个过程的主要刺激因素,是在这个构想中,这个男人作为男孩出现所呈现出的无助,和这种处置方式所带来的羞辱。当然,我们有理由认为这个案例中,快乐的组成部分之一是一种强烈的同性恋冲动。这个幻想的惩罚中有一个奇怪的细节值得关注:当男孩躺在秤上时,他父亲将他向外突出的阴茎和睾丸贴到秤上,以便也测量它们的重量。我需要提及一下,在他父母家的浴室里有体重秤,当幻想者还是小男孩时,他的父亲经常会担心他的体重是否达标,会经常督促他去称体重。

这个怪诞的细节有什么含义?我的患者说不出其间的联系,只说出一句流行的台词:"你被称在天平上,显出你的缺欠。"①要找出这个细节的隐藏含义,只能通过弥补他思路的空缺,从已有迹象中猜测隐藏的因素。那么,这个细节就可以大概这样翻译:"如果我自慰并获得释放,那么你就会大惊小怪,就像当我体重不够时那样。你甚至会去称我的睾丸,就为了检验我有没有遗精。"于是,这就是他心怀怨恨地对他父亲的嘲弄,也是通过夸张和扭曲来证明父亲教育方式的荒谬。

受虐癖现象给我们留下的第一印象是自相矛盾,我们现在猜测,这不仅仅是一个表面的特点,而且深深根植于这种本能冲动

①引自《圣经·但以理书》5:27。——中译注

的核心。要了解这种隐藏的嘲弄的本质,我们必须要意识到,禁令或要求在幻想中被极端地执行。通过对字面意义的接受和这种完全的服从,通过这种反抗性的顺服,从而证实并暴露出这些要求的愚蠢。通过这样的盲从,这些要求似乎证明了自身的无用和荒谬。因此,通往禁忌的本能满足之路被开启了。受虐幻想和仪式中的惩罚威胁,以及对要求和禁令的讽刺性接受,都非常接近强迫性神经症的表现形式。

初看之下,会觉得这种嘲弄是后期存在的,是后来加到受虐癖的结构中的。然而,更深入的经验显示,它在更为早期的时候,在儿童期,就已经是受虐癖的典型特征。一名具有明显受虐倾向的患者回忆起一次与父亲的散步,当时这位少年跑上房屋前面的梯级,然后又跳下来。他的父亲指责他:"你在干什么?"少年回答道:"我在玩我这个年龄该玩的游戏。"这里完全体现出对父亲权威的嘲弄。

要解读受虐幻想或仪式的整体或部分细节,精神分析学家必须采用一种能除去伪装和变形的技巧。这些形式通常会因为其中一些内容空缺或是省略的呈现形式而变得难以理解。我用之前提到的一名患者为例,他的另一个幻想也让他产生性兴奋:一个非常贫困的渔夫家庭,渔夫和妻子有三个儿子。父亲因为需要一艘新船,决定卖掉大儿子来买船。因为收到的钱不够,二儿子和自认为安全的小儿子最终都被卖掉,送去拍卖。祭司安排这几个儿子作为即将到来的节日的牺牲品,献祭给部落的神灵。当想到牺牲,想到小儿子看到哥哥们受折磨时内心的焦虑时,幻想中的性高潮达到了。幻想者自己也是三兄弟中最小的一个。

在这里,我想对这个受虐幻想的梗概做精神分析构想。贫困的渔夫家庭是对患者家庭的复制,只是换到了另一个社会阶级。意思是:“要是我那非常富有的父亲是个贫穷的渔夫的话……”现在可以轻易猜到这个幻想的隐秘含义:“在这种处境中,我的父亲会毫不犹豫地卖掉我和哥哥们,只要他觉得这有利可图。”无疑我们面对的是一个被荒诞地夸张扭曲后的想法。

看来扭曲、夸张和反转是用来表达反抗、报复、反讽、蔑视的手段。我们猜测,儿童和青少年经常在他们的幻想中使用这些手段来避开成人的优势。我们这些成年人会使用同样的手段,当我们语带挖苦和讽刺时,就是表达我们的怨恨或轻蔑。我用下面的例子来阐释反转作为一种攻击武器的有效性。德国历史上有一段时期,德国人将世界上所有的劣迹和缺陷都归因于犹太人,而德国人就是犹太人之邪恶的无辜受害者。当时有这样一段轶事:一份德国反犹报纸刊登了一段说明犹太人邪恶狡诈的短文,标题是“犹太小贩咬了德国牧羊犬”。当然,并没发生这样的事。但肯定的是,这个事情的反面倒是发生了。也就是说,一只德国牧羊犬咬了一个犹太小贩,注意说的可是德国牧羊犬这种品种。在“反犹”宣传中,犹太人的邪恶被如此夸张地描述,描绘出一个恶毒的犹太人攻击、咬伤一只温顺的德国血统的牧羊犬。这种反转呈现的动机很明显:借此嘲笑“反犹”宣传的愚蠢。

如果精神分析不能让我们窥视到有意识行为的剪影背后,那么谁能够意识到受虐癖中的违抗、报复、讽刺、嘲笑以及其中凶恶的讥讽?即便在精神分析的帮助下,谁又能发现这些全部特点?难道学界不总是在强调,受虐癖的突出特点是受虐癖患者极度的温柔和顺服、完全的献身和依附?

如果只观察其表面,受虐癖行为当然可以证明这种判断的正确性。许多精神分析学家都被这些表面特征所欺骗。霍妮博士的观点是,受虐癖患者的根本目的是放弃他的全部性格,并融入他人之中。她认为,受虐癖患者的全部努力都是为了自我救赎,为了失去他的自我。显然,我们这里呈现的观点与她相反:通过独特的迂回路线,受虐癖患者试图保持他的自我、执行他的意志。受虐癖患者是自我屈从的革命家。他是"披着羊皮的狼"。他的顺从中包含着违抗,他的顺服中包含着反对。在他的柔软之下是坚硬,在他的逢迎背后隐藏着反叛。

尽管违抗和反叛之间的界限很模糊,且沉默的叛逆是在不知不觉中转变为公开的取笑和嘲弄,但我们仍能猜测到它的发展过程。从阴郁地忍受到嘲笑这一进展过程肯定会体现在各种形式的受虐癖中。可能反转更适合表达报复和抵抗,夸张更适合表达嘲笑和玷污。我们以儿童绘本中的反转为例。书中的成年人拉着一辆汽车,驾驶员座位上坐着几匹马,跷着二郎腿。我们可以把这个例子和我们常提起的那位患者的变态幻想相比较:几个赤裸的年轻男人被展示在奴隶市场上,卖给了年长的寡妇;当这些奴隶被带回女主人们的家后,他们拒绝给她们提供性服务;结果,他们被阉割了。

还有许多我们认为反映了嘲笑倾向的夸张案例,可以与我前面提过的一个小男孩的类似行为做对比。他常因为餐桌礼仪不佳而被他父亲批评。"别吃得像头猪",父亲在男孩喝汤喝出声时就会念叨。当父亲再一次表示反对时,喝汤的声音停止了;但男孩开始在每吞下一口后，都大声地发出“哼哼”声。被质问时，他宣称：“我就是只猪！”接着，他得意地重复道：“当然，我是只猪，所以，我必须哼哼！”这种自我嘲讽的目的，无疑是要打击其父亲。不需要多么聪明，就可以发现受虐癖思维中有类似的自我羞辱和丢脸行为，表现在行动上，而不是言语上。

但是，受虐癖患者的反讽更加不忠实、更加狡猾。在精神分析文献中，这种反抗被视作一个额外的特性，一种坚持己见的倾向，就像图片上的小花饰，它的重要性被贬低了。不管表面看来如何，要坚持自己最终是正确的，这并不是什么心胸狭隘的表现。虽然受虐癖患者看似是想要在无关紧要的事情和细节上坚持自己所谓的正确观点，但和强迫性神经症患者一样，这只是一种心理移置的结果。个体最重要的利益隐藏在这背后。受虐反抗贯穿个体的一生。重点并不是最终是正确的，而是要帮助自己与生俱来的权利胜过传统的权利。因此，在鲁道夫·冯·耶林①所表达的意义层面上，这成为了对权利的抗争；而受虐癖患者是固执地朝着自己的方向作战。能体现这种受虐反抗的最佳神话人物是泰坦普罗米修斯，他被众神的最高领袖用锁链缚在一块岩石上。被缚英雄的怒火与受虐癖中隐藏的反抗本质相同。

然而，这种违抗、这种阴郁的嘲笑是如何表达的？只有通过这种方式：受虐癖患者在屈服时，仍然坚持他的性格；在顺从时，依然保持顽固；在谦卑中，仍然保持傲慢。这样，他就获得了他的胜利。在小的细节上，他有所屈服；但他坚持了自己的存在方式

①Rudolf von Jhering(1818~1892)：德国法学家。——中译注

和他独特的快乐。嘲笑代表着比违抗更进了一步。经受了羞辱，他变得更加自豪；经受了压迫，他变得更加勇敢。现在，受虐癖患者成为了恶意的嘲笑者。他的破坏行为采取了彻底温顺的形式。他的抵抗体现为不抵抗。他盲目的顺从成为了反叛。有一些民族以这种受虐的形式创造出了最恶毒、最刻薄的笑话，来嘲笑自身的民族特征和弱点，这些笑话精确地揭露了他们群体所具有的特点。在另一本书中，我讨论了犹太人笑话的此类特点。然而，这种自我羞辱和自我嘲笑并不排除一种对民族美德的隐藏骄傲，这些美德并不为外人所知。这些笑话虽然嘲笑了自己民族同胞的短处，但也隐隐赞扬了这些缺陷的美德。这一点涉及了我们这里不会论及的一个话题：自我尊严感隐藏在自我耻辱中。

在精神分析文献中，几乎没有人认识到受虐癖中嘲笑和讥讽冲动的效果，也没有人认识到违抗和反叛的效果。然而，反抗的存在非常显著，不可能被完全忽视；可是，一些精神分析学家只注意到这些冲动会出现在移情作用中。赖希将其描述为一种幼稚的尝试，这种尝试是想证明最终自己是正确的。但只有在精神分析中，患者显露出反抗时，只有当这种幼稚元素可以被还原到儿童期的起源时，这种说法才是正确的。因此，当反抗被注意到时，较多的时候是被误解了，而不是被理解了。如果认为这种反抗是在精神分析时偶尔表现出的特征，那就大错特错了。①这个特征其

①如上所述，赖希认识到受虐癖中有反抗的参与，至少在精神分析时是如此。在这一点上，以及在其他几个观点上，我的看法和他相近。然而，这种思考方法有时让我意识到我们之间仍然存在差异。在一些观点上，我和赖希的观点并不是有天渊之别，而是有一些细微差别。

实属于受虐癖的构成要素,如果没有这个特征的隐秘参与,受虐癖永远不会形成。

然而,受虐癖缓慢地推进,目的不只是要通过完全的屈服来阻挠另一个人的意志,而是要以独特的方式展示并证明那种意志的失败。以一个幻想为例:一个年轻人的旧车坏了,他父亲拒绝给他买新车。这个儿子的一个幻想是,他开着坏掉的旧车,在父亲的店铺门前出了车祸。车会直接闯入店铺的橱窗,他会满身是血地被抬到他父亲的办公室。不要说这只表明了受虐癖中有"杀敌一万,自损三千"的倾向。在这样的幻想中,不只是自己的脸受到伤害,对方的脸也一样。用中国人的话来说,就是他"丢脸"了。他失去了他的威望。幻想中的父亲会被说服,他的拒绝是没有道理的,他的行为是荒谬的。隐藏的希望是:他比我伤得更惨。通过将规定的路线执行到底,受虐癖患者证明了这是一条错误的路线。就像日本人的切腹一样。不能认为受虐癖是一种内向施虐癖,是一种后期变得针对自我的暴力本能倾向。无论如何,最终它的对象,仍然是另外的那个人。我们应该把它称为颠倒的施虐癖,翻转的暴力。

诸如软弱、依附、易受影响、无助等对受虐性格的描述仍然让我们感到吃惊。所有这些特征都是为了掩藏其极大的决心和固执。听上去,受虐癖患者好像在对统治力量表达奴隶般的顺服。而越来越明显的是,他是在对表象的世界轻蔑地说"不"。他屈服,是为了永不归顺。他保持着反对的立场,尤其在他卑躬屈膝献身之时。霍妮博士一再强调,受虐性格的人会有依赖性,会倾向于紧紧抓住他们所爱的人;但她忽视了一点,就是将一个人紧紧抓住,是可以把他拉下来的。

指引受虐癖患者的是普罗米修斯的骄傲和反抗,尽管他希望向世界展示伽倪墨得斯①的一面。虽然戴着应声虫的面具,但他永远带着否定的精神。通过彻底地服从,他保持着自己的独立。被羞辱了成千上万次,他也不屈不挠,不可战胜。被打败了一次又一次,他还是坚持他的权利。引用英国诗人的话,他会说:"即使血在流,也不会低头。"

在受虐癖的一般表达形式和发展过程中,也能看到这种强烈持久的反叛和违抗冲动在发挥深刻的作用。开始时,是对快乐冲动的合理性表示怀疑,体现为悬念状态,在快乐和焦虑之间摇摆。之后,受虐癖患者朝着惧怕的事件迎面而去,通过向前逃避来提前感受这个事件,而不是期待着惩罚的发生。然而,受虐癖发展终期阶段的特点,是受虐癖患者在惩罚和耻辱当中找到了他的快乐;比起其他快乐,他更喜欢这种最为痛苦的快乐。

这似乎看上去像是对权威的进一步屈服,像是更深层次的归顺。但实际上,惩罚中存在的快乐证明了这只是轻蔑的反叛在加剧,从事实上证明了任何外来的影响都失败了。当对禁忌快乐的惩罚反而引发了这种快乐,难道其目的不是为了证明这种惩罚的荒谬?寻求痛苦和羞辱是为了享受禁忌的快乐。慢慢地,快乐渗进了惩罚中。惩罚本身成为快乐,用来妨碍满足的手段变成满

①希腊神话中的一个美少年,因获宙斯喜爱而被带到天上为诸神斟酒。——中译注

足。这种嘲弄的效果不会因为它的隐藏属性而减少半分。

完全形成的受虐癖显示,在其所有表象之上,真正占主导地位的是其"不顾一切"(in spite of all)这个特点,前提是我们要通过精神分析的方式去看待、解读这些表象。惩罚反转为快乐,这可以被认为是这个过程的内在标志,而惩罚——禁忌的本能满足,这种显著的顺序反转,则是其外在标志。受虐本能倾向的隐藏含义在这里不言自明。这种反转的目的是要表达:"一切我都可以忍受,痛苦、折磨、羞辱、耻辱都可以,但我不会放弃我的满足!"对于惩罚和随后而来的性快感的预期,只能有一种解读:"即使你打我、捆绑我、羞辱我,我还是会获得我的快感!"通过要求对自己进行惩罚,受虐癖患者成为了自己命运的主人。

对于惩罚的这种独立自主的预期也是反叛的一种表现。源自惩罚的快乐更加证明了受虐癖患者对其满足的坚持。在已形成的受虐癖中体现出的无意识想法可以用一个条件句表达:"我要获得我的满足,即便我要因此被惩罚、辱骂和殴打!"或者用否定式的表达:"我不会放弃我的满足,即使你严惩我!"这个条件句会溶解在受虐情景中,表达为两个部分的顺序:惩罚——性快感。这个顺序本身就已经指向了受虐癖"不顾一切"的特点。

我想再提及一下多次论及的那个案例,其心理学含义还未被揭露。那名患者会将裤子反穿,用裤子把脚包住,将身体塞进紧绷的夹克中,再把腰带和项圈扎紧。在这种挤压之下,他感受到了性兴奋,他会倒在床上,然后自慰。这种不同寻常的行为到底有何含义?我们已经知道,他的母亲曾威胁要把这个不听话又不服管教的男孩送进军校。她和后来一些其他的人都向这个男孩描述了那里严酷得可怕的纪律，包括着装要干净整洁，夹克上衣必须要扣扣子，等等。在男孩的想象中，制服比现实中更紧；而且如果是受罚的话，制服还会被拉得更紧。他想象着有时夜晚都要穿着制服，作为一种惩罚。他的虚荣心也与制服相关，因为他觉得穿着制服的他会令人羡慕。他觉得制服充满阳刚之气，而他的套装则夸大了制服的紧身度，向他自己证明了他是一个完美的强健男儿。

但是，紧扣的衣裤、勒紧的腰带和高领，这些都是对军队制服的夸张体现，从这样的不适中激起性兴奋，这说明了什么？在这样受阻、压迫的状态下，自慰的情景又说明了什么？如果我们记起他母亲曾因为自慰这样的粗俗行为而责备他，那么这些情景的含义就会变得清晰起来。这个预先感受了所有威胁后果的情景，似乎是要证明："如果我被送去军校，即使我被迫要穿最紧的服装，紧得我无法呼吸、无法摸到我的生殖器；即使我的裤脚被缝了起来，让我的手摸不到我的身体；即便如此，我还是会得到你禁止我得到的性满足。"

考虑到其中的顺序，先是穿上这些紧绷的衣物，几乎使得这个男人动弹不得，然后是他进行自慰，这难道没有说明他会不顾所有阻碍地去获得他的满足，并且和这些阻碍作对？许多分析学家认为，这样的仪式反映了受虐癖患者的奴性和软弱、依赖他人和内疚的心理。但难道没有人在这样的仪式中看出激情革命的表现？难道它没有揭示出一个反叛、独立的思想？

让我感到惊奇的是,还有精神分析学家仍然认为,受虐癖患者是从一开始就想要追求痛苦和不适。受虐行为的每个案例都与这种设想相矛盾。所有的案例都表明,受虐癖患者和我们每个人一样,一开始都认为不适和痛苦是令人不快的,是不想要的。当然,你需要花功夫去搜寻个人的历史,才能找到这个结果。

我们可以考察一下这名患者的受虐仪式中的一个特征:比如,实际上,他将自己的裤脚缝了起来。这样的话,裤子就会把脚完全包裹住。这个细节的来源是,当他还是小男孩时,他母亲给他买了夜晚穿的睡衣;为了避免他着凉,她就把裤脚缝了起来。小男孩不想穿这种睡衣,每晚都会踢打哭闹。当然,最终他还是不得不屈服。在现在的仪式中,他会自然而然地将他特制的裤子穿上。

这是否意味着他感受不到不适了?问他的话,他会说:“我当然能感受到不适,还相当强烈,但这能增加我的性兴奋。”我们意识到,令人不快的仍然令人不快,但它成为达到满足的先决条件。疼痛变成了欲望的兴奋剂,羞辱变成了欢欣的前提。

显现的顺从和潜在的反叛这种顺序肯定不限于受虐态度的性形式,在其社会形式中,也有同样的表现、同样的目的。同样,受虐倾向的隐秘含义是:“即使你剥夺我的权利,羞辱我或是杀害我,我还是要做我想做的事。”我已经指出过,这种本能特征的证据或展现决定了受虐展示的本质。被缚的普罗米修斯,即便被打入地狱,也拒绝向诸神低头。我的疑问是,面对这样顽固的意志力,即便这种意志力是以被动的形式表达,为什么有人会认为这是一种软弱无助,或是认为他是要放弃自身的性格。就好像面对宁可被烧死也不愿放弃自身信条的殉道者,我们却不愿承认他们的勇气和决断。①

受虐癖患者是很有韧性的。外力无法将他摧毁。他有着无穷的能力来承受击打,并且在无意识中,他知道,自己是不会被轻易战胜的。

为什么我们没有发现,在受虐癖性格中混合了强硬与柔韧?他违心地被说服了,意思是他仍然保持着以前的观点。他性格中隐藏的斗志,使他像一吨铁矿石一样令人无法对付,毫无延展的可能。

有种原则是永不认输,而受虐癖患者遵循的是相反的原则。他总是认输,但事实上又不可战胜。他彻底的屈服比猛烈的反叛更具有力量。因为他不抵抗,他可以承受许多。他的服从将侵略者的命令消磨殆尽。他对权威可耻又可笑的全盘接受,使得他们无能为力。他坚定不移地认可他们的力量,也为他们的颠覆奠定了基础。

---

①霍妮博士认为,所有受虐癖的共同点是一个人自我的软弱感,这表现为对自己、对他人、对命运的某种态度。受虐癖患者认为,自己被剥夺了所有的意志和力量,完全任由他人摆布。依赖性是他的"生活状态"。他觉得,自己是随风摆动的芦苇。然而,许多向狂风低头的芦苇可以抵御住将橡树都连根拔起的风暴。当然,这里面有软弱和依赖的成分,但只在有意识的层面如此。霍妮博士让自己被受虐悲歌的外表所欺骗。软弱只是一种表象,依赖的目的是要最终羞辱他的保护者,统治他所依赖的这个人。同样,如果说受虐癖患者"觉得自己是命运手里无助的玩具,或是对掌握自己的命运感到无望",这些说法也仅仅在有意识的层面成立。即便他抱怨命运的力量在与他作对,在无意识中,他仍知道他会胜出。难道霍妮博士从未听过以柔克刚这条古老的东方格言?距今2500年前,在老子的名言中,我们还可以听到这种智慧的回响:"将欲歙之,必固张之;将欲弱之,必固强之;将欲废之,必固举之……柔弱胜刚强。"

显而易见的是,在性变态受虐癖中,禁忌的性满足是这种反抗的目的。但是,导致受虐癖的驱动力并不仅仅源自性,还有来自自我的强大支持,因为自我会尽力保全自己不受强大力量的入侵,即使要被迫失去表面独立,也要保留它的内在独立。

因自尊受伤而产生的名誉恢复倾向,在社会受虐癖中将有更重要的意义。与之相关的是,即使有丢脸、失败、穷困的风险也要强制执行自身意志的无意识目的。不管对手是死是活,在受虐癖的心理层面并不会有任何区别。这跟强迫性神经症一样,即使对方已经离世很久,强烈的无意识违抗和反叛情感仍会留存。后期获得的本能目的一定能带来极大的满足,就像在性方面一样。这样,受虐癖患者才会心甘情愿地承受所有的折磨和痛苦。

基督教的一个传说是关于被教皇逐出教会的修道士巴西流①。他死后,一个天使负责为他找到最为痛苦之地,让他经受最大的折磨。然而,这位修道士觉得,即便是地狱,也有值得赞美之处;因而,将地狱变成了某种天堂。天使感到非常泄气,带着这位囚徒回来禀报道,地狱之火无法烧伤巴西流,即便在恐怖的地狱深渊中,他仍然保全了他自己。传说中,教皇取消了开除教籍的处罚,巴西流被准许进入天堂。受虐癖患者的行为与这位虔诚的修道士一样,承受着被施加的惩罚,温和中透露着固执,从而证明了惩罚的徒劳无功,通过谦卑的迂回方式达到了他隐秘的目标。

---

①巴西流(Basilius, 约330~379):生于一个虔诚的基督徒家庭,之后成了有名的修道士,并为修道生活写下守规条例,后人称之为《巴西流规条》。他因在《论圣灵》一书中支持圣灵、圣父、圣子"三位一体"的神学思想而影响巨大。——校注

第 三 章

性 别

1

弗洛伊德认为,受虐癖与女性气质有密切关系。男性受虐癖患者的行为展现出的诸多特征无疑可以证明这个论断的正确性。性行为中的被动性,只不过是最为显著的一个因素;还有其他更为重要的因素。受虐癖患者的幻想都围绕着一个主题,就是被别人性征服而受孕。这可能听上去很荒唐;但精神分析显示,这种解剖学上的缺陷已成为受虐癖患者幻想中的一个事件。

然而,其他的特征却并不支持这种假设,它们显示出受虐癖与女性气质之间的关系并不像弗洛伊德所想的那样紧密。这种关系并不像受虐癖与被动同性恋之间的关系那样清楚明白。被动性或许很难与女性性别相切割,但遭受疼痛、被打、被绑、丢脸和羞辱并不属于正常女性的性目的。当这些念头显著地出现在心理表面,并成为性满足的前提时,我们就应该称这位女性为受虐癖患者。

即便有人倾向于认为这些特征在一定程度上属于女性性别的表现,它们也不像在受虐癖患者的行为中那样占主导地位。此外,女性的普遍行为也不会倾向于将肛门区视为一个性感中心。换句话说,从某个角度来看,受虐癖或许表达了男人的女性化倾向,但女性行为本身肯定不是受虐癖情感的表达。

在这里,我们又一次遇到了矛盾的印象。在对受虐癖现象的观察中,我们经常会有这样的感受。受虐癖患者在他的幻想和情景中扮演着女性的角色,同时,他似乎通过扭曲的呈现来对此进行取笑。他所展示的与其说是女性气质,不如说是对女性气质的滑稽模仿或夸张演绎。这种嘲弄在青少年中很常见,他们会有意识地进行嘲弄。一名患者记得,他在男孩时期有过相似的态度。他特别喜欢念出某句话,并配上特殊的手势和身体动作。这是一个浪漫的场景:“那个亲爱的、疯狂的男人!”。之后,他记起了这句感叹的出处。它出自他十几岁的姐姐的一本书中。在这本书中,一个年轻的女孩说出了这句话,她正在温柔地思念着一个不在眼前的男人。在这句感叹之后,她红着脸,害羞地转过身去。男孩曾读过书中的这一段,后来,便在镜子面前演出了这个场景,他大声地复述着这句话,并配以相应的抒情手势。他想象着女孩转身时,裙摆飘动起来。

这又是一个镜前的场景!那么我们是否可以断言,这个后来变成受虐癖患者的男孩,在他打趣的行为中,就已暴露出女性气质?当然不能。我们可以试着猜测一下他表演的原始动机。他肯定希望有一个魅力十足的年轻女孩在想念他时也那样的表现。因而,我们意识到,这是一人分饰两角演出的幻想。之后,只有当他与女孩们的关系有所改变后,这个情景才会具有些许嘲笑的色彩。这个幻想最初是暴露了这个男孩的某些欲望,后来,成为男孩嘲笑冲动的表现形式,他的嘲笑对象是他姐姐那一代的女孩。很容易理解的是,跟异性交往的胆怯心理使他最终呈现出寓言中狐狸的态度,因为够不到葡萄,就拒绝吃葡萄,说它们太酸了。

受虐癖患者的行为展现了一种女性性格,但又不是对这种性格的忠实呈现。女性气质并没有得到体现或刻画,而是被扭曲变形。

洞察镜前场景隐藏的基本意义,有助于我们进一步了解受虐癖中的女性元素。但这仍不够深入。或许,用一个案例来比较会更有裨益:我曾见到一位微胖秃顶而又活力十足的舞蹈大师给一群年轻男女上课。在给女学员教了新舞步和动作之后,他会试着逐一跟她们跳这支舞。当然,他是领舞。但偶尔会有一个女孩动作特别笨拙,他就不得不也承担女性一角,来示范女性跳舞时的姿态。因此,他会刻意模仿女舞伴的姿态、步法和举止。

这确实是很奇怪的景象,肥胖矮小的舞蹈大师微微后退,轻轻地抓起燕尾服的尾部,就如同这是女士晚礼服的裙裾一般,再优雅轻快地向前迈步。他无比严肃。他显然很疲惫,但不得不配合角色强装笑脸,累得满头大汗。无疑,他并不情愿做这个表演,也不是故意要去做这个表演,可为什么他的表演给大部分观众留下了滑稽的印象?在很大程度上,有这样的效果,肯定是由于他的外表与跳舞女孩的外表呈现出鲜明的对比。但当他重复表演几次后,你也会变得严肃起来,甚至会有点难过。你猜测是环境迫使他承担这种悲喜剧角色。

受虐幻想的过程几乎与之相反:起初的情景是严肃的,源自性需求,呈现出挫败感和匮乏感,而只是在后来这个情景才具有了嘲笑和戏仿的色彩。男孩的镜前场景和舞蹈大师对跳舞女孩的模仿有一个共同点,使得它们可以与受虐幻想和情景相比较,这个共同点就是他们行为的原始目的。表演的本质取决于希望女性对象模仿示范行为的明确愿望。年轻男孩渴望有一个女孩羞怯地表达对他的喜爱,舞蹈大师希望女孩们模仿他所展示的舞步和姿态。

更直白地说,受虐癖患者通过自己女性化的行为向女方暗示他想看到女方处于何种位置。他的行为是一种表演,是种情景演出。对外人来说,当然这种情景似乎有着戏仿(parody)的意味。之所以我说"似乎",是因为迄今还没有精神分析学家或心理学家感知到这个戏仿元素。实际的情境是,一个男人扮演一个女人的性行为。然而,不管是在幻想中还是在变态情境中,核心要点是他为她而表演。因为总而言之,是一个女人见证了他的表演。角色互换了。如果说这个情境有任何与这个女人相关的隐藏含义,那么只可能是与表演或作品的意图相关。大意是,希望行为的反转:你对我做的,我想对你做;或是我想看到你是这种被动、受苦的角色。

据我所知,受虐情景和幻想的这层含义,迄今还未被认识到。它完全符合上述的反转和展示过程。但是,它还有更深远的一层含义。受虐幻想和行为是施虐性质的,以反转的方式表达,以反面呈现。对于性受虐癖而言,我对这一点已经描述、证实得足够充分了。而对于不完全是性现象而是具有社会属性的受虐癖,其本质基本保持不变。

有言论称受虐癖只展现其外表，只是一种表象，这种断言是错误的。毋宁说，它反映了内在反方向的心理活动。我们对受虐癖的理解，是通过将一个心理学方法应用在其适用的心理过程的反复反转中。我在另一本书中借用了歌德①的一个表达，将这个过程称之为“反复映射”（recurrent reflection）。从这个角度思考社会受虐癖现象，我们会发现，在这里，同样是通过反转的方式呈现出原初倾向的效果。无限制的顺从表达了无意识的反叛，让步表达了固执，卑躬屈膝代表了违抗，自我羞辱代表了傲慢。

那么，受虐幻想或行为隐秘又明确地呈现出的无意识嘲笑或戏仿特点是从何而来的呢？这个特点有几个不同的来源。在这里，我只想指出历史方面的出处，任何精神分析观察者只要观察得足够久、足够仔细，就会发现这一点。这一点虽然不能解释所有的问题，但能够将一些受虐行为和想法的怪异滑稽之处阐释清楚。

受虐情景和幻想不仅是施虐念头的反转，还是对儿童脑海中成人性行为的复苏和再现。在无意识中，人们对性的想法会退回到婴幼儿时期男孩们对于性关系过程怀有的看法。这些婴幼儿时期的性理论在成人的理论和实践中再现，形成了真相和错误的怪异混合物。这些幻想和行为的细节，通常会暴露出成年人在无意识中对婴幼儿时期性格的执着坚持。这些细节的重要成分包

---

①赖克《惊奇与精神分析学家》，Leiden，1935（英国和美国版，1937）。歌德的用词源自眼科学内视现象。对于《浮士德》中一些晦涩难懂的段落，诗人歌德说：“因为我们有许多经历无法简单明了地表达和交流，所以，要向细心的读者揭示秘密的含义。长期以来，我采用的方法是将图像面对面放置。可以说，它们可以相互映射。”显然，这种相互阐明的方法在心理学领域必须经历影响深远的转变。

括粪便和尿液这样的排泄物，以及后期才形成的教育障碍，如放纵和憎恶，这些成分都指向了同样的方向。因此，戏仿元素起源于早已遗忘的婴幼儿时期的想法。例如，女人会被男人残忍对待，他会在她身上排尿排便，等等。

这些想法会以反转的形式在受虐行为中出现，在这些想法中，会带有一种攻击性和暴力的色彩。女人会以一种默不作声的受难者形象出现，依附于男人的意志。

我想只用一个显著的案例来检验这个构想。这名患者得到性满足的方式，是他要穿着黑裤子，并以某种姿势被击打臀部。患者还是小男孩的时候，曾闯入度假区里母亲做泥浆浴的浴室。他看到母亲两腿站在泥池里，向前弯腰去捡地板上的东西。看到母亲的后背对着他，小男孩突然有一股冲动——要去击打她身体对着他的那个部位。这可以算作一种施虐的行为，表现了早期的攻击性和感官冲动。在这个想法中，他将自己等同于他的父亲，因为他父亲常玩笑式地给予母亲或女仆类似的抚摩。

我们面对的是这个男孩明确的男性态度，这在后期的受虐情景中被完全反转为一种被动的女性态度。现在，他将扮演女性的角色，让自己身体的同个部位被打。但这是否足够清晰地表达了变态情景的含义？并没有。含义不止如此。按照他的愿望和想法来说，他将扮演的是女人应该扮演的角色。他将为她演出这个角色。这就是与女性气质的相关性，反转变得清晰易懂。这种表演的首要属性是对舞伴的邀约。我们不能再怀疑受虐想法是起源于儿童期这一观点。

那么这个角色是女人自己所渴望的吗？答案肯定是“不是”，

而听起来很奇怪的是，在这个回答之后，会听到一个胆怯的“是的”。意思是，根据男孩在家里对女人们反应的观察，他有理由认为女人们并不是完全反对这种粗鲁的对待。真的是这样吗？她们的抗拒总是不太认真，还通常伴有“咯咯”的笑声。即使我们承认这种抚摩对女人来说并不是那么讨厌，我们也必须承认男孩的想象是很夸张的。他将前奏部分误认为是事情的全部。在他的想象中，他认为，成年人之间神秘的性行为过程中最重要、最令人愉悦的元素就是这个击打。后来，在他具有受虐癖倾向之后，在特定条件下进行的击打，就足以产生性高潮。

这种错误的推断原因在于，他认为，女人很享受这种击打，甚至认为击打足以带来完全的满足。然而，这种观点是源于婴幼儿时期的施虐构想，与儿童自身的暴力欲望相吻合，而并不是等同于女性的此类欲望。女性的性满足形式不等同于被打，尽管二者之间可能存在一定的接触点。在精神分析中，我们发现受虐幻想在后期会被粗鲁的施虐幻想替代；由此可以证明，受虐情景是由施虐幻想循环演变而来。反转被解除。现在，当他晚上在街上散步时，会幻想自己是一个色情杀人狂，到处搜寻女性受害者。当他跟女孩一起散步时，他有时会冲动地想把一个温柔的举动变成残暴的伤害行为。当他用手揽着她的脖子时，他会怀疑自己是不是其实想把她勒死。

受虐癖患者有种隐藏的无意识想法，认为女人会觉得她所遭受的对待是令人愉悦的，甚至认为她渴望这种对待。这种想法即便有一点说得通的地方，那也是被极大地、荒诞地夸大了。一个女人不想被惩罚、辱骂、折磨或是鞭打，她想要被爱。在某些恰当的时刻,她或许会接受一定程度的鲁莽举动;虽然她的抗拒总不太严肃,但在这些时刻,她或许会把他对这种抗拒的漠视视为男性力和想要占有她的男性意志的证据。但是,这种可接受的程度是有限的。

受虐癖患者的这种心理失算(psychological miscalculation),如果我们可以这样说的话,是由于他认为女性的性满足在本质上是对苦痛和羞耻的享受。在这里,我要提到那位看到关于殉道者的中世纪绘画作品就会产生性兴奋的患者,他在幻想中将自己等同于那些殉道者。他认为,那幅炉架上的圣劳伦斯并不“令人信服”,因为圣人的脸孔平静又温和,并没有呈现出痛苦中夹杂着极度强烈的快感而产生的狂喜表情。如果像弗洛伊德所说,受虐癖是女性气质的表现,那么这肯定是一种扭曲夸张的表现。然而,即便如此,它也带有表演的含义:“这是我想对一个女人做的,那么她应该有这样或那样的表现。”这是将愿望反转后的矫饰呈现。哪个是最初的愿望?下面的这句话也表达了同样的意思:粗暴地对待他们,并让他们喜欢这种对待。

我在这里想要提示的是,在受虐癖发展的中期,个体会无意识地一人分饰两角,而这种现象会一直延续到完全形成的受虐癖中。这种无意识的幻想,对于本能满足非常重要,因为如果没有幻想的支撑,现实本身不能提供充分的效果。因此,我想要指出,受虐癖患者即便行为看上去女性化,他在幻想中仍然坚持着男性特征。

支持这个观点的另一个特点是,受虐癖患者经常扮演或呈现为一个服从女主人意志的动物。通常,他会将自己想象为一匹任女人骑行的纯种马。

歌德的仰慕者能够记起《百合公园》这首诗。在诗中，诗人自拟为一头被爱的女人殴打的熊，躺在她的脚边，“当然，只能接受到一定程度”。诗的结尾是他向上帝祷告，祈求从奴役中获得解放，他说：“但是，在我还能伸展拳脚的时候，您不要徒劳地为我送来援助！我发誓，我感到自己还有力量！”我认为，受虐癖患者清晰地意识到的男性力量和热情与他表现出的顺服和软弱形成了强烈的对比，他在幻想中凸显了这种对比，这是给他带来快感的重要因素。

与男人的无意识关系必须被认为是女性气质的另一种表达，只不过这种关系被舞台上的女性形象所遮盖。此前引用的一个案例中，患者的性满足来自于被女人击打臀部。在数年中，这个情景的上演都能令他感到完全的满足，但发生了一件事，使得性兴奋被抑制。出于某种原因，他在被打前，转过身来，看到女人正扬起手，准备击打他。突然，这个情景的魔力消失了。一条皮毛围巾绕在女人的肩头，看到她脸颊和下巴周围的皮毛，在无意识中，让患者想到了他父亲的胡子。这个被压抑的图像再次出现，使得性兴奋过程被打断了。因为看到女人的皮毛、围巾，使得关于男人的念头快要变得有意识，这终结了患者的变态心理。只要这个念头停留在被压抑的状态，这个幻想仍是获得受虐满足的重要条件之一。从马索克①开始，皮毛就被认为是变态场景的一个特征，高筒靴、皮鞭或笞条也是具有揭示性的特征。虽然借给了

①Sacher-Masoch（1836~1895）：奥地利作家。“受虐癖”一词即来源于他的名字，其最著名的作品是《穿貂皮衣的维纳斯》。——中译注

女人,但这些其实是属于施虐男人的装束,这个男人在整个变态情景过程中位于幕后。从这个视角看,这像是被动同性恋幻想的变形:“我被我的父亲使用并殴打。”这种迁移,类似从大调音阶移到小调音阶,被排除在意识之外。

在一种情况下,这个念头被允许出现,那就是当它经历了足够多的变形,与自身的情况变得疏离,让人无法识别其含义时。例如,一名受虐癖患者认为,寄宿学校女学生被女老师笞打,她们臀部赤裸的画面非常令人激动。这里就有向异性的迁移。原初的幻想来了个一百八十度的大转变。在他的变态心理中,他坚持女人是主动的那个角色,他拒绝被男人体罚的幻想。

但男人是怎么进入受虐情景中的?为什么会进入?即便他存在于幕后的阴暗之中,他的出现意味着什么?让我们暂时用精神分析的方法来看。原始幻想的内容是:“我被父亲爱着,我也被父亲惩罚”。继而,让我们疑惑的是,在笞打的场面中,为什么没有显现出父亲或他的女性替代者的温柔或爱,而只有他的严厉和残酷。回答是:在受虐情景和幻想中,同性恋性欲和由无意识内疚感带来的满足相互重叠。

这些内疚感与什么相关?与我们认定为禁忌的儿童乱伦欲望相关,还与源自和另一个男人较量的敌对冲动相关,这个男性对手最初是父亲。因而,受虐情景就是反抗因俄狄浦斯情结①而被惩罚、被要求赎罪。因此,“我被父亲爱着,我也被父亲惩罚。”这句话要再加上一个类似反转的变化。它是更早期幻想的后期

①即恋母情结,源于希腊神话俄狄浦斯无意中杀父娶母的故事。——校注

变形替代品:“我想要占有这个女人,并杀死对手。”这些变化的顺序有个历史过程,与不同的心理层级相对应。

受虐癖患者衍生出的女性行为,与他对父亲的温柔被动态度相对应,这一点得到了弗洛伊德及其学生的支持。其心理学基础是毫无疑问的。但是,另一个问题是对不同动机的心理评估。在这一点上,我与其他精神分析学家分道扬镳了。

对我来说,需要得到满足的内疚感比隐藏的同性恋倾向更为重要。换句话说,对受虐癖患者而言,通过向前逃避实现惩罚,消除他的焦虑,这比被爱更加重要。在无意识中,是焦虑而不是温柔情感使他将自己作为一个同性恋对象献身给男人。“我想像女人一样被父亲爱。”这个荒诞的想法不仅表达了一种女性倾向,还表达了对这种倾向的轻蔑回避。如果这是一种对男人的爱,那么这就是一种自我嘲弄,并且对于这种嘲弄的深度还不自知。“到底有没有男人被这样追求过?”你可以像理查三世①一样问这个问题。继而与这种强烈的抵抗情绪相符的是与被父亲爱并体罚的念头作斗争。

当相关的念头快进入意识中时,就会立即出现抵抗。例如,不是在幻想中,而是当自身与相关的另一个男人出现在现实场景中时。之前提及多次的那名有着阿兹台克幻想的患者,在对他进行精神分析过程中的某个时刻,他突然尽全力抵抗,不愿说出他刚才因精神分析而产生的一些联想。在我的不断鼓励之下,他才

---

①莎士比亚的戏剧再现了理查三世为实现个人的野心,用狡诈毒辣的手段杀害了本应继承王位的侄子爱德华五世。不择手段,夺取王位,逐渐变成了一个冷酷无情的杀人魔。——校注

说,他宁可被我折磨甚至是杀死,都不愿泄露他刚才的幻想。但他随即又不得不承认,他的这个态度其实已经暴露了他思考的内容。在他的幻想中,他把分析时躺卧的沙发比作祭祀神坛,把自己视作献祭的囚徒,把我比作负责执行处决的年老秃顶的大祭司。为了掩藏一个如此临近的幻想,他调动了多么充沛又细腻的情感!

被动同性恋的想法在受虐癖中确实存在,也确实在发生着效用,但关于它的普遍重要性仍然存在很多疑问。它并不是规律地出现,它的重要性也并不总是相同。刚提及的患者曾有这样一个想法:年轻强壮的男人在市场上被公开拍卖,卖给年老的女人,为她们提供性服务。这些需要爱情的女人需要向国家支付大笔金钱来购买这些奴隶,其中只有很小一部分会付给这些男人。这些是幻想的前提。

幻想本身的开端是在买家的房子里,新买来的奴隶表现得不是很乐意。如果他勃起的程度不足以完成性交,就会被女人鞭打,直到结果遂了她的心愿。在这个例子中,对基本想法的反转和变形很明显:年老的女士是母亲的替代者,下令发生性关系是对禁止发生性关系的反转。同样明显的是,最初惩罚针对的是勃起,而不是勃起失败。无疑,在背景中,是父亲这一代人在以惩罚相威胁,威胁这种乱伦冲动。目前为止,在这个例子和其他类似的例子中,我们的构想与精神分析学家中盛行的看法相一致,对父亲的同性恋—女性(homosexual-feminine)态度或许隐藏在表面之下,但它并不是至关重要的。

由此,我们又回到了对这个因素的心理评估。与来自男人的惩罚威胁相比,对男人的性欲并没有那么重要。这意味着,想到父亲及其替代者的威胁,就会影响自己对女人的欲望,干扰这种欲望。最终,受虐癖患者对这个杂糅了男性特征的特殊女人形象是一半接受,一半拒绝。因此,这个父亲的形象虽然是隐形的,最终却会进入受虐情景中,成为拼图的一块,这也隐藏着另一个问题:这个男人在哪里?父亲更重要的角色不是去爱,而是去惩罚,惩罚禁忌的愿望。在预期中,只有经受了这个惩罚,才能实现禁忌的愿望。这就是受虐癖患者的担忧:他希望惩罚已经被抛在“身后”(“behind himself”)(已经惩罚完毕),与性变态者享受被击打后部(his behind)所表达的一样。必须要执行惩罚,这样才能获得禁忌的快乐。由此,我认为,对无意识内疚感的满足处于一个次生的或是更新近的位置。最主要的事,不是惩罚,而是达成本能目的。只是惩罚恰好是通往那里的唯一道路。

这个心理处境非常复杂,对它进行简化,就意味着在思考上作弊。这个错综复杂的情况因移置和反转而面目全非,我们几乎就要被困在这混乱之中;而有一束光,像远方的灯塔,为我们指明了道路。那就是受虐幻想和情景中必不可少的内容:一个女人殴打或羞辱一个男人。因此,将这个无意识的想法翻译成有意识的语言的话,可以这样开头:“如果我不得不被打、被羞辱、被体罚,那么至少让一个女人来做这些事。”惩罚的念头已经被接受,甚至被欢迎,前提是执行者是女人,而不是男人。至少在有意识想法的表面,他仍被排除在外。每当他出现的时候,性兴奋就消失了。

我们常提及的那名患者有过一个幻想周期,其中美丽的处女会抚摩被缚囚徒的生殖器,直到他不情愿地发生射精。这种“尽管”面临惩罚也要获得的满足,是与自慰的满足同步获得的。曾经在幻想过程中,出现了一个想法:“要是抚摩我的这只手是男人的手……!”这个想法实在太让人不安,以至于所有的兴奋都消失了。于是,与女人的关系得到坚持,原有的幻想对象得到延续。我们甚至可以发现,在背景中,原有的欲望目的以反转的形式出现。无疑,打人的女人替代了父亲。她负责执行,而她同时仍是欲望的对象。为了这些欲望,受虐癖患者才能欣然承受甚至享受如此多的痛苦和羞辱。他所珍爱的不是痛苦,而是后续的性满足。最终惩罚带来的不仅是对禁忌行为的预期反应,还带回了快乐。

对于不进行变态性行为、具有受虐性格的人来说,对女性也有着相似的态度。他是一个超理想主义者,或者甚至是一个浪漫主义者,似乎目前还没有人发现这一点。痛苦之于他是甜美的,并不是因为他喜欢的就是痛苦本身,而是因为他在期待一个额外的奖赏。他享受痛苦,就像堂·吉诃德为了心上人而享受他的失败一样。在受虐性格最为升华的形式中,抽象的理想会取代渴望的女人。因此,圣弗朗西斯心甘情愿地为他所爱的贫穷女士①受苦。

一位智慧的威尼斯人曾说过:“对一个男人而言,如果女人既能让他快乐也能让他不快乐,那么他还年轻。如果女人只能让他快乐,那么他已步入中年了。如果女人既不能让他快乐也不能让他不快乐,那么他就已经老了。”那么除去年龄段这个因素,受虐癖患者应属于哪一类呢?女人只有让他不快乐,才能让他快乐,他就是这样一个男人。

---

①圣弗朗西斯将贫穷称之为Lady Poverty(贫穷女士),他认为,对贫穷的追求,就好像追求一位共度一生的伴侣。他认为,在贫穷的处境中,才能更好地服务上帝。——中译注

在对这些进行思考、检验、衡量之后，仍然存在一个疑惑。如果为了简化或理解上的容易，或是为了更优美悦目的呈现，倒是可以避而不谈。但是，思想上的诚实是精神分析研究者的职责和荣誉。这迫使我们要抵制这种学术欺骗的诱惑。疑惑的内容如下：从发生论的角度来看，最原始的受虐癖幻想和行为难道最终不是回归到母子关系这一史实上吗？这对应的年龄早于俄狄浦斯情结出现的时期，那时，教育的任务还不是控制乱伦冲动，而是有着其他的任务。在这个婴幼儿时期，母亲实际上是不受限制的统治者，必须将清洁、守时、顺从的观念灌输给儿童；当然，有时会以惩罚相威胁。儿童难以适应这种现实要求，对此感到不快，而受虐癖则是对这种感受的后期纪念形式。让步和违抗、惩罚和本能满足这种顺序则复现了母亲的教育所带来的困难，这些困难早已被遗忘。当时，她一定是被惧怕的对象，因为儿童害怕的惩罚和爱的失去，都源自母亲。

在我们的脑海中，浮现出一系列古代文化中严母形象的女神：印度教的卡莉女神，手拿各种武器；巴比伦的伊什塔尔，司战争、狩猎和娼妓的女神；叙利亚的阿斯塔蒂女神，极具破坏力；米诺文明的女蛇神；以及许许多多美丽和恐怖的化身。对于受虐癖患者而言，女性折磨者与这些偶像一样，有着无法抗拒的魅力。她就是现代的阿斯塔蒂夫人①。

同理，还有很多神话中的残暴女性形象，比如莎乐美②、布伦

①古腓尼基人崇拜的代表丰饶、爱和战争的女神。——中译注

②《新约》中记载，莎乐美听从母亲希罗底的指使，在为希律王跳舞后，要求以施洗者约翰的头颅为奖赏。——中译注

希尔德[①]和杜兰铎[②],她们都威胁要杀死男人或是砍下他们的头颅。在受虐幻想中,她们都是原初母亲形象的替代者。因此,个体的发展可能是对人类史前时代的反映。在受虐情景中,统治幕后的父亲的管教和严厉,不过是对母亲教育力的延续,正如父系的统治是对原初母权社会的替代。我们把斯芬克斯[③]归为历史层级具有可塑性的表征,它最初是一个女性的形象,其他的男性部位是后来添加的。海涅[④]的论断是否有道理呢？他说:"真正的斯芬克斯身形是与女性的身形相同,后来添加的狮身是愚蠢之举。"

这种假设与受虐癖现象并不矛盾,受虐癖情景是后期才出现的,已经历了多重变形。后期的形成物总有可能退回到原有的模式。用一个比喻:女性在美国社会文化生活中的专横地位肯定可以追溯出历史环境的影响。比如,受到了拓荒时代的余波影响,当时,体力充沛的女性不得不担负起男人的工作与职责。同时,也不排除是对原始社会组织结构的部分回归。

如果这个假设是正确的,那么在受虐癖中肯定会表现出一些对女人的敌意和反抗,这是过去情感的残留和回声,因为儿童在刚出生的几年,对扮演压倒性角色的女人也有这样的情感。但同时,如果抛开这个假设的正确与否不谈,我们也能在受虐癖中发

---

①北欧神话里的女武神之一。——中译注

②《杜兰铎的三个谜》出自阿拉伯《一千零一夜》故事集,内容讲述中国公主杜兰铎(亦译图兰朵)用猜谜的方式挑选驸马。公主美丽聪明却有几分残忍,她要求父皇将每个失败的求婚者拉赴刑场。——中译注

③狮身人面像。——中译注

④Heinrich Heine(1797~1856):德国抒情诗人和散文家。——中译注

现对女人的愤恨和嘲笑。尽管如此,我们得到的决定性印象是这种隐秘的违抗和无意识的破坏主要针对的是男人,把他视作了阻止自己的权威。

即便在一些案例中,对女人的攻击性和嘲笑冲动已变得显而易见,仍能通过观察对女人和男人的不同态度证实这种印象。就好像甲威胁乙时,是用食指指着他;而威胁丙时,是挥舞着拳头。

2

在前一节中,我们避免了使用"女性气质受虐癖"(feminine masochism)一词,而谈及的是男人的受虐癖。当然,女性气质特征是男性受虐癖的一个特征,但只是众多特点之一。我们还知道其他更重要的特点。弗洛伊德自己选用了"女性气质受虐癖"这个术语,认为这是先验的。如果说我们能在女人身上分辨出男性气质受虐癖和女性气质受虐癖,那么这个术语就是无懈可击的。女人的女性气质受虐癖,听起来像是赘述。这就像说"有黑色皮肤的黑种人"。但"黑种人"这个词就已经阐明了皮肤的颜色;白皮肤的黑种人就不是黑种人了。这个比喻终究还是不太恰当。当然,你可以把白皮肤的黑种人想象为一种异常的现象(但在人类学中,已知有这样一个群体)。我们确实会提及很多女人的男性特征。

显然,问题仅存在于语言层面,而不是实质层面。心理层面的性差异与解剖学上的性差异并不一致。两性均存在的双性恋现象,现在已普遍被生理学和心理学认可,为许多此前未知的现象提供了解释。因此,我们最好避免使用“女性气质受虐癖”这个术语。如果必须要用的话,应该把这个词留给男人的变态倾向,并与女人的受虐癖区分开来。

这种“语言”层面的顾虑,似乎也情有可原。对于与女性气质受虐癖相反的男性气质受虐癖这个构想,我们内心有些抗拒。这个形容词与后面名词所指称的现象内容不相符。不管是作为一种本能异常,还是作为一种性格特点,受虐癖似乎都与男性气质不相符,而与女性的形象气质更为和谐一致。弗洛伊德表达过同样的观点,他说,受虐癖与女性气质之间保持着一种密切的关系。当然,在这些情况中,存在各种类型的关系,甚至有单边的关系。所以,有一种可能性是,受虐癖具有女性气质的特点,但女性不一定有任何受虐癖的迹象。在弗洛伊德谨慎又简洁的表述中,并没有说女性就其本身而论就是有受虐倾向的。

他的观点有着特殊的影响。一些精神分析学家,更多的是女性精神分析学家,得出了一个结论,那就是受虐癖是女性性行为和女性心理生活的一个固有特征。早期基督教作家特土良[①]在二世纪初期首次提出,人类灵魂都有朝向基督教的自然倾向。同样地,在一些精神分析著作中,女性的灵魂被认为是具有朝向受虐癖的自然倾向。但我觉得,这个观点并不像伟大的迦太基宗教卫士的观点那样有理有据。比如,拉多[②]就表达过这种观点,他的思维逻辑在睿智和细腻之间摇摆。在女性分析学家的著作中,也能

①Tertullian(155~240):来自(北非)迦太基的早期基督教作家。——中译注

②S. Rado(1890~1972):匈牙利精神分析学家。——中译注

看到这种观点的普遍存在，她们认为，自然赋予女性的角色就将她推向了受虐癖。我们似乎要觉得，一个女人如果没有受虐倾向就是反常的，她看上去一定不像一个女人。在这些著作的探讨中，似乎受虐倾向是女性的特权，不是异常而是一种荣幸。更为敏锐的耳朵能够从这种断言中听出类似质疑的声音。听上去更像女权主义，而不是女性气质。

纳赫特对此提出过许多有力的反对意见。此外，也有一些较弱的反对声音，例如：如果女人天生就具有受虐倾向，那么她就不是受虐癖患者。意义是：这样的话，就只是一个寻常的自然现象，一种次要的性特征，而不是一种病理反应。如果受虐癖仅仅是一种病理现象的话，那么这种论述就能站得住脚。然而，这种构想过于陈旧、狭隘。受虐癖是一种本能倾向，任何人都可能具有这种倾向，并将其转化为现实，但只有当其超过了一定限值，当其在本质上几乎排斥了其他所有本能趋向时，受虐癖才会是病理性的。

在对女性气质受虐癖本质的讨论中，我确信也倾向于认为，两派理论都各有对错。弗洛伊德所探讨的，受虐癖与女性气质之间的关系，不应该被拒斥。问题是：这种关系的本质是什么？这个问题需要心理学家的指尖去轻轻触碰，而不是由精神科医生或是性学家去触碰。

纳赫特指出，从临床上看，一个受虐癖女人和一个受虐癖男人的性格并无差异。这是可能的，虽然可能性不大。一个医生无法辨别的内容，一个心理学家仍可能从中看出差异。显微镜在实验室里已劳苦功高，不应该再要求它完成所有的任务。

纳赫特超出了学识上的自我辩护，将受虐癖仅仅归为一种性变态。而且,他似乎没有意识到,我们文化媒体中的传统和教育都倾向于支持女性具有隐约、温和的受虐倾向。到底社会因素对心理发展的影响有多深远,我们无法确定。但引人注意的是,美国的社会发展倾向于支持女性有一种温和的——甚至并不是总是温和的——心理施虐倾向。

另一方面,我们必须承认,女性生活的生物学条件(月经、失去童贞、分娩)似乎有助于形成受虐倾向。这些因素使得受虐倾向成为可能,但并不会使其成为必然。女人能够忍耐人生中的被动和痛苦时刻。她不一定会享受它们。而受虐癖的成立条件是要享受被动处境。与性行为相关的被动性是受虐癖的一个条件,但并不是它的全部。典型的受虐癖患者会寻找不适、羞辱或耻辱。一般来说,女人都能向这些痛苦处境妥协,甚至当这些状况发生时,她们还会试着从中获取些许乐趣。但这并不意味着她就是有受虐癖:她并没有力求获得不适。极其重要的一点是,性变态受虐癖在女性中很罕见,却确实是盛行于男性中的一种变态心理。在这一点上,纳赫特的观点是正确的,他认为,女性的受虐倾向低于男性。问题是,显现出来的变态行为表象是否是其唯一的判断标准。

如果某种行为对于男人来说是反常的,那么纳赫特就会不愿意承认这对女人来说是正常的。对于女性有自然的或生物学上的受虐倾向这一点,他明确表示拒绝,这是合情合理的,然而,他对社会学因素的忽视就是他的失误。和男人之间的亲吻一样,女人之间的亲吻是爱的表达,但没人会把这种亲吻当作普遍存在的同性恋倾向的证据。这种行为虽与男人的行为一样,但对女人来说意义却不一样。两个人可以做同样的事,但并不意味着同样的事会有相同的心理含义。

某件事如果在男性身上发生,可能会被社会认为是受虐倾向的体现,但如果发生在女性身上,却不一定会受到这样的评价,尽管这是同一类别的事件。对形式微妙的本能表达在评价上的差异使我们注意到,像正常或反常这样的标签,只在评价本能生活最为粗俗、显著的表达形式时才是理据充分的,但实际上总体而言,评价的方式都是约定俗成的。比如,在严谨的清教徒社会环境中,如果一个女孩想去跳舞,就会被人严肃指出她的思想堕落。

如果我们把受虐癖看作一种粗俗的本能性变态,那么关于女人的受虐倾向是高于还是低于男人这个问题,我们可以轻易给出答案。在这个意义上,女人的受虐倾向显然更低。但如果我们把受虐癖视为一种本能倾向,问题的角度就会发生变化,这个问题也会变得更难回答。

无疑,女性的受虐癖倾向可能会得到生物学特征的支持。但这些特征并不会必然导致这样的结果。它们可能带来的情况是,女人会对某些受虐形式的心理处境加以利用。但这种做法和寻找痛苦的处境以求享受仍然是有区别的。因此,我们可以说,女人内心对受虐情感的抵触较小,把它视为上天赋予她的角色中的一个功能。

我们还需要进一步考虑到,女孩的教育从两个方面鼓励一种温和受虐癖,而男孩的教育则是对此表示反对。教育要求女孩接受被动的角色,耐心地忍受痛苦和委屈。她的攻击性和暴力冲动被更为坚决地压制了。对女孩的教育沿袭了数千年的女性传统。

许多女性精神分析学家接受受虐癖是一种自然的女性情感表达，但有可能连她们的判断都受到这种仍然具有效力的传统的影响。因此，与男性受虐癖相比，女性受虐癖更偏向于是一种教育的产物。女孩青春期的外在和内在变化，以为及适应女性角色的被动性和其他条件所做的准备，都必须被视为心理制约因素。与男孩相比，女孩的受虐倾向更容易被整合到她的生活当中，而男孩的受虐倾向会与他的成年行为非常不协调。在女孩的社会态度构成中，这样一种安静的倾向并不会显得突兀，但对男人来说，就会像布疵一样扎眼。

那么，男人和女人的受虐癖行为是否有所不同？我们之前已说过，"临床上"没有任何差别。当然，这并不代表真的什么差别都没有。与男性受虐癖相比，女性受虐癖展现出一种减弱的，甚至是衰弱的特点。它更像是心知肚明地闯入了资产阶级的边界，而不像是一种对敌国领土的入侵。女人的受虐幻想很少会达到男人幻想中的那种野性肉欲和欣喜若狂。即便是幻想中的纵欲狂欢，也不会是那种陡然上升的快乐曲线。她们的幻想中没有被缚的普罗米修斯的狂野，而是伽倪墨得斯的顺从。女人的受虐癖并不像龙卷风一样，而男性受虐癖却常有这样的特点，充满了盲目且不受约束的自我毁灭欲望。女人的受虐幻想具有屈服和投降的特点，而男人的受虐幻想特点是向前冲杀，纵欲狂欢，自我放纵。

这种区别可以通过以下两种设想来解释：一是男人与女人的力比多分配不同；二是两性施虐冲动的强度不同。力比多，即性欲，是具有男性属性的，尽管女人天生也有。一般来说，它在两性中的分布是不一样的：就像性欲（sexuality）一样，虽然它也包覆、决定了女人的一生,但没有男人的那种主动激昂的特点,所以,女人的受虐癖与男人的不同。考虑到它所占据的时间范围,其意义或许更大,但它不如男性受虐癖那么明显,那么明确。在女人的心理生活中,它存续的时期甚至可能更长,但正因为这样,它也变得不那么强烈。总的来说,女性性欲的弥散(diffuse)特点,也决定了她受虐倾向的特点。

我们对受虐癖起源的探讨证明了它是从施虐幻想中发展而来。如果没有明显的、强烈的施虐癖,就不能或不会形成受虐倾向。如前所述,与对男孩的教育相比,对女孩的教育更早也更有力地压制了施虐冲动。我们看到,这个有利于受虐癖形成的因素是存在的。

然而,为什么在女性受虐癖中,没有看到男性受虐癖所呈现出的凶猛、坚定、冲劲和活力?我个人认为,女性的解剖学特征不允许她们养成一种强烈的施虐癖。阴茎是攻击行为的载体,她们缺乏这个先决条件。我们不能否认,女性实际上有足够多的施虐冲动,只是它们没有达到男性冲动的强度和一贯性。我们所说的内容,似乎在导向这样一个结论,就是两性的身体条件也是受虐癖存在两性差别的原因。施虐癖是攻击性的一种本能表达,如果女人的施虐癖力度不如男人,那么它所产生的反向作用也可能会明显不同。

我认为,另一个性别上的区别是,女性受虐癖在其发展过程中不会偏离其源头太远,而男性受虐癖则不同。与男性受虐癖相比,女性受虐癖即使是在其弥散阶段,也与性欲保持着更为紧密的联系。女性极少会展现出疯狂的情欲,她们也不会像男性一样易于投身到狂热、荒谬、无益的自我牺牲中。如果我们在此前已经意识到,受虐癖是通过夸张的形式展现出现实原则的荒谬,那么我们必须承认,这种革命性的冲动、逆向的愤怒对于女性来说是更为陌生的;而对男性来说,他们常因此变得固执、古怪、易怒、爱抱怨。

女性受虐癖,不管是其性形式还是社会形式,都难以与男性受虐癖相比。即便是这种情况下的女性,都能呈现出务实的现实主义;这常令我们惊叹,也时而令我们羡慕。即便是在社会受虐癖这一形式下,与男性相比,女性仍然更为紧密地与她的情欲生活绑定在一起。她的自我牺牲不会像男人一样频繁地朝向抽象的、理想的、与自我相矛盾的目标。从宗教史来看,女性殉道者比男性殉道者要少。这也证明了在女性受虐癖的本质中,反抗性固执和违抗的占比很小。女性几乎不会如此一贯地坚持脱离现实,也不会进入如此疯狂的幻想。总的来说,男性比女性更理想主义、更浪漫主义。他们觉得自己必须要成为英雄,不管是以主动还是被动的方式。这是因为他们通常都野心勃勃,而女性通常自视过高。

对女人来说,快乐冲动和禁令之间的对比很难达到男人般激烈的程度。她们很少会感到自己与环境之间存在痛苦得难以消解的对立关系,因而,她们不会像男性受虐癖患者那样,在幻想中形成那么剧烈的嘲笑和反抗。男性受虐幻想中那种贝多芬式的反抗,在女性受虐幻想中并不存在。普罗米修斯式的反抗被替换为一种更为温和、更为平和的对苦难的渴望。男性对折磨的强烈欲望以清楚明白的形式展示出泰坦巨人[1]似的特征，女性的此类冲动则更倾向于忍受。支配男性受虐癖的是对天地一切势力的秘密反叛，而女性不赞同这种反叛。

我们还认为，源于攻击的内疚感和相应的对惩罚的无意识欲望，在男性和女性身上，并不总是能达到同等强度。萨克斯[2]恰当地描述过代表着道德要求的超我在两性中的不同发展过程，这一点很可能非常关键。向前逃避，即从快乐和焦虑之间的矛盾中逃离，在女性身上也有体现。但是，它没有在男性身上体现出的那种恐慌属性。它更像是一种向前倾，而不是向前冲。不可否认的是，表现为享受被动性、享受服从和享受痛苦的受虐倾向，更加符合正常女性而不是男性的性行为。在一定程度上，她的自我放纵和献身，她对伴侣力量和能力的享受，再加上她自身的被动性，这些即便不是受虐感受的组成部分，都与受虐感受有着紧密的联系。但可以肯定的是，这并不等同于受虐癖的全部。

与此前的心理学观察者不同，我们发现，女性受虐癖与男性受虐癖在分布、特点和强度方面都有不同。两性间的共同特征太过显著，以至于让我们忽视了其间的差异。但差异是存在的。对自我的攻击性表达可能会有很大的区别，而结果可能是一样的。女性倾向于选择毒药或是投河作为自尽的方式，而男性会选择用枪或是绳子，这难道不值得注意？难道没有包含重要的心理学意

①泰坦（Titans）是希腊神话中古老的神族，是天穹之神乌拉诺斯和大地女神盖亚的子女，他们曾统治世界，后来，被宙斯家族推翻并取而代之。普罗米修斯是泰坦巨人神族的后代。——校注

②Hans Sachs（1881~1947）：奥地利心理学家。——中译注

义？同样地，从弗洛伊德的假设出发，如果死亡本能和厄洛斯（Eros）①之间的斗争在男性和女性中表达得不一样，如果它们之间的相互作用受制于二者不同的组合比率，那么这也是可以理解的。我们习惯于期望女人从死亡本能中夺取新的生命，而同样地，女人在受虐癖中，也不会像她的伴侣那样陷入残暴的破坏欲中。

在男女受虐本能倾向的形成过程中，肯定还有其他我们没有提到的差异。到目前为止，它们还没有受到足够的关注，因为它们主要出现于两性的幻想中。为了进一步理解，我们接下来将一名女性的幻想与相应的男性幻想作对比。这个女性幻想的例子是这样的：一名来自东方的统帅苏丹占领了幻想者的家乡。他坐在他那奢侈的营帐里和他的大臣下棋。其间，这个镇里最美丽的女人们一丝不挂地排成一列，被献到他的面前。每次，一名裸女走上前来，他会暂时从棋盘上抬起目光；如果他希望留下这个女人，就会轻轻点头。而下一秒，他又会专注于他的棋局，不是走动棋子，就是盘算大臣的招数。

无需强调的是，幻想者就是这些美女之一；她们在苏丹面前走过，短暂地接受他的审视。这个幻想会激起性兴奋。它的受虐癖性质毋庸置疑，因为女性在苏丹的命令下赤裸上场，而他几乎不怎么看她们。他认为，棋局比任他享用的美女更为重要。他的行为比拿破仑的做法更无礼。拿破仑曾经让手下将维也纳的女孩带到他在美泉宫的卧室，他暂停了手上的国事，走进女人所在

①在弗洛伊德精神分析学里，希腊神话中的爱神厄洛斯代指人的爱欲。
——校注

的房间,大叫一声:“把衣服脱掉!”然后,又冲回他那些重要的文件中。幻想中苏丹的做法像是对这位科西嘉将军行为的夸大。在这个幻想的建构中,幻想者使用了她祖国的历史元素。她的祖国曾屡次受到土耳其军队的入侵,她还加入了自己对父亲的记忆,她的父亲酷爱下棋。

在作了适当的修改后,我们试图想象这个幻想如果是源自一个男人,会是什么样子:亚马逊部落的女王占领了一个小镇,命令将所有最强壮的年轻人送到她的帐篷里,等等。我们没有改变任何基本的特征,只是变换了幻想者的性别。幻想者的受虐癖特点保持不变。这个幻想也能引起男性受虐癖患者的性兴奋。要证明男性也可能出现类似的受虐幻想,我只需要再提及之前提到过的那个幻想,年轻奴隶在市场上被卖给需要性满足的年老女性。但我们还是先回到这同一个幻想。面对这个幻想,我们是否能够证明,男性和女性的快乐来源有所不同?

显然,两性都能从一些相同的想法中获得确切的快乐,比如强制性展示、自身被动性以及轻蔑的对待。然而,快乐的性质不一样。如果我们通过男性幻想者和女性幻想者的视角来看,这一点就会变得显而易见。男人在亚马逊女王面前和女人在苏丹面前的强制性裸露,其心理意义和情感价值都不一样。

我们的意思是,相比男性幻想者,女性幻想者能够从中演绎出更为强烈的受虐快感,因为这种想法伤害了她的贞洁。亚马逊女王粗浅地审视男人一番后,马上又沉浸到她的棋局中。这个情节并不能给男性受虐癖患者带来与女性同样程度的快感。在女性的对应场景中,苏丹几乎没有关注她的美貌。她的展示只留下了微不足道的印象,苏丹对她的对待方式令她感到羞辱,她只是众多女人中的一个,她在这个场景中只是性欲的对象而不是被人喜欢。所有这些特征对男人而言,心理意义并不大;但对女人而言,却是受虐快感的特殊来源。这样的对比,清晰地反映了两性之间敏感度的差异。看来,临床观察无法捕捉这样微妙或细小的差异,至少到目前为止是这样。

如果一个男人仅仅被当作一个性对象,或是说对他的选择并没有考虑他的性格,这无疑也是令人感到屈辱的。但这对于女人来说,是一种更为深层次的侮辱。单单是这个念头,不需要其他因素,就可以成为一个女人受虐幻想的主题。而在男性幻想者的案例中,如果亚马逊女王不关注他的外表,这一点也不是完全不重要,只是单靠这点还不足以使他产生性兴奋。而在这名女性的幻想中,这个特点则是受虐兴奋的主要压力源。

这名患者成熟世故,在她的想象中,被当作性对象的羞辱体现了明确的受虐癖倾向,即便其他的想象内容与她本人的关联不如在这个案例中体现得那么明显。比如,在她产生这个苏丹幻想的后一天,她开始向我讲述她祖国的特殊习俗。她所叙述的一些细节无疑显露出她对这些习俗有着无意识的受虐快感。因而,她说道,曾经有次军事演习,司令和参谋来到一座小城镇。司令在酒店洗了澡,准备出去散步;这时,在酒店门口遇到一名不太年轻的女人。女人行了一个深深的屈膝礼,然后说:"如果您愿意,我就是这里的头牌妓女!"

患者活灵活现地模仿着妓女的姿势和口吻,却没有意识到这个故事和她前一天的幻想之间存在联系。她也没有意识到,从她的叙述中,流露出一种源于自我羞辱的受虐快感。那些很难接近的骄傲女人通常会倾向于产生此类幻想,幻想中充满了令人愉悦的性羞辱。

或许,还值得一提的是,在精神分析中,必须先攻克患者的坚决抵抗,才能让这类幻想浮出水面。精神分析学家的耐心需要与患者的道德勇气共同努力,才能让她战胜自己的抵抗,战胜因庄重和骄傲带来的障碍,最终获得她的坦承。在我的记忆中,只有两位女性能够较为自在地谈及这种愉快的屈辱幻想。其中一名是位医生,但和我们所想的不一样,能有这样的结果并不是因为她对自己的性需求有一种职业性的坦诚;而是由于对情感的阻隔,将内容和相关情感分离开。仅靠这点就可以使她像报道当地事件的记者一样讲述这些幻想。因为她让自己不表示出任何情感,那么她所讲述的内容就变得几乎没有意义,她就可以毫不在意地进行讲述,似乎她讲的是别人。

另一位患者在精神分析中也取得了较大的进展,甚至能够讲述一些粗俗的性幻想。但每当她这样做了,几个小时后,就会对我这个听众产生一种极大的愤怒。她总是会生气地问自己:“为什么我非要将这么隐私的事情告诉一个陌生人?”她会对她自己和我感到怒不可遏。我们可以轻易判断出,这个精神分析场景以及她自己让自己全盘托出的心理强迫已被当作受虐材料使用,这是一种次生的使用方式:患者很可能以它为内核,产生更为深远的幻想。

显然,在女性的幻想中,虽然不会缺少粗俗的感官内容和粗暴的想法,但幻想中的性行为本身常常会被准备活动、移置、引喻和改述取代。对于女人来说,一件微不足道的事或是一个微小的迹象就足以引发嗜痛成瘾的幻想;在一个案例中,光是听到男人粗犷的声音,就可以引起这种兴奋。在另一个案例中,幻想者最初在幻想中设想的是一个年轻女孩惊恐圆睁的双眼,她躺在地上。然后,是一双手抓住了女孩的头发。最终,是一个模糊的女人身影在拉扯女孩的头发。在自慰的时候,幻想者才意识到她自己就是幻想中的这个年轻女孩。我倾向于认为,典型的女性特征就是不愿意承认受虐画面中的细节要素。然而,目前这个独特之处还没有从对男性的分析中得到证实。

据我所知,在男性和女性受虐幻想的差异中,只有一点已被精神分析指出。这与对象的性别相关,涉及的是有受虐倾向的儿童和青少年的幻想生活,而不是成年人的幻想生活。弗洛伊德在分析阐释儿童被打这样一个典型的幻想时,曾证明了两性想法间的这种差异。这个幻想会经历三个阶段,在最后一个阶段,一个或几个儿童会被打,或被施以某种形式的严惩。这个幻想会伴随着性兴奋,一般都会通过自慰来平息这种兴奋。在两性的幻想中,打人的总是父亲或他的替代者,被打的总是男孩,即便在女孩的幻想中也是如此。然而,非常明确的一点是,在最后这个阶段,被打的人替代的是幻想者。在小女孩的幻想中,这种性别的变换可以得到现实的支持,因为在现实中,男孩通常比女孩调皮,他们更常被父亲打屁股。

显而易见的是,替罪羊总是一个受气包男孩,绝不会是一个受气包女孩。这个儿童婴幼儿时期的典型幻想易于在后期被放大、展开。即便它具有中篇小说的性质,基本特征仍然是不变的。

对这类受虐幻想的研究调查会让人想到莫扎特或贝多芬的音乐作品，比如《……主题变奏曲》这样的曲名。一个音乐主题可以通过丰富的旋律来演变，在其中一个部分，这个主题突出明晰，然后它似乎消失在丰满的副歌中；接着，一些伴奏又暗示了它的存在；继而，突然这个主题又以新的变体再次出现。

下面就是一个这种幻想的例子，来自一个青春期前的女孩：她把自己想象成一个船舱男服务员，干活笨手笨脚，或是会错误地执行命令。船长很生气，命令将“她”，或是更准确地来说，将这个男服务员绑到桅杆上以示惩罚。她或他不得不在那里站上数个小时，感到绳子都勒进了她或他的肉里。为了对这个幻想进行清晰的阐释分析，我必须补充的是，女孩的父亲拥有一艘船，会经常带着女孩的兄弟们去航游，但从不带她。这个女孩的男孩幻想几乎等同于男性患者的女性角色幻想。但差异也是很明显的：在女孩的幻想中，被体罚的人是男孩，性别似乎变换了。而在男孩的受虐幻想中，他会保留自己的男性角色。

当女人形成某种社会受虐癖时，她不大会像男人一样放弃与情欲生活的联系。女性受虐癖不容易变得去性化。和男人一样，女人也能够在幻想中、在生活中为了无意识的意图和隐秘的快乐来伤害自己，但自愿地放弃家庭、丈夫，放弃母亲的角色，肯定会给她们造成最为强烈的伤害。对于女性的社会受虐癖来说，其性起源仍然是显著的，其与性生活之间的联系不会突然断绝。如上所述，女人的良心很难达到男人那么过于严苛的程度，也很难将她推向自我毁灭或导致对生活的摧毁，至少不会达到男性受虐癖患者那样的程度。

我们此前说过，这种差异的原因可能是，女人内心不需要反抗如此激烈的进攻，也就不会带来这种相对深远的反向作用。女性发展过程的本质是平滑的，并不突兀，这使她不至于受到对自我的巨大对抗冲动的影响。俄狄浦斯情结的发生对小男孩而言是剧变式的；而对小女孩而言，则没有那么剧烈的影响。在遗传下来的俄狄浦斯情境中，超我作为内部道德法官出现，那么相应地，女孩的超我也不会像男孩的那么严厉。

即便是女性受虐癖的自我毁灭形式，也是通过自我的性羞辱来表达的。我对一个这种案例印象深刻：一个年轻女人在几年里有很多个情人，对每一个情人，她都是粗鲁地对待，然后最终将其抛弃。粗浅看来，会觉得她是色情狂，但很快这个观点得到了修正，因为洞察到了她的一种强烈的母亲固着。她性生活的指引是对母亲的痛苦反抗，因为她母亲曾经令她失望。她的母亲曾一次又一次毫无根据地怀疑女孩与社交圈的年轻男人有着亲密的关系。最后，对于这些不绝于耳的无礼猜疑和无端指责，女儿进行了反抗，她把口号落实到了行动上："既然担了这个名，就干脆做了这个事。"

对于文雅的女性而言，如果没有经过追求，没有情投意合，就匆匆忙忙、不讲原则地将自己交付给对方，她们会从心理上感受到一种贬损。她们是对的。经验显示，男人不会欣赏太容易得到的女人。被这种行为贬损、贬抑的感觉常常会成为延伸幻想的主题。有一些女性会惊奇地发现，这样的念头本来在意识中会让她们感到非常尴尬，却能使她们禁不住产生强烈的快感。与男性的性受虐癖一样，女性的性受虐癖也明确地显示出惩罚的特点，只是这种惩罚缺少主动的色彩。

在一个年轻的女性案例中,我观察到,如果她丈夫对她很温柔,她就会维持性冷淡。但是,如果他在性行为过程中行为粗鲁、伤害她,比如掐住她的脖子,她就能获得性高潮。在这里,肯定可以确认存在明确的受虐倾向,但女人的被动角色和男人的攻击性角色有时会将与之相似的倾向掩盖起来。很可能某种程度的受虐癖已经不知不觉地进入了女性的心理生活,程度因人而异,这是作为对性满足的惩罚,因为这种性满足在最初是被禁止的。有时很难将这种受虐癖与女性其他性生活内容区分开来,就像在她们娴熟的刺绣上很难察觉出轻微的瑕疵一样。

通过更加细致的观察,无疑可以找出男性和女性在受虐倾向上的其他区别。我们现在处在崭新的研究调查开端。我只想指出另一个相似之处,这也是我们没有预料到的。我们曾认为,有受虐倾向的女人在幻想中总是会期望男人给她施加痛苦和惩罚,这个第一印象很快便消失了。男人总是出现在台前,并不意味着他从一开始就是专横的角色。这个角色属于母亲或是母亲的替代者,她会在后期以同伴或旁观者的角色频繁出现,或是出现在另外的片段中。

我有一名患者曾经会幻想在法国大革命期间贵族妇女被斩首的场面。她先是看到了这样的一幅画作,之后,很快便产生了这个幻想。女性被刽子手残忍对待,这让她产生了强烈的性兴奋,但是单靠这个念头她无法达到性高潮。最终,在她的幻想中,加入了一名女性旁观者,站在残忍的刽子手面前。这是一名纺织女工,白发老太婆,她会对受刑的妇女进行嘲弄和折磨。只有这个想法能够带来满足。

这名患者还曾经幻想她被卖给一家妓院。负责拉客的鸨母会强迫她卖身,并折磨她、辱骂她。后来,我们发现,这是母亲角色的替代者。在其他的案例中,主动施加折磨的人会是一个杂糅的角色,结合了父亲和母亲的替代者形象。在精神分析的过程中,通常这个杂糅的角色会分解为两个人。一位女性患者数年来都只知道,在幻想中,她会遭受男人的屈辱对待。随着精神分析的进行,这个情景变化了:她或替代她的被动角色会同时或相继被一个男人和一个年长的丰满妇女虐待。最终,在幻想中,只剩下那个妇女,长着一个短小的阴茎;这和幻想者小时候在同龄的堂兄身上看到的一样。最终,施虐的只有那个妇女。

在过渡时期,这个妇女的形象被男人的形象所掩盖。例如,患者曾经在幻想中看到男人的大手伸进她的生殖器,将她的肉撕成碎片。然而,紧接着,就会出现她母亲的形象,像她小时候所看到的那样,在厨房里掏家禽的内脏。显然,这个更早期的决定性历史层级,出现在了幻想的后期。

下一个例子也是来自同一名患者,证明了受虐幻想可在很大程度上追溯到婴幼儿时期的想法:她看着晚餐时的母亲将叉满食物的餐叉送进嘴里。这让她想到最近读过的一本游记,书中描述了澳大利亚的食人部落吃掉了一个白人传教士。她想着,要是这些食人族能抓住她的母亲,他们会更想吃她身体的哪个部位:臀部、大腿还是胸部。这其实是一个极具施虐倾向的幻想。然而,她接着看向她的母亲,苍老的面容布满皱纹。“母亲真的毫无生气”,她想。之后,在睡觉前,她又接着想:“是的,母亲只对食物感兴趣。看看她今天贪婪地张大嘴巴吞掉餐叉上的食物,就知道一定是这样。她没有别的情感。她对家人既不爱也不同情。她可能会像食人族一样吃掉她的家人。"

从这个例子中,我们可以看到最初的施虐幻想平缓地转变为被母亲吃掉这样一个受虐想法。这个想法是作为一种笼统的可能出现,这一点值得注意。想法不是:"母亲吃掉我",而是"母亲可能准备要吃掉她的家人"。这种笼统的说法证明了心理上对原始表征的拒绝。在此处,思路被打断了。这个幻想的受虐本质明白无误地体现于其伴随的性兴奋。

这个幻想可以追溯到婴幼儿时期的焦虑,这些焦虑在童话故事中也留有痕迹。在这些童话中,儿童总是处在被邪恶的巨人、女巫或魔法师吃掉的危险中,而我们可以轻易地辨识出这些角色是父母形象的替代者。比如在《韩塞尔与葛雷特》①中,恶毒的母亲角色就与好母亲形象形成对比。值得一提的是,这种具有受虐倾向的食人幻想,有时会更加不加隐藏地出现在男人的幻想中。其中一个例子是:患者描述了失事的船只在海上漂泊了多日,船上的水手和一名年少的服务员饱受饥饿的折磨。在幻想中,水手们最终决定杀掉这个男孩,并将他吃掉。幻想者将自己等同于这个男孩,男孩被告知了这个决定;而幻想者也同步感受着他的焦虑。兴奋不断聚集,最终将他引向自慰。

那么女性受虐幻想总的来说是源自哪个原初的心理层级呢?

---

①出自《格林童话》,故事讲述的是一对可怜的兄妹遭到了恶毒继母的抛弃,流落荒林,最后来到了一座糖果屋,与糖果屋的主人女巫斗智斗勇的冒险故事。——中译注

上述例子似乎表明,并不是源自完全形成的俄狄浦斯期。幻想中的男人就像一个傀儡,背后隐藏着原初的母亲角色。让我再引用一个类似的二分幻想案例,来展示其间的关联:一个成熟的女人想象着自己坐在男人的大腿上,男人命令她排尿或排便。接着,这个情境发生了变化。主动的一方变得模糊不清:是个男人还是女人?但现在这个人要求她将尿或便憋住。两种想法都是令她愉悦的。第一种情况下,我们能够想到,贬损、强制性突破羞耻心的约束会带来快乐。但第二种情况有所不同。这个想法内容是基于一个特定的年龄阶段,此时,俄狄浦斯情结还没有形成,小女孩身体和心理的难题都仅与她母亲相关。小女孩最初的受虐幻想是以母亲为对象。男人只是在后期才登场。对于受虐癖的起源,我们可以说,他来得太迟了。与他相关的幻想是完全修改后的次生版本,而原始版本的中心角色是母亲。

接下来就是两性幻想中出乎意料的共同点。它的初始念头与婴儿的教育有关,与括约肌的看护、清洁和控制有关,这都围绕着母亲这一主动角色。后期的发展则有两性的差异。男孩继续坚持原初对象的性别,主动角色仍是女性。而基于俄狄浦斯期带来的变化,女孩后来变换了她幻想中主动角色的性别。现在,男人占据了此前属于母亲的位置。

早期的快乐、痛苦以及愉悦的不适,都来自这个主导的角色;而这个角色始终处于背景之中,像隔着一层透明的窗帘。因此,由于她早期的关怀、照看和教育,使得朝受虐癖发展的冲动始终存在。这种发展虽然在后期可能呈现出多种形式,但最初都是源自对满足的渴望,这种渴望因她而起,也由她达成。

第 四 章

以败取胜

1

受虐态度的隐秘含义是什么？它隐藏了什么，又暴露了什么？我们对这个含义进行了搜寻，发现它存在于每一个角落。当我们还是孩子的时候，会玩一个游戏：一个男孩走到房间外面，等其他小孩将一个小物件藏起来。他进来寻找时，其他小孩会用一些线索来引导他。当他远离寻找的目标时，他们会喊道："冷了，冷了！"当他再度靠近时，他们会叫道："冒烟了！"，然后是"好热！""太热了！"最后，当他快要摸到它时，他们会喊道："着火了！"

当我们搜寻受虐倾向的隐藏含义时，也经历了相似的过程。我们开始寻找时，对我们的观察力和运气非常自信。我们接近了寻找的目标，几乎可以听到他们喊道："冒烟了！"我们准备要看到在受虐癖的灰烬下秘密燃烧的火焰。孩子们在房间里翻找的是许多物件，而我们面对的是这种本能倾向的多种表现形式。所有这些形式的共同特征就是给我们指引方向的微小泄密信号。对我们来说找到它们是最有用的。

我们是从受虐癖现象的矛盾印象出发。这种本能没有让我们觉得荒谬或无意义，而是让我们觉得很矛盾，这与其他观察者的看法不同。我们最终的理论印证了这个最初的模糊印象。矛盾、反抗和秘密的反叛并不是受虐癖的附属元素。它们不仅出现在受虐癖的表面，而且还构成了受虐癖的基础和本质。

我们将现有理论和我们对受虐癖本质的构想相对比，发现了之间的差异。一直以来，学界都认为受虐癖本能和其相对的施虐癖之间有着紧密的联系。我们用不同的视角探讨了这种联系，探讨了它的本质和起源。施虐癖被保留在受虐癖中，但这并不仅仅意味着患者将自己等同于主动行为的那一方。受虐癖并不仅仅是针对自我的施虐癖，它仍然是针对对方的施虐癖，只是被倒置了。通过反转的呈现，它的本质被掩饰，它对自我动怒，因为自我是最好的第二选择，也是最近的对象。受虐癖的故土不是施虐行为，而是幻想。在那里，它回归到它最终、最精神化的阶段。

受虐癖最广为人知的特征之一，是对所有快乐价值的反转，这被证明是虚构的。受虐癖患者和我们追求同样的快乐，只不过他是通过另一条路，通过绕道的方式到达这个目标。他被危险的焦虑所威胁，被惩罚的念头所阻止；后来，又受到无意识内疚感的抑制；在这样的情况下，他找到了避免焦虑、获取快乐的独特方法。他自愿遭受惩罚、痛苦和羞辱，因而叛逆地换取了权利，去享受此前所禁止的满足。

迄今为止，很多人认为，避免阉割焦虑是很重要的因素，但事实并非如此。这种心理状况会形成一种被动的女性性格，而不会形成受虐性格。受虐癖患者强硬固执的态度、对惩罚的坚持以及潜在的反叛，这些都与谦逊、被动等惯常描述不太相符。此外，我们也不能认为，对内疚感的满足是受虐癖最重要的评判标准；这只是他实现本能目的的必要前提。

我们要做的，就是在我们找出的所有特征中发现共同的要素。它应该包含欲望和焦虑的合作；应该指出违抗和反叛在整个现象中的位置；应该隐含近期的目标，即性满足和攻击性满足；以及远期的目标，即执行自身的意志、让自我复位。无疑，性因素不仅在变态心理中普遍存在，在社会受虐癖中也没有完全消失。出现在众人眼中的是伪装后的攻击行为、专横和野心，但在背景中，仍然存在着对榜样和对手的性倾向。通过不同强度、不同形式的受虐癖，性需求和自我中心的需求可以得到满足。在每个案例中，对外部惩罚或良心苛责的恐惧都是通过向前逃避来控制。

我一直在寻找一个恰当的心理学表达方式，来无一遗漏地总结这些所有的本质特征。这个表述应该要指出受虐癖的目的和通往目的的道路。它必须对其性形式和社会形式都成立，它要包含粗俗的感官表现形式和精神化的表现形式，描述出性变态和对人生的受虐态度的内核。我知道，这当然是一个大任务，要想完全解决有点过于困难。要接近这个目标，我希望通过三个英语单词来归纳出受虐癖的本质和目的：**以败取胜**（***Victory Through Defeat***）。

这种泄愤的原则和不管不顾的特征在受虐癖中找到了本能表达。性冲动和攻击冲动暂时屈服于禁令和惩罚的力量。通过这个绕道，这些冲动强行实现了它们的满足。更具优势的力量将它们从追求快乐的道路上推开，它们在被强加的道路上实现了目标。受虐癖通过嘲弄地反转这些必要的心理因素，在从惩罚到满足这样的顺序中，使它的心理起源得到永存。受虐癖患者并不接受惩罚和羞辱，他只是预先感受它们。他不仅证明了惩罚和羞辱无法将禁忌的快乐扣留，还坚称并证实了它们反而帮助他获得了快乐。

通过取代权威的位置进行自我惩责，他使得惩罚得以悬停。通过自己惩罚羞辱自己，他将惩罚变成了一种诱惑。通过抓住不适，坚持要求痛苦和贬抑，他心怀恶意地证明了，所有这些教育和教养的抑制手段都宣告失败。因为他只是假装顺从，而在精神上是永不屈从的。通过将惩罚变成满足的条件，他表明了所有强迫他放弃满足的努力都是荒唐的。他不仅是在遭受痛苦的情况下获得满足，而且是通过遭受痛苦获得满足，通过这种方式，他真正地将苦路（Via Dolorosa）①变成了凯旋之路，将通往各各他（Golgotha）②之路变成了永恒的救赎之路。

受虐癖患者也是一样，他输掉所有的战役，除了最后一仗。他知道，至少在预先的幻想中感知到，在他经历了所有的失败后，奖赏在向他招手。他让他的对手——施虐癖——品尝当前的所有快乐，甚至他也加入到这个盛宴中，但他耐心地等待着大反转。在预期中，他告诉自己，再来一次这样的胜利，敌人就会被打败。受虐癖是后撤的施虐癖，但内心依然期待着最终的向前推进。他

①耶路撒冷的一条街道，是耶稣基督受难时背着十字架走过的路，也被称为“受难的道路”。——中译注

②各各他，希伯来语，即“骷髅地”，耶稣基督在此被钉死在十字架上。——中译注

的特点是，在失败中蕴含着无意识的反抗，并且秘密地预知着、提前品尝着即将到来的胜仗。

这种隐秘的优越感是从幻想中汲取能量，这个幻想无视时间规律，使得悬念延长。对于受虐性格的人来说，即便在他有生之年无能为力；在死后，他也要坚持自己获得应有的权利。后世会对他有更公正的评断，会向他的敌人复仇。性受虐癖患者愿意为了转瞬即逝的快乐承受不适、痛苦和折磨，甚至愿意以生命为代价。受虐性格的人则将痛苦延展到他的一生中，他坚信这些悲惨遭遇和羞耻屈辱都会被随后的收获弥补。因为预见到未来的赞许，确信有后世的称颂，所以他享受着神圣的狂喜。当然，这是在一个更高的层面上，在灵魂的某个灰暗角落，殉道者跟受虐癖性变态有同样的感受：用死亡换取天堂中的一秒，足矣。最终，两者的动机都是实现快乐目的。其他的现象，包括抚慰内疚感，都只是不可避免的过渡阶段。殉道者以及圣人在折磨和牺牲中预期着即将升入天堂，他们在想象中，把这些苦难视作为即将到来的永恒快乐预付的代价。

这种对未来成就或幸福的预期不仅限于个人。希伯来人就曾集体梦想过民族复兴的弥赛亚、救世主，后来，基督教徒继续将这个梦想发扬光大。因为有了复兴的想法，有了对救赎的预期，中世纪的基督徒才能心甘情愿地忍受世俗的苦难。教会许下承诺，以此交换永恒的极乐。就连亚当的责任和原罪都被重新评估，被认定为进入天堂的保证。赞美诗中称之为**幸福的错误**（***Felix culpa***）。个人也一样，民族也一样，都在被辱骂和侮辱中享受满足，他们都期待着在一切苦难之后的回报：遭受了如此巨大痛苦的他们,现在会成为选民;他们比其他人更优越,他们的使命会迟早得到这个世界的赞许。个人受虐癖患者所构想的即将到来的胜利,被转化为一个民族、一个宗教或一个社会团体的预期胜利。

当宗教这个社会因素的影响力不断削减,这种情况也逐渐发生变化。对人来说,奋斗的目标不再是天国,而是更好的世俗未来;为此,他们自愿忍受当下所有的痛苦。过去期待的前景是与自己的先辈共聚天堂,享受极乐之福;现在是希望世间的后代子孙和他们的国家能有更好的未来。在集体受虐癖中,悬念因素只是目标变了,本质并没有改变。它将延迟加长了,从片刻变为了一生,从分秒变为了永恒。“我在人世间的痕迹,万古也不会消失——他们在那里!”浮士德因而期待着在未来的年岁中获得满足。

重心从性能量和攻击性意志力转移到对痛苦的忍耐力上,这表明受虐癖中仍然存在反抗。从性高潮到宗教或艺术的狂喜,我们看到痛苦都被转化成了快乐;在这个过程中,这种反抗变得显而易见。

有一个年轻人的白日梦愈来愈呈现出受虐癖的特点,妨碍和阻止的元素逐渐进入他的幻想,并不断聚集。患者曾热爱戏剧,想要成为演员,但他父亲不同意。这个年轻人就幻想着他离开父亲,身无分文地出走异国,只为成为一名演员。最终,他名声大噪,用的是一个艺名。数年后,他父亲会进入戏院,见证到他的成功。之后,在他想象中的成功之路上,他重点描述(荷兰语里有一个更具可塑性的表达:构想)了他的悲惨遭遇,饥寒交迫,受尽屈辱,这条路变得日益漫长。这段时期的艰辛和贫困情景被患者细致入微地描绘出来,甚至是津津有味地想象着这一切,而成功被一再推迟。当幻想者最终进入到这个阶段,成功已经变成了一种胜利,会使他的父亲格外难堪。

同理,民族或宗教群体也会在他们的想法中推迟他们所代表的胜利,尽管他们当下遭受着剧烈的痛苦,但他们坚信最终会获得胜利。正如在性受虐癖中,不断堆积的痛苦宣告着快乐的释放即将到来;在集体苦难中,最深切的痛苦和压迫也预示着即将到来的救赎和胜利。叔本华所说的"意志焦点"的力量,在受虐癖中,实际上是来自对自我颂扬的热切渴望和志向。在受虐癖个体中,感受深切的是被人责怪的羞耻感;而对于社会受虐癖而言,则是对民族或宗教的羞辱和贬抑。在这两种情况下,根据预期的想象,结局都是翻转的。屈辱和虐待会变成名誉和光荣。与"上帝选择犹太人真奇怪"这样的揶揄话语相对立的,是犹太人泰然自若的信仰:他们自信是上帝的选民,正因为已经受难两千年。

在个体和群体的生活中,受虐癖都体现了一种不可避免的过渡阶段,从施虐本能的不可控制到对它的征服和驯化,为文化教养服务。作为认识它的第一步,我们看到面对更具优势的力量时,它是以违抗和反叛的形式出现;通过绕道的方式,执行它的意志。无疑,当面临选择时,受虐癖患者选择挨打而不是打人,这是在文化教养层面向前了一步。但它的病理性扭曲和热情激昂却危害了文明的进步,因为它强加了不必要的牺牲,对自我和群体施加了太大的心理负担。从生理需求角度,痛苦变成了一种心理奢侈品。当然,时间能够治愈一切伤口。但是,我们自我施加的创伤是最难愈合的。我们可以看到受虐癖本能倾向在促进和阻碍文明进步上发挥的功效。

我们在受虐癖中听到的所有这些各不相同,甚至通常互不协调的曲调,最终汇成了一首完整洪亮的和音:尽管有各种势力阻碍,也要坚持自我;如果不能,那么就不顾一切地粉身碎骨。

这出严酷的悲喜剧,就是源自现代人的殉道者态度,至少是与其本质特点有关。这个故事讲述了人的脆弱和悲伤,也讲述了人的力量和欲望。

我的任务是描述出现象的这一面,同时证明一些现有理论的错误。对于人类对痛苦的强烈欲望,其本质非常复杂,我相信未来的研究会发现其中的其他特点。或许,研究还会得出更为令人吃惊的心理学结论,并继续击碎那些被认为是理所当然的错误观点。真相比科幻小说更为奇异。

Of Love and Lust
On the Psychoanalysis of Romantic and Sexual Emotions

Theodor Reik

现代社会
与人
名著译丛

爱与欲（下）
——对浪漫和性欲情感的精神分析

[奥地利]西奥多·赖克/著
杨雨红/译
陈维政/校译

贵州出版集团
贵州人民出版社

主　　编／陈维政

副 主 编／刘小枫　陈维纲　谢丹华

编　　委（以姓名拼音排序）

陈维纲　陈维政　成　穷　冯　川

胡继华　黄筑荣　刘小枫　孙　林

孙恺祥　王作虹　谢丹华　徐　陶

许泽民　杨雨红　查常平　周邦宪

责任编委／陈维政　黄筑荣

目 录

Of Love and Lust

第三部

The Unmarried

未婚者

第 一 章

怀恨在心

1

为什么在原始社会和半开化社会中,不存在大龄单身男女的问题?为什么我们没有读到过中国跟日本有大量未婚女性的故事?为什么在中世纪文化中没有出现这个问题?为什么在两百年前,甚至一百年前都没有讨论过这个问题?

其中一个主要原因肯定是西方世界的经济形势发生了变化,但除了工业革命之外,肯定还有别的原因。婚姻的本质是一种制度,一种人际关系的表达方式,这方面一定发生了一些变化。婚姻与以往不同了。对于现代人来说,他们最明显的观点是:婚姻是一件私事。适龄青年可以自由选择是否结婚、自由选择结婚对象。而以前并不是这样的,甚至在一些其他的文化模式中,现在都不是这样的。

在原始社会中,婚姻不是私事,而是家庭和群体的事务。婚姻不仅要经过氏族或部落的允许和决策,还要经过他们的裁定。青年男女如果自发走入婚姻,那将是骇人听闻的事,乃至更甚。

对澳大利亚土著①来说，跟男人私奔的女人和妓女没什么两样。对于没有经过家族商定的婚姻，希达察印第安人会冠以污名。对于海达族人来说，如果婚姻不是由父母安排的娃娃亲，那么就是不合常规的。一个西非黑人曾在法庭上宣称："要是一个人的父母因爱而结婚，那么他就是个杂种。"对于帕陶迪州的马来人来说，这样的婚姻是不合法的。对于所有原始社会来说，都是如此。

很多文明开化的社会也同样认为，婚姻是一桩家族事务，不是个人事件，也不是浪漫之爱修成正果。罗马人的婚姻在本质上是一种家庭契约。据古典学者和考古学家卡尔·穆勒所言，在古雅典，"没有一桩婚姻是男人爱上了一名自由出身的女人，因为爱她而娶了她"。任何人都可以在他所选择的时间与他所选择的对象结婚是一个现代的概念，这对当时的希腊人来说是完全陌生的。

法国在近代之前，婚姻也是由父母安排的，而且通常在女孩还没有见过这名对象之前就安排好了。婚姻是家族事务。在意大利的贵族家庭中，婚姻就是纯公事，由两个家庭共同处理。许多新郎新娘在结婚当日才初见对方。类似的习俗在西班牙、葡萄牙、俄罗斯和其他欧洲国家非常普遍，而且不仅限于贵族圈层，在各个阶层中都是如此。在东亚和印度大部分地区，这种情况现在都很常见，甚至在孩子很小的时候就定亲了。

对我们来说，婚姻是与情感相关，而在上述的社会中，婚姻与

①以下人类学描述材料主要取自劳勒·布里佛非常有趣的著作《母亲》三卷本，麦克米伦，1937。

经济因素相关,是一种权宜之计。选择女性对象不是因为她们年轻貌美、感情热烈或优雅大方,而是因为她们身强体壮、吃苦耐劳、生育能力强,或是有利于增加家族财富、提升社会地位或政治势力。双方是否互相吸引与婚姻无关,婚姻只考虑实际的因素。

在原始社会和半开化的社会,几乎没有老处女这个问题。性关系是与婚姻问题相分离的,属于另一个领域。对于未开化的人来说,他们几乎不会意识到婚前有何种压抑,所以爱这个问题与他们对伴侣的选择无关。对于原始部落的婚后生活而言,也并不存在我们所说的这种爱。丈夫和妻子通常分居生活,也不在一起吃饭。女人之间不会互相比拼美貌和魅力。与我们时代的女性相比,她们非常缺乏女性气质。她们受到的教育是:要吸引男性,就要当好劳动者、主妇、厨师和母亲的角色,而不是靠外表。

在两性关系中,爱情是一个相对近期才出现的元素,在妻子仅仅被视作劳动者而非性对象的岁月中,这个概念是不为人知的。在人类进化的低级阶段,女人之间的区别仅取决于她们的经济价值。

随着农耕时代和工业时代的到来,女人作为劳动者的价值在降低。随着经济形势的改变,女性的地位发生了天翻地覆的变化,婚姻的属性也随之发生了改变。女性的相对经济价值在减少,而性价值在增加。

随着女性身份的变化,男性对婚姻伴侣越来越有选择性,会基于个人喜好做出选择。随着经济形势的改善,女人有了更多的时间和机会来培养女性的魅惑之术。

文明的进展也体现在同性别成员之间的差异的不断扩大。

男人会选择这个女人，而不是那个女人。浪漫情爱给现代社会带来了各种强烈的情感，这些情感都是源自想象力，这个魔法将男性粗俗的性欲变得文雅起来。爱情这个新的因素成为了择偶时最重要的因素。

在没有浪漫情感和个人偏好的时候，人类也相当愉快地度过了几十万年的时光；而现在，它们使得男人和女人没来由地快乐和悲伤。对于我们的年轻女孩来说，爱情几乎是择偶的唯一标准，而对于年轻男人来说更是如此。在我们的社会中，爱情通常足以决定一个人是单身还是已婚。如果已婚，则是爱情决定了他结婚的对象。

我们回顾了婚姻制度，目的是说明婚姻的本质发生了根本的改变。当然，这种根本性的改变有好的一面，也有坏的一面。新的价值体系要获胜，就必须要丢弃旧的价值观。我曾听弗洛伊德说（那是在他去世的前几年，他已是听天由命的态度），在他看来，我们的现代文明只剩两种价值——金钱和女人的美貌。我们以为，战后社会的美丽新世界会证明他错了，但人性的特点是，总会依据内心的愿望和期许来描绘未来。

终于，我们到达了当下的心理学时代，我们面对的是其中最为有趣的现象之一：两性的相互吸引。

这种吸引的生物学本质无需再过多强调，性冲动是一种有机体的需求，男人和女人都听从它的指挥。这一点由于过于明显，使得现代心理学，尤其是精神分析，并不把爱情作其他解释。这个很晚才进入人类进化过程中的新现象，仅被视作更为古老的原初需求的衍生物。弗洛伊德宣称，爱情的起源和本质就是性欲

(sexuality),是身体满足这个目的受到抑制的性欲。精神分析的新见解证明了弗洛伊德的观点有误,并逐渐形成了另一种关于浪漫爱情的理论。

这套理论的出发点不是爱情盛开的时期,而是在爱情出现之前的时期。它探讨了爱这朵珍贵且迅速凋零的花朵到底生长在什么样的土壤中。下面,我简单描述一下浪漫之爱的发展过程,更详细的内容,请见本书的第一部分。

在一个人遇见他爱的对象之前,他处于某种心理情绪中,这种情绪使得他(或她)就要陷入爱河。其中最重要的一点,是内心一种对他自己的不满,多数情况下是无意识的,这种隐藏的自我厌恶常常会被移置,表现为对他家庭、职业和环境的不满。这些情绪深深扎根于他的亲密关系史之下。

我们每个人都在儿童时期和青春期早早地描绘过自己想成为的样子。我们把这个愿望中的形象称为自我理想。同时,我们每个人对于自己的真实形象也有一个模糊、无意识的概念,并且我们富有批判意识,会一直衡量真实的自己和自我理想之间的差距。显然,这个理想形象的诸多特征都来自我们的榜样——父母、老师以及其他我们想要成为的人。如果我们集合了这些特点——拥有这些仰慕对象的迷人外表、聪明才智和天赋异禀,我们就心满意足了。在无意识中,我们觉得自己满身都是缺点和不足,因而形成了对自己的不满,推动我们去寻找我们以外的自我理想。我们渴望有一个更好的自我。

在这样的心理基础上,我们找到了一个人,这个人似乎拥有我们所不幸缺失的所有优秀品质。与我们相反,这个人显然是自足自满的。这个人若是异性，那么性冲动就为我们指明了道路。男人会觉得她就是自我理想的化身，会嫉妒甚至是仇恨她（在浪漫中的这种无意识仇恨元素具有重要的心理学意义），最终会屈服于她强大的吸引力，坠入爱河。

对自己的不满让位于一种狂喜的情感，因为爱的对象取代了自我理想的位置，自我理想似乎已在被爱的人身上实现，那么将对方纳为自己的一部分，我们的自我理想也就实现了。这种自我厌恶的程度越深，爱的对象唤起的激情也就越强烈。这甚至与被爱者的真实品质和魅力无关。因而，在浪漫意义下的坠入爱河有着一种拯救的属性，它把那些日益受不满情绪侵害的人带到情感上的安全之所，就像快要溺水的游泳者再加了一把劲，终于上岸。

这种威胁着个人的抑郁可能有多种成因，也可能发展为深度忧郁，就像年轻的罗密欧因罗瑟琳的拒绝而自信心受到重创。在失望之余，他爱上了朱丽叶。而正是这种深度忧郁和自我憎恨在无意识中再次出现，才使得这对情侣的感情走向了致命的结局。

浪漫爱情是因对自我不满而试图拯救自我的一种尝试，但不能保证这种尝试一定会成功。它通常会失败，不是因为选择的对象不恰当，就是因为自我太过脆弱，无法在他人的爱中感到安全。

在浪漫情爱的过程中，嫉妒、敌对、占有欲和征服欲并没有消失。它们只是沉入水底，有时会以惊人的方式再现。

在浪漫情爱的发展过程中，有许多因素决定着最终结果。如果我们对自己感到完全满意，那么是不可能出现浪漫之爱的。但如果自我太过脆弱，也同样不行，因为自我会极度不相信自己，以至于不敢去寻求幸福。

必须在一定程度上恢复自尊心(self-esteem)并自我尊重(self-respect),否则一个人是无法去爱的。如果一个人认为自己不值得被爱,那么他或她也无法去爱人。只有当一个人又再次以某种方式喜欢上自己,或是至少在一定程度上尊重自己,那么他才有可能将爱给予另一个人。早在精神分析学产生之前,尼采就写道:“对于自我憎恨的人,我们都应该怕他,因为我们都可能成为他报复的受害者。因此,我们必须要确保的,是我们要诱使他慢慢地爱上他自己。”

日常经验告诉我们,女性通常能成功地治愈这些自我憎恨者,使他们能够再次去爱。

吸引异性的能力在很大程度上取决于一个人的自信,因为对于自我不满的人来说,这一点很有吸引力。在这个意义上,我禁不住要称赞一个年轻女孩的心理学见解。在精神分析过程中,她说出了惊人的话语:“当我不修边幅时,我恨所有人。”

另一名患者曾说:“一个得了银屑病的女孩是无法去爱的。”她的意思很明显:当一个女孩患了这种皮肤病,她对男人就没有吸引力,她也不敢期望奇迹会发生。

“我不是一个能够陷入爱河的人,”第三名患者说,“在开始前,我就已经被击垮了。”

在能和伴侣一起生活之前,你必须至少能和自己和平相处。要想其他人对你有较高的评价,你首先必须要有一定程度的自尊。通常,对于她所爱的人,女人会完全依赖于对方的评价。我认识一个女孩,在她订婚期间,每当她的未婚夫对她表示批评,她就会感到强烈的自我憎恨。“我与他绑定得太过紧密”,她说,

“他衡量了我的价值,决定了我的安全感。当他对我不满意时,我就对自己深恶痛绝。”任何人都不应该对他人的意见如此依赖。

男人对女人的选择也是基于女人的自我评价。一个认为自己没有价值的女人,男人也不会为她花费时间。只有当你确定你有东西可以给予时,你才能够接受爱。在无意识中,女人对这一点心知肚明。她们知道,当她们不喜欢自己时,她们是没有吸引力的,而做自己是需要勇气的。

另一方面,被爱的感觉能提升一个女人的自尊。她需要一个男人,不是因为她想去爱别人,而是因为她想要被别人需要,想要被爱。“她一定是悄悄订婚了”,一个女孩谈及另一个女孩时说道,“因为她看起来那么自信。”

女孩们知道,她们爱的男人代表了她们的自我理想。“我恨他”,我听一个女孩在谈及她爱的男人时说,“因为我在他的人生中并不重要。”一个对自身性别不太满意的年轻女人陷入了爱中。“当我在他身边的时候”,她说,“我失去了想成为男人的所有欲望,因为他完全就是我想成为的那种男人。”女人想要为她们的男人感到骄傲,因为对她们来说,这些男人就是她们自身性格的延伸。

因此,配偶的选择是一种无意识的自我评价。听上去或许很奇怪,但是自我评价过高和过低都会导致同样的错误,因为在我们的无意识思维中,相反的两极可能互相替换。一个女人拒绝了她的追求者,因为她认为,她的白马王子会骑着白马来迎娶她。她的自我很脆弱,非常需要丈夫这个人选来帮她树立信心。“如果我成不了一个特别的人,至少我想要得到一个令人钦佩的男人。”这样的女人如是说,其中隐藏着自私的目的。另一方面,女人通常因为她们自认为无法达到男人对她们的期望或理想标准，而拒绝男人。

对配偶的选择基于对自己的评价这一点，甚至会变成有意识的。某天，一个女孩突然对自己的心理过程有了一些见解，就像在精神分析过程中经常发生的那样。“当我兴高采烈的时候”，她说，“我想嫁给温莎公爵或是克拉克·盖博[①]。当我情绪低落的时候，我就只想选择一个来自东区的文盲移民或是一个无业游民。当我情绪正常时，我想找一个健康正直又关心我的男人，他要有体面的工作，还要有个好性格。”

不是所有女人都像这个女孩一样直率。很多女人在跟自己捉迷藏。在两次连续的精神分析会谈中，我听到两个截然不同的女人表达她们对婚姻这个念头的反感。第一名患者是位23岁的女孩，她说每个女人都不得不降低对丈夫的要求，最终导致这变得无法忍受。她对异性进行了长篇大论的抨击，结束时她说：“叮当，叮当，还好我单身。”第二名患者是位37岁的女人，有过一些不快乐的爱情经历，忍受不了要依附于男人意志的想法。她得出的结论，是自己不是生来给男人当出气筒的，因而，她说：“我的婚礼钟声是不会敲响了，我为我的自由而高兴。”

在这里，不需要精神分析学家来评估她们二人所引用的民间诗歌质量如何，但他可以评判这些诗歌所表达的感情是否真诚。这些诗句阐明了安慰机制的本质：我们受挫时，都会激活这种机制。两名患者想要的东西和所有女人一样：一所房子、一个丈夫

---

①Clark Gable(1901～1960)：美国电影男演员。——中译注

和孩子。

人的天性会让一切伪装都无处藏身。

上述内容表明了我们的浪漫交响曲的主题。

首先出现的是一支简单原始的曲调,讲述了古老的未开化社会中,婚姻的意义和它的一些变体,为此后的改变打下了基础。这个粗陋的主题逐渐让位给更为文雅的主题,它在发展过程中变得甜蜜温柔,成为浪漫情感的主题。在一定的时间里,这两个主题并行不悖,直到一支新的曲调出现,它不断扩展,表现出其所有潜力。从另一个源头出现的不和谐音调与主旋律不断对抗,时而被淹没,时而再现。它们是不屈不挠的暗流,因为它们代表着他或她与自我的不和。我们的乐曲主题是以此为出发点,实际上,这个乐旨是关于挫败的。

我们说过,浪漫爱情是源于对自我不满的心理,是一种情感上的尝试,目的是战胜这种自我损害的倾向。这个拯救行动是由人内在的其他力量完成,自卫和勇气也同样来自这些力量。自我的高要求在自己身上无法实现,于是,自我在他人身上寻求目标的达成,这个人现在成为了自我理想的化身。

只有对自己不满的人才会陷入浪漫之爱,啊!这种爱给了他一种兴高采烈而又稍纵即逝的安全感。只有敢于与自我不满和自我厌恶作斗争的人才会陷入爱情中。必须要有少量的自信尚存,否则浪漫之爱不会形成。只有勇敢的人才能挣扎着去爱。

2

过去35年间,我在欧洲和美国的精神分析工作和比较观察给我留下了这样的印象，总的来说，女人对女性群体的评价比男人对男性群体的评价低。这种区别不可能源自生物学差异，而一定是反映了社会环境的评价。任何一名精神分析学家，只要用第三只耳朵倾听过女性对自身性别的诚实自由的看法，就不会否认她们对女性的评价低得令人吃惊。这几乎就是一种偏见，而不是一种评价，进而让人将其归因于男人的自负而引起的自卑感，或是由于与男人的竞争而导致的不足感。

法国哲学家尚福尔在两百多年前写道："不管一个男人对女性的看法有多糟，女人对女性的看法只会更糟。"斯塔尔夫人①曾说："幸好我不是男人，如果是，我就不得不娶一个女人。"这种对于自身性别群体的蔑视在男人中是很罕见的。

如果女性自身都对不得不迎娶女人的可怜男人感到遗憾，那么她们还能期望男人作何反应？尽管男性可能会经常全心全意地站在斯塔尔夫人这一边，但好在他们的这种看法只停留在理论或笼统的层面。这种抽象的对女性的轻视以及对女性弱点的取笑，并没能成功阻拦男人与女性中的一员结婚。

在精神分析中，女性敢于表达她们的真实看法，我们常听到女性说："男人为什么要结婚呢？他为什么要努力工作来养活我们，还让自己一生都受到束缚？如果我是男人，我绝不会结婚。我会处处留情，纵享人生。"

"永远不要小看女性的力量。"这句警示本来是针对男性的。但在心理学事实的基础上，应该把这句话一次又一次地对女性自

①Madame de Stael(1766～1817)：法国评论家、小说家。——中译注

己说。

然而,女性已然认命了。她们没有意识到自己的力量,她们叹息“这是个男人的世界”,但她们忘了补上一句,“推摇篮的手统治这个世界”。

女人对于自己和女性群体的这种灰心丧气的看法,常会以惊人的表达方式出现。在一次精神分析会谈中,我听到一个女孩谈及她的未婚夫,二人在前一天一起参观了一个科技展:“查尔斯对我实在太好了。他回答了我所有的问题,就好像这些是真正重要的问题,而不只是女人会问的傻乎乎的问题。”

当然,我知道,大多数女人都会把这种不足感精心隐藏起来,并常以骄傲来过度补偿,任何一个人都明白这一点(我的职业经验告诉我有时也不是每个人都知道)。然而,只有当一个人很脆弱时,才会变得自尊心十足,这种骄傲和敏感的组合很具有启发意义。

不可否认,现代女性美丽的心中有根刺,就因为她是女人。我的观点是,这根刺不是装饰品,而是耻辱的标记、是不安全感的象征。

很典型的是,男孩十年后的理想几乎总是男人,而女孩十年后的理想不是女人,也是男人。100 名女大学生中有 18 名说,她们更想当男人。40 多年前,一名学究型的教育者得出了一个结论:除非这种趋势得到改变,否则我们将生活在只有女性性别,没有女性性格的时代①。这种趋势没有改变,相反,女人对男人的认

①转引自斯坦利·霍尔《青春期》第 2 卷,第 619 页。

同感还在进一步增加,还看不到转折点。

现代女性对自身性别的沮丧看法不仅导致了她们对男性群体的评价过高,还在一些时候,由于一种奇怪的迂回路线,导致了对具体男性追求者的蔑视。就好像如果他如此高度评价一个女人,他自身的价值就不可能高。在精神分析中,具有受虐性格的女性通常会抱有这种态度。她们的态度在一定程度上会让人想起曾在维也纳流传的一件轶事。两个男人经常在一间咖啡馆下棋,有时,棋局会伴随着激烈的争论。在一次争论中,一个男人诋毁对手道:“喂,那你坐下来和我这种人下棋,你又好得了哪去?”

许多年轻女人的悲剧,是对自己的性别感到不满,更加悲剧的,是这个情况无法被改变。弗洛伊德就此将拿破仑的一句话改为“解剖学构造即宿命”(“Anatomy is destiny.”)。矛盾的是,许多女人既轻视自身性别,又蔑视男性;同时,这并不影响她们有意识地想成为男人的愿望。尽管实际上别无选择,这个矛盾依然存在。

一个成熟有修养的女人在精神分析过程中不遗余力地向我证明男人是多么一文不值。每次说完关于他们低人一等的事迹,她就会加一句“男人也算人吗?”这个问句,像歌曲的副歌一样次次出现,听起来像是她绝不可能跟她如此鄙夷的这个性别群体有任何关联。然而,这位女士有过多段恋爱关系,最终还结婚了。如果你得不到你想要的(在这个案例中,得是个超人才行),你就要安于接受你所能得到的(在这个案例中,是个挺像样的男人)。顺便提一下,这名患者常意识到自己想要成为男人,她将这个愿望追溯到儿童时期跟兄弟们之间的竞争关系。“我受够了当一个中性人(neuter)。”她抱怨道。

这种记恨也有不同的方式,通常是无形的。对男人的敌意就是这样一种隐藏的记恨。问题不再是你是否喜欢这个男人或那个男人,而是你是否喜欢“男人”。最近,一位敏锐的观察者发表了一篇名为《美国女人不喜欢男人》的文章。作者是一名在美国生活多年的欧洲女性,修养很高,她所阐述的关于女性群体的大部分见解都可以被精神分析学家证实,当然,是有所保留地证实。这种对男人的不喜欢仅仅是在男性或女性受众面前哗众取宠,这不是一种信仰,而是一种假装。有时,这就像是吸引男人的老伎俩,目的是引诱男人变得像《驯悍记》①中的彼特鲁乔一样。可惜啊,这种诱饵往往都是徒劳无功的。喜欢男人的女人几乎可以说是源源不断的。

当对男性的敌意显得相当真切时,其实只是无意识自我厌恶乃至自我憎恨的心理表达。

对男性的仇恨是女性自卑感的表现。这是用厌恶异性取代自我厌恶的结果。旧的主题在这里又以新的变体形式出现,且带有反抗的色彩。我的一名患者宣称:“我已经受够了等待,等着出现一个男人用他的爱让我相信我并不低人一等。”这种抗议是反对等待的“不公平”、反对我们文化模式中女性的整体角色,通常表达为:“为什么我要坐等一个男孩来追求我?”

然而,这些厌恶男性的表现,在实际的情感生活中并没有帮

---

①莎士比亚戏剧《驯悍记》讲述了彼特鲁乔成功地让富家女凯瑟琳娜成为一位“失去自我”的温柔妻子的故事。——校注

助。男人总是自视甚高，而老生常谈的建议仍然有用："你要想被爱，就去爱。"此前老是重复"男人也算人吗？"的女患者在订婚后吐露心声："你知道吗？你是不是一个迷人的女郎并不重要。告诉你一个关于男人的秘密。只有对他们表现出好感，你才能得到他们。"后来，她若有所思地补充道："要他们，也没什么用。但没有他们，会更糟。"我不知道这是否可以被解读为她情感上的进步。

在我们的文化模式中，女性不安全感的另一个标志，是过度看重外表，夸大美貌、服装和饰品的价值。在女人的思维中，就好像美貌是唯一吸引男人的东西一样，就好像魅力、善良、优雅、善解人意、情感细腻都没什么用。确实，女人的美貌令人钦慕，但这很少成为结婚的原因。我们常常看到男人选择具有其他品质的女孩，而不是那些美丽出众的女孩。《灰姑娘》不仅仅是一则童话。精神分析学家常听到女性患者的奇怪言论，她们夸大美貌的价值并自我贬抑，因为她们认为自己并不美丽，并且对于某些身体缺陷过度在意，把它们视作致命缺陷。

"我不能去滑冰，因为我的脚踝很粗。"一名患者说。另一个女孩跟一个小伙子度过了一个愉快的夜晚。她想到马上就要互道晚安、转身离开了，那么他就会看到她并不美丽的双腿。于是，突然，她变得冷冰冰的，对他很唐突。一个女孩对她的朋友说："你有穿泳装的资本，我的身材可去不了沙滩。"另一个女孩得出的结论是她必须解除婚约，因为当她在镜前审视她的裸体时，她确信"如果他看见这样的我，他肯定不会想跟我一起生活了"。一个虽然不瘦，但挺有吸引力的女孩说："你知道胖人的世界是怎样的吗？你不会出去跳舞，而是会待在家里，而且还要自欺欺人地装作自己并不喜欢跳舞。”这样的女人所感受到的挫败感通常令人怜悯，但对男人来说是难以理解的。

出众的美貌是个诅咒。最美丽的女人在人心中激起的倾慕之情只会逐日消减，就好像她们的美貌以某种方式阻止了结晶的过程，而司汤达认为，这个过程对于浪漫之爱的形成不可或缺。在《论爱情》中，在论及特别美丽的女人时，他说：“一个人越是广受仰慕，这种仰慕就越是短暂。”不美丽但具有“魅力”的女人会给人留下更为深刻长久的印象，虽然这种印象不是那么强烈。仅仅是给男人施以魔咒还不够，这个魔咒还必须持续发挥效力，不断增强效果。

实际上，女人在爱中的任务是双重的：得到男人、留住男人。只完成了第一个任务的女人其实失败了，不管她承认与否。老话不能反转，说“美人才能配英雄”是不对的。

许多女人都为一种迷信所苦恼，她们认为不能表现出对男人的喜欢。她们有一种无意识或有意识的恐惧，即一旦向男人表现出喜爱之情就会被他们抛弃。但极度的克制使得许多女人失去了与男人相处时自然自发的态度。许多被误导的女孩总是会担心，一旦她勇于做自己，男人就不会留在她身边。她觉得，他会如梦初醒一般，发现她是如此的平庸、无趣、不值一提。他会意识到：“我其实是多么的愚蠢和心胸狭窄。”她觉得她会失去他对她的尊重，因为他会发现她没有什么特别之处，继而会去寻找一个更加迷人的女孩。

“只有在没有爱上对方的危险时，我才能完全自然地与男人相处。”一个年轻女人如是说。一旦她对某个男人产生了浪漫之情，她就确信对方会对她失去所有兴趣。另一个女孩通过精明的自我控制来避免泄露她的秘密：她喜欢她的一个仰慕者。“如果让他知道，哪怕是以很微妙的方式，”她解释道，“都意味着我在冒险，他会离开我。”

聪明的女孩心中更明白。有一天，我在漫画中看到了这样的女孩。两个女孩对另一个女孩和一个年轻小伙子的交往评论道：“我敢肯定他爱上她了。她每天都给他打电话。”

“我没什么可给予对方的。”这一主题以各种各样的变体反复出现，表达的是情感上的不足感。在这种自我怀疑中，对于未来的所有焦虑都浮出水面：

(1)他值得一个更好的人来让他快乐。

(2)我达不到他对我的期望。

(3)当我总是在他身边时，他很快就会对我感到厌烦。

(4)对他这样的一个男人来说，我算得上什么呢？

(5)他很快就会发现我的虚伪，除此之外我什么也没有。

许多女人都经历过这种担忧，害怕以后被识破，害怕被发现自己的不足，但她们都摆出一副过度自信的外表，这不过是在拙劣地掩盖脆弱的自我，法国人称之为“遮盖旧衣的外套”。这种担忧几乎涉及所有的身心特质，使得女人在她们想要吸引的男人身旁时，无法做她们自己。通常，当这样的女人发现她的真实缺点或是想象中的短处时，会变得惊慌失措。于是，她觉得，她的社交魅力只是一种可怜的替代品，并不是真正的热情；她觉得，她的交谈浅薄，性格肤浅，不值一提。她害怕当男人发现她是个“失败的女人”后，会嘲笑她或是对她失去兴趣。

“我不漂亮,也不聪明。我不敢和他探讨严肃问题,因为我会暴露自己,他会发现我是个骗子。我能做的就只有树立一个虚假的形象。”她心存的希望,是男人会爱她,不是因为她是这样,而是尽管她是这样。她觉得自己配不上他,她惹人怜悯的告白是以这样的话语结尾:“我没有什么可取之处。”这样的自我贬抑自然是需要防御机制的。

在我们的文明社会中,许多女性都明显具有这种想要失败的意志,尤其是在她们与男性的关系中,她们想要毁掉自己的机会,想要遭受挫败。

精神分析研究已经揭示了:这种情感态度的起源和特征;如何在个人的生活历史中搜寻它的动机;诸多情感因素的结合与协作如何导致了受虐癖这一典型结果。这里不是呈现这些发现的地方。但是,有一些受虐癖机制是属于我们当下这个主题的,因为一些女性在面临结婚这个可能性时会运用这些机制。

我们已经讨论过,在无意识自我挫败的形成过程中,自我怀疑、自我批判和自我厌恶发挥了主导作用。这些特征有时是有意识的,但通常个人都不自知(包括它们的存在及其情感效应);它们在个体中隐秘地发挥着作用。精神分析经验显示,我们可以从它们的情感效应反推出潜藏的情感动机,继而就能了解这些特征。

如前所述,我们较为熟悉的机制之一,是女性将其具有受虐倾向的自我怀疑移置到男性身上。不仅他的品质会被贬低,她甚至会怀疑自己对他的爱。她质疑她是否能从想要娶她的男人那里获得幸福。她批判他的举止和性格,对他吹毛求疵,问自己是否真的喜欢他。通常,她会因为不确定自身的喜爱之情是否真实而深受烦恼，继而开始测试对方，使得男人要经受难以捉摸的精神折磨。她会突然变得冷漠，看上去充满了顾忌和犹豫。当然，在许多情况下，对男人的怀疑是完全有理由的，但每一位有经验的精神分析学家都能发现，其中包含的过度的怀疑成分。

这种无意识的投射在我的一名患者身上体现得淋漓尽致。一个年轻女孩突然开始质疑她的订婚对象是否对她来说年龄太大，她是否会厌烦他，她是否会对他忠诚，是否他比其他男人好，诸如此类。当我们分析了这些怀疑的本质后，短时间内，这些怀疑就改变了方向：她现在开始问自己，是否她对他来说太过幼稚，她是否有足够有趣的事情可以给他分享，他以后是否会喜欢别的女孩。她常给他唱《不要困住我》这首流行歌，在交谈中，她也常引用这个歌名。她担心他会危及她的独立性。

精神分析显示，这个女孩确实有理由担心自己的占有欲，担心自己有倾向要限制男方的自由决策和行踪。

这些疑虑就像夏日晴空里的云朵，来来去去，很容易驱散。但它们也可能变得非常严重，以至于危及与男方的关系，最终导致失败和挫败感。这种效果清楚地说明了女性内在无意识受虐倾向的力量。

在这类案例中，·种特殊的机制是“向前逃避”。·个人对她所想要避免的危险非常惧怕，以至于她会疯狂到去做她最为恐惧的事的程度。我来描述一个有代表性的案例。一个年轻迷人的女孩跟我说，她与所有男人的交都走向了同一个不幸的结局：追求者离开了她。这些形形色色的男人，性格不同、境遇不同，但她的情事却总是殊途同归。当男人被她吸引，开始追求她时，她会缓慢地予以回应,逐渐感到倾心于他。这段关系变得更加热切,男人宣告了他的爱意。在犹豫之后,她跟他订婚了。

然后,总是会发生一些意料之外的事。她会跟他因为琐碎的事而陷入激烈的争吵;或是发现在几年前,他与自己的朋友曾经恋爱过;或是觉得他忽视自己,没有每天给她打电话;或是她不得不外出旅行,看上去是要和他疏远,诸如此类。总会发生什么事使她突然悔婚。从来不是男方想要离开她。她自己主导了关系的破裂,却让男方为此负责。

显而易见的是,一切结果都源于她自身无意识的作为和不作为。一旦面临婚姻的“威胁”,她会在无意识中尽全力去使自己受挫。只要婚姻生活(有个家,有丈夫和孩子)停留在白日梦中,她就能享受这个前景。当这些目的即将实现时,内在的阴暗力量就会迫使她做些什么,使其无法实现。

在对她进行精神分析的初期,她并不想承认就是自己在幕后安排了自身命运的舞台监督。通过患者对过往经历的叙述,以及观察精神分析过程中发生的真实事件,精神分析学家对这类案例得到的印象是:患者的行为是被迫的。同样的经历一再出现,违背个人的所有意愿,不断重复发生,就好像一些外在力量决定了事情的走向,因而,弗洛伊德有理由将上述现象命名为**强迫性重复**(***compulsion of repetition***)。他断言,多数人在无意识倾向的命令下行事时,都会被迫重复同样的经历,就像他们受控于极权体制之下。

另一个案例表明,这种强迫性可能变得非常强烈,甚至常决定了向前逃避的形式。患者在幼时失去了母亲,在姨母的严厉管教下长大,而这位姨母又好像不怎么喜欢她的被监护人。进入青春期后，因为内分泌紊乱，女孩变得很胖。男孩们都躲着她。没人邀请她去舞会，即便破天荒地，她自己一个人去了，也只能当朵壁花。她对自己的平庸确信无疑，于是，试着通过大胆主动、言语粗野的方式来吸引年轻男人的注意。本来就没有母亲来教导她女性的言行举止，再加上对这位严厉姨母的厌恶，女孩的这种生活态度就变本加厉。她学会了把什么事都藏在心里，过上了一种双面人生。

我的这位女版杰克和海德现在快满二十六岁了。她第一次走入我的咨询室时，我看到的是一位很有魅力的自信女性。通过严格的节食，并服用了某些药物，她拥有了苗条的身材。但她与男人的关系依旧不断失败，失败的特点也非常明显。每当她认识一个不错的年轻人时，她马上就会用尽一切手段赢取他的心，几乎都是她采取主动。

结局总是一样的。男人轻易地征服她后，会对她感到厌烦，继而将她抛弃。她常哭泣，大部分时间她都用心良苦，但总会屈服于她的神秘动机。她堕过两次胎，也知道她把自己变得很“廉价”。

显而易见的是，她的行为受到无意识的强迫冲动的影响——她必须要说服自己，她是有吸引力的，她能够获得男人的喜欢和爱。她表面上的过度自信和攻势只是一层薄薄的面纱，用来掩盖她的不足感和伤心事——她没有被精心教育过，社交礼仪全无。我常惊异于她在精神分析过程中所体现出来的优秀品质：美好情感和人情味。尽管如此，她还是很难战胜无意识的自卑感，很难不去挑逗异性。

最后，所幸她重新获得了自信和自尊，尽管经历了不可避免的痛苦,经受了懊悔感和羞愧感,又或许正是因为这些过程,她这颗朋友眼中的“璞玉”被逐渐打磨光亮。

像这样的例子还有很多,很多女性虽然有意识地向往着幸福的婚姻生活,但心中的忌恨却决定了她们人生中的失败和挫败感。许多女性想要寻找配偶却受挫,其重要原因就是她们的不足感,尤其是无意识的不足感。当然,很多男性也存在此类情感,但它们呈现出的特点有所不同,在人生中的重要性也不一样。

我的任务不算太大,只是要使大家了解“阴暗角落的女士”形象。这样的女士比我们想象中还要多,甚至存在于那些社交名媛和魅力女孩中。她们都佩戴着这个秘密团体的隐形徽章,怀恨在心。

如果要人类不灭亡,为了人类社会的利益,必须要将人类关系的荒原开垦出来,培育出年轻的夫妇,来迎接新一天的黎明。

第 二 章

男性的婚姻恐惧

多年前,一名正在考虑婚配的患者给我看了一幅漫画,图上是一个小男孩与他的父亲在动物园,下面配了他们的对话。男孩问:“爸爸,驴会结婚吗?”父亲答道:“只有蠢驴才会结婚。”

上一章,我讨论了女性无意识的不足感及其在婚姻问题中的重要性。

要在男性身上找出不足感并不难,只是它们与婚姻之间的联系是什么?

一个女孩会怀疑她是否能在多年后“留住”她的男人,她是否有足够多的东西可以给予他,以后他是否会仍然觉得她性感迷人。男人的疑虑与这些完全不同。他们会对婚姻感到怀疑,但这是另一种的怀疑。男人也会没有安全感,但他们担忧的不是自身的缺陷和情感。显而易见的是另一个特点:他们在面对婚姻这个念头时,会有某种不情愿,每个男人在说“我愿意”之前,都必须战胜这种抵触情绪。

目前,我能回忆起许多案例的典型特征,那就是当男人面临结婚的可能性时,会明显地表现出这种不情愿。我记得上次听到一名患者谈及他的婚约,对象是一名迷人的女孩,他还谈到婚姻对他来说意味着什么。我将他的看法与一个女人在同种情况下会有的态度做了对比。

两种性别都对未来表达了疑虑,但有明显的不同。女孩埋怨自己没有个性,不知道私下和男方聊什么,自己知识浅薄,等等。男人的疑虑与个人素质无关,他怀疑的是他的经济状况是否能够养家,他是否愿意承担婚姻赋予的全部义务。最后他说:"我无法想象安妮将是与我同床共枕的最后一个女人。简直难以相信。"

我忽视了这个问题的一个关键部分,那就是婚姻恐惧是男人的天性。他们的问题不是该娶这个女孩还是那个女孩,而是他们是否应该结婚。如果女方是米洛斯的维纳斯和特洛伊的海伦的结合体,那么结婚还是不结婚,这确实是个问题。

女性和男性对婚姻的态度不同,这应该是具有显著意义的,这种差异不是仅仅基于社会学因素,还基于心理学因素。如果我们能了解这种差异,就能为两性心理的比较增添材料。显然,许多心理学家和社会学家都犯了一个严重的错误,他们在研究婚姻问题时,是从已婚夫妻的境况入手。

年轻男女在想到婚姻时,他们心中出现的希望和恐惧将在很大程度上决定他们婚姻的命运。两个人,决定在一起,直到死亡将他们分开,他们在头脑中都有过某些念头,怀揣过某些幻想,描绘过婚姻生活的状态。婚姻的结果如何,与这些期望是分不开的,与这些未来构想的实现和挫败是分不开的。

不可否认的是,男女对于未来的构想是不同的。在讨论这个问题的其他方面之前,我们必须从两性比较心理学的角度来探讨一下这个方面。我非常清楚,这种做法有些片面;但我觉得,只要研究者知道他观察的只是问题的一面,还有其他方面尚待解决,那么就没有害处。

婚姻问题有一个方面被大多数心理学家避开不谈,似乎揭示它是件危险的事。我们必须要面对这个问题。不仅如此,首先就应该指出这个问题。婚姻这个念头对于女人来说是很自然的,就像水之于鸭子一样;但对于男人来说,这个念头里则有一些格格不入的东西。男人是恐婚的。假设公鸭在第一次下水时是恐水的,那么这个类比就完整了。

洛根·克伦丁在他的著作《人体知识》[①]中给出了他的男性视角。这位医生说,男人"生来就是要游走于全世界,让一个又一个的女人怀上他的孩子"。要是拒绝承认这一点,或是试图用道德训诫来控制这种欲望,则是"荒唐可笑"的。唯一可以控制男性的是女性的常识,这个常识就是"将男人带入婚姻的殿堂或是婚姻的法庭,这是她的母亲和母亲的母亲传授下来的将男人紧紧留住的常识。"

只有在别无他法时,男人才会向婚姻低头,然后"终其一生想弄明白他为什么会这样做"。克伦丁强调,普通男人会用谎言、花言巧语、奉承话来使女人屈服于他,为了达到他的企图,他承诺会永远爱她。当目的实现,"他会立即准备好寻找下一个对象。要是说他为达目的不择手段,或是因使用了这些手段而骂他,那就像责怪花儿开放,责怪蜜蜂采蜜一样,太过天真"。简单说来,这

①第二版,p. 274,纽约,1931。

就是一种生物学事实。

我们来看看萧伯纳对此有何看法。在《人与超人》①中，坦纳断言："女人的要务是要尽可能早地结婚，男人的要务是要尽可能晚地结婚"。对于单身汉来说，婚姻是就"变节，亵渎了我的灵魂圣殿，违背了我的男子气概，售卖了我与生俱来的权利，是丢脸的屈服、可耻的投降，是接受失败"。对他来说，已婚的男人只有过去，而单身汉拥有未来。当安提醒他，如果他不想结婚就可以不结婚时，他回答道："难道有人想被绞死吗？他们至少可以打肿监狱牧师的眼睛，可他们还是放弃挣扎走上了刑台。我们实现的是世界的意志，而不是我们自己的意志。"

萧伯纳相信有一种神秘的生命力量，它不可抗拒地将男人拉入这个陷阱。科学无法发现这种生物必然性。当然，性欲并不与婚姻绑定。婚姻是文明社会施加给人类的一种制度，是人类在某些文化因素的影响下生物进化的结果。

许多人曾尝试将婚姻追溯到最为原始低级的人类社会，认为它源自男性对一夫一妻制的需求。著名的人类学家韦斯特马克博士甚至将婚姻的起源归于大猩猩，据一些旅行家所言，大猩猩之间是一夫一妻制。更为可靠的观察者指出，大猩猩中并不存在一夫一妻的倾向，这只是人类先入为主、一厢情愿的想法罢了。

韦斯特马克努力将婚姻的历史建构于原始社会，依循的是想象中原始人一夫一妻的本性。这种想法在维多利亚晚期得到了

①《人与超人》是萧伯纳的哲理喜剧，描写了青年男女约翰·坦纳与安的爱情故事。坦纳是安的监护人，思想激进，机智善辩。安有意追求他。他发觉后，逃到了西班牙，但安接踵而至，最后坦纳不得不屈服在安代表的"生命力"之下。——校注

认可和赞许，但却无法经受科学研究的检验。他试图将婚姻定义为：“男女之间相对稳固的联系，它的持续时间不仅限于繁育行为，而是会持续到后代出生之后。”①这种两性间“相对稳固”的联系自然可以用来描述一种非常短暂的关联。

人类学家很难在最原始的社会中区分婚姻和其他性关系。那时人的思维中还没有性方面的贞洁一说，婚姻自然也与性占有无关。据琼斯牧师所言②，古老的北美印第安女性是“以一晚、一星期、一个月或一个冬季的形式被购买的”。切罗基印第安人“通常一年会交换妻子三到四次”。早期观察者之一拉·胡坦说：“北美印第安人之所谓‘婚姻’，在欧洲会被称为一种犯罪关系。”③婚姻纽带，“如果可以这样称呼的话”，在俄勒冈部落里“是没有效力的”。④ 我们听说，对于塞米诺尔人来说，婚姻“似乎仅仅是两性间的自然交配，这种关系会因相关方的选择而终止”。⑤ 莫里斯神父说，对于阿撒巴斯卡部落来说，婚姻这个词是在传教士到来之前，对男女交往关系的误称，“同居一词更为合适”。⑥ 当你在这些早期的报道中读到一个男人可以随随便便结四五十次婚，你就会觉得这些印第安部落可能已经胜过了好莱坞的绅士阶层。

跟北美印第安人一样，在基督徒到来之前，其他大洲的土著

---

①《人类婚姻史》第三版，第一卷，p. 71，伦敦，1921。

②D. 琼斯，《两次到访一些印第安部族的日记》，p. 75，纽约，1865。

③阿尔曼·L·德·拉·胡坦，《新北美之旅》，第一卷，p. 456，伦敦，1735。

④乔治·吉布斯，《西华盛顿和西北俄勒冈的部落》，p. 199，华盛顿，1877。

⑤梅·麦康利，《佛罗里达的塞米诺尔印第安人》，p. 497，华盛顿，1877。

⑥A. G·莫里斯，《西方沙地及其礼仪习俗》，加拿大学会学报，系列三，第七卷，p. 121，多伦多，1890。

都将婚姻视作一种短暂的联系。这种联系有各种各样的形式，很难清晰地区分与婚姻无关的性关系、试婚关系和作为已婚夫妻的共同生活关系。①

研究原始习俗的现代学者都一致认为，婚姻并不是从来就有的，而是由部族或部落的首领或立法者引入的一种制度。韦斯特马克认为，婚姻制度深深根植于人类的本性中，而所有已知事实都与他的观点相左。在社会学家眼中，原始人仅次于天使，当他们在原始人中发现了一种原初的对一夫一妻制的本能需求时，他们就已经陷入了一厢情愿的思考。

真相是，从一开始，婚姻就与男人的本能相矛盾。他们必须克服内心强烈的抵触情绪才能走入婚姻，他们必须压制住内在的某些倾向，克服他们本性所赋予的激烈和独立的特性，才能接受婚姻。

如果真是这样，那么男人为什么会结婚，婚姻怎么会实现，为什么婚姻成为了一种必要的制度？这些都是有趣的问题，但现在不是讨论它们的时候。相应的调查必须要证明是什么经济或心理因素带来了这种改变，使得婚姻成为男性的必需品。

究竟是否是男性将婚姻引入原始社会，这种制度是否与大多数社会、法律制度一样是由男性创造，这仍然存疑。我想强调的是，婚姻从一开始就是与男人的性格不相容的，男人躲避着婚姻。不仅如此，他们害怕结婚。

只要男人年轻力壮、充满阳刚之气，从生物学层面来讲，婚姻

①劳勃·布里弗，《母亲》三卷本，纽约，1937。

就与他们格格不入。这在生物学层面与心理学层面相关联，男性心理对于安居一地是天然抵触的，他不愿意放弃他的征服欲和冒险欲。

一个男人，只要他还年轻，就想要自由，就不想安定下来，不想有固定的工作，不想要养家糊口。他就想要四处游历，挑战人生、征服女人；他总是浮躁不安，对他来说，追求幸福就是去见识新的事物、新的国度、新的女人。

要是有了妻儿，他如何实现这一切呢？“独行者走得最快。”士兵、水手、旅行家，所有登上危险征途的男人都必须是独行，唯一的职责就是实现他们的目标，或是到达他们的目的地，只与探险精神为伴。需要顾虑妻儿的人是无法有探险精神的，因为他会想到自己的命运决定了家庭的未来。

结婚意味着放弃冒险，不只在一个意义层面上是如此。结婚就是向青春期的心态告别。

有时，妻子们看到她们丈夫的一些别扭行为时，会容忍地叹道：“男孩总归是男孩。”她们不知道她们的男人在结婚时已经放弃了多少青少年心态，现在展示出来的不过是一点可怜的残余罢了，是他们青春期的一点遥远回响。虽然不是所有已婚男人都很成熟，但从长远来看，生活的压力还是足以使男孩们成长为男人的。

婚姻对于男人来说，不只是与心爱的女人幸福地结为夫妻。它还意味着职责与义务；意味着责任、努力和工作——是的，有时它甚至意味着只有工作，没有玩耍。男人内心的男孩想要玩耍，甚至他的工作对他来说都是某种玩乐。而男人内心的男人则越来越多地摈弃玩耍。如果他结婚了，他必须不仅要为他自己工作,而且通常首先要为他的妻儿工作。他必须要兑现诺言;他的整个教育(与他的本性相反)都是为了让他认真地负起责任。现在,我必须回归到两性比较心理学领域。当女孩想到婚姻时,她们并不害怕;已婚的状态就是她们的目的地。男人则很害怕。乍一看,这种恐惧看上去难以解释,完全不可理喻,就像女人看见老鼠窜过房间时产生的恐惧一样,让人无法理解。

男人心中的恐惧总会引起许多女人的好奇,而对婚姻的恐惧只是其中的一种。为什么在面对所得税征收员时,她们的男人会充满敬意?为什么她们的男人对街边的警察如此尊敬?

在这一点上,两性心理差异显著。对男人来说,警察是法律与秩序的化身;当他看着你,会让男人觉得受到了法律的注视。对于匪徒而言,也是如此,即便匪徒的目的就是反抗法律,警察就是他想要杀死的仇敌。对于罪犯来说,警察也是法律的化身。在男性犯罪集团的黑话里,就是用“法律”(“the law”)来指代警察。

在女人眼中,警察完全不是这种形象。他只不过是一个穿制服的男人,你会对他微笑,向他寻求一些必要或是不必要的帮助。面对警察,女人并不会充满反抗精神,也不会像男人一样把他视作权威,向他表示敬意。通过这个途径,我们可以更加接近男女对婚姻价值的不同态度。

对女人来说,婚姻是个合法性问题,是一种受到习俗和社会认可和批准的关系。对男人来说,与婚姻相关的联想是职责、义务和责任,是一个道德问题。对于女人来说,需要尽职责是因为社会如此要求。对于男人来说,这是来自上帝之女的声音,即便你是无神论者也无法忘记她。女人的行为常发自喜爱之情,而男人更多地是因为迫于职责的压力。男人的耳朵里总能听到义务、职责、责任这些词的潜在声音，女人却几乎听不到，就好像女人在想到善良、温柔和喜爱这些词时会感受到情感的暗流，而男人却无法察觉一样。

当然，我并非要断言女人不知道或不认可职责，而是我觉得在她们心中，这个概念并没有在男人心中那么高度神圣、不可置疑、不容亵渎。男人将职责视作无上权威，受其指引，而女人则想要满足需求，她们更常受到这种想法的引领。

男人在战争中做出过惊人的牺牲，这无需多言，但我想单举一例，一名法国飞行员讲述了他一位同事的社会生活。大家可以在《风、沙和星星》这本优美的著作中看到这些叙述。这本书的作者是圣－埃克苏佩里①，一名在战争中牺牲的飞行员。

吉约梅是一名航空公司飞行员，需要定期飞越安第斯山。有一次，他去了一周都杳无音讯，所有能找到他的希望都已经破灭了。（人们说，“冬天的安第斯山不会放过任何人”。）当他获救时，他第一句清晰的话语就是：“我发誓，我所经历的，没有人也没有任何动物能够撑过来。”他当时遭遇了风暴，不得不在雪上迫降。他在那里无助地躺了两天两夜，然后又走了五天四夜。当他被找到时，他已经双手麻木，无法动弹，双脚冻僵。

没有食物，没有工具，这个男人在几乎垂直的冰崖上攀爬，气温低至零下二十摄氏度。如果放弃，屈服于冰天雪地的宁静祥和，那么就是极乐，生命似乎在从他冻僵的四肢中偷偷溜走，他提

①纽约，1945。

前感受到了丢掉生命重担所带来的愉悦。

然后，他想到了他的妻子。“要是她领不到保险金，那她将身无分文。”他想到，对于失踪人口，七年后才会合法宣告死亡。正是这个令人难受的细节抹去了他其他的幻觉。如果他能够到突兀于雪中的那块岩石，如果他能将自己撑起来靠着这块石头，那么他们明年夏天就能发现他的尸体，他的妻子就能领到保险金。

他必须不时地停下来，把鞋子再割开一些，按摩他肿胀的双脚。他的心脏出现了问题，失去了记忆。但他拖着身体向前。他的那个想法一直在激励着他，半年后，他们会发现他的尸体；到时候，妻子就可以领取他的遗产。他的朋友讲述了这个黑暗的冒险故事，并用下面这些美好的话语总结道：“要成为男人，就是要负起责任。有人倾向于把斗牛士和赌徒看作真正的男人。人们颂扬他们对死亡的蔑视。但我丝毫不觉得这有任何价值。如果这种态度的根基不是对责任的接受，那么对死亡的蔑视则仅仅标志着灵魂的贫瘠或是年轻气盛的挥霍。”

常常是因为这种高度的责任感，因为无意识中预知到婚姻之于他们的意义，才使得男人们，尤其是优秀的男人们，对婚姻充满恐惧。

他们的征服欲、探险精神、对自由的热爱以及不稳定的性关系，使得他们回避婚姻这个念头。但真正令他们害怕的是：他们知道，他们必须要履行他们的义务，他们必须而且将会认真地负责到底。

他们害怕必须付出高昂的代价，这不是由外界权威强加的，而是源自他们的内心，不管他们情不情愿都得遵守，哪怕这意味着痛苦、死亡和自我毁灭。精神分析将人内在的这种无情因素称为超我。超我对男人的要求比对女人要高，而且更加严厉。即使义务没有得到履行，女人也很少会感受到这种极其严重的责任感和内疚感。

这种责任感也并不是只有优良公民才有。每个成了家的男性都有，包括那些没用的懒人。还记得利力姆吧，莫纳[①]戏剧中的那个粗野硬汉。当他不耐烦或是不高兴时，会毫不犹豫地痛打妻子。他们身无分文。此时，可怜的妻子茱丽告诉他她有了身孕。

这个蛮横的男人便出门袭击了一名收银员，事败后，自杀身亡。虽然总的来说，他一无是处，但他仍然觉得应该供养他的妻子和即将到来的小孩，萦绕在他脑海中的是男人应尽的责任，他会为此坚持到最后一口气，这就像圣人头顶光辉环绕的光环一般。

我认为，女人并不能深刻理解男人心中责任的意义。否则，她们就能更好地理解是什么让男人害怕结婚。

对于那些不想结婚的男人，很容易被人谴责为自私、自我、轻率，甚至被人责怪没有尽到群体内的责任。男人自己通常会承认这种自私，我曾听到一名屡教不改的单身汉说道："另一个男人的女儿，跟我没有丁点儿亲缘关系，我为什么要一辈子供养她？"

我曾听过一些男人虚张声势，为他们保有的自由感到骄傲；但我在他们的声音中也听到了隐藏的恐惧，他们担心如果结婚的话，会完全受制于他们的过度认真，受制于他们对自己的严格要求。

女人应该理解这一点，并安慰男人，而不要去强调结婚意味

①Ferenc Molnar(1878～1952)：匈牙利小说家、戏剧家。——中译注

着更多的职责和责任。目的不是要让他完全放轻松,而是要让他稍微轻松一点,要安慰他,让他相信他有足够的能力应付必要的一切,让他明白已婚的生活不只是更重的负担和更多的责任,而是共同分担责任,让他知道他的身边会有一个有力的伴侣,非常乐意与他共同担起重任,最重要的是,这个负担并不会像他所预期的那么重。

一个年轻男人在得知妻子怀孕之后,立即来找我咨询。他觉得未来一片愁云惨淡,贫困凄惨就在眼前,他非常忧心,因为开支会不断增加,而他挣钱的能力有限。他第二天再来的时候,情绪好多了。他说,他的妻子说服了他,养个孩子在头两年几乎不花什么钱。她这善意的谎言之所以能够成功,是因为他也想被说服。

比起对财务稳定而感到安心,他更需要得到的是精神上的支持。他需要妻子确确实实相信他的能力,对他有信心。他肯定知道,妻子说的话是善意的欺骗,但现在他可以更有勇气去面对未来。我向这位如此了解她丈夫的年轻女士表示敬意。

"如果我是结婚的类型,我就会向你求婚。"

"在这种情况下,一个女孩该说什么呢?"一名年轻的患者问道。"总不能我来告诉他,他是结婚的类型吧。他肯定最清楚啊。"

我不确定她是否正确。"我不是结婚的类型"这个表态不一定是字面的意思。这可能不是一种表态,而是一种告解。

它的意思可能仅仅是:我有这样或那样的毛病,让我觉得我不应该结婚。我常听到男人这样说。一个男人这样说的意思,是他对女人很挑剔,近乎要求完美,所以他肯定无法跟妻子好好相处。另一个男人觉得,他喜欢在性方面多点花样,一个女人难以满足他的需求。(他向一个女孩坦诚了他的需求,那个女孩勇敢地回答道:“我知道所有男人都想要花样。我的花样能够满足你。”)第三个男人认为,女人都是不忠的,他担心妻子会欺骗他。(曾有一个女孩背叛了他,对爱的失望一直萦绕着他。)还有一个男人知道自己是同性恋,对女人没有一点儿兴趣。因此,“我不是结婚的类型”这句话可以说是对自身性格的基本见解(如上述的同性恋案例),但也可能是表达了一种基本的自我欺骗。没有哪个男人一定就是“结婚的类型”,但大多数男人都会成为结婚的类型。我的经验告诉我,这种自我欺骗最坚定的信徒,不是把自己视作情圣,就是觉得自己厌恶女人。那些不可救药的单身汉大多都坚持认为,自己崇拜女性,把女性捧上了神坛;觉得女性集合了所有的美德,是完美的化身。

那些单身汉对女性有着理想化的看法,把她们视作高贵、贞洁、不可企及的形象,我们必须注意,这些男人没有将女性置于日常生活的考验中。他们倾向于在安全的距离仰慕女性,对婚姻持回避的态度。如果我是个女人,我会避免与这些高尚的灵魂为伴,不仅因为神坛上并不舒适,还因为他们并不可信。

他们对女性的倾慕,实则掩盖的是他们试图避免与有血有肉的女人产生真正的关系。他们一生都在对婚姻这个念头浅尝辄止,直到他们度过了自在的单身汉时期后,才会真正抱有婚姻的想法。

年轻女性应该选择与那些自称厌恶女性的男人相处。他们是会结婚的。过去维也纳的家庭主妇中流传着一句谚语,不仅仅适用于市场上:“挑剔商品的人才是买家。”

一个男人，对女性群体充满了各式各样的批评，自认为对她们的短处一清二楚，但当他遇到第一个对他的批评一笑置之的迷人女孩时，当这个女孩发现在他所宣称的厌女症（misogyny）背后其实隐藏着一种渴望，渴望可以遇到自己心仪的女人，那么他就会成为这个女孩的俘虏。

好色之徒也肯定不是单一的一类人，其中有一类男人就是在寻找某一个女人，想在所有女人中找到那个能够满足他所有期望的女人。他以为他想要的是刺激、求爱、冒险。但他真正想要的是实现他的愿望，结束他的躁动不安，获得心灵的安定。重要的不是他已说的，而是他没说的。

有一天，我遇到了一位旧识，当我们都还年轻时，他很享受自己的情圣形象。

“我完不成我的使命了”，他说，“我生来就不是为了结婚的。”

“那你生来是为了干什么？”我问。

“结婚的反面”，他说，“为了爱情。”

我不得不笑了起来，因为这个男人是个模范丈夫，现在已经有两个孙儿绕膝。

这种认为自己生来就是为了在爱中冒险的男人，通常都会结婚。厌恶女性的男人，即便这种厌女症达到了病态的程度，还是会结婚。他们会离婚，还会再婚。30年前，在维也纳的聚会上，有人调笑一名年轻女士：“你是瑞典人？你什么时候嫁给斯特林堡①的？”这位患有精神疾病的天才作家对女性深恶痛绝，但这并

①August Strindberg（1849～1912）：瑞典作家。——译注

没有妨碍他结婚,只是不让他一直留在婚姻中。

弗洛伊德曾断言,当今文明的关键趋势之一,就是要求成熟的男人要松开与其原生家庭的联系,建立他自己的家庭。每个男人心中都有一个心愿,就是要取代儿时非常仰慕的那个人的位置、地位和权威,那个人就是他的父亲。精神分析揭示了在实现这个目标的道路上有多少阻碍;有多少无意识因素起到了禁止或阻挠的作用;实现目的的方法看上去有多么危险。

这种恐惧的一部分源自儿童时期,并出现在许多男人对婚姻的恐惧中。确实,它们是想象中的危险,但在心理层面,它们却不乏真实。

已婚男人要怎么做才能在他们的弟兄儿孙中减轻这种恐惧?他们可以说,他们也没能独善其身,婚姻既不是那么棒,也不如担忧的那么糟。如果他们被单身的朋友称作被驯化的大象,说他们是在帮助人类捕捉野生大象,那么他们还可以从男性的角度来呼吁他人拿出勇气。他们能够给出的建议,不会比爱默生的建议更好:“就是要去做你所害怕做的事。”

第四部
The Emotional Differences of the Sexes
两性的情感差异

引　言

在日常的生活经验和近45年的精神分析实践中，我积累了大量关于男女情感差异的观察和见解。不是所有的差异都值得进一步探究。许多观察到的现象因为没有记录下来而遗失了。有的时候，在读书的间隙，我会从书桌抽屉里拿出装有这类资料的文件夹，扔掉其中许多旧内容，又加入许多新内容。一些两性差异相对隐晦，没有得到清楚的认识，亟待以精神分析的方式探索。另外一些因为没有引起心理学家的注意，只得到了简要的论述。

在接下来的章节中，心理学探究的方法和深度都会有所不同，此外，其特点也不尽相同。在一些情况下，我能够对一个思路进行透彻的探讨。另一些时候，我需要将注意力放在其他任务上，因而不得不满足于仅仅记下观察到的现象和感想。我的意图不是要对两性的情感差异作出系统而全面的比较。我的观察并不全面，不能虚夸。我不确定我们要挖掘的这座矿山到底是富饶还是贫瘠。

一直以来，我都有很多机会在讲座和研讨会上讨论其中一些主题,我也一直希望了解我的同事和学生对我的观察和结论有何看法。我尤其欢迎与我的观点相反的观察和经历。这些看法表明,我需要不断修正或限定我的观点。

由于我年事已高,时间有限,可能会使这项研究无法得到系统的延续,这些丰富多样的资料将面临何种结局?我是否应该遗弃我的钻井,尽管再深入一点就可能会找到隐藏的资源?无论如何,我决定将过去多年所准备的资料搜集起来,希望可以唤起感兴趣的人的注意,激励其他心理学家继续这项研究。

在完成初稿之后,我请一些男性和女性朋友、熟人阅读了我的书稿,并对书中提及的感想、观察和经历发表看法。我先询问了几位男士,关于男女的情感差异,我的结论与他们的看法是否一致。当然,他们的回答各异。一些人同意我的看法,一些人不同意;一些人只同意我的部分观点,其余的不同意。总之,他们的反馈对我很有帮助。

第一位阅读我书稿的女士笑着说:"你的许多关于我们(女人)的看法都是对的。不能给男人看这本书!"几秒钟后,她说:"或者说,每个男人都该读读这本书!"对于为什么突然改变态度,她没有说原因,这是她作为女性的特权。然而,这段经历已经让我们迈入了即将要讨论的这个主题。

以下是数年的收获。

纽约,1957 年 5 月

1. 简单样本的比较观察

首先是一道前菜，是心理学领域的一项简单工作，每个人都可以重复做的日常观察，其正确性也可以验证。观察点是曼哈顿一条拥挤的街道。你要研究的是下一个走过来的年轻人的行为。他来了：一个普通男人，在这早春宜人的天气里愉悦地散着步。朝他迎面走来一对年轻的情侣。漂亮的年轻女孩和她的男友朝他越走越近，他注意到了他们。这位散步的年轻人望向了女孩。他是否也顺带看了一眼她旁边的男人呢？好像并没有，即便他看了，也只是不到一秒，继而又看向了年轻的女孩，仔细打量。

接下来，又走来一位衣着入时的年轻女人；她也跟这对情侣擦身而过。她看的又是谁呢？如果我们的观察是正确的话，她只是扫了一眼那个男人，然后，又专注地看向那个女孩——她仔细打量着这个女孩，然后，又瞥了一眼那个男人，接着注意力又回到女孩身上。

我们是随机选择的一个年轻男人和女人。无疑，他们在遇到这对情侣时，反应有所不同。但这种不同是否有心理学意义呢？我们不能确定，如果换作另一个男人和另一个女人，结果是否会一样。但我们认为，一个用心的观察者如果多做几次这个小实验，就会发现在大多数的案例中，年轻男女在遇到情侣时都会有类似的反应。那么上述行为是否代表了一种基于性别的行为模式？

开始总是简单。观察并描述看到的现象并不难，但要为观察到的事实提供心理学解释则难度很大。为什么年轻男人只关注女孩,而年轻女人的兴趣却不仅限于男人?因为我们没有读心术,所以我们只能猜测每个人在遇到情侣时的心理活动。我们的患者在精神分析治疗中所讲述的思维联想或许可以帮助我们推测年轻男女的思维方向。

当然,这些想法因人而异;但让我们假设这个年轻男人的想法在短暂的迂回后,会最终归结到性行为上,想要跟那个漂亮的女孩上床。然而,那个年轻女人在遇到这对情侣时,她的想法中不大可能立即出现这样的愿望或幻想,除非这是一个特例——她在心理层面走了捷径。当然,这个女人的想法也可能最终会抵达性欲。我可以从精神分析经验中至少举出一个这样的例子,一个年轻女孩在这种情况下,她的想法接近了这个目的。在战争期间,她在街上遇到一个女人和一名军官走在一起,她看了看两人。在精神分析治疗期间,她将那个女人称为"荡妇"。她接着说:"他是英国人,你知道吗,看着就像。他的嘴唇非常叛逆,就像是男孩的嘴唇,不过这并不影响他的男子气概。我不禁要想,被他亲吻会是什么样的感觉。"她产生了这种想法,但仅此而已。

实际上,我们对于那两个人头脑中与性无关的那些想法更感兴趣,前提是我们要能猜测出这些想法是什么。我们尤其感兴趣的是此处的分歧:男人直接将注意力聚焦到女孩身上,而奇怪的是,女人给予了男人和他身边的女孩几乎同等的关注。因为女孩的男伴并没有出现在迎面相遇的男人的想法中,那么对于他在男人的联想中占据的位置,也没有什么好奇怪的了,尽管这种摈弃本身是值得我们关注的。值得注意的是,男人几乎没有关注他,他只在男人注意力的边缘。如果我们观察的对象是同性恋,那么女孩就会在他的注意力范围之外,他只会关注她身旁的年轻男人。

我们观察了那位年轻女人看到这对情侣时的反应:她看了看男人,又将眼光放到女孩身上,然后再看向男人。我们来试着猜猜她的想法。“他又高又帅。她很漂亮,而且以此为傲。她的眼睛长得很好,但她没有我的身材好。她应该是二十一岁的样子。”她的脑海中还有一些具体内容,可能没有哪个男人能够猜得出,比如:“她的连衣裙是不是在罗德泰勒百货买的,我在阿特曼百货看到过这种裙子,79.95 美元。现在,她们都戴这种帽子了,我见过一顶这样的。在哪来着?对了,在麦迪逊大街的那家店里。我看不见她戴没戴婚戒,可能他们是婚外情吧。有什么是她有而我没有的?”

男女态度差异中最主要的一点,是女人能与另一个女人产生共鸣,会对她感兴趣,而男人几乎不会关注另一个男人。在《前言》中,我们就已经说明,我们更感兴趣的是两性差异的现象,而不是对其进行精神分析,我们接下来用另一个情境进行比较。这次是一个社交聚会——一场鸡尾酒会或是宴会的后半场。在装饰华丽的房间里,一个年轻男人悠闲地坐在角落,暂时还没有聊天的对象。离他不远的地方,坐着另一个年轻男人和一个漂亮的女孩,男人正在追求她,握着她的手,极尽溢美之词。我们的实验对象对这个女孩并没有特别的兴趣。那对男女对他而言,只是陌生人。他对他俩的打情骂俏感兴趣吗?他看到了他们,但几秒之后,他便将注意力转移到了其他人身上。他要是再接着观察他们,就会觉得厌烦了。

我们现在换个对象:同样的场景,但换成一个年轻的女人。

她对那个男人也不感兴趣。她不认识他们俩。她对他俩的打情骂俏感兴趣吗？当然了。虽然对她来说，他们是陌生人，但她还是目光犀利地观察着她们，尽管她会小心掩饰她的这种关注。让她看得入迷的是那个女人吸引男人的方式和手段。她很想看看那个女人到底是故作害羞还是欲擒故纵，到底有没有鼓励男方，是怎么鼓励的。她对此有一种“专业性”或“技术性”的兴趣，而非个人的兴趣，如同一名钢琴家，正是带着这种兴趣，去观察另一位艺术家弹奏莫扎特奏鸣曲的双手。

上述两例的观察范围是两性情欲方面的兴趣，因而是很局限的。下面这个例子与性兴趣离得很远。这实际上是一个心理学实验。当然，临床心理学里不乏这种实验数据，甚至还很丰富，但这是一例另一类的心理学实验。你常会听到一种论调，说心理学不是严格意义上的科学，因为人的行为不是在每个案例中都可以预测。将可预测性作为科学的固有特征之一，这非常值得怀疑，但目前我不想进入这个讨论。我更想汇报一个实验，其中，人的行为被准确地预测。

1938 年 6 月，我们作为难民从纳粹德国来到了美国。在欧洲时，我们还算相对富裕，可是当希特勒占领了奥地利后，我 30 年精神分析工作的全部收入都化为乌有。我们只带了一小笔钱，但庆幸能够逃过死亡和折磨。

我们刚到美国不久，就受邀参加了一次盛大的晚宴，宴会的主人是一名欧洲的精神分析学家和他的妻子，他们在纽约已经很多年了。宴会邀请了纽约的同仁，那是一次精彩的盛会，我们认识了很多人，还见到了多年未见的来自维也纳的旧识。和别的客人一样,我们享受着宴会主人的盛情款待,在谈笑间碰撞出思维的火花,自助晚餐的各式菜肴饮品丰富多样、味美可口。

宴会之后,我和妻子沿着公园大道往前走,想到几个街区外的街角去坐穿城的公交车。走到一盏路灯下,我请妻子等我片刻,因为我想在纸上做个笔记。我从口袋里拿出一个旧信封,在路灯下写道:“但你能否对……的安排提出批评意见……”

我用平常的语气询问妻子:“你觉得怀特夫人的晚宴怎么样?她真的把一切都安排得非常棒。你看到左边的餐桌上放了多少种东西了吗? 牛舌、烤牛肉、乳鸽、鸡蛋、沙拉……”妻子也赞扬女主人为了这个成功的聚会而大费周章,但她又说:“但如果你能给我那么多钱,我就能向你证明,我可以做得更好。”她接着说了一些关于餐具安排的不同看法,比如咖啡杯还不够多等等,这一切看来都可以推倒重来。

现在,有人可以说这不是一个关于心理可预测性的有效实验,因为我很早以前就认识我的妻子了,所以我很有可能预测出她对我的问题会做出何种反应。然而,我敢肯定大多数女性在同样的情况下(参加完此类晚宴的难民)会做出类似甚至相同的反应,虽然这种反应的言语表达方式可能各异。她们会赞扬女主人,然后再说自己可以做得更好。而具体的批评意见自然是因人而异,因实际情况的不同而变化。我想补充的是,几乎没有哪个男人会这样想,他们根本不会往那方面想。

上述的比较观察是入门级别的,所以放在我们主题的导入部分。这些是心理学实地调查的简单案例,必须放在任何对材料的解读之前。要记录下两性不同的行为模式,因为这些行为现象都是鲜为人知的。它们通常被心理学家所忽视,这些心理学家忙于用数据和图表记录小男孩和小女孩在颜色认知上的细微差别。

美国最杰出的医学家之一雅克·洛布曾说:"从生理学上来讲,男女属于不同物种。"接下来的章节旨在帮助人们认识到,男女不仅属于不同物种,他们在情感层面也不相同。

2. 两性的情感差异

要看清一个对象,你必须与它保持一定距离。你若把它拿在眼前,往往无法看透它的本质。但若是离得太远,又无法看清。心理学承认男性和女性对其体验会有不同的反应,在同种情况下也会有不同的行为,在感受和思考方面也有明显的不同,但你越是把两性视作同一物种且本质近似的两种形态,你就越会发现这些差异似乎在不断缩减。当你鸟瞰这些差异时,它们就不再是根本性的差异。这样一来,这个问题让我们想起战前英国面对印度局势的难题所作的外交工作,当时,哈利法克斯勋爵①说:"这个问题的迷人之处在于,你离得越远,它看上去越简单。"但当你离得越近,这些差异就会增大。对于一名在伦敦俱乐部从《泰晤士报》上读到这个印度问题的绅士而言,一定觉得解决方法十分简单,但如果他在印度的政府机构中工作过几年,这个问题就会变得相当错综复杂。对于心理学家而言,两性的情感差异在实验室

①Edward Frederick Lindley Wood(1881~1959):英国政治家,曾任外交大臣和印度总督。——中译注

中显得很不起眼,但在他与妻子的争吵中又显得如此巨大。日常生活能够帮助我们阐明这个问题的范围。再引用一个哈利法克斯勋爵的例子。几年前,他曾任英国驻美大使。他的妻子有次到纽约动物园参观,一些记者拍下了她怀抱一只小猴子的照片。照片刊登在纽约的报纸上后,哈利法克斯勋爵被问及伦敦民众看到这张照片后会作何感想。他答道:“女士们会羡慕我夫人,男士们会羡慕那只猴子。”这显然是一个体现两性不同情感态度的例子。

《圣经》里并没有明确地说亚当对夏娃的行为感到奇怪,但凡是能读懂其字里行间意思的人,都能看出这一点。这一直延续到亚当的后代,他们从未停止对女性感到惊奇。在巴比伦的石碑、埃及的象形文字碑文和古希腊的羊皮纸上,你都能看到女人们的行为方式同样让我们的男性祖先感到疑惑,这跟3000年后,她们的行为使纽约的男人感到疑惑一样。区别在于,古人是通过神话、故事和谚语来表达他们对这个问题的关注,而现代人是通过对第二性、优越的性别、迷失的性别等主题来进行讨论以表达关注。

两性的情感差异是如此明显、如此众多,最终使得科学心理学不得不开始正视这个问题,然而奇怪的是,他们对这些差异投入的关注越多,越怀疑这到底是不是个心理学问题。这些男女行为模式的情感差异难道不是基于两性生物学差异的结果吗?心理学家被告诫不要逾越到其他学科领域。他面临的是强硬的“停止”标志。许多牌子将他围在里面,一边的牌子上写着“内分泌学”和“遗传学”,表明其背后的学科领域,另一边的牌子上写着“社会学”和“人类学”。许多科学家群体否认两性之间存在基本的、可清晰定义的重要差异。在他们的观念中，我们所认为的差异是源于个体在什么样的文化模式中出生成长。比如，玛格丽特·米德[1]认为，女性气质和男性气质特征与性别之间的关系“还不如衣帽服饰”与性别的关系大。她的观点是：“人性的可塑性高到令人难以置信。”

而我们的看法是，人性的可塑性有限，某些典型的两性情感特征在各种文化模式下都会体现出来。当然，我们承认外部文化因素对男女行为差异有重要影响，但我们不相信这仅仅是文化差异的结果。这样一种坚决怀疑的态度并不是要降低米德博士的贡献价值。很可能她的观察是非常正确的，但她的解读有误。我们同意法郎士的观点，科学是绝对正确的，但科学家常会犯错。

一边受到生物学的限制，另一边受到社会学和人类学的限制，这样一来，对两性情感差异的心理学研究范围就越来越受到挤压，因为心理学家显然接受了其他学科的意见。目前的心理学文献中充斥着这样的报告：男女打字效率的差异，或是 500 名三年级上学期男生和女生对某些声音的反应时间。精心准备的实验证明，对于 7 岁至 17 岁的学生来说，女生比同龄男生更擅长凭记忆复制出一条珠串，而男生比同龄女生更擅长数积木。似乎通过男女对于某些颜色的认知报告和男女驾车的比较测试就能确切阐明两性的基本心理差异。无疑，诸多此类研究凭借其大量的测试分数和统计数据，能够证明某个论点，但值得怀疑的是，为什么要证明这个论点。我们相信，如果机械或文书类的比较性测试

---

①Margaret Mead（1901～1978）：美国人类学家。——中译注

能无限持续下去的话,的确能够将我们带入问题的核心;然而,人生苦短,我们需要找到一个更好的方法来节约精力,找到思维上的权宜之计。我们不禁要对我们的心理学同行说:“节俭一点,霍拉旭!”①

在弗洛伊德最后几篇未完成的论文中,有一篇未被译成英文,其中他是这样说的:“性别的二元性这一生物学事实像个巨大的谜题出现在我们面前,是我们知识体系中迷失的一块,我们无法对其进行回溯。精神分析并没有帮助我们厘清这个问题。显然,它整体属于生物学。”他的观点是,关于心理生活的这种鲜明对比,只有通过其外在反映(reflections)来发现。这些论述写于1938年10月。我们必须承认,在那以后的19年中,并没有许多诸如此类的反映被人发现。

要寻找解决这个问题的新方法,由此我找到了一个新的出发点,对于前路的方向也有了一些尚且模糊的推测。我知道,一个探索者应该对于这种坦白感到害羞脸红,然而,我想说,科学家也有这样的直觉(但是,两者有所不同。学者的先入之见不是异想天开,而是以科学的方式预先形成的观点,需要通过漫长的严格细致的推理和逻辑的检验才能得出)。这样的直觉如果满足两个要求,就可以对研究提供帮助,即它们不能与深思熟虑的论点相混淆,它们也不能被视为证据或用作证据;它们必须被直率、清楚地视为直觉或偏见。

这个先入之见是:男女的基本心理差异可以被清楚地证实,

①出自《哈姆雷特》第一幕第二场,哈姆雷特对霍拉旭说的话语。——中译注

因为这些差异是源自两性不同的性功能。换句话说,我们认为男女的性行为(sexuality)差异具有模式形成(pattern-forming)的重要作用。用一个非常简单的明喻,如果你想找出一个男用设备和一个女用设备之间的基本差异,你就需要比较它们的功能和基本目的。如果我因此宣称,男女行为模式差异的线索要在他们的性行为中寻找,那么我就延续了弗洛伊德的观点,即一个人的性行为决定了他或她的行为模式形成以及其他非性的方面。但同时,我也交代出第二个先入之见,即:性行为对两性来说意义不同。意思是,性行为在他们的人生中占据不同的地位,其意义也并不等同。换句话说,当两性做同一件事,意义也并不一样,即便他们是在一起做这件事。我倾向于认为,这把钥匙会打开通往许多房间的大门。男女性行为的基本情感差异将反映在其他行为领域,体现在不再具有性属性的态度和反应中。

我想呈现在这里的只是这种结论的微小样本,只是这个问题的一些小碎片。这些样本同时也是弗洛伊德提及的那些外在反映的例子。这些样本对比了男女之间的具体行为差异,也对比了他们的整体行为模式和态度。我必须立刻说明,我只关注我们西方文明中的普通男女,并不考虑其他文化,并且我承认还有许多源于特殊情况或病理状况的例外。(如今似乎很有必要强调,有例外才有规则。)我还要补充的是,在男性和女性的行为中,总能看到一些异性的基本行为模式的表现,还有很多相互重叠的部分,因而在男性和女性的普通心理学中,我们只能说某些典型特征占主导地位。还会有这样的例子,某个人想要改变他的性别及其附带的次级和三级特征,并在一定程度上取得了成功,有一个这样的案例最近变得广为人知。自然界是有这种可能性的，有的动物在其一生中能够改变其性别。这种变性不能也没有发生在狗身上，但可以发生在公鸡、母鸡，或是其他更低级的动物身上。尽管女性身上有男性气质因素，男性身上有女性气质特征，但最终的印象是一种不可改变的生物学事实，用弗洛伊德的话来说就是“解剖学构造即宿命”。

生物学所决定的情感表现，体现为两性关系中诸多显著的对比特征。即便是在求爱这一阶段，也有一个典型的差异，至今还未受到心理学层面的分析评价。一个坠入爱河的年轻男人，每天的思念之情都格外猛烈，非常渴望见到那个女孩。然而，这些非常强烈的倾向是周期性的，并非如影随形。随着时间的推移，这种倾向似乎会以更为温和、更为稀释的形式伴随着那位陷入爱中的女孩。男人常想：“真希望现在她在我身边。”这种想法会干扰他的生活，而女孩的想法是：“我想一直在他身边。”男性的渴望是一种短暂猛烈的冲力，强有力的推力；而女性的渴望则是一种漫长的、散布的、挥之不去的渴求。她的愿望不仅是和他所想的一样，与爱的对象共度数小时，而且还要和他一直在一起。在她的幻想中，她要陪他到任何地方，不管他是在打桥牌还是在与客户开会；而在男人的想象中，只会在某些情境下唤出女孩的形象。如果对方在自己想象中的形象与他的真实自我不符而导致了失望，这种失望的特点对于两性来说也是不一样的。男人的失望是猛烈的，有幻想猛然破灭的属性；女人的失望则是缓慢意识到的，跟痛心的惊愕一样。一个男人某天对一个女孩说：“我爱上你时，是我弄错了。”就像是她背叛了他在想象中为她塑造的理想形象。

但一个女孩，对自己感到困惑，对她爱的男人说出了下面这句惊人之语："和你在一起的时候，我无比想念你。"我们的时代有哪位诗人能够写出如此精妙的诗行，表达出如此深刻的情感。

对我来说，这些典型特征反映了男性和女性在性生活中的典型态度。这种对比是基于两性在性交行为上的差异。男人冲锋似的欲望，快速上升、急速下降；女人的兴奋过程更为缓慢，渐强、渐弱。一种是局部的渴望，另一种是弥漫的渴望，这和性行为中性感觉的对比相呼应。在奥哈拉①的一部小说中，女孩在性爱时对男人说："我就在你身边。"在她的思想中、想象中，她都全神贯注地想着这个男人和这个男人的生活。而在男人的思想中，关于女孩的想法更像一种集中进攻，会突然侵入。

在两性的情爱生活中，还有另一种对比反映了他们的不同角色。任何一名治疗过许多女性的精神分析学家都能观察到，她们中的大部分人都经常会长时间受到一种有意识的、甚至常是前意识的恐惧的袭击，她们害怕爱人或丈夫会抛弃她们，会不和她们在一起，会在某个时间舍弃她们。男人却几乎不会被这种类似的恐惧所萦绕。这种几乎普遍存在的恐惧给观察者留下了深刻的印象，要消除这种印象，需要参照现实情况。这种恐惧难道不是通常都成真了？丈夫们和爱人们为了另一个女孩或是许多女孩而离开了他们的配偶，不是这个理由，就是那个理由，甚至不需要理由。被抛弃的妻子命运又如何？难道不是经济上无依无靠，社会地位受挫，人也备受羞辱？被抛弃的女孩难道不是又被扔回不

①John O'Hara（1905~1970）：美国小说家。——中译注

安之中,自信受到重创?所有这些考量都合乎情理,现实无疑给了女性足够多的理由来抱有这些恐惧和疑虑,女性世代相传的传统又将它们进一步证实。尽管如此,仅靠现实又无法合理地解释这种恐惧的强烈程度和普遍性。为什么男人极少感受到这种恐惧?为什么女人会感受到它,即便没有任何一点客观理由?为什么她们会认为这是上天注定,必定会发生的事?这甚至发展为:一个即将出嫁的年轻女孩在提及深爱她的男人时说:“我只能指望几年的幸福日子,之后他就会离开我。”对于这种两性态度的对比,仅归因于现实因素是不够的。就好像“爱她们,然后离开她们”。这句男性格言有一句对应的女性警句:“别爱他们,否则他们会离开你。”在追求期开始时,女性会有一种明确的不情愿,不愿交出她们的喜爱之情,这已经无法通过有意识的或是考虑充分的理由来解释,而只能以上述的那种危险信号为理由。而在男性这边,是不存在这种问题的。

我敢说,在性行为心理学中,两性的这种对比存在一种规律。男性展示出迫切、强烈的性欲望,但在射精之后,马上就想离开女人的身体。女人总是犹豫不决,慢慢才屈服于他和她自身的欲望,她希望男人的生殖器留在她的体内。她现在对他感到更加喜爱,这近乎于一种感激。我还记得奥地利作家雨果·萨卢思诗集中的诗行,描述了男人对于这种典型女性态度的惊异。这个蜜月中的男人惊讶地发现,他年轻的妻子“对我收到的礼物表示感谢”。女人希望男人在射精后,不要离开她的身体,这种愿望的典型特点是,女人只在成功的性交后,意思是当女人在性和情感上都获得了满足时,才会有这种感受。这常表达在话语中:“不要走!”或是“留下来!”

两性态度有这种分歧到底是什么原因?不可能纯粹是为了性感觉,因为高潮已经满足了女人的性需求。即便我们承认,对她来说,快乐的余味更加悠长,因为这种感受的持续性,她得到享受或是受到折磨;即便我们承认,与男人相比,她能更为平缓地从一个情感阶段过渡到另一个,但仍然不能解释她加深的喜爱之情和感激之情。并且,女性无意识中想要拥有阴茎的愿望也不足以解释这里出现的心理学问题。如果能够解释的话,为什么我们看到的是女人只有在成功的性结合后,只有在性高潮后,才会希望男人留在她体内?这个愿望为什么没有伴随每次性交出现,既然性交时女人能感受到阴茎在她体内,可以说她就成为了阴茎的间接所有者。如果这个愿望只是由阴茎嫉妒所决定,那我们又如何解释当女人不想性交或当她没有达到高潮时,她就想男人尽快离开她的身体?她希望在他射精之后,也长久地感受到他的身体在她体内;我们确定无疑的是,在这个愿望中,她将他的生殖器等同于他这个人,就好像它不只是他的一部分,而是他本人。她只是将他的生殖器等同于他,还是说有尚未发现的动态因素在发挥作用?

不管何种原因,我们从这种琐碎的行为差异中,认识到两性情感态度明显的关键差异。从心理学角度着重分析这些微小的特征,使我们得出一个非常重要的结论,即性交对男女有着不同的情感意义。从精神分析的角度考量,看上去无足轻重的小特点之间的对比,反映了性行为对男女的不同意义。射精后,男性急于离开之前猛烈侵入的女性身体。(“进如狮子,出如羔羊。”)他的强烈冲动得到了满足，他的紧张已经消失。然而，对女人来说，达到高潮、消除紧张并不意味着性过程的结束，而只是旅途中的一站。就好像在这种对比中，显现出一种心理学和一种生物学的差异。生物学层面表现为，对男性而言，精液的射出标志着这个行为的完结；但对女性来说，对精子的接收意味着受精的开始。就好像对于女人而言，性交仍有一种无意识的意义，那就是受孕，这是一种生物学上的可能性。这种意义呼应了过去的动物进化史，那时性交意味着现实中的繁殖。女人的愿望是感受到男人留在她体内，在其他感觉之外，这种愿望是一种情感表达，她将男性生殖器等同于婴儿，就好像男人既是他自己又是他的孩子，是他自己的延续。考虑到这一点，我们会发现这种心理差异变得格外明显。性交之后，在她对他的喜爱和柔情中，逐渐明朗的是一种对婴儿的母爱，这是预期中愿望的实现，不一定能被女人意识到。因此，如果实际的性交结束时间对男女来说不同，对他来说是射精时，而对她来说是男人过早地令人遗憾地撤离时；对他来说带着巨响，而对她来说带着呜咽；那么，这种结局的分歧难道不是一个充足的证据，证明性行为对两性来说意义不同？难道在这种行为的差异中，在男人的匆忙离开和女人的遗憾中，没有一种具有代表性的生物学—心理学表现，可以体现两性的相反倾向，可以解释为什么众多女性害怕男人会抛弃她们，解释为什么她们想要将他绑得更紧？

我想在这里插叙一下，即使是男性的阉割恐惧，也在性行为的进化中有其生物学表现模式。某些种类的动物在交配过程中，留在雌性体内的雄性生殖器就真的丢失在其中了。还有一些物种,雄性会整个滑入雌性体内,并永久寄生于其中。因此,在男性的阉割恐惧中存在一种近期的焦虑表达,这种焦虑在系统进化层面有充分的根据,虽然在进化的初期,留在雌性体内或许是一种愿望,只是在后来,在进化到人类的阶段,其本质才发生了彻底的转变,变得与此前相反。

我将继续进行对比,不仅描绘生物学因素,还要描绘发挥作用的文化因素。我们认为,在我们的文化模式中,我们更看重男人的成就和女人的魅力,在这里,"魅力"一词包括她的美貌或吸引力、温柔和其他易于界定的个人品质。在这个比较中,这些特征的多少无疑很重要,因为我们知道男人也可能有魅力,女人也可能取得许多成就。但是,基本上我们更看重男人的作为和女人的自身特点。如果一个男人仅仅很迷人,我们就会觉得他很女性化。如果一个女人忽视她的外表,只注重取得成就,我们就会觉得她很男性化。如果这种对比反映了男性中占主导的主动性特点和女性中普遍存在的被动性特点,难道这没有同样反映出另一方面的特点,即两性在性行为模式上的对比?在动物界,雌性对雄性的吸引难道不也是体现为一种更为被动、微妙的特点,比如气味的作用,而雄性则体现于其求偶舞蹈、歌声、赠予礼物和其他能够想象得到的求爱方式?归根结底,是躁动不安、极其灵活的精子细胞与被动等待的卵子细胞在这里形成鲜明的对比。似乎男性个体和女性个体的行为只是这种原始生物学对立面的放大版本。

我想在这里插入一个假设,或是一个类似猜测的直觉。对我来说,男性更为迫切的性欲和更为直接的性欲表现可能只是表达了他较弱的生物属性,表达了他对生活的热情,这可以解释他的躁动不安。对我来说,女性自我满足的被动本性和男性躁动不安的不满本性之间的对比,如一条时而无形的长线引向了一个文化层面的现实:与女性相比,男性拥有更为强烈的艺术和科学欲望以及冒险和探索精神,简言之,他们更倾向于取得成就。男人是文化的开拓者,女人则是文化的维护者。基于个体经历和文化因素,这条线朝着另一方面延续,似乎导向了另一种对比。在我们的文化模式中,对男人来说,每次性交都是一次测试,对性能力的测试。显然,现在这个属性在生物学层面是不必要的,这是男人对婴幼儿时期的经历,尤其是对阉割恐惧作出情感反应后获得的属性。性行为的这个属性,即,需要通过它证明什么,把它视为对生殖力的测试,这显然不存在于女性心理中,因为她们没有阉割恐惧。如果对她们而言,性交有时也具有了一种(极少的或是轻微的)测试属性,那么也只可能是源于她们对自己的怀疑,怀疑自己的吸引力是否足以激起男性的性能力。无疑,这个增加的性能力测试属性也对许多男人在非性方面的行为和态度有模式形成的影响;也就是说,想要证明他们足够男性化的这种倾向,也表现在他们对成就付出的激情和精力中。我忍不住要马上补充:男性雄风不仅仅是在床上证明。

由此,我得出了两性情感态度比较的最后一点;这个差异看上去几乎完全是基于文化因素。我相信,任何一名在数年的工作中观察过男性和女性的精神分析学家都会对这种对比有一个明确的印象,我想用一句精简的心理学表述来阐明这个遍布于我们社会中的现象。**在我们的文化中,男人担心他们不够男人,女人担心她们仅仅被视为女人。**这个句子对比了两性在社会和情感上的不安全感,这不是一个靠理论思辨得出的概念,而是 40 多年精神分析观察的结果,是仔细调查的总结。这个差异反映了男性和女性对自己、对自身性别群体的社会评价。显然,男人的倾向是要证明他的男性气概("我真是个大男孩了"),这反映了一种婴幼儿时期的态度,其核心内容就是男童对阴茎的高度评价(一名患者到法国多年后,仍然记得有个巴黎女人对他勃起的阴茎发出的赞叹:"如同雕塑一般!")。男孩对阉割威胁的激烈反应以及对无意识女性被动倾向的过于强烈的反应,都清晰地反映出大部分男人都害怕他们看上去男子气概不足。男性对女性持有居高临下的态度,他们轻视女性,因为她们没有阴茎;而女性通常也无意识地接受这种态度,这也解释了为什么女人觉得她们只能被视为女性,而不能被视为人或是个体人格。

每个精神分析学家都知道有多少情感障碍是由神经症男性的这些恐惧和不安全感造成,他们无意识中对自己的男子气概感到怀疑,又有多少情感障碍是基于女性的情感原因,她们不愿意接受她们的女性气质和女性角色。

这些基于社会和文化因素的两性情感差异,也能在生物学差异上找到其深层次根源。要理解两性的不同行为模式,就要在他们的性行为领域搜寻线索,尤其是在最为亲密的情况下:"当一个身体与另一个身体接触时。"

3. 单一的性标准?

追求两性同一标准的志士,通常在涉及性行为这一问题时,就会停下他们的讨论。就好像有什么难以捉摸的东西阻止他们去要求两性具有同等的性自由,我们在此时也看不到他们在要求平等的公民权或薪酬时所表现出来的那种无条件的、不可置疑的劲头。这种迟疑的原因是什么?为什么女性不能和男性一样,拥有自由的性生活?为什么一个单身女孩不能享有单身汉那么多的风流韵事?

不容争议的是,问题不是她是否应该在性关系方面拥有同样的权利,而是她是否想像单身汉那样去生活。将问题换了一种表述方式后,我们现在要讨论的是男女对他们性生活的不同态度。

我们先从社会评价的视角出发:在我们的文化模式中,一个有过很多风流韵事的年轻男人,会遭到其他男人的嫉妒;同时,也会被女人嫉妒,不管她们承不承认。他在性方面很随便,但这一点也不会损害他的社会声誉,只要他在其他所有方面谨言慎行。一个年轻女孩,如果在性方面很随便,那么她在我们的社会中肯定是“丢脸”的。但她在对自己的评价中失去得更多。她把自己变得很“廉价”。她贬低自己、羞辱自己。社会中有这样的观念,有人称之为偏见,就是浪荡的女人对她们的自我价值评价很低,她们有这样的自我评价也是咎由自取。在一些性道德总体较为宽松的地方或社会阶层,在性方面像男人一样行事的女人也会受到不同的评价。在提及或想到她们时,就好像那个被不屑一顾的古老传统观念仍留有残余。另一方面,在我们的西方文明中,可能在宗教信徒群体之外,没有哪个社会会因为男人情史丰富而瞧不起他们或严厉责备他们。

对自由随便的性生活的不同社会评价,无疑属于文明的进步阶段，但这一定起源于两性显著的生物学和心理学差异。没有哪次“运动”能成功地抹去源于两性生物学属性的这些差异。

看过早期《纽约客》的读者应该能记得奥托·索格洛为这本杂志画的连环漫画。他笔下最受欢迎的人物之一就是“小国王”①。这个皇室阶层的小男人的显要职衔只不过是栩栩如生的戏服。除去皇冠和鼬皮皇袍之后，一个小男孩的原形毕露。这是一个时而调皮、时而活泼、时而无礼、时而异想天开的小孩，喜欢调侃成年人的世界。在这个连环漫画的一集中，我们陪着这个小国王到海外去会见一位非洲女王。我们看到他登上了另一个大陆，受到了女王政府高级官员的尊崇礼遇。我们随着他骑着骆驼穿越沙漠抵达女王的宫殿，女王热忱地欢迎了他。她带他巡游了城堡，参观了王宫大殿和其他奢华的殿堂。最后，女王顺着走廊将他带到一个房间，门前一个黑人奴隶拔剑守卫。门开后，小国王看见许多男人，不是在休息就是在玩乐，有的下棋，有的抽烟，有的聊天。女王给这位皇室贵宾展示了这个房间及其居住者，似乎在说：这是她的闺房。

这名艺术家通过想象将一种东方习俗转移到女性世界，这表达出男人和女人拥有单一性标准的念头是多么荒唐。

4. 性交过程中的幻想

在亚瑟·施尼茨勒的戏剧《插曲》中，两个朋友在聊天，他们

---

①收录于同名书籍，纽约，1933。

一个是指挥家,一个是作家,聊的内容逐渐从日常琐事过渡到更深水域的内容。两名男士都中年已婚。作家巧妙地提醒朋友,不要对那位漂亮的歌手动真感情。在交谈中,他表示并不是一定要有冒险的体验。那些不再年少无知的男人,应该都能在自家的温柔乡体验到他所梦寐以求的风流韵事。"如果他有想象力,那么他的妻子,在不知情的情况下,诞下的都是私生子。"在后面的一幕中,作家取笑他的妻子,因她爱上了他笔下的一名年轻贵族,而这只是作家的一出戏剧中的一个小角色,是国王的随从。"以前",他说:"她迷上的至少都是我戏剧中的男主角。现在,连偶尔出场的小角色都对她有危险的吸引力。"

在施尼茨勒的很多对话描写中,都暗示了想象中的不忠这一主题。比如,在《轮舞》中有一幕,男人在性交过程中问他的情人:"你在瞒着我和谁乱来?"

并非偶然的是,发生在两名艺术家之间的那次交谈,也是既严肃又玩笑式地触及了这一主题,作家的建议带有维也纳式的机智。

精神分析学家从他们的治疗工作中了解到,女人比男人更常在性交过程中进行幻想。当然,具有变态心理的男性是个例外,他们常在性行为之前进行幻想。如果男人的性伴侣缺乏吸引力,或是说无法完全点燃他的热情,他就会唤起对某种情境的幻想来获得性兴奋,这也不在少数。但在大多数情况下,不管现实中对方的魅力高低,他总能满足。即便对方缺乏吸引力,灯关了也能凑合。维也纳作家卡尔·克劳斯①曾说:“所有女人在夜里都是黑色的,金发碧眼的也是。”

女人比男人更常在幻想中唤起另一个性伴侣的形象来达到性高潮。比如,一个女人会想象她有一名更强而有力、更威猛的性伴侣。如果她不满于男人的纯机械化动作,就会幻想出持久的温柔前戏来替代现实。我的一个案例中,妻子在近乎妄想的幻想中,想象着丈夫会对她说的话语。她想象他会用亲昵或亲密的名字称呼她,会抚摩她身体上她想被抚摩的位置(性感区)。而现实中,对方的行为更加直接、机械化。

在其中一些幻想中,替代实际伴侣的是一个“没有脸孔的男人”,在另一些情况下,则是一种幻影情人,他具备女人在现实中所未能拥有的某些品质。有时,幻想的舞台上出现的是一个真实的人物。产科医生、精神分析学家,甚至是电影演员,都可能取代真实伴侣的位置。因此,男人会在不知情的情况下成为私生子的父亲,因他的妻子在幻想中对他不忠。

这种幻想如果持续数年,无疑对一个人的情感健康是有害的。这种幻想的先决条件是人内在注意力的分裂,而人的本性不能长时间容忍这种精神上的分裂。我观察到一个案例,一个女人总是在性交过程中幻想她是在被她曾经的情人拥抱,而不是她的丈夫。显然,为了想象出另一个人的脸孔、话语和姿势而付出的心理精力,并没有给她带来什么破坏效果。然而,这是一种更为严重的心理障碍的症状表现,会导致神经衰弱。如前所述,这种

---

①Karl Kraus(1874~1936):奥地利著名的讽刺作家,记者。——校注

持续在幻想中进行替换或是在性交过程中伴随想象画面的行为，在男人中极为罕见，他们要在物质现实中找到合适的对象并没有那么困难。女人更常逃向精神现实，她们也比男人更擅长于隐藏她们的幻想。

在我作为精神分析学家的经历中，我只遇到过非常少的此类男性幻想案例，其中，男人会在性交前或性交过程中将自己想象成其他人。我发现这种幻想更常见于女性，她们会把自己想象得非常美丽、非常性感。对于女人来说，性交前戏通常伴随着这种想法："他是多么想要我啊！"或是"在他眼中我是多么性感啊"！这甚至预示着关键性时刻即将来临。女人在幻想中扮演着比真实的自己更加迷人的角色，这能引起她的性兴奋。另一方面，如果她意识到自己没什么吸引力，或是说发现了她的什么问题或生理缺陷，比如只有她自己能察觉到的体味，男人根本察觉不到，这都会让她立刻清醒，甚至让她感受不到任何的性兴奋。在爱之喜悦和爱之忧伤中，女人比男人更有自知之明。

我的一个案例中出现了此类幻想的一个不寻常例子，一个女人在性交过程中将自己想象成为另一个人。这名患者是一名风韵犹存的中年寡妇，嫁给了一个比她年轻很多的男人。她在第一段婚姻中有一个女儿，她将处于青春期的女儿带到了这个新的家庭。一次晚餐时间，当读高中的女儿离开餐桌时，患者瞥见丈夫将欣赏的眼光投向了朝门前走去的年轻女孩。第二天夜里，患者在性交过程中想到了这一幕，她发现一切变得索然无味，这跟平时完全不一样。躺在丈夫怀里的她还不如一块木头更有生机活力。

之后的几天，她惊讶地发现她会在就寝前照镜子。她发现了脸上的皱纹和脖子上深深的纹路。在接下来的几周,她都对性很冷淡,直到有天丈夫提出性要求时,她有了一个幻想。她想象自己不是丈夫怀中的这个女人,而是她的女儿。换句话说,她在想象中成为了她自己的女儿,并幻想着这副青春的躯体将给她的丈夫带来多大的吸引力,由于这个幻想,她终于又体验到了完全的性享受和性高潮。

在这个案例中,精神分析成功地帮助患者重获了作为女人和妻子的自信。成功的前提,是妻子要对丈夫被年轻女孩隐隐吸引这件事有一定的容忍度。患者学会了以某种母性的眼光来看待他,这种感觉也不会在他渴望她时影响性兴奋的产生。她不再将自己想象成她的年轻女儿,而是形成了一种新的想法,就是把她的丈夫同时视作儿子的替代者和她的恋人。

与此前提及的一个案例相比,对这个女人的精神分析治疗结果是很好的。对丈夫形成了一种母性态度,这无疑有助于获得治疗效果。当然,这个案例有其独特性,但除此之外,对它的分析加深了我们对一个女人情爱生活动态过程的了解。

我曾听弗洛伊德在探讨女性患者案例时说:只要女人没有对其丈夫形成某种母性的态度,这段婚姻就不算稳固。

5. 对性无能的内疚感

我的一名女性患者做过一个有趣又有意义的梦:“**我与一名传教士一起走在一家酒店的走廊里。他想下楼去洗手间。我将他绊倒在地。**”白天的残余被用作砖瓦,建构起了这个梦,这些材料是:在做梦的前一天,幻想者独自一人走过酒店的走廊,看到写有“男士”的标志牌指向楼下。当天晚上,她跟她的恋人见了面,恋人因她在某个场合的行为而语带批评。用她的话说,就是他对她进行了“说教”,梦里的“传教士”就是对他的讽刺表达。他的批评伤害了她的感情。由精神分析治疗引发的思维联想可知,这些白天的残余进入到了意识中。

这个梦预期了一个未来的情境:男人想下楼去男洗手间。前一天看到的标牌文字有双重含义,她将此引入了梦中。“男洗手间”当然代表了她的生殖器。将阴道称为男洗手间的这种双重含义,让我们想到弗洛伊德曾论及的梦和诙谐之间的近似关系。她绊了他,故意让他受挫,他“倒下了”。在这句话中,他不仅仅指这个男人,还指他的阴茎。在无意识思维过程中,常会出现把一个人与其生殖器等同起来的情况。幻想者为自己的情感受伤而复仇。在梦中,她让男人失掉他的勃起状态:他“倒下了”。

这类梦反映了女人的某种情绪或态度,她们有时会让男人在性表现中受挫。这种情绪通常是无意识的。它的表现形式不仅限于缺乏性反应,还包括性交中的一些不当行为。在我所知道的一个案例中,女人在男人快到高潮时笑着对他说:“你现在看上去真滑稽!”不难想象这句话有多扫兴。

值得注意的是,女人几乎不会对这种极其扫兴的行为感到内疚。但这是个特殊的问题,另待讨论。我们要探讨的是一个更为一般的问题,相较于偶然或永久性无能的男性的情感态度,我们要讨论的是普通女性对其自身性冷淡或缺乏性反应的态度。女性的性冷淡相当于男性的性无能,而大多数女性对此不以为意。

男性会对这方面的失败感到深度抑郁，甚至是感到绝望；与此相比，女性极少会因自身的性冷淡而抱怨。她们只会为此感到遗憾，因为她们不能给伴侣带来他所需要的完全满足。一个女人也可能会对她的性冷淡感到内疚，但这并不常见。

要探讨态度差异这个问题并不困难，只需指出男性在性行为中的主动角色，他采取主动，并为性行为的成功或失败负主要责任。我们刚才讨论的那个梦属于例外，其中是女人感到沮丧。在过去几年，现代女性通过阅读书籍文章、听讲座，受到了心理学知识的影响，她们有时会感觉到她在性中的配合是很必要的，如果只扮演男人性兴奋时的“牺牲品”，是没有尽到自己的职责的。还有一位勇气可嘉的女性将她的新书命名为《女人的性责任》。因此，女性对于这个问题的态度在慢慢改变，我们现在有时也看到女性会觉得她们也对性关系的成败负有责任。但整体而言，当女性出现性冷淡或是缺乏性反应时，她们不会感到内疚。与男人不同的是，对她们来说，达到自身的性高潮并不是取得一项成就、完成一项任务，也并不意味着“干得好”。

男人如果在性表现上失败，或是发现阴茎不能勃起或勃起很快消退，都会感到羞耻。这种羞耻可以理解，因为他将这种失败视为缺乏男子气概的表现。是的，在一些情况下，这对男人来说是一种耻辱。但为什么会有内疚感呢？男人体验到这种痛苦情绪不是很矛盾吗？在这种情况下，将羞耻或遗憾和内疚感进行区分会有所帮助。羞耻感是男人对其失败的反应，说得重一点，就是男人对其耻辱的反应。然而，因为没有充分完成的性行为，甚至是根本没有进行的性行为而感到内疚，这是多么奇怪的一种反应！

当精神分析学家提及与性行为相关的内疚感时，他们的意思当然是——因为性行为是被视为有罪的或是被禁止的，人会感受到内疚感。而现下是一个相反的情况：性行为受挫或受阻是由于男性的疲软或其他缺点，而他对此感到内疚。从神学的角度来说，这是否意味着他因为没有“犯下罪恶”而感到内疚？我们这些精神分析学家习惯于将成年人的实际行为模式追溯至儿童期。那么一个小男孩会因为自己不调皮而感到内疚吗？

现在，我们最好能认可并高度评价精神分析理论的新发展和变化，这些发展和变化出现在弗洛伊德的晚年，尤其是体现在1930年出版的《文明与不满》中。基于更为细致的分析观察，这些后期的见解导向了一个理论：内疚感总是与无意识的攻击性相关。是未实现或受压抑的攻击倾向，唤醒了阴暗的内疚感，而不是性欲。即使是在那些明面上看来是性欲未被满足的案例中，也是如此。如果我们接受这个理论假设，那么攻击的对象是谁？

从女人对男人性无能的反应中，我们或许可以得出一些洞见。经验丰富的医生会告诉我们，许多女性不会对这种情况有什么特殊反应，尤其是那些从未体验过性高潮的女性。她们不知道她们错过了什么。对于那些忠贞的妻子们，如果她们的丈夫性能力较弱或是时行时不行，那么她们在一生中对于丈夫的反复失败也不会有什么强烈的感受，因为她们没有机会去与那些更加令人满足的性体验作比较。

不管如何，大多数的女人都会有某种确切的反应：她们要不就会试着安慰她们的配偶，要不就会对他生气。（我们这里说的只是她们对男人的反应。）在第一种情况下，她们会贬低这次失败的意义，就好像这是一个可能发生在任何人身上的小交通事故。特别是当男人对此感到抑郁或抱歉时，女人就会说："亲爱的，这没什么大不了的。你肯定是太累了，或是太操心工作。相信我，下次你肯定能行。"换句话说，这个女人会将配偶的性无能视作无足轻重的小事。

另一种反应则是愤怒或生气，仿佛这次"射不出子弹"是对女人的侮辱。这种怨恨可能表现为隐晦的责备或是直接的谴责。这情况的例子是：一名患者对她的爱人说："你很久都没有让我感到满意了。"如果这种失败不断重复，女人可能会变得害怕性交，会去回避它，因为她预感到自己会产生性兴奋，但得不到释放。一个女人对他们夫妻的性关系感到不满意，她用了一句严重的话来表达她的感受："我宁愿去拔牙。"如果女人怀疑男人的失败是因为他对她不再渴望，那么这种怨恨则会加剧。一名充满愤怒的患者觉得她丈夫缺乏热情，表现为勃起后快速消退，她用英国皇家法院的一个仪式来作比较："当女王坐车抵达白金汉宫时，哨兵必须要举枪致敬。"

性交是一个社交行为，女性对于男性失败的上述反应，必须要从心理学角度进行评估，因为它们就像回声一样准确地揭示了失败的无意识含义。不管是在积极正面的安慰鼓励中，还是在消极负面的怨恨生气中，男性的心因性性无能（psychic impotence）都被视为对女性的冒犯或攻击。女人会以愤怒或焦躁相回应，这是无需解释的。而女人的不在乎或安慰的态度也与男人的无意识敌对情绪相对应。简言之，一种是宽恕，另一种是谴责；一种是以原谅或母性的态度来回应，另一种是谴责或责备的态度。

男人在不成功的性表现后,会出现内疚感;如果将这种内疚感归因到女人或是全部女性的身上,则是大错特错。无意识的攻击情绪中,隐藏得更深的部分针对的是曾经阻止或谴责性行为的权威角色,针对的是父亲和代表父亲的角色。性中的失败等同于屈服于一种来自这个方面的无意识禁令。其本身就是一种惩罚,惩罚的是明令禁止的性欲的出现。性欲受到压抑,就会让人想要攻击这个权威角色。男人感受到这种诱惑,想要释放被关住的攻击性,因而产生了内疚感。我们还没有忘记,在性禁忌的无形背景中,是对母亲或姐姐的欲望,她们代表着乱伦的对象。而在每个女人身上,都带有一点母亲或姐姐的属性。

当女人在性关系中失败时,她们为什么不感到内疚?为什么她们极少对性冷淡感到内疚?显然,通过探索两性在情感反应上的差异,我们可以认为,很重要的一点,是女性在性表现中扮演着被动的角色。同样正确的是,女人不认为达到性高潮是一项任务或成就,这一点与男人不同。(或许更好的说法是:"直到最近她们都不这样认为。")但是,除此之外,一定有一个生物学或是体质方面的因素在发挥作用。看上去,女人的攻击性并不如男人那样强烈或是充分形成。有可能在女性的本性中占比较小的攻击性能量,是她在性方面缺少内疚感的决定性因素,因为内疚感是一种诱惑焦虑,是对再现的敌对和攻击性倾向的反应。

女性也会像男性一样因攻击性和敌对倾向而将性行为和内疚感联系在一起,但程度要低得多。有时,女人感受到的内疚感对男人来说很陌生。它的源头不是性冷淡,而是不孕症。在女人的无意识观念中,性交仍然是与受孕联系在一起。在一些案例中，不孕是基于情感因素。精神分析表明，这种内疚感甚至可能进入意识中。一些女性不能容忍避孕用具，也不能从规避怀孕的性交中获得享受。当然，很多男人的性快感会因避孕用具的使用而受影响；但对普通男人而言，如果满意的性交没能使女方怀孕，他们肯定也不会感到内疚。

还有另一种内疚感更常见于女性：如果在性交中，她获得了高潮，而男人没有射精，这对她而言就是失败。一名患者曾说，这种情况对她而言"就像自慰一样孤单"。她还说，若是她独自在性交中达到高潮，她会感到非常懊恼，这比临近高潮时的戛然而止更令人沮丧。

内疚感的内容差异指向了男女性行为的不同属性。男女对性失败的态度能够反映出两性的情感差异，但我不会假装此前的讨论和思考解决了这个问题。然而，这种初步的探讨可以使我们的注意力投向这个常被忽视的事实：性交中包含了很多不仅限于性的内容。

6. 妻子的不忠

《金赛报告》和汉密尔顿①的研究让我们很好地理解了美国越来越多的婚姻不忠现象。弗兰克·卡普利欧②以及其他精神科医生的学术探索，补充了已婚男女性滥交的精神病理学视角，使

①G. V. 汉密尔顿，《婚姻研究》，纽约，1939。

②《婚姻不忠》，纽约，1953。

对这个问题的描述变得更加完整。

对我来说，讨论这个主题的作者都忽视了一点，那就是从心理学层面来讲，不忠对于男性和女性来说有着不同的意义。性欲得不到满足，无疑是男女不忠的主要原因之一。但是，对女性来说，这并不是一个主要的情感决定因素（病理情况除外）。与女人相比，男人要去征服新事物的欲望更强，他们对性体验的多样性有更大的需求。

对于两性性欲的强度和迫切度，我们无法去衡量和比较，但总的印象是，女性的性欲普遍比男性弱，这可能是与实际的情感和生物学状态相对应的。在弗洛伊德的遗作中有一句论述，女人的性行为也是具有男性气概的，这指出了问题的核心。总之，我们知道，与男人相比，性行为对于女人的意义，既可能更大，也可能更小。当她只是被对方占有，那么意义就更小。当她主动交出自己，那么意义就更大。

考虑到女人极少会纯粹因为性原因或性饥渴而出轨，那么男女的态度差异就更加明显了。我的一名患者宣称，对于 D. H. 劳伦斯的小说《查泰莱夫人的情人》，她无法对其中的主角产生认同感，因为如果一个女人被丈夫爱着，又深爱着丈夫，那么对于另一个只能挑起她情欲的男人，她是不会轻易给他机会的。

另一方面，当女人被丈夫羞辱或鄙夷时，她更容易被另一个男人的追求所打动。当她觉得丈夫不想要她、对她不再渴望时，那她受伤的自尊就会成为一个强大的动机，成为她不忠的成因之一。

一名患者称，导致已婚男女私通的基本情况中，有一个非常重要的差异。在读完卡普利欧博士的书后，她对这位精神科医生的观点持批判态度,因为他将男人和女人的不忠当作一回事。她认为,这个情况中的基本差异,是女性在性方面依赖于男性的欲望。当丈夫需要性满足时,被动角色下的女性很少会拒绝他的要求,而丈夫则可以选择接近她或忽略她。他可以轻易在别处得到性满足,而她一般会更加长久地留在他身边,即使她得不到性满足。

其他患者指出,不忠对于男人和女人的不同心理意义还体现在另外两个方面。在多数情况下,女性出轨或多或少是希望能找到一个情人来体贴她、欣赏她、保护她,因为她的丈夫没能做到这些。而对于男性而言,这种希望或愿望很少会成为他们出轨的一个强烈动机。更恰当的解释是:他们的好奇心或是对性体验的多样性的需求驱使着他们去寻求冒险。通常,他要的只是"滚床单",这就够了。

另一个差异是:在多数情况下,女性反复出轨或滥交是心理受虐癖的一种表现。一般来说,与不忠相关联的是一种自我贬抑、降低自尊的情感,尽管对不忠丈夫的复仇渴望似乎给了女人一种合理的假象。在一段或多段婚外情中,女人失去的比得到的更多。对男人来说,私通不会给他的自我评价带来这样的负面影响。一些男人甚至觉得多次婚外情能提升自我、增加自尊。

最后要强调的是:已婚女性更加忠诚,这也有生物学的原因。这是雌性动物本能态度的延续,它们一旦怀孕,就会拒绝其他所有雄性。女性可能仍然留有这种基本态度的残余,她们对丈夫忠诚,即便没有怀孕也是如此。当然,这不能阻拦她们变得不忠,但至少可以解释她们在受到其他男人的诱惑时,会经历更多的犹豫,会更不情愿。

论述不忠问题的道德学家必须考虑到这些能使不忠之妻减轻罪责的心理状况。要对妻子的不忠下定论,不能出于道德激情,而要出于同情心。与男性相比,在女性的出轨心理中,扮演更重要角色的显然是她们想要被需要、想要被爱的需求和渴望。虽然他说的不是一个私通的女人,而只是一个性滥交的女人,耶稣基督说她许多罪都蒙赦免了,因为她的爱多①。

7. 他和她的妒忌

在心理学和精神病文献中,有很多关于妒忌的描述性和阐释性材料。在对病理性妒忌的理解上,弗洛伊德及其追随者作出了宝贵的贡献,他们认为这只是正常妒忌体验的夸张放大版本。对这些科学材料进行全面的审视后,我们惊讶地发现,这个问题的某些方面几乎被完全忽视了。比如,对男女来说,妒忌这种痛苦情绪的特点和内容并不相同。精神科医生和心理学家似乎将妒忌现象视为一个整体,他们并不关心男女感受上的细微差异。然而,这种差异不仅值得注意,而且具有显著的心理学意义。

妒忌的情感特点可以被概括为抑郁、攻击性和嫉妒的混合体。对于妒火中烧的男人来说,愤怒遍布于这个混合体中;而对女人来说,嫉妒则是占主导地位的成分。粗浅的观察会让我们觉得,男人的感受是他的财产被对手剥夺,他的特权被他人侵犯。

---

①《路加福音》7:47。——校注

而实际上,在女人的妒忌中占有欲才是在扮演着最主要的角色。对男人来说,妒忌就像疾病或弱点一般,使他对世界失去把握。他会尽全力与这个入侵者作战,就像有机体挡住具有破坏性的细菌一般。对女人而言,妒忌是给她带来力量的刺激物,激励着她用尽一切手段去打击对手。这些手段多种多样,令人叹为观止。她们不达目的誓不罢休,男人都做不到这样顽强。

然而,目的是什么呢?据我观察,对大多数妒忌的女人来说,目标是要让对手的计划落空,是要赢回她们的爱人。在这场战斗中,任何手段都是公平的,没有卑鄙的手段一说。一个女版的奥赛罗不会感受到"只是为了这一个原因,只是为了这一个原因,我的灵魂"!可能会有女版的奥赛罗吗?女人在妒忌时的感受,可以与男人旋风般的情感体验相比吗?她眼前会持续出现千变万化的令她憎恶的画面吗?她会无助地陷入疯狂的情绪中,被无边无际的想象力所折磨,被内心喋喋不休的声音所煽动,被痛彻心扉的情绪所拉扯吗?基本不会。只有最为男性化的女性才会有些许相近的感受。杀死了不忠的爱人并站在尸体旁的女人,会体会到相同境况下男人的感受吗?"这样,别人就无法占有我爱的她了。"

不,不可能有女版奥赛罗,因为女人的想象力不会在妒忌中疯狂驰骋。她的幻想走不到那么远,而且也不会走向同一个方向。与男人不同,她不是在想象中看到她的男人与另一个女人的性交画面,而是幻想着他将喜爱之情投向她的情敌,预感到自己将被抛弃,将要失去他的爱和她在情感上(以及经济上)的安全感。女人比男人更加现实,她的想象力也更有局限,哪怕是病理性的表现都是如此。我们无法想象出一个女版的奥赛罗,就好像我们无法想象出一个女版的堂·吉诃德一样。女人可能会缺乏头脑,但很少会干傻事。

男性和女性的妒忌还有一些其他的心理差异,源自于性在男女情感生活中的不同地位。我认识的一名女性和她的丈夫去了电影院。在回家的路上,男人对丽塔·海华丝[1]滔滔不绝,非常不明智地表达了他对她女性魅力的钦慕。他的妻子对他这一时的迷恋感到气愤。她先是对那个女演员语带批判,继而开始猛烈地攻击她的丈夫,不仅是批评他的性审美,还对他的性格、人生、亲朋好友逐一数落。在争吵之后,他成了她眼中最卑鄙无耻的无赖。回家后,她在客厅的沙发上给自己铺了床。而这一切都是源于一个男方根本不认识、只在大银幕上见过的女人!让我们假设一下,如果情况倒转,在女人和丈夫看完电影回家的路上,是女人带着爱慕之情,含情脉脉地提及一名男星,称赞他的男子气概和人格魅力,那么丈夫会有相似的反应吗?不大可能。他可能会对那个家伙口出不逊,但绝不会像她那样心生怨恨,也肯定不会想要从婚房中搬出来。他会妒忌在现实中接近他妻子的男人,但不会妒忌银幕上的人影。

但这个对比难道没有说明,妒忌的女人跟妒忌的男人一样有想象力,甚至更甚?并不会,这只说明她的想象力走向了另一个方向,或是说她所妒忌的是别的事情。在这个案例中,女人担忧的是别的危险。对她来说,更重要的是丈夫的情感投入,而不是

①Rita Hayworth(1918~1987):美国女演员。——中译注

在性或感官方面的投入。对于男人而言,远距离的仰慕很少会让他们妒忌。我们道德观念的双重标准也体现在女性和男性妒忌的不同特点上。比如,一个女人得知她的丈夫或情人在某个场合对她不忠,就说是一次出差吧。不可否认,她会有一时的悲伤或妒忌,但这是很表面很短暂的,就像那只是一次身体的释放,就像拿破仑所说的"沙发情事"。她担心的是丈夫和那个女人之间不止如此,或是将会不止于此,担心丈夫或那个女人会投入感情,担心那次性冒险的对象会变成他爱的对象。对她而言,她更希望他感兴趣的只是性,而不是某个性对象。

而另一方面,当男人得知他的妻子或爱人对一个她从未见过的男人产生了强烈的兴趣,他并不会勃然大怒。但要是听到他的爱人跟别人滚了床单,他还会无所谓吗?除非他是变态或是情感上的怪胎。刚才的那个女人会这样说她的丈夫和情人:"他可以跟她睡觉,但他只能跟我交流。"有哪个男人会这样去说他的妻子和妻子的情人?并且,女人说这话的语气既不伤感也不愤怒,而是带着一种胜利的优越感,甚至是自豪感。

然而,如果仅仅把两性的态度差异归结于文化因素,而不去挖掘性行为对于两性的不同意义,那就大错特错了。这个差异直指问题的核心,解释了女人和男人到底在妒忌什么。男人只是隐约知道,而且常是在无意识中感觉到性交对于女人来说不仅仅是肌肤之亲;要是没有感情的投入,女人很少会与一个男人上床。另一方面,女人很清楚,性交可能对于男人来说,并不意味着什么。

在精神病学和精神分析的文献中,很少会读到关于两性在妒忌方面的另一个差异,我指的是自尊和自恋的需求在男性和女性的妒忌特点中所扮演的不同角色。精神分析学家常通过临床案例证明,在正常和妄想型妒忌情感中,不会出现不忠的冲动和同性恋的倾向。这对两性来说都是成立的。但非常典型的是,一个男人可能会疯狂地妒忌他的情敌,却不会对情敌本人有任何兴趣。当然,这并不意味着他不会去关心这个人是谁。而是对于情敌是什么样的人,是否已婚,长相如何,他不怎么感兴趣。

对于妒火中烧的女人,我们很难想象她不会对她的情敌产生巨大的兴趣,也就是说,她会关心那个人的长相、年龄和迷人之处。还是那句话,她关心的是"有什么是她有而我没有的?"这样一种解释肯定过于简单了。她的这种兴趣显然更加个人化。当有女人对你说她想得到关于情敌的详细信息时,你会觉得她是想知道关于她的一切,想见到她并听她说话,想把自己和她作比较。没有男人会产生这种明确的兴趣,如果他能被称为男人的话。

在我看来,连这种差异的现象本身都被完全忽视了。目前,我举不出哪一本精神分析著作对这个问题作出过全面描述或是心理学解释。我认为,有一个人见证了这种差异的意义,他是一位心理学观察的杰出权威人士,也是一位职业圈层之外的伟大心理学家:威廉·莎士比亚。这里有两个具有代表性的例子:在《维洛那二绅士》中,朱利娅看着她情敌的画像:

> 我想,我要是也有这样的头饰,
> 我这面庞和她的比起来也是一样可爱;
> 可是画师似乎把她的美貌格外润色了几分,
> 否则就是我自己太顾影自怜了。

她的头发是赭色的，我的是纯粹的金黄；
他如果就是为了这一点差别而爱她，
那么我愿意装上一头假发。
她的灰色的眼睛像水晶一样清澈，我的眼睛也是一样；
可是我的额角比她的高些。
爱神倘不是盲目的，
那么我有哪一点赶不上她？
把这影子卷起来吧，它是你的情敌呢。
啊，你这无知无觉的形象！
他将要崇拜你、爱慕你、吻你、抱你；
倘使他的盲目的恋爱是有几分理性的话，
他就应该爱我这血肉之身而忘记了你；
可是因为她没有错待我，
所以我也要爱惜你、珍重你；
不然的话，我要发誓剜去你那双视而不见的眼睛，
好让我的主人不再爱你。①

(IV，iv)

这是对女性化思维及感受的绝妙观察，尤其体现于这种比较中。这里或许缺失了一个常见于很多情况下的典型特征，就是许多女人在观察他人并与自己作比较时，常有一种补偿心理，比如：

①本段出自《维洛那二绅士》第四幕第四场，朱生豪译。原译中的“帽子”(tire)在此处改为“头饰”。——中译注

“她有美丽的秀发,但我有更迷人的身段”,或是“她的腿很漂亮,但我的眼睛更美”,或是“我更加健谈”。

法郎士在《红百合花》中说,对一个女人来说,妒忌仅仅是“自爱的受伤”,这无疑有些夸张。然而,这个因素在女人的妒忌中肯定更为显著。再用法郎士的话来说,男人的妒忌则是“精神和肉体上持续遭受的极大痛苦”。这种情感的激烈属性,无疑也存在于女性的妒忌中,只是这种妒忌还有另一种感受。如果如一位心理学家所言①,妒忌是“一个谜,是最鲜为人知的一种情感,是讨论得最少的一种人的反应”。那么我们就应该考虑这种性别间的差异。我们来听听克莉奥佩特拉在听说奥克泰维娅之后的妒忌之情:

> 好艾勒克萨斯,你去问问那家伙,
> 奥克泰维娅容貌长得怎样,多大年纪,性格怎样;
> 不要忘记问她的头发是什么颜色;
> 问过了赶快回来告诉我。
> ……
> 你去叫艾勒克萨斯再问问她的身材有多高。
>
> (II,v.)

然后,是在克莉奥佩特拉的宫中:

> 你见过奥克泰维娅吗?

---

①鲍里斯·索科洛夫,《妒忌》,纽约,1947,p. 14。

她像我一样高吗？
听见她说话吗？她的声音是尖的，还是低的？

当信使说奥克泰维娅声音很低，克莉奥佩特拉沉思道：

那就不大好。他不会长久喜欢她的。

她又问：

她走路的姿态有没有威仪？想想看；
要是你看见过真正的威仪姿态，
就该知道怎样的姿态才算是有威仪的。
你猜她有多大年纪？
你还记得她的面孔吗？是长的还是圆的？

对于圆脸的奥克泰维娅，她有了批判的想法：

面孔滚圆的人，大多数是很笨的。
她的头发是什么颜色？

信使来了之后，克莉奥佩特拉多问了一个问题。而实际上，她想知道关于那个女人的一切，她这方面的好奇心和渴望是永不满足的。即使在她下了赴死的决心时，也没忘了会被胜利的情敌羞辱的可能：

你要知道,先生,
我并不愿意戴着镣铐,
在你家主人的庭前做一个待命的囚人,
或是受那阴沉的奥克泰维娅的冷眼的嗔视。

在这个方面,女人都是一样的。这是骄傲的埃及艳后在这样说吗?

什么都没有了,我只是一个平凡的女人,
平凡的感情支配着我,
正像支配着一个挤牛奶、做贱工的婢女一样。①

8. 关于性教育

教育会以两种方式失败:要不就是达不到既定目标,要不就是教育得太过了。当然,性教育也面临这些危险。弗洛伊德指出,有一类男人,只有与他所鄙视或瞧不起的女人在一起时,才有性能力。如果他有意识或无意识中认为这个女人属于母亲或姐姐群体,那么他就会变得性无能。弗洛伊德将这种无意识态度追溯到原初的母亲角色,那是最初的喜爱和性欲对象。乱伦的诱惑

①以上克莉奥佩特拉的台词均出自《安东尼与克莉奥佩特拉》,朱生豪译。——中译注

受到了阻碍,这个阻碍使得这些角色或是代表这些角色的人成为禁忌,在性意义上不可触碰。我们都忽略了去考量男孩的后期教育在多大程度上促使他们将女性分为“好”女人和“坏”女人。许多患者记得,在男孩时期,他们的父母曾告诫他们,对于那些正派的女孩,要像对待姐姐一般对待她们,意思是要避免任何可能被视为具有性含义的举止。继而,一种无意识的抑制作用得到了加剧,因为即使是毫无恶意的抚摩都会让男人想到姐姐的形象。由于这种无意识禁忌的移置和泛化作用,当这些男孩成年后,嫁给他们的大部分“好”女孩都会感受到那些早期训诫的负面影响。或是说,她们在性交中会没有感觉。在性行为中也是一样:

决心的赤热的光彩,
被审慎的思维盖上了一层灰色,
伟大的事业在这一种考虑之下,
也会逆流而退,
失去了行动的意义。①

每个精神分析学家都遇到过这样的案例,对女孩太过尊重、太过体贴是性无能或性能力反复无常的间接原因。最终,这种失败可能泛化,会影响到每一个女人,因为每个女孩身上都有母亲或姐姐的影子。对女人过于尊重可能会导致一种令人遗憾的不好的结果,使她陷入一种“饥渴”的处境,这个想法有些奇怪。

---

①出自《哈姆雷特》第三幕第一场。朱生豪译。——中译注

在我的一些案例中,因为女人预见到丈夫或恋人的失败,她最初的性兴奋都消失殆尽。有时,她会避免产生性兴奋,并开始厌恶性交,因为她无法从中得到满足。一个女人嫁给了一个性能力不稳定的男人。她告诉我,一旦她丈夫提出性要求,她就会充满忧虑;她厌恶性交,就像一般人厌恶痛苦或可怕的事情一样。另一个女人跟我说,面对丈夫无力的拥抱,她常在心中计划明天的菜谱,同时她还能例行公事地做出享受的姿势,这确实是了不起的本事。

至于男性性教育的失败:突破禁令的形式并不总是从妓女或淫乱的女人那里获得性满足。我所知道的一个案例中,丈夫必须在前戏中用最下流的四字词辱骂妻子,他才会有性能力。通过这种方式,他想象着自己在跟一个妓女说话,在无意识中,他将妻子变成了他可以提出性要求的对象。否则,他会把妻子看得太高,根本不敢对她提出性要求。他必须用言语来贬低她,使她成为合适的性对象。另外,他的妻子对这些言语上的准备工作也并不讨厌。

另一个女性的例子:一个女人嫁给了一个在性方面比较羞怯的男人,她只有将他想象成为另一个不认识的攻势猛烈的男人,才能达到高潮。这样,她在忠于丈夫的情况下跟另一个男人上床了。还有一个案例:丈夫在性方面迂腐守旧,使得妻子对性感到羞耻,甚至不好意思表现出性兴奋。最终,她感到太过拘谨,甚至觉得跟丈夫性交都是一件丢脸的事。每当丈夫出差,她就会去酒吧,任由各种男人搭讪,然后跟那些她几乎不认识的、所鄙夷的男人们享受性交的快乐。她觉得,那些男人完全不能跟她的丈夫相提并论;她尊重她丈夫,也深爱着他;而对于那些可鄙的男人们,她和他们之间只有一夜的放纵罢了。

我们暂时回顾一下刚才提过的那个男人,他必须要羞辱她,才能将她视作性伴侣。我还记得另一个例子,从一个意想不到的角度证明了对女性过于尊重会产生抑制作用。许多年前,我在北卡罗来纳的阿什维尔度过了一个夏天,当时,我在高地精神病医院担任精神分析顾问医师。一次,医院精神科的一名女医生请我去与一名年轻水手会谈,她治疗了这名水手几个月,却没什么成效。女医生期望我能发现一些水手没有告诉她的秘密。我跟这名水手谈了很久,了解到他因为情绪障碍而被海军撤职。在我们的对话中,我们当然也谈及了他的情爱生活。他大约 28 岁。在某个时候,他告诉我:"我常对布朗医生(把他转给我的那名女医生)说,每当我跟女孩私密地结合时,我……""你说什么?"我打断了他,"私密地结合?我从没听过哪个水手会这样去说这件事!""可是,布朗医生是位女士!"水手责备似的说道。年轻小伙对女士们的尊重,尤其是在美国南方,使得他们不再直言不讳,他们会避免去使用美国海军士兵中用来指称性行为和性功能的那些日常口语。我立即建议布朗医生将患者转给高地医院的一名男医生。我想再次强调的是,女孩和男孩的性教育都有可能失败,或是过于成功——这也等同于失败。

9. 周期性

总的来讲,进化解放了男性,他们变得越来越不受本能周期性的影响,但进化对女性的释放则更为迟疑,她们仍更多地受到变化节奏的影响。男人可能在任意一天变得暴力,成为杀人犯。一些近期的研究表明,女性的暴力犯罪中有七至八成是发生在她们的月经前期和月经初期①。男性的性冲动中仅体现出生物节律的些许痕迹,而女性的性行为则显然受控于自然的周期性法则。大多数女人在经期前的几天、经期中和经期过后的几天最容易被唤起性欲。

这段时期没有受孕的可能,生育力和性欲看似存在反差。似乎自然曾经尝试着将女人进化得接近男人,可以说,这段时期让人回忆起这个失败的尝试。当然,这是一种生物学猜想,但让我们挥之不去的一个看法是:要了解女人的心理变化,必须要追溯到女人一生不同时期的生物学因素。无可非议的是,两性关系的诸多争吵和不愉快都源自经期前的紧张状态,通常对此的解释是:这是一种挫败感的症状表现,这种挫败感用一句话来说就是:“我既没有阴茎,又没有孩子。”但这种易怒和好战都是针对男人,就好像她的怨恨因他而起,男人要为她的挫败感负责。我常疑惑,为什么精神分析学家们从来没有指出经期前紧张是女性无意识阴茎嫉妒的一种症状表现。卡尔·克劳斯曾抱怨,男人因为造物主给女人留下的不足而受到惩罚:“因为她们每个月都会想起她们的不完整,我们就必须要流血至死吗?”②

确实,男人通常只是想要“一个女人”,而不是这个或那个女

①玛克辛·戴维斯,《女人的性责任》,纽约,1956,p. 245。

②*Beim Worte Genommen*,慕尼黑,1955,p. 37。

人。意思是，当他们性饥渴时，他们想要的是一个女性，在生理冲动面前，个体对象选择不再那么重要。而对女性而言，普遍来说，她们的性欲更加取决于她们与这个或那个男人之间的关系。但是，在女性的性欲接近男性特征的那段时间，个人因素在对象选择上会变得无足轻重。如果女人足够诚实的话，她们会坦诚，在每个月那段不长的时间里，她们对男人来者不拒，哪怕是想象中的男人。

10. 女人想要什么

欧内斯特·琼斯[①]曾说，弗洛伊德发现女性心理比男性心理更令人困惑。他引用了弗洛伊德曾经对玛丽·波拿巴特[②]所说的话："尽管我花了三十年时间研究女性的灵魂，有一个重大的问题从未被回答过，而我至今也未能回答，这个问题就是'一个女人想要什么？'"[③]这个问题的德语表达（"*Was will das Weib?*"）明白无误地表明了这个问题的泛指属性。弗洛伊德说的不是这类或那类女人，而是所有女人和她们人生中的目标。此外，我们可以猜到，弗洛伊德的问题不是指狭义的、局限于当下的目标，而是女性在有意识和无意识中所追求的最为根本的目标。

他把这个问题向这位女性提出也并非偶然，她在心理学方面

①Ernest Jones（1879～1958）：英国心理学家。——中译注

②Marie Bonarparte（1882~1962）：希腊和丹麦乔治王妃，法国精神分析学家。——中译注

③《弗洛伊德的一生和著作》，纽约，1955，第二卷，p. 421。

有敏锐的洞察力和出色的理解能力。我有幸在巴黎和维也纳见过玛丽·波拿巴特,她的分析见解一针见血,对女性心理问题的探讨坦率直接,我对此深表仰慕。她此后的著作也证明,她能够清晰明白、文笔优美地呈现出这些问题。弗洛伊德将她视为自己最有潜力的学生之一。遗憾的是,琼斯并没有告诉我们,这位王妃对她的老师兼朋友给出了什么样的答案。

这个问题本身也值得一提,尤其是因其出自史上最伟大的心理学家之一:这位精神分析学家曾研究过成百上千的女性患者,曾被众多女性围绕,包括家人、学生、仰慕者、医生和心理学家。这种探寻和研究并不是指向永恒的女性气质(feminine),而是指向永恒的女人本性(womanly),指向女人的目的,不分何种阶层、信仰或国籍。这个问题问的是,她们现在追求着什么?她们从原始时期以来一直在追求什么?

弗洛伊德提出了这个问题,却没有解答它。这个问题的答案应该要包含所有女性的有意识和无意识的目标。对于这样一个笼统的问题,可能没有哪个答案能够把女性所有的生物学需求和心理需求都考虑在内。

如果说有这样一个答案的话,那么给出答案的人可能是尼采。尼采在很多方面都是弗洛伊德的先行者,而且,他在自我心理学方面的一些见解,精神分析至今都未能企及。查拉图斯特拉在黎明中羞怯而谨慎地徘徊,在他的衣钵下隐藏着这个"小真理":"女人的一切都是谜,女人的一切都有一个解。这个解叫做怀孕。"

11. 女人本性和女性气质

在上一章提到了“永恒的女性气质”和“永恒的女人本性”之间的对比。当我写下那些句子时，我没有意识到我是受到了一位女士的影响。当时，她读了本书的部分初稿，她对我说：“你这章的论述是女性气质，而不是女人本性。”我惊讶于她的这个区分，并请她解释她的意思。于是，她告诉我，一直以来，她在头脑中都对这两个词做了区分。对她来说，女性气质意味着所有吸引人和诱惑人的部分，还有所有那些女性的花招诡计，就像只有女人才会说“别离我太远”，以此来诱惑、怂恿男性。而女人本性带有给予的含义：她需要去关心他人，有着出于本能的爱心或是母性。似乎我们在无意识中都做了这种区分，尽管在并不严密的日常语言中，我们并没有区分使用。

显然，这两种特点常集合在一个女人身上，代表了她本性的两面。值得注意的是，当其中一面显现时，另一面就会退却。女性气质的各种兵器可以在悄无声息中帮助女人本性的形成。另一方面，在极具女性气质的行为中，可能会突然显现出女人本性。

我们时常发现，女性气质和女人本性会很早就出现在小女孩身上。我的女儿米丽亚姆五岁时，已经知道如何忸怩作态，如何讨好大人——不管对方是男性还是女性。她甚至会使用一些非常女性化（feminine）的伎俩，去达到她的目的。但是，在同一时期，我还记得下面这件事。我们当时在加拿大的一个农场过暑假。米丽亚姆和我走到一个谷仓闲逛，我们发现房梁上有一个燕子窝,燕妈妈在那里安全地养育着它的幼鸟。我们能听到幼鸟的啾啾声。一会儿,我们就离开了谷仓,继续散步。突然,米丽亚姆丢开我的手,飞快地跑回去关上了谷仓的门。刚才,我们不小心忘了关。她在路上看见了一只猫,尽管她还是个小孩子,她也会担心猫会去咬死那些幼鸟。女人本性已然体现在这个小女孩的身上。

我的一名患者也记得,在同样的年龄,她曾养过一对豚鼠。让她感到高兴的是,它们生下了幼崽,她像老鹰一样照看着豚鼠一家。一天,她父母的朋友带着一只斗牛犬前来拜访。由于没人管它,它猛地扑向了这群小动物,将它们咬死了。小孩哭得歇斯底里,她的尖叫声让大人们手足无措。狗主人是一名年轻的女性,看到这一切,她心痛得哭了起来。突然,小女孩跑过去对她说:"不要哭!不是你的错!"患者在小女孩时期既体现出了细腻的情感,又体现出了母性,女人本性。

在我们称之为女人本性的特点中,母性是最为重要的组成部分,这并不取决于她是不是一个母亲这个物理事实。我记得,当我还是小男孩时,读过一个短篇故事,作者是奥地利早期的一位女性作家,是玛丽·埃布纳·埃森巴赫吧?这个故事引发了我的一些奇怪的想法,使我以全新的眼光看待我的小学老师。如果我没记错的话,这个故事讲述了一个年轻的女老师在一次暑假里跟一个年轻男人有过一次浪漫的经历。当时,女孩幻想着她的婚后生活,丈夫、孩子和家,可是,这段恋情最终让她失望,她在秋天回到了自己的家。她深感抑郁,回到了学校。她被班级里众多的孩子包围着,悲伤和绝望之情从上班第一天开始便逐渐消散了。这个故事结尾的一句话陪伴着我已经60年了:"没有子女的女人能够拥有最多的孩子。”我们在这里所使用的“女人本性”一词，就是基于这层含义。

很奇怪的是，在男性的童年记忆中，母亲的女性气质仅扮演次要角色，而她的女人本性则持续留存在他们的记忆中。在两性的童年记忆中，对母亲的情感态度也有差异。女性的记忆中大部分保留了母亲的女性气质。一名患者回忆道，她在儿童期早期就注意到母亲有着”悦耳的声音”。

乱伦禁忌的抑制效果无疑在这里发挥了主要作用，使得男人的童年记忆避免了这个部分。值得注意的是，对母亲的理想化与对她女人本性的记忆有着紧密的联系。显然，从小男孩的自我发展角度来说，她这方面的本性也起到重要作用。

我有一些记忆似乎能证实这个分析结论：有很多迹象表明，我曾是一个心不在焉，甚至近乎懒惰的小男孩。那些自豪的母亲总会提到自己孩子曾经说过的“聪明话”，但我的童年却没有留下这样的内容。只有一句我曾说过的话，我的母亲常常提起，但这句话既不“聪明”也不“机灵”。每当她要出去买东西或是拜访别人时，我就会开始哭，并啜泣着抱怨：“要是我摔倒，谁来抱我起来？”当时，我应该是不太会走路的年纪。我那忧伤的问题并不只是表明了小男孩十足的自私，还表明了他非常缺乏想象力。仿佛我无法想到，如果我摔倒了，还会有别人抱我起来。但将这个功能仅限于母亲可能不是由于我的愚蠢，而是表达了我只想被她抱起来的愿望。

那种认为女人本性无所不能的信念，一直坚定地存于我心中的某个地方，即使令每个男人人生遭受失望、理想破灭，这种信念都不受影响。我仍然记得这种童年信仰的回响。那是在高中时的我第一次读到《浮士德》结尾处，看到歌德笔下的绝妙诗行时：

一切无可名，
在此处完成；
永恒的女性（The Eternal-Womanly），
领我们飞升。①

小男孩时期的感受在这里以最为升华最为神秘的形式再现。

我们是否可以想象，在如此庄严的诗行中，用“永恒的女性气质”去替代“永恒的女性”？肯定不能。“永恒的女性气质”鼓舞人心的效果仅停留在阴茎上。最初，确实母亲是小男孩的感官和温柔渴望的对象，但很快他们之间竖起了乱伦的边界。性欲很快便去寻找另一个对象，而母亲则一直是单纯温柔情感的对象。

女性气质当然也很古老，但同样肯定的是，它并不是永恒的。很难想象石器时代的女性显现出女性气质。或许，它并不会早于新石器时代，那时人类文化刚刚发端。早期男性的妻女肯定没有多少女性气质（feminine）特征。然而，同样肯定的是，她们已经有了一些女人本性（womanly）的特点。

没有“永恒的女性气质”，还因为女性气质特征要到小女孩的某个发展阶段才会出现，虽然是在较早的时期。严格说来，也没有“永恒的女人本性”，因为它最多只能被回溯到性别分化开始

①出自《浮士德》，钱春绮译，上海译文出版社，1989。——中译注

时。亿万年前,进化还没有分化出雄性和雌性,许多种类的原生动物对这个重要的区别一无所知,仍快乐地生活着。然而,当人类女性一出现在这个小星球上,就带来了女人本性的痕迹,而女性气质还要经过漫长的沉睡才会苏醒。在这个结合了生物学和心理学起源的意义层面,我们完全可以说女人本性是女性的开端和最终目标,而女性气质只是一个转瞬即逝的现象。女人身上的女人本性是永久的,而她的女性气质,用达尔文的话来说,则是一种"一瞬即逝"("evanescent")的吸引力。

在最美妙的时刻,最具有女性气质的生物也开始意识到她内在的女人本性。这个重要成分独立于她和男人的竞争之外。它位于更高的位置,远离两性的战争,"在争吵和打斗之外"。这个元素是女人的权力和荣耀。对权力的渴求和对女性独立的抗争都不会影响到女人本性。法郎士曾说,坚持要求平等的女人实际上是放弃了她的优势,他想到的也是这个永恒的女人本性。

12. 男人、女人和服装

从遗传心理学的角度系统全面地对心理现象的形成进行重构,这并不属于精神分析的目的。但是,对精神分析学家而言,了解某种情感过程或精神状态也意味着要去理解它的起源和演变。他的方法能够使他洞察到深层次的内容,而这是遗传心理学的历史方法无法达到的。这种方法使他能从近期的发展阶段中,发现已被长久遗忘的过去的痕迹。早期被压制的想法在个体生命中留下了不可磨灭的痕迹。通常,要从它们的后期表现形式中识别出它们是较为困难的。它们受到某种心理伪装的保护,它们会呈现出与周遭环境相似的保护性外观,比如,会以个体生活的后期境遇为参照。其他痕迹会因移置或不同的扭曲手段而变得无法识别,它们会以合理化的形式出现。然而,我们会发现有些早期痕迹完好如初,除了对新情境的适应之外,并未受到扭曲。它们并不被怀疑,并不被视为最初阶段的心理迹象,因为它们完全被当作现阶段的自然合理的表现。它们在表面上与临近的现象相似,而这是一种防御性掩饰,防止研究者认出它们。它们被认作是现时的表现形式,因为它们与成年行为模式中的其他类似表现混在一起。就好像,如果你在钢材店里找你的零钱中发现了一枚古币,比如是亚历山大大帝时期的德拉克马银币,这枚硬币可能已经经手多人,都被误认为是我们美国的二角五分硬币,因为看起来很像。当然,对于收藏家和鉴赏家来说,它的价值要高许多倍,他们还会想,怎么会这么久都没人认出它?

在接下来的段落里我将讲述两个例子,这种不起眼又未被识别的残余痕迹呈现在两句日常话语中,人们听了后并不会多想。

维也纳女演员阿黛尔·S到产科病房看望她的侄女,这个年轻女人刚生了孩子。当侄女把婴儿抱给她看时,年老的女演员说:“如果我没记错的话,是个男孩。”

这句话当然关乎女演员对于年轻时诸多风流韵事的记忆,但还可以追溯到她更早的记忆。在很早的时候,小女孩发现男孩的身体跟自己的不一样。像所有小孩一样,出于对泌尿功能的好奇,她发现男孩有某些优势。一个小女孩,看到男孩站着对着树撒尿,她说道:“真方便啊!”但是,对于女童而言,男性的这个器官不仅很实用,还具有装饰性。著名儿科医生本杰明·斯伯克记述过,一个看到裸体男孩的小女孩向她妈妈抱怨道:“可是,他有多么奇妙的饰物,我却这么平凡。”

对于典型的阴茎嫉妒的出现及其后期反应,我们就不继续探讨了。众所周知,女童很快会感到自己的生理缺陷,这种两性的生理差异在她眼中变成了一种劣势。精神分析已经讲清楚了这种早期的缺陷是如何在很大程度上被情感所战胜的。女孩开始对她的身材和自然赋予她的其他身体才能感到骄傲。而弗洛伊德向我们证明了这种女性的虚荣仍然是对无意识劣势感的一种反向作用。女人构想出的身体魅力是对原初的性自卑感(sexual inferiority feeling)的一种后期补偿。她越是曾经深刻地感受到没有阴茎的缺陷,现在就越是要高度欣赏自己在身体方面的天资。

大家都知道这些了,而可能迄今还没有被分析评估的是与之相关的移置作用,这种补偿从女性的身体移置到服装、饰品上,移置到遮挡美景的迷人窗帘上。最初对身体本身的关注有多少被转移到了礼服上,这是显而易见的。她们享受着材料的品质,是否光滑、质地如何、结不结实,这都是典型的女性化行为,无疑我们可以将其理解为女性对柔美身体的关注被转移到了衣服上。更深层次的分析研究能够解释,为什么每个女人都想跟别的女人穿得不一样,但同时又要遵循时尚趋势。这也可以解释女人之间在衣着上各种琐碎的竞争和妒忌,以及为什么对于女人来说穿上一件新衣服就等同于换了一个人。关于服装的骄傲和羞耻肯定有它们的无意识根源,那就是试图通过从身体到服装的移置来实现安慰和补偿。

我们禁不住要沿着这些有趣的思路去全面检视成年女性的心理，但我们不必这样做，因为我们已经至少发现了一个很小的、并不起眼的痕迹，那就是受到压制的对生理缺陷的抱怨已经出人意料地再次出现，体现于服装对身体的替代性移置。看上去，当成熟女人承认她的缺失，虚荣心因发育美好的身体而得到满足时，她在小女孩时期曾经感受到的劣势感就已经得到了完全的补偿。同时，能够充分体现出她身体之美的服装也有助于她忘记并原谅那早期的个人残缺感。

然而，成年女人至少还有一个典型特点表明了那个早期的抱怨仍然存在，甚至是存在于后期的服装移置中，只是没被人识别出来；这个抱怨是普遍存在的，不分阶层和年龄，其中保留了这种性缺陷感。这个抱怨就是："我没有一件可穿的衣服。"不管这个女人是真的衣服太少，还是说她的衣橱是一般人的两三倍大，她都会这样说、这样想。在这一点上，所有女人都是同心同德。这个国家最会穿衣打扮的女士之一曾告诉我，她发现她也有相同的想法，尽管她知道她有数不清的适合于各个场合的连衣裙、礼服、套装，等等。看来这个念头几乎是女性的自动反应，或是心理反射。我们推测，一定有某种无意识的动机使得女人不顾现实。

在我看来，"我没有什么衣服可穿"就是"新瓶装旧酒"，内里仍是旧有的、被遗忘的那个抱怨，表面上是对没有足够多的衣服发牢骚。小女孩对于没有阴茎的抱怨跟随着进入了成熟女性的生活，通过这句典型的女性化话语明确地表达出来。这是在后期发展中的回响，对身体的抱怨替换为了对服装的抱怨。女人自己并不知道，对其缺陷的抱怨已经成为不朽的名句，以新的形式公之于众:“脆弱啊,你的名字是女人。”

女性有时会说,她们是为了男人而打扮,但她们肯定不是只为了男人。她们还为了其他女人而打扮,而最重要的是,她们是为了自己。平心而论,我们必须承认,她们对动机的看法是正确的。似乎她们必须先对镜中自己的形象满意,才有可能对别人产生吸引力。她们对自身外表的自我印象无疑决定了她们预期自己会给他人留下什么印象。女人在照镜子时,会用他人的眼光来看待自己,有时只会用某一个人的眼光来审视。不可否认的是,这个“带妆彩排”中的印象至关重要,决定了她稍后是否能吸引他人的目光。如果她对自己的外表非常满意,那么她的自信心会得到增强,她会美丽绽放。一个想要迷倒他人的女人,必须先能迷倒自己。在一次精神分析治疗中,我的一位年轻患者曾说:“当我不修边幅时,我恨所有人。”这句话应该贴在每家服装店门口,其中包含了被人们忽视的基本心理学事实。这句话中的结论若不是出于美学原因,那就是出于爱全人类的名义。一般来说,一个女人如果觉得自己衣着靓丽,她会和善友好,会轻而易举地达成她想要讨好他人的目的。

任何一个通情达理的女人都不会否认她们也会为了男人而打扮,为了对他们产生吸引力而打扮。吸引的对象不一定要是她的丈夫,甚至在一些情况下,是为了吸引丈夫以外的所有男人。在多萝西·帕克①的一篇故事中(《迷人的假期》(*The Lovely*

①Dorothy Parker(1893~1967):美国女性作家,其小说常含有一种悲悯之情。——中译注

Leave)),一名年轻的妻子等待着她的丈夫休假回家。她把自己打扮得很美丽,还给自己买了一件价值不菲的黑色简约连衣裙,因为她知道丈夫喜欢黑色简约的女装。她问他是否喜欢:“噢,嗯,”他说,“我一直都很喜欢看你穿这件连衣裙。”她顿时愤怒了。“这件连衣裙”,她一字一顿、不留情面地说,“是全新的。我这辈子还没穿过。如果你想知道的话,我可以告诉你,我是专门为了今天才买的。”“对不起,亲爱的”,他说,“噢,确实,现在我看出来这根本不是那一件。我觉得这件很好看。我喜欢你穿黑色的。”“在这种情况下”,她回答道,“我简直希望我是因为另一个原因才穿黑色。”

因为她年轻的丈夫不欣赏她的连衣裙,于是,她出现了想要变成寡妇的恐怖愿望,我们男人在心理层面很难理解这件事;但我们认识到,这种深深受伤的感受不仅仅是与这件特别的连衣裙有关。女人这种情感的根源在于她意识到男人不欣赏她身体的美,不欣赏服装下面的身体。早被遗忘的残缺感,小女孩因为没有阴茎而陷入的这种情绪,使得女人在男人不关注她的连衣裙时,变得更加敏感。因为她是为了他而打扮得美丽迷人,所以她愈加感受到这种缺失。如果她为他精心准备了一顿晚餐,而他毫不欣赏,只是自顾自地吃,并没有注意到她的用心,那么她可能也会感到受伤。但这与新连衣裙这件事对她自尊的伤害在本质上有所不同,因为在这件事中复苏了婴幼儿时期的无意识情感:男孩不羡慕女孩的身体,或是说,她觉得与男性的身体相比,自己的身体有缺陷。在多萝西·帕克描写的场景中,是一对成熟男女在谈论一件新裙子,但我们能听到一个小女孩和一个小男孩在对话的潜在声音。由于服装的替代性移置作用，在年轻妻子的失望情绪中，我们又看到了女童的理想破灭。

似乎女人总希望男人也能够从服装上欣赏她身体的美。由于丈夫对新裙子的敷衍评价，那个年轻妻子甚至盼着他死，这让我们想起了一首法国老歌，歌词在安慰着年轻的寡妇："不要哭；黑色很适合你！"

让我们从女性的虚荣心这个永恒又现实的问题转向男性的心理。对于妻子买来讨好他的新裙子，为什么这个年轻的丈夫不怎么关注？我们是否应该同意她的观点，说他是个粗心大意、毫不体贴的无情之人？但是，请想一想，我们每个人偶尔都会对妻子或恋人的新衣无动于衷或是漫不经心。因为，在这方面缺乏关注或兴趣是大多数男人的典型特点，是不是当我们对一件新衣或改过的衣服不感兴趣，当我们没有注意到一顶新帽子或是一个新发型时，我们这些男人就都是恶棍？我们对服装的剪裁和式样知之甚少，我们也不懂得如何欣赏女人服装的色彩和材质搭配，女人也知道这是天经地义的。但是为什么她们要将我们的注意力引向她们的新衬衫或是衣服上的新领子？她们期望我们能自己发现，要是没有注意到，她们就会失望。我们对此缺乏兴趣，也缺乏关注，甚至我们连不同材质和式样的名字都不知道，有时，当女人们在谈论女性服装的部件时，我们都很难听懂她们的意思。

我们记得，有某些男性群体在这个方面与普通男性不同。他们对这些事了如指掌，兴趣浓厚。他们能够也愿意去欣赏女性服装的具体品质。我们指的是某类同性恋男性。我曾听说，许多女士喜欢给某些同性恋男性展示她们的新衣服，这些男人既有品位，也对此颇有研究，他们被认为是能对服装的具体品质和优缺点进行评判的专家。所以，有些男性服装设计师、时尚专家和服装销售员属于这个群体，或者至少有着强烈的潜在同性恋倾向，这并不令人吃惊。

如果服装在心理学层面被视作女人身体的延伸，那么这类同性恋男人对女性衣着如此关注，对衣着体现出如此高的品位和精细的欣赏，这又作何解释？这些同性恋男性对女性没有性欲，也不把她们视作爱的对象。他们在无意识中将自己等同于穿着这件衣服的女人，因而间接看到的是穿着这件衣服的自己。他们对女性的衣着感兴趣，是通过这种隐藏的迂回方式来实现他们的女性身份认同。

还有另一个男性群体也对女性服饰特别感兴趣，但是关注的重点不在服装上。他们的兴趣点很特殊：这样说似乎有点夸张，但他们确实是对女性穿着的某些配件有一种崇拜，包括内裤、胸罩、长筒袜或鞋子。我们指的是恋物癖患者（fetishist）群体。（恋物癖在女性中非常罕见。）这些男人对女性服饰有着如此浓厚的兴趣，几乎是一种宗教似的崇拜，使得我们认为他们会爱女人的身体。但实际上，在大多数情况下，他们的偶像崇拜仅限于身体以外的恋物癖对象。它是孤立存在、不牵涉个人的。一个恋足癖患者并不是对某个女人穿着的鞋产生性兴奋，而是对没有女人的鞋子感到兴奋。他对物件的热爱与穿着物件的女人无关，他热爱的是脱离女人的物恋对象（fetish）。

精神分析清楚地表明，恋物癖变态并不等于崇拜女性的身体之美，而是在想象中否认其身体的真正本质。物恋对象象征并替代了这个身体所没有的阴茎;它在无意识中被构想为一个男性生殖器。精神分析揭示出被压抑于几乎所有恋物癖案例中的一层意义,即对女人没有阴茎这一事实最为激烈的否认和拒绝。通过将物恋对象移置为替代品,这些男人表达了他们的无意识想法:女人有阴茎。这种使人震惊的信念有着一个最为重要的动机,那就是要避开男人的无意识阉割恐惧。似乎他要固执地坚持这个婴幼儿时期的信念,认为女人一定也有阴茎,是因为他不想承认世界上存在没有阴茎的人、"被阉割"的人。如果可能存在阉割,那么这个潜在的危险也威胁到他自己。

我们得到了这个令人惊讶的结果,有两类男人对女性服装深感兴趣:同性恋和恋物癖患者。他们不认为女人的身体有什么吸引力,对其并不渴望。他们在性方面的兴趣投向了别的方向:同性恋男人对其他男人感兴趣,恋物癖患者对无生命之物感兴趣。而会被女人吸引的普通男人则对女性时尚的特殊风格以及女性衣着的不同部件缺乏关注和兴趣。当女士们讨论衣服的细节时,他通常会觉得很无聊。去裁缝店定做衣服或是陪妻子到罗德泰勒百货买衣服,他都觉得是个耐力测验。当妻子责备他把她穿戴的皮草材质都弄错了时,他就会有一种听天由命的态度,对她的训斥完全无动于衷。他会想,管你穿貂皮、羊羔皮还是羊皮,都是同样的罪。

普通男人是否真的不关注女性的穿着?一个男人想起了某次晚宴上他非常钦慕的一个女人,当然,他也会想起她的衣着。在他的想象中,他看到她容光焕发地走进房间,她的服饰凸显了她的高雅品位。要是问他她穿的什么衣服,他甚至会说,"黑色的晚礼服”,他记起她穿着一条长裙,裙摆摇曳。再问及服装的材质和剪裁,他将无法给出更多信息,或是只能模糊作答,显示出他的一无所知或是缺乏关注。然而,这个男人本身极具观察的天赋,而且他无疑被这位女士深深吸引。不能说他没有注意到她的穿着,只是他的关注点并不在她穿的衣服上,而是在穿衣服的人身上。对他来说,服装可以被比作画框,这个画框与他所欣赏的这幅画非常搭配。我们不能说男人完全不关注女人的服饰,因为许多事实都与这个设想相左。再以这个男人为例,在某个社交场合中,一位年轻女士给他留下了迷人的印象,但由于他观察到她丝袜的接缝歪曲不齐,原有的印象被破坏了。另一方面,他的记忆中一直保留着一个年轻女孩的形象,那是他在十七八岁时的恋人;如今,他甚至还记得他们第一次约会时她穿的什么衣服。他能回忆起第一次见她时的画面,她穿着蓝色的伞裙,他当时还写了一首诗,将女孩比作一朵蓝铃花。由此我们可以认为,这个男人(以及大多数男人)对女人衣着的兴趣和关注比较特殊,他们的不感兴趣和缺乏关注也是同样特殊。似乎,服装和女性饰品会给他留下印象,或者会加深他对这位优雅的服饰穿戴者的印象,但是打动他的是服饰这个整体,而不是个别零散的部件。这种印象是一种总的效果,是整体的效果,把所有部件视为一个整体。在这种关注的背面,女性服饰的所有部件都停留在观察力的边缘,不是看不见,就是模糊不清。

关于男性对于女性衣着的心理态度,此前的笼统描述并不能使我们满意。这种态度中一定还有某些方面没有被这个粗略的概述提及。一家非常高雅的服装店老板曾说,如果女人的衣服能够唤起男人想要脱下它的愿望，那么这件衣服就是成功的。在我们的概述中，并没有提及男人对女人衣着的态度中的性层面，而这一点并非不重要。女性的衣着是吸引男人注意和兴趣的一种手段，勾勒女性身体曲线、展现并修饰身体线条的服饰就是诱惑物。我们怎么会把这个问题中最为重要的部分遗漏在我们的心理学探讨之外呢？唯一的借口是，这个主题超出了我们的既定局限，但我们知道，要评估男性对女性服装的心理态度，这个层面是很有意义的。它肯定关系到男性对女性的普遍关注，关系到他们表现出来的缺乏关注，关系到他们在同一时间既感兴趣又不注意观察的杂糅态度。日常经验表明，这种矛盾的态度，虽然自相矛盾，仍是普通男性对女性衣着的典型态度。我们猜测，这种态度的起源，除了有意识的、天生的知识匮乏之外，还有一些无意识的动机在发挥作用。与男性相比，女性更了解她们的服饰，她们更感兴趣，品位也更高，我们认为这是理所当然的。但典型的男性态度的表现非常复杂、显眼，无法用这些表面的因素来解释。

我们能从哪里找到决定普通男人态度的无意识动因呢？直接的询问恐怕不能提供充分的信息。只有精神分析或许可以探索这块未知之地。我们探索了同性恋和变态恋物癖这两种心理特性，这为我们的问题提供了有趣的间接启示。但是，我们对那些男性变态心理的分析探索，只是为我们提供了反面见解。这些探索让我们明白，那些对女人衣着有非同寻常兴趣的男人，对他们自己的男性气质并不确定。同性恋男性无意识地想要成为女性，恋物癖患者在女人的身体上寻找阴茎，他们在无意识中害怕阉割的威胁。这些男人对服装的态度与我们有天壤之别，他们对女性服饰的浓厚兴趣不仅不具有代表性，而且是病理性的。我们必须通过观察在这方面行为正常或至少行为不是病态的男人，来寻找关于男性心理的精神分析见解。精神分析治疗给了我们充足的机会来观察这样的男人。

很多男人认为，半裸或衣衫不整的女人比全裸的女人更为诱人，有这种想法的男人出奇地多。他们更想看到罗衫半解的女人，而不是完全的赤裸。在很多案例中，全裸的身体会妨碍或减弱性兴奋的形成，而女性半裸的身体会使这些男人产生兴奋。每个分析学家都遇到过这种案例，即有的男人只有在女人还没有脱光时才具有性能力；当他们的性伴侣完全赤裸时，这类男人就会变得性无能，或是性能力不稳定。因为他们觉得全裸的身体并没有那么诱人，所以，会坚持让女人在性交前和性交过程中，不要脱掉胸罩、鞋子或长筒袜。比利时著名画家费利西安·罗普斯(1833~1898)的蚀刻画表明这位艺术家也属于这类男人，他也认为半裸的女人更迷人。他笔下美丽的裸女总是戴着一顶帽子或是穿着长筒袜或鞋子。

显然，这类男人更喜欢的是衣物被剥除的状态(denudation)，而不是裸露本身，因为这满足了性兴奋的某些条件，他们性行为的这种状况取决于多方面的因素，比如，对儿童期性观察经历的无意识记忆。对这些刺激因素的心理学评估并不意味着不用考虑另一个重要机制。在这些案例中，看到全裸的女性身体会抑制或妨碍男人的性能力，精神分析能够证明，裸露的阴道会使男人在无意识中想到婴幼儿时期的观念。那时，他将女性的这个器官视作一个伤口；因此，这会唤醒他蛰伏中的阉割恐惧。在多数情况下，必须要遮盖住女性裸体的某处，才能抵消这个旧有的印象。可以说，胸罩或鞋子能制造出一种幻觉，那就是女人是“完好的”。这个补偿机制会将看见裸体时的愉悦转变为看见衣物被剥除时的快乐。有时，这个机制会和原初的偷窥癖倾向一起发挥上述作用。女性通常能感知到男性性行为的这些特殊条件，会凭着她们敏锐的性本能来回应，不管是接受还是拒绝。法郎士在小说《巴黎的贝尔格莱特先生》中描写了一对男女之间的情爱场景，从中可以看出上述这种典型的女性反应："他又朝她走过来，将她抱在怀里，他的爱抚使她无法抗拒。不一会儿，她看到自己的内裤如此凌乱不堪，其他感受先不谈，光是羞耻心就会要求她将它脱下。"

精神分析探索发现，男性态度偏爱衣物处在被剥除状态的女性身体，而不是女性裸体，这意味着这类男人与恋物癖患者有着心理学上的亲缘关系，虽然二者存在显著差异。但是，这些男人在性生活的其他方面表现正常：在性对象的选择和性行为的目的上，他们与其他男人别无二致。从表面上来看，他们的喜好似乎只是关乎品位，但我们必须将这种喜好视为不愿看到女性身体全裸的一种无意识残余。在精神分析研究中，女人必须穿着不脱的那一点衣衫有它的秘密功能：帮助男人克服原来的阉割恐惧，用来否认被阉割的女性这一婴幼儿时期的观点。那一点女性衣衫在无意识中打消了男人关于阉割威胁的疑虑。“这不会发生的。”在审美评价或增强的性刺激的伪装下，这种琐碎的偏好可以减轻或消除小男孩的旧时恐惧，这种过时的童年印象在很久前就已被埋葬，就连安息之地在哪里都记不起了。然而，我们发现，在无意识中，这种印象从女性的身体转移到身体的遮盖物上，从女性的身材转移到她的衣服上。

我们已经提出过一个论点，即女性对服装兴趣更大、关注更多的决定性因素，是她们无意识中将服装视为缺乏阴茎的替代品和补偿。作为一种心理必需品，我们认为男性这边一定也有一副对应的画面，是与这种女性态度相对应的男性无意识态度。这意味着，男性的某些情感或心理反应一定能揭示出他们也在无意识中知道女性穿着的隐秘含义。恋物癖的心理似乎能印证这种猜想，但我们不能视其为证据，因其涉及的是病理性类型，属于性变态的症状学。对半裸的偏好，确实是属于男性正常性行为的范围；但这个现象虽然常见，却不能被用作心理学旁证，因为有许多男人并没有这种偏好。

在普通男人的无意识思维中，并没有将服装与女性生殖器紧密联系在一起的痕迹。然而，他们思维中对女性服饰细节缺乏关注与兴趣这一点仍未得到解释。从数年的精神分析观察中获得的诸多看法表明，在这种男性关注度缺乏的背后，是一些无意识因素在发挥作用，这些因素常被替换为对女性服装外形、功能、材质的疑惑或不确定。普通男人对女性礼服只是漫不经心的一瞥，这似乎说明，在那些明白的、有意识的瞬间之外，有一个未知的情感动因造成了这种典型的男性态度。更为细致的观察表明，将这种态度描述为缺乏关注和兴趣未免过于简化。它实际上是一种奇怪的混合物，既包括上述特点，又带有一种不情愿，就好像男人不想太在意女人的服饰，还有一些好奇心，是一种结合了想知道和不想知道的腼腆态度。当然，一个男人不大会盯着一个女人的衣服看，更不会像女人之间审视衣着那样细细观察。（“我将她上上下下打量了一遍。")然而,普通男人对女性穿着漫不经心的一瞥有一个独特的特点:它结合了把目光投过去和把目光移开。

一些印象虽然明显,却还无法用言语表达;在这些印象不断积累的情况下,我们常会被别人不经意的一句话点醒。一名患者的随口一说,为我打开了思路,帮助我从精神分析层面理解了上述这种典型的男性态度。

因为这句话说得很幽默,所以尽管第一次听到是在25年前,我到现在还记得这句话。当时,我在柏林执业。许多柏林口语,我都听不明白,因为我是土生土长的维也纳人。患者提到了他的妻子,他详细地叙述了他妻子想买的一条连衣裙,讲了她是如何跟他描述裙子的各种细节。他提到了他逐渐失去的耐心,并加上了一句柏林口语:"*So jenau woll'n wir das gar nicht wete.*"可能最好被译成:"如此精确可有必要。"当人们拒绝承认现实中某些令人不快的细节时,就常会使用这句话。我听过有人用这个表达,是关于一部展示了消化过程的纪录片。当时,那个人说:"如此精确可有必要。"他的话表达了他对于这部倒胃口的影片的不满,意思很清楚。这跟一句法国谚语给出的建议很相似:如果你想享受生活,就别细看。("*Pour render agrèable la vie, n'y regardons pas de trop près.*")

这名患者用这句口语来回应妻子对新衣的滔滔不绝,他以一种极端形式说出了缺乏兴趣的典型男性态度。对于妻子对衣服细节的关注,他表达了他的不耐烦。但我从他的这句话中听出了别的东西。即便是不经意的一句话,却无法掩盖它的心理学意义。它包含了一个我搜寻已久的关键词。决定男性对女性服装典型态度的并不仅仅是缺乏兴趣或关注,而是一种对于了解所有细节的不情愿或勉强。这种“无理的”态度成因是什么?

我们只需要捡起此前放弃的一个思路,那就是假设男人有一种与女性对服装的态度相对应的无意识态度。我们找到的这个因素是反面式的:男性拒绝对“那”知道得如此精确。患者的这句话可以被描述为一种否认,这是一种试图将令人不快的事实排除在承认范围之外的机制。对一个不合意的事实进行否定,就能在对真相的接受和拒绝之间达成妥协。

如果服装是女性身体的延伸,那么最初这种对一些知识的无意识否认就是与女性的形体相关。当男孩意识到阴道的存在时,无意识的倾向就会否认他所看到的事实,这个事实是女性没有阴茎。这个倾向必须与源自性行为领域的冲动作斗争。斗争的结果,是真相被理性和自我的意识层面所接受和承认,而在幻想和无意识思维中被否认。这种无意识的否认从女性身体上转移到服装上,体现为对礼服裙装的明显不关注。这种想要知道女性身体到底是什么样的婴幼儿心理模式及其相反的倾向(“我们根本不想知道得如此精确。”)一直伴随着男孩到发展后期,然后,被移置到掩盖女性赤裸身体的女性服装上。男人通过部分地否认,拒绝去了解服装的全部细节,而这个服装是女性形体被移置后的替代品,仿佛对服装的了解和兴趣会导致他发现女人没有阴茎这个事实;而这个早就存在的事实令他非常不快,在无意识中令他感到恐惧。

这种否认显然没有像恋物癖案例那样延伸到幻想中。这只是由于男孩拒绝承认女人没有阴茎这一事实,他的这种尝试留下了孤立存在的微小残余，仅仅局限于将注意力和兴趣从女性服装上移开。这是男性对女性服装的态度的组成部分，是好奇倾向和否认倾向的折中，因此，我们经常看到男人对女性礼服不过是漫不经心的一瞥。在服装对男人产生的整体效应中，有一丝否认的痕迹，因为男人的倾向是只想看个大概，而不想关注准确的细节。

那句漫不经心的口语向我们揭示了男性原初态度的最后一丝残留，他替换了很早以前对女人身体的看法，在这个细节以及其他类似细节中露出一丝端倪（一名患者听到服装的“剪裁”时，就会感到很不舒服），看来那久远的恐惧跟随男性进入了他们的成年阶段。要追查这一踪迹并不容易，因为它将自己伪装成普通男性自然合理的社交表现，离它最初出现之处非常遥远。它看上去就像男性惯常行为模式的组成部分，让人无法察觉到它的特别之处，我们并不会怀疑在这个屏障背后，有无意识的情感因素在发挥作用。

回顾一下这个关于两性心理差异的概述，这个差异体现在两性对服装的态度上，我们惊奇地发现，这种双方的关键性误解中仍然存在一种无意识的交流。尽管男女之间有着诸多的疑虑和误会，在这方面倒是能交换意见。

13. 服装的性化（对比）

有女性恋物癖患者吗？有女人会将一种反常的情欲依恋投射到无生命之物上吗？即使有，都极其稀少，精神科医生和精神分析学家在他们的咨询诊疗中都遇不到几个。实际上，只有极少的女性会带着情欲或性欲去过度地欣赏男人的鞋子或夹克。这是为什么呢？我们想从一个不寻常的视角来看这个问题。

曾经有一名女学生在研讨课上很认真地说，要是男人不那么关注女人的穿着，女人就不会如此在意她们的服装。这听起来有点矛盾，因为日常经验告诉我们，男人对女人穿的衣服并不怎么感兴趣，除非他是服装设计师，或是从事制衣业。然而，女学生的言论是有道理的，这不是一种原初形式的关注，不是说男人关心的是女人穿不穿衣服，而是说男人在无意识中被女性服装吸引。我所指的不是恋物癖患者和男性异装癖患者，而是普通的正常男人。与恋物癖相比，正常男人的这种特殊兴趣可以被最为恰当地描述为对服装的性化。这意味着当女人的衣服出现在男人眼前，或甚至是出现在他的幻想中，都会唤起女人身体的画面，这一现象在男人身上更常发生，在女人身上相对少见。

是的，总的来说，在男人心中，女性服装属于女人的“身体形象”。在达蒙·鲁尼恩①的故事中使用了很多纽约俚语，其中，“裙子”就是指女人。对许多男人而言，裙子不是用来遮蔽女人下半身的衣物，而是由女人的下半身转变而成的衣物。在这个无意识观念中，男人的性好奇无疑是一个决定性因素。斯特林堡对女人的爱恨特别偏执，他一次又一次地寻找配偶，却一次又一次地失望幻灭。（20 世纪之初，在维也纳流传着一则趣闻：一次晚宴上，一个男人和一个女人初识时，问道：“女士，您是瑞典人？您是什么时候嫁给斯特林堡的？”）据作家的朋友所言，这位不幸或可

---

①Damon Runyon（1880~1946）：美国记者、短篇小说家。——中译注

悲的作家常常连声抱怨:“那些裙子! ……那些裙子!”对许多男人来说,这些衣服似乎既要隐藏一个秘密,又要求他揭开这个秘密。

为什么对于男性身体的隐蔽部位,女人没有同样的好奇心?退而求其次又最为省事的答案,是女性生殖器的位置很隐蔽,或是说被隐藏起来了,因而引来了男性的搜寻。精神分析研究并没有否认这一点,但是通过对成年人的童年记忆进行分析洞察,将其视作对男孩的直接观察,可以带来更为深入的见解。最初,小男孩认为女孩跟他的构造一样(最初,他认为没有生命的物体,比如说桌子,也是有阴茎的)。当他偶然发现真相后,他仍然固执地坚持他婴幼儿时期的观点。他不承认他看到的事实。这看上去很奇怪,但是许多学者和科学家不也是一样,当他们的认知与先入之见相矛盾时,他们也会选择否认。对于见过女性裸体的小男孩而言,眼见并不为实。但为什么会有这种否认?小男孩对自己原初理论的坚持,肯定不是像科学家一样出于理论的原因。对这个设想的固执坚持有诸多隐秘的原因,但最重要的是阉割恐惧。这种恐惧暗示的是:如果女人没有这个宝贵的部位,那他自己的阴茎也可能被剥夺。他可能会变得跟她们一样。即便随着后期知识的增加,这个早期的恐惧仍继续伴随着男人。

J. C. 弗劳格尔在他有趣诙谐的著作①中探讨了阉割恐惧与男性对女性服装的态度之间潜在的紧密联系。其他精神分析学家也论述过这个复杂的问题。对我来说,既往研究完全忽视了这个

---

①《服装心理学》,荷盖斯出版社,伦敦,1930。

问题的其中一个方面，我将从这个角度进行探讨。

性吸引中究竟存在多大程度的恋物倾向，在我看来，精神分析学家几乎从来没有探究过这个问题。据弗洛伊德[1]所言，在男人的情爱生活中可以观察到一种正常的"恋物倾向"，尤其是在性目的无法达成、不可能实现的阶段。但精神分析没有考虑诸如这种正常恋物倾向的典型移置现象，因其研究领域越来越聚焦于病理性案例。那么，举例来说，为什么女人穿高跟鞋比穿低跟鞋更诱人？在法郎士的故事中，一位持怀疑态度的哲学家在巴黎的沙龙中思索着一个令他惊叹的问题，那就是女人的吸引力取决于她的鞋底与地面的夹角。当然，如果认为女人的诱惑力仅取决于这个因素，未免有点夸张，但这无疑是诱惑力的众多微小元素之一。

如果拜伦生活在今天的伦敦、纽约或巴黎，要是他看到的这个美丽女人是穿低跟鞋缓缓走来，他一定不会说"她走在美的光彩中"。数学家帕斯卡曾说，要是埃及艳后的鼻子长得有那么一点不一样，世界历史的轨迹都会发生变化。如果说当今一些国家乃至国际层面的发展进程会取决于某位穿高跟鞋或透明尼龙长袜的女士，这是否是完全难以想象的呢？总的来说，女性服装的性化是男人的无意识心理过程：它发生于前意识(preconscious)层面。通过发掘出人意料的新因素，我们的新方法会带来关于这些潜在过程的新见解。女性服装唤醒了男性观察者前意识中女人的"身体形象"。衣服遮掩着身体，也揭示了身体的外形。一位著名的法国服装设计师甚至说过，一件女人的衣服，要能让男人产

---

①《弗洛伊德全集》，第五卷，p. 27。

生想要脱下它的想法，才算一件好衣服。他的意思肯定不是指领口开得很低或是很“性感”的衣服。我们甚至可以说，是与之相反：一件品位高雅、保守、淑女风格的衣服，通常能唤起男性的这种愿望；而过于大胆的着装，有时可以说已经满足了这个愿望；因而这个愿望也变得多余。一位维也纳作家曾评价某个女士，她的低领虽然大胆，却令人失望。

对女性服装的性化（意思是正常的对穿衣女性产生的无意识身体形象）会出现障碍，而这些障碍不仅仅源于衣着层面。一些情况一出现就会破坏一件衣服本可以带来的美好印象，继而引发这种障碍。有一个这样的例子：一个年轻女人在睡觉之前突发奇想，要给丈夫展示她新买的衣服。她快速穿好，走到客厅给丈夫看。他说：“你现在头发也没梳，长筒袜也不提上去，叫我如何评价你的新衣服？”还有一个男人，看到妻子把胸罩、内裤和丝袜胡乱扔在椅子上，便生气地责备了妻子，还愤怒地留下一句：“要是这些东西好看还好！”如果说男人对女人的衣着不感兴趣，那么又怎么会说出这样的话？

还是回到我们的话题上！一个女人的丝袜抽丝了，或者仅仅是有个显眼的褶皱，都会干扰对服装的性化。裙摆下垂的样子必须刚刚好，否则也会破坏幻想。什么幻想？是小男孩在婴幼儿时期的否认幻想，他在无意识中不愿承认女人的性器官跟他的不一样。就好像过度强调女性服装的完美，是因为他在更深层面意识到她的不完美，因而这是一种反向形成，他在这种完美中找到了宽慰。

我们很难识别出正常的恋物倾向在一个男人的情爱生活中扮演的角色，原因是男人的兴趣从身体部位移置到了身体的遮盖物——女性服装上，而我们对此关注不够。卡尔·克劳斯曾写道："我会原谅一只丑陋的脚，但我不会原谅一双丑陋的长筒袜。"

为什么在女性中恋物倾向很少见？原因有很多，其中之一是女性获得性兴奋的方式普遍没有男性那么直接。同时，男性的生殖器既不隐秘，也没被隐藏，不大能激起她的好奇心。小女孩很早就意识到她自己与小男孩之间的形态差异。而且最重要的是，她极少为此感到害怕。男人一生都被各种形式的阉割恐惧所萦绕，而她完全不受此影响。她也有许多的忧虑，但不包括这一点。

14. 男人、女人和家

近160年前，席勒写下了著名的诗篇《大钟歌》，其中呈现了人类生活的美好画面。今天，两性的角色对比和社会功能的区别并没有席勒所想象的那么鲜明：

男人要出去，
世路难行，
要努力经营，
勤劳不辍，
巧取豪夺，
冒险投机，
孳孳为利。
……

而在家里的是：

贤淑的主妇，
儿女的良母，
则管理家务，
她主持中馈，
聪明贤惠，
　教育女孩，
　……①

诗中，男人“世道难行”，女人以家庭为中心，在我们祖父母年轻的时候这种对比非常显著，而在今天情况发生了变化。现代生活在工业化和机械化的影响下，对于男人和女人来说，家失去了许多原来的功能。它不再是躲避外部危险的避难所。男人不再觉得家就是他的城堡，女人也不再觉得她就是家中的女王。然而，家的一些功能抵挡住了所有社会和心理学层面的变化，得以留存。虽然家的许多功能已被剥夺，它仍保留了它的无意识含义，即它是男人第一个住所的延伸，是子宫的延伸。在我们的梦中，房子或房间仍然有女人身体的象征意义。这种象征性表征不是被精神分析所发现，古人早已知晓，包括古埃及人、古希伯来人和古希腊人。

如果我们把这种象征表达视为一种神秘的见解，只用来理解

①本诗译文出自《席勒诗选》，钱春绮译，人民文学出版社，1984。——中译注

梦和神话，那么这样做是有风险的。这种无意识的表征并不是只在梦境和民间故事中孤立存在的表现形式。它一直切实存在着，是我们日常生活的一部分。每个女人在无意识中都仍然觉得房间或房子是她自己身体的延伸。是女性身体的结构和功能最为有力地赋予了房子这个象征性价值。只要女性的身体还在孕育子女，这个象征意义就不会受到社会变化的影响。她的家，她居住的房间，对她来说是她身体的延伸；是她真实自我的身体延伸。因此，女性非常在意她们的家是否舒适美丽。四壁就是她自己的投射。进入她的房间，就会感觉到她的在场，不管现实中她在场与否。

在女人的无意识思维中，家不仅仅只有间接的意义，还被构想为几乎等同于她自己。当精神分析学家认识到这一点后，就能够理解与男性不同的女性思维方式及其独特性。这对正常和病理性现象来说都是成立的，涉及普通女性的日常思考内容以及神经症和精神病人格的症状表现。以下是这种表现的一些例子，如果我们没有认识到上述无意识意义，就无法理解这些案例。

一名患者，不管怎么努力，都无法达到丈夫对家所要求的井然有序、干净整洁。总会有一些凌乱无序：一些玩具或工具被扔在椅子上或地毯上，一些送来的衣服或包裹被留在入户门厅处。我无意对这个案例展开精神分析探讨，无意挖掘这个特点背后的无意识动机和本能根源。我的探讨局限于更为浅表的层面，从这里也可以步入更深的层级，我从中得出了关于患者态度的令人惊奇的见解。精神分析探索揭示出她的疏忽和粗心有着无意识的目的，旨在阻挡某些她自己都不愿承认的恐惧。其中一些显然是关于早死的可能性，因为患者是由修女抚养长大，从小就勤读圣经,常会恐慌地想起圣经中的句子“快料理你的家务”,这句话常意味着是为最终的告别做准备。(对比巴赫第106号康塔塔中的男低音咏叹调:“快料理你的家务,因为你快要死,不能久活了。”)在患者的无意识中,将家打理干净意味着让自己准备好去死。因而,她的粗心大意是为了避免这种焦虑的出现。

另一种思路也显现出她在无意识中将她的身体等同于房子。曾经有次她将儿子的小喇叭留在了地毯上,没有收好,丈夫因此责备了她,她深感受伤。在回忆这件事时,她意识到她当时非常不愿意移开那个小玩具。她进而得出一个结论,她希望至少留下这一点不整洁的地方,因为这表明孩子还小,还住在家里。她总是忧心忡忡地想着未来,孩子们都会长大离家;那时,家里就会变得井井有条,一尘不染。当然,继续沉思就会引来一些讨厌的想法,比如更年期——女人无法再生育的年纪。在这个思路中,女性的身体形象显然延伸到了居所。

这种无意识等同还有别的表现形式,体现于所谓的“主妇型神经症”,不断拼命地打扫房子,奋力地掸灰、抛光,许多女人都会这样做。

需要持续被净化的公寓或房子与其说是女人身体的替代品,不如说是女人身体的延伸。用达芙妮·杜·穆里埃①的话来说,她的住处就是无情的美居,随时需要被整理、清洗、清洁、净化。精神分析学家发现,这种强迫性行为最初与女人的身体相关,它的本质是为自慰和肛门行为进行净化和赎罪,后期从身体移置到

①Daphne du Maurier(1907~1989):英国作家。——中译注

了她的家。

在许多女性身上看到的一些特质都属于这个心理学领域,即无意识中身体与房子的等同。第一个特质在女性身上几乎不会缺席,那就是热衷于设想她们的家,想象她们的房间、家具、窗帘等等。一个患有银屑病的年轻女孩觉得自己完全没有吸引力,至少已经在意识层面放弃了对男人的期待。她认为,没有男人会觉得她的外表有可取之处。她觉得自己被皮肤病毁容了,对服装和饰品都不再追求。但她每天会花好几个小时幻想她会如何将她的公寓装饰得美丽雅致,如何对每一件家具精挑细选,她还构想了房间布置的每一处细节。在想象中的装饰上,她运用了她所有的审美品位和艺术才能。在这个精心构建的幻想中,她是一名百万富翁。对这个案例的精神分析可以让每个不带偏见的观察者相信,女孩已经将对身体魅力的渴望移置到了公寓上。在现实中,只要女人还年轻,这种渴望就坚不可摧,甚至当她们不再年轻了都仍是这样。

第二个女性特质是想要提升家的外观。对比男女对房间的态度可以看出,男人认为家具应该适当、舒适、实用,应摆放在合适的位置,使用方便。对女人来说,房间首先得漂亮。女人无疑也会考虑家具摆放的使用目的,但装饰性元素才是最重要的。实用性和美观性这两个观点可以共存,但一旦二者出现冲突,女人通常会选择美观,而男人更希望家具布置得便利实用。这种功能性和装饰性之间的显著心理差异,通常会使年轻夫妇以及不那么年轻的夫妇之间产生摩擦。

以下是一个具有代表性的案例。患者是一名音乐家,在他的钢琴旁摆着一个音乐柜，里面放着乐谱和一台录音机。他的妻子不想把那台丑陋的机器放在那，它看起来跟这个房间不搭，她想把它移走。她还想把钢琴调换下位置，把书架放到钢琴背后。这些“变动”的结果，是录音机被放得很远，丈夫如果要使用，必须走到另一个房间，钢琴上的光线也没有原来好，由于钢琴摆在书柜前，书柜也变得很难够到。“看在老天的份上，”丈夫在精神分析治疗中喊叫道，“我的妻子早就该知道她嫁的是一个音乐家。录音机离我的钢琴那么远，书我又够不着，那这些东西有什么用？”这个极端的例子表明了男女观点的对比。这个可怜的男人既不了解、也不容忍他妻子的态度。他没有以她的眼光来看这个房间，尽管他看到的是同样的东西，但他的视角不一样，看到的就是不同的景象。

下面是另一个观点冲突的例子，带有一些心理学意义。一个男人单身时，在他的公寓玄关处放有一个帽架，他希望婚后在玄关处保留这个帽架。家不就是一个能挂帽子的地方吗？他的妻子不喜欢这个帽架。她想在入户的墙壁上安一面镜子，这样到访的女士们在离开前，就可以对着镜子整理仪容。她的想法难道不可理解吗？值得一提的是，如此迫切需要的镜子现在仍然躺在缝纫机上。我们可以设想一下，要是我们问她为什么，跟她争论缘由，她可能会说：“当然，我是想把那面镜子挂起来，但我心中所想的是镜子的两侧要有水晶边灯，我现在还买不起。我宁可先等等，等我把东西备齐了再说。”这样的理由极具女性特征。要是她因为买不起搭配的饰品而不买某件衣服，她也会用相似的理由。但她为什么不一边把镜子先挂上，一边再等待呢？她的回答可能是,这等同于完全放弃买水晶边灯的希望。她会说,她可能会习惯没有边灯的镜子,因此她宁可不挂镜子,安心等待。当她每天看见缝纫机上的镜子时,就会想到在不远的将来她真正想买的东西。这种吹毛求疵可能会让男人摸不着头脑;但从女性的视角来看,却是完全合理的。那么帽架呢?如果我们问她,她可能会说,"沙龙和公共场所才需要帽架。我倒想要个玄关柜,但我不敢跟丈夫提,因为他现在没有闲钱。但没有哪个女人想在入户玄关放个帽架。"

如果不了解房子与女人的紧密联系,就无法从心理学角度理解这些家常情景。不了解这一点的普通男人在面对某些女性行为时会显得非常无助,尽管这些行为在女人看来是再明显不过的。比如,每过一段时间,女人就会想要换家具,想扔掉旧的买新的,想更换边饰,想给房间刷个新颜色,或是想在复活节把房间"精心装扮"。显然,无意识中女人是想要改变自身的外表。女人习惯于重新布置她们的房间,变动家具摆放的位置。因为她们觉得变动后更好看;这个习惯还有另一个特点,那就是这些变动很少会是永久性的,而且也不会仅限于某一件家具。比如,为了让房间更好看,钢琴被挪到另一边,但这意味着沙发就需要换个角度摆放,桌椅也需要调整位置,一些挂画也需要重新找地方。这些女性化实验是改善自身外表的整容手段,因为女人对自己的长相不满,并替代—移置到她的公寓上。

南奈利·约翰逊①在 1930 年发表了一篇非常有趣的短篇故

①Nunnally Johnson(1897~1977):美国电影导演、编剧。——中译注

事《应该有法可依》,故事生动地描写了这种对家具的重新布置所带来的考验。一个男人在婚后不久便发现,他的妻子被一种神秘的欲望驱使着去不断调整家具的位置。如此一来,家具在他早上出门的时候是在一个地方,在他下班回家后,又在另一个地方。妻子的爱好令这个年轻男人很烦恼,随着这种旋转挪移的不断持续,他最终决定向他年老的叔叔寻求建议。但当他不经意地提及妻子"搬家具"这件事时,他的亲戚没有听懂,问他:"这是她的工作吗?"然而,丈夫发现他有很多同病相怜的同胞。比如,有个男人的妻子去了趟现代家具展就买回来一把铁制安乐椅,她用这把非常不舒适的椅子换掉了他的旧椅子。让所有家具处在机动状态的这个特点在家庭中衍生出许多可笑又可悲的状况,尤其是当我们考虑到年轻妻子的初衷是为了给丈夫提供一个舒适的家。他对四处挪移的家具充满疑虑,或是当他夜晚归家,在黑暗中倒在原来是床的地方,结果因此受伤,这些是她的错吗?

在这些实验中,女人在无意识地改善她的长相,在与此相反的一些例子中,妻子对她的公寓完全忽视。我知道的一个案例是:一名年轻妻子完全不去添置家具陈设,只买了最必需的家具,尽管她有足够多的钱可以用,丈夫也让她去购置家具。在他们的房子中,丈夫感受不到家的感觉。之所以她无意识地拒绝添置家具,是因为她潜在地知道她的婚姻注定不会长久。

这些症状性表现明确地表达出女人在无意识中将自己等同于房子。这种无意识等同的生物学和心理学根源使我们能够理解,为什么女性的装点能够改变我们住所的外观、性质和氛围。通过无意识地将自己延伸到房子,女人成功地将一所房子变成了一个家。

在40多年的精神分析工作中,我只遇到过非常少的女性幽闭恐惧症案例。我所遇到的对幽闭空间有病理性恐惧的案例,绝大部分是男性患者,这或许具有一定的偶然性。但其他精神分析学家的调查似乎证实了幽闭恐惧症更常发生在男性身上。如果我们接受,是由于幻想待在母亲子宫中而导致了幽闭恐惧感的形成,那么我们就能从分析层面理解这个现象。在男人的思维中,回到子宫的幻想常被替换为或是伴随着被阴道捕获或是困住的想法,这是一种特殊形式的阉割恐惧。当然,女性心理中是没有类似想法的。对于女人来说,回到母亲子宫的幻想带着温暖舒适的特点,继而还会在想象中将自己与母亲等同;换句话说,会想象自己的子宫中孕育着胎儿。

女人居住的房间通常不会使她们产生令人恐慌的狭小感,不会让她们担心四壁在向她们逼近,会把她们关住无法逃生。她们在无意识中将自己的身体等同于房间,这解释了为什么她们的态度与男人不同,男人对这种等同感感到陌生。女人在她们的家里感到很"自在",就像待在自己的身体里,没有什么让她们感到恐惧,因为她们并没有受到阉割恐惧的威胁。

最近一次诊疗疑似幽闭恐惧症的女性案例是发生在阿什维尔的高地医院,但在仔细诊断观察后发现,其实这是一例焦虑性癔病。患者是一名农夫的妻子,当她独自在家时,就会有心跳加速、呼吸困难和惊恐的症状。但如果房间里有人,比如她三岁的女儿,她就不会出现这些痛苦的反应。经过精神分析探索,情况变得清晰起来,她对独自在家的这种恐惧带有性的属性。也就是说,这种情境会诱使她进行自慰。这个女人本来在性方面就得不到满足,因为她的丈夫性能力不强,所以,在无意识中,她会感受到这种诱惑。在年少的时候,她曾屈服于这种诱惑,而她所受的宗教教育对此是明令禁止的。

这名患者还有明显的恐旷症症状。她对开阔空间的恐惧最初只与某个沙滩相关,这个沙滩离她小时候居住的城市很近。后来,这种恐惧移置到这个城市的街道上,她经常去那里购物、走亲戚。她每次开车去城里都会路过这片沙滩。通过精神分析很快发现,她对沙滩的恐惧跟她青春期的经历有关。她曾经和相爱的男孩在那片沙滩上从下午一直待到夜晚,她幻想着他会成为她未来的丈夫。在二人的性爱抚过程中,女孩经历了人生中第一次性高潮。后来,男孩娶了别人为妻,而我的患者也嫁给了她现任的丈夫,但她永远忘不了沙滩上的那一幕,常遗憾她没有“赛完全场”。数年后,她经历了第一次惊恐发作,那是在和她丈夫的一次令人失望的性交之后,她开车回到家乡,经过了那片沙滩。当时,她肯定无意识地想起了与男孩在一起的那个夜晚,她肯定对他产生了性欲。她在焦虑中驱赶着这些欲望,她觉得这是禁忌的,是有罪的。后来,她的恐惧反应变得不仅限于这种一闪而过的焦虑。当她在家乡购物或走亲戚时,或是经过大街小巷时,恐惧就会出现。精神分析表明,她之所以有以上症状,是因她听说旧恋人也回到了家乡。当她一想到可能会与他相遇,她的恐旷症就会发作。很容易猜到她的后续想法。她肯定会幻想与她的旧恋人重逢,并从他那里得到完全的性满足。她的反应是猛烈地攻击无意识中的诱惑,最初对象是城市的某一条街道,后来移置到所有街道、各个地方。每当她不得不穿过城市的街道时，她就会有痛苦的感受；长此以往，她便拒绝独自一人去往那里。她必须要有邻居或亲戚的陪同，只有这样，她才能安心地过街。这样一来，她就不会败给想象中的诱惑，不会想要去跟她仍然渴望的男人来一场性冒险，不会对她的丈夫不忠。

这名患者被成功地治愈了，这让我想起了关于弗洛伊德的一件事，这件事证明他很早就发现了恐旷症心理起源的一个决定性因素。这件事不仅有科学价值，还可以为这位大师的传记增添一笔。那时的他比较愤世嫉俗。如果没记错的话，弗洛伊德是在1912 年讲了这个故事，我记不清当时在场的还有没有别的学生。1909 年，他在纽约的时候谢绝诊疗患者，并把患者都转给了布里尔医生以及其他的美国精神分析学家。一名绅士的妻子患有恐旷症，他多次恳求弗洛伊德帮他的妻子看诊。弗洛伊德拒绝了，但这个男人不断纠缠这位著名的精神分析学家，急切地寻求他的建议，问他怎样才能避免她的恐旷症发作。对于这个急寻速效药的男人，弗洛伊德感到非常不耐烦，他说他想要建议这个男人：“让你的妻子只能穿着脏内衣出门。”

如果说恐旷症只是由无意识的性诱惑幻想引发的反应，这可能过度简化了女性恐旷症发作的起源。然而，可以确定的是，这种反应至少是其中一个无意识的决定性因素。

我们因而又回到了最初的问题，为什么在女性中恐旷症比幽闭恐惧症常见得多。我们可以用家和街道的对比来表述这个问题。女人觉得在家中更不受性诱惑的侵扰，而在街上性诱惑更多,男人会来接近她们。①

我们不会忘了在我们的日常语言中,也体现了这种居家(at-home)和街头(on-the-street)的对比,尤其是形容某些类型的女人。对于贞淑的家庭主妇和那些“好”女孩,人们常称其为”恋家的人”(“homebody”),而对于那些性方面不太严谨的女人,则会被称为“阅人无数”(“been around”)或是很“放荡”(“fast”)。我们不是还会把一些低级妓女称为“站街女”(“streetwalkers”)吗?

亨利·卡蒂埃-布列松②在《决定性瞬间》中完美地收录了一系列艺术性摄影作品,其中有几张墨西哥城的妓女在橱窗前的照片。她们以低俗的姿势展示着她们的魅惑,这让我想到了法语中“做窗户”(“faire la fenêtre”)是卖淫的意思。莫泊桑在一篇异想天开的短篇故事也探讨了这个主题。相比之下,维多利亚时期小说的典型场景映入我的眼帘。小说中,女孩常站在窗帘后面用目光追随她所仰慕的男人,谁也看不见她。有时,窗帘的褶皱微微一动,这才暴露了腼腆少女的踪迹。妓女在窗前展示性魅力的行为和“好”女孩的躲藏形成了对比,这是两类女人的对比,一种是不受抑制的展示,另一种是适度躲藏,这种对比的标志是窗帘的有无。

继续这个思路会让我们从精神分析的角度了解普通男女对

①本文写成以后,弗洛伊德写给威廉·弗莱斯的书信集付梓出版(《从精神分析开始》,伦敦,1950)。弗洛伊德于1896年12月17日写信给他的朋友,说他对恐旷症机制的推测得到了证实。在这种恐惧中,女人想把身体交给偶然遇见的第一个男人的这种愿望会得到抑制。

②Henri Cartier-Bresson(1908~2004):法国摄影家。——中译注

于窗帘的不同态度。这让我想起前天一名患者在精神分析会谈中给我讲述的一个情景。几周前,他刚结婚,这对年轻的夫妻没什么钱,正忙着布置他们朴素的新家。丈夫惊异地发现,年轻的妻子坚持一定要先买窗帘。在他看来,他们更需要先买其他更加急需的家具,比如一些椅子和柜子。在这个问题上的分歧导致了新婚生活的第一次拌嘴。年轻的妻子哭了,她觉得丈夫根本不理解她的立场。但他确实不理解为什么她想把钱花在窗帘上,而不是用来买更急需的东西。他的建议不过是推迟几周再买,可他不明白为什么她听了情绪会那么激动。不过就是餐厅这几周没有窗帘罢了,他不明白为什么她会觉得这是件可耻的事。

关于窗帘的重要性和功能的意见分歧带有无意识的潜在意义,这一点在精神分析会谈中逐渐清晰。显然,窗帘在丈夫和他年轻妻子的思想中占据不同的地位。对他来说,窗帘不过就是遮住窗户的一块布,仅此而已。虽然男女都同意窗户是通风采光的开口,但在女人心中,窗户的意义不仅如此。房子或公寓住宅是女人无意识的自我延伸,房间是她自己身体的延续。(以前,德语中的表达"*Frauenzimmer*"是指女人的房间,后来用于指称女人本身,连歌德都这样用,就好像女人和房间是等同的。)在梦的象征语言里,房子或房间有一层无意识含义:代表女人。在这种语言里,窗户常表示身体上的开口,女性的外阴。

窗帘替代的是遮盖、隐藏女性生殖器的内裤。窗帘对于女人的无意识含义不仅解释了为什么女性特别关注窗帘,关注它们的样式、材质和颜色;还解释了对于女人而言,窗帘在房间整体中的重要地位。在装饰性和实用性的考量之外,窗帘在无意识层面的作用使得女性尤为关注以下问题:窗帘要褶边的还是普通的,是要玻璃纱还是尼龙，加不加窗纱等等。总之，窗帘隐藏的情感因素可以暗中解释窗帘的必要性，这种情感因素在心理层面与谦逊近似。我们现在更能理解为什么年轻的妻子会说没有窗帘的餐厅令人感到羞耻。

除了需要思考窗户装饰的室内设计师，其他男人根本无法理解女人心中窗帘的重要性。约翰·斯坦贝克①的《罐头厂街》中有一幕能完美地呈现出两性在这方面的心理差异：马洛伊夫妇太穷了，只能搬到废弃的旧锅炉房去住。虽然这个住所很寒碜，但夫妇二人很高兴能拥有这个安全的家，不必遭受雨打风吹。一天，马洛伊太太看见"真正的蕾丝窗帘，带着蓝色和粉色的滚边，加上窗帘杆一套才1.98美元"。马洛伊先生从床垫上坐起来，问道："老天，你要窗帘来干吗？"马洛伊太太的下唇颤抖着说，她总是愿意让他拥有好的东西。她责怪他吝啬钱，但他告诉她并不是这样："可是，亲爱的，我们拿窗帘来有什么用？我们家又没有窗户。"但马洛伊夫人还是止不住地哭，她说："男人就是不懂女人的感受。"丈夫试着去安慰她，可只是白费功夫。她抽泣道："男人从不会试着从女人的角度考虑问题。"

我们现在回到我们的出发点：两种行为模式的对比。我们刚才不是做了对比吗？一个是妓女靠在窗台上不知廉耻地展示身体的照片，另一个是关于维多利亚时期女性的记忆，她们会躲在窗帘后，透过波状的白色布料，羞怯地望向街道。没有窗帘的窗前表演和窗帘后的自我隐藏形成了对比，这种对比的含义变得清

---

①John Steinbeck(1902~1968)：美国作家。——中译注

晰起来,因为我们已经了解了窗帘的性象征,并对其做了心理学评价。

作为这个家庭组曲的尾声,我想叙述一件发生于近 40 年前的事。这段记忆与上述其他具有象征性的例子相契合。当时,其中的含义令我困惑,现在看来,那时的误解显得有点可笑。当时,我还是一名年轻的精神分析学家,非常急切地想要尽快弄懂神经症症状的无意识含义。弗洛伊德给我介绍来一名女性患者,让我进行精神分析治疗。这个年轻女孩来自布加勒斯特,德语说得很蹩脚。她以前在一所法国私立学校读书,所以,在精神分析治疗的大部分时间,我们都用法语交流,当时我的法语还不错。

患者表现出强迫性神经症的所有症状。除了强迫性洗手之外,她的一天几乎被各种仪式性动作和看上去很荒谬的小动作填满。在精神分析治疗之初,她向我描述了这类症状中的一种:她会强迫性地去开关水龙头无数次。她诉说道,她必须要一再说服自己浴室的水龙头已经关上了。为了证明这一点,她不得不先把水龙头拧开,因为她想要确认自己已经把它拧紧了。几周后,当她提及与未婚夫之间的亲密举动时,我才明白这种强迫症的隐秘意义。两个年轻人曾有长时间的爱抚行为,他们什么都做了,“只是没做那件事”,患者如是说。男方会将阴茎放在阴道外摩擦,直到他达到性高潮。很容易猜到的是,患者经常担心男人的一些精液会进入她体内,导致她怀孕。因此,她的强迫症的无意识意义是:说服自己男人没有将精液射入她的体内。通过替代性移置到水龙头上,她想要确认没有一滴精液进入了她的阴道。当然,反向强迫症揭示了她想要在体内感受到男人精液的愿望。

在一次精神分析会谈中，她又一次提起了她那枯燥又累人的开关水龙头强迫症。她提到，每次未婚夫走后，她都必须去按一下电铃，这种触碰总会给她带来过电般的感觉。当然，基于她的神经症症状，我以为这不过是她的另一个强迫症行为，跟她那些仪式性举动别无二致。我想，她去按电铃可能是想召唤住在楼下的女仆，而她的下一句话让我明白，是我误解了。她口中的“*bouton électrique*”指的是她的阴蒂，而不是指电器按钮。未婚夫走后，她常会自慰，因为她处于性兴奋状态却没有得到满足。

从这次误解中吸取的教训无疑是：我们必须要注意过于逻辑化的思考倾向，要综合地考虑患者在精神分析会谈中所说的所有内容。最初，我觉得是语言上的问题使我误解了患者的表达；后来，我不得不承认，这是因为我忽视了在女性思维中房间及其内容物与女性身体之间紧密的无意识联系。

15. 例外

接下来的几页，会从两个方向偏离于本书的模式。在之前的大部分章节，我对典型的女性化和男性化行为进行了对比。本节的中心内容是探讨一个男人的某些典型女性化特征，并调查这种心理异常的决定性因素。在此前的章节中，我采用了科学研究的惯常模式进行探索，而接下来的段落将走另一个方向。它们的出发点是笔者自己的思路，在思考的过程中遇到问题，并尝试解决问题。这种呈现方式对于本书来说是个例外，但常见于笔者的其他著作中。在此前出版的几本书中,都采用了这种方法。[1]

上述思路的出发点是一件无足轻重的日常普通事件:我的妹妹玛格丽特端给我一杯咖啡,我把咖啡盘随意地放在书桌旁的一张桌子上,在这个过程中,不小心把桌子的漆碰掉了一点。我妹妹慌忙跑过来,开始修补这个小损伤。她一边忙于这个吃力不讨好的事,一边责怪我的粗心大意。她的喋喋不休让我感到有点烦。

我现在尝试着重现一下我当时的想法:“那么一件小事,不知道有什么好大惊小怪的!那张桌子根本不值钱……上面有没有划痕又有什么不同?有什么要紧的?哪怕这桌子碰伤了几百次几千次,又怎么样呢?女人真是奇怪的生物……她们的心拴在这些物质的东西上……哪怕给她们造成了一点损伤,她们都会痛苦得不得了,更别说这些东西还不是她们自己的……”

接下来的这些联想,是因为当时我瞥了一眼书桌对面墙上的一幅画。画上的情景是:森林中一名伐木工举起斧头要砍树。一个仙女的美丽身姿从树干中显现出来,树枝就是她张开的手臂,她的脸上布满忧伤。这幅画是一名荷兰的患者送给我的告别礼,她是一位成功的艺术家。这位女孩在作品中绘出了她的幻想,她常在精神分析会谈中描述这些关于结婚初夜失去童贞的幻想。女孩的母亲去世得早,但她常对女孩诉说男人的残暴,并告诫她不要结婚。后来,患者形成了许多受虐幻想,其中反复出现的就是被一个残忍粗暴的男人夺去童贞的场景。她的画用神话的外

[1]指《用第三只耳朵聆听》《秘密的自我》《萦绕的旋律》三本书。

衣呈现了这个场景。她用这个礼物表达了对精神分析学家的感谢,因为在他的帮助下,她成功地克服了对性交的恐惧。

对画的一瞥,唤起了我对患者面孔的短暂记忆,她的容貌在树精的脸上清晰可见。从这里,我又想到了弗洛伊德的一篇论文,我的这种联想是符合逻辑的,他探讨了野蛮和半开化社会习俗中关于童贞禁忌的神秘现象。[①] 弗洛伊德认为,这种禁忌最重要的成因之一,是女人倾向于报复那个夺走她童贞、破坏她身体完整性的男人。在无意识中,她对这个男人充满愤恨,就像是他损伤了她的身体。这种敌对的反应可以追溯到更早更为原始的冲动上,那是小女孩对男孩阴茎的嫉妒,她因自己解剖学结构上的不完整而感到残缺。

弗洛伊德的论文又让我立刻想到了几年前的一名患者。她是一个 15 岁的女孩,在治疗期间,她叙述了她许多复杂的受虐—施虐幻想。其中意义最为明显的是以新婚之夜为主题的情景。根据现代的理念,患者的母亲对她讲授过性知识。患者还是孩子的时候,就已经知道婴儿是怎么生出来的,它们是怎么进入母亲体内的。女孩装作自己很老练,对性无所不知,她对初次性交产生了荒诞的想法。在精神分析治疗的后期,这些奇怪的想法才突破她激烈的阻抗来到意识表面。在她的头脑中,新婚之夜的流程是这样的:丈夫跪在新娘面前,用手夺去了她的贞操。他帮她止住了流血,然后,帮她洗净身体。接着,他在床两侧的两个水罐中洗了手,再用预先备好的毛巾帮自己和妻子擦干。接下来就是性

①《爱情心理学文稿》,论文集,第 4 卷。

交。很容易猜到，这个幻想的前半部分是受到了女孩早期自慰的副作用的影响。

我的思路又回到了那幅画上。我记得，在我收到荷兰籍病人的礼物时，我就隐约感觉到图上的画面有一种熟悉感。我觉得，我在另一幅画上看到过那个场景或是相似的场景，但我记不起是在哪里了。最后，我想起了：当我还是小男孩的时候，有过一本英雄传奇故事的图画书，主要讲述了中世纪骑士的英勇事迹。书中有一幅图画就是一位骑士用他的剑去击树。树精从树干中冒出来，谴责他给她造成的致命伤。

多年后，当我在仔细研读歌德的悲剧《托尔夸托·塔索》时，我想起了童书上的那幅图，因为它呈现了诗人塔索[1]的史诗《耶路撒冷的解放》中的情景。第十三章描绘了骑士坦格雷多进入迷魅森林，看到一株柏树上刻有符号，警告入侵者不要打扰神圣森林的安宁。坦格雷多拔剑猛砍柏树，树干“居然流出鲜血，把周围的泥土染得通红”！他听到一声痛苦的呻吟，树精开口说话了：

> “哎，坦格雷多，”那声音说，
> “你害得我够苦，别再赶尽杀绝。
> 和我相依为命的躯壳，
> 已经被你无端剥夺：
> 难道你还要戕贼这株树木，
> 使我的孤魂流离失所?”[2]

---

①Torquato Tasso(1544~1595)：意大利桂冠诗人。——中译注

②译文引自《耶路撒冷的解放》，王永年译，人民文学出版社，1993。——中译注

树精告诉骑士她是克洛林达,让他停止杀害她。

骑士和森林精灵的画面让我开始了词源层面的联想:树木(wood)……物质(matter)……物质的(material)……这个词来自于*mater*,这是拉丁语的母亲一词……物质事物根本上的女性属性。我们是否可以得出,普通女性对物质事物的细心呵护背后有这样的心理学联系?这个显著的特征是否源于女性的阉割情结?还是说因为小女孩感受到先天性的生殖器官缺陷,这个特征只是她后期的移置反应?

在思索这个理论时,我觉得十分困惑,于是我想到了L先生,几天前,我们在他家共进晚餐。L先生是一个中年男人,把他的工厂经营得很成功,颇有一些名望,我和他常有社交往来。我的感觉是他们一家过着奢侈的生活,总是在做凡勃仑[①]所说的"炫耀性消费",甚至超过了他的能力范围。他有时也会和蔼可亲,但通常举止傲慢,为人深藏不露,对他人颇多猜疑。有一次,我有机会仔细观察了这个男人,他的某些行为特征使我感到疑惑,因为它们似乎与他的主要性格特征相矛盾。他对某些体育运动很感兴趣,不时还很强调自己的男子气概,但与这不相匹配的是他含羞草般的敏感和多愁善感。

有一个特征表现得非常显著:如果他的家具或家里其他物件受到了任何一丁点的损坏,他都会非常在意。比如,要是椅子或桌子有了些许刮痕,或是地毯上有了一个小污点,他都会发怒。这种对物质事物的极度关注,不限于贵重物品或是家具,而是囊

---

①Thorstein B Veblen(1857~1929):美国经济学家。——中译注

括了衣物、毛巾等等。如果看到妻子将衣服随便扔在椅子上，他就会勃然大怒，并开始他的长篇大论：这样会对材质造成怎样的损伤，用不了多久就会全毁了，诸如此类。偶尔他会对妻子和孩子们大发雷霆，指责他们不爱惜他们自己的东西——也不爱惜他的东西。稍有疏忽，他们的家就会被他称为“猪圈”，家人的生活方式也会被抨击为一种未开化的野蛮生活方式。要是水打翻了或是发生其他灾难性事件时，他会被逼入绝境，比麦克白夫人激烈的呼喊还要绝望：“洗掉吧，这该死的污点！”

在我进行联想时，我想起了这位熟人。那次晚餐中，他语带讽刺地对我说，他妻子把红酒杯放在桌上，却没有放杯垫。玻璃杯在桌面上形成了一圈水印，这让他愤怒不已。更加尴尬的是，这件事发生的时候，他的妻子和其他宾客都在场。这一点小损伤把他气得忘了要言行得体。

我之前的联想是要引向关于女性的试探性理论，可是却想起了在工厂老板家里的晚餐，这二者之间有何关联？似乎没有桥梁相连。然而，沿着这个思路仔细思考可以带来如下重构：出发点是我妹妹责备我的粗心大意。思路由此出发，试探性地建构了一个理论，关于女性对物质事物细心呵护的起源。她们的这种态度是一种对幼时观念的反向作用，那时，小女孩觉得自己身体破损。保护物质事物、对它们细心呵护的这种倾向，是后期的一种补偿性移置作用。在无意识中，这些物质事物替代了女性受损的身体。

女性普遍对物质事物更加爱惜，还可能有另一种解释。这种倾向也可能取决于生物学因素，起源于体质方面的倾向，也是这些倾向使得女性细心照顾胚胎和婴儿。这两种假设并不冲突，而是互补，心理学动机建立在这个生物学基础上。

我的思路反映了我想用两个分析案例来证实我的观点，并从弗洛伊德关于童贞禁忌的论文中找到理论支持。坦格雷多在迷魅森林中的冒险似乎从另一个方面进行了印证，呈现了男性的相应态度。

到此为止，我的思路都是逻辑严密的，但突然出现了关于晚餐的记忆，我的联想似乎突然改变了路线。然而，不要被表面现象所欺骗。这个新念头与之前的思路是有共同点的：对家具可能遭到的损坏过于担忧。还有别的联系吗？

关于女性对家具的高度关注和爱护，我已形成了一个试探性的理论来解释其起源：她们在无意识中感到破损或残缺，在后期形成了一种反向作用，将这种想象中对身体的伤害，替代性地移置到家具和其他物件上，把它们视作自己身体的延伸。在这理论萌芽的关键时刻，我突然想到了我的熟人，这个念头的出现只有一层含义：对我的理论提出反对。这个论据的特点很清晰：有一个男人像女人一样对待家具，他对物质对象的态度体现出同样的敏感和谨小慎微。

然而，即便有对立的观点，我仍然找到了解决方案。这个解决方案在前意识中已经包含在这个句式中："他表现得像个女人。"当然，意思是"就好像他是一个女人"，或是说，他的心理状态满足了这种女性态度的无意识前提。他表现得就像他的身体是破损的或是被阉割的。显然，这里的"就像"（"as if"）需要从心理学角度去理解，即这是一个受抑制的现实，与之形成对比的是相反的意识倾向。他对体育兴趣浓厚,对于那些不喜欢体育的男人,他表现出纡尊降贵的态度,这些都是对他无意识自我概念的过度补偿,试图修正这个概念。然而,家具有了丝毫的损坏,他都特别敏感。这样一来,他拒不承认的女性态度浮出水面。需要补充的是,我认为,这位熟人具有突出的女性特点,而我的看法在后期的诸多观察中得到了证实。

类似上述的这种理论探索,我们必须一再地去证实它,不管是通过鲜活的临床材料,还是经由学者的分析感知经验。迄今为止,我还没有看到什么基本事实与我的概念相矛盾。在上述的几页中,我解释了女性对家具的呵护和关切有其无意识起源,但我的试探性理论必须等待其他观察者的印证和核实。朗费罗诗行中的建议对精神分析学家也同样适用:

那么,让我们起来行动吧,
对任何命运都敢于担当;
不断进取,不断追求,
要学会劳作,学会等待。

16. 另一个女人的公寓

在日常经验中,成千上万的例子告诉我们,在同种情况下,男女的反应不同。如果我们没能清晰地认识到这种分歧,那是因为我们没有停下来思考,没有去关注基本的情感模式。下面是一个测试案例,是无数此类例子中的一个,在这些例子中,男女差异表现得非常明显。患者的丈夫爱上了另一个女人,经过长时间的争执,丈夫最终争取到了离婚。协议中规定,装饰华丽的公寓归丈夫所有,妻子只能带走属于自己的东西。患者在精神分析会谈中说道,她的情敌在蜜月归来后,会立即搬入他们的公寓。想到那个女人将会占领厨房和卧室,使用她的床单和厨具,我的患者就会无比痛苦。这些,我都能理解;但我不能理解的是,患者对于这位新妻子肆无忌惮地占有她的公寓所得出的结论。她的第一句评价是:"只有百老汇的妓女才做得出来!"第二句是:"她不可能爱他"(他指她前夫)。

我不明白为什么那个年轻女人因为立即占有了空出的公寓,就会被患者归为站街女之流。在我看来,即便她跟凯撒之妻一样纯洁无瑕①,也会搬进公寓去住。同样,新妻子不爱她丈夫的这个结论,我也不知道其含义。我认为,这就是女人口中说出的无数种不合逻辑的推断之一,让我们这些男人摸不着头脑。我的患者没有对她的话进行解释,但其暗含的意思可以通过如下联想来理解:任何一个正派的女人在二婚的情况下,都会要求在家里使用新的东西;而不会愿意被那些旧东西所包围,因为这些东西体现的是第一任妻子的个人品位。她会非常反感使用原来的床单和杯盘。这会让新妻子非常不舒服地想到她的前任者,涉及私人用品时尤为如此。稍微有一点自尊的女人,怎么会用绣有前女主人

①源自典故:凯撒的第二任妻子是苏拉的孙女庞培亚,后因传闻与人有染,凯撒虽不相信传闻,但仍与其离婚,理由是"凯撒之妻不容怀疑"。——校注

姓名首字母的毛巾？

对于获胜的情敌，患者对她的行为非常厌恶。当我的患者用生动的语言表达出这种情感时，我当然能明白她的感受。后来，她对第二句言论的解释是，只有一个不爱自己丈夫的女人，才能忍受她的新家中有“第三个存在”，我于是明白了她话中的含义。她是指关于前任妻子的回忆，她用过了所有这些家当。只有出于经济或物质层面的考虑时，女人才不会顾及这些东西，毕竟当丈夫被这些东西所包围时，难免会想起他的上一段婚姻。

在那之后，我问了问自己，一个男人在同种情况下是否会有相似的感受，坦率地说，不会。他的思维并没有和家中的物件和家当紧密联系在一起。我们假设一个男人将要搬进他的妻子和前夫住了很久的旧公寓，他会因为日常生活中的物件而想起妻子的上一段婚姻吗？不大可能。即便他会想起，他也不会感到抑郁或悲伤。如果他看到妻子前夫的拖鞋或是烟斗，可能会有点烦恼，但这也只不过是一种短暂的不适感。

在这件事上，男女情感反应的主要差异是因为女人更紧密地将房子和所有物品与她的身体联系在一起。上面例子中的公寓在无意识中被视为女人身体、她自己的延伸。另一个女人将公寓连同她的个人物品一并接管，在多个层面上“对她造成了直接的伤害”。

17. 一切都是公平的吗？

一名患者给我描述了另一个女人的行为，那个女人试图抢走她的丈夫。她知道丈夫已经跟她好了几个月了，也明白丈夫现在想离婚，她的情敌用尽各种女性手段笼络男人的心。她当然非常介意这一点。然而，最使她愤怒的并不是情敌吸引她丈夫的手段，而是她猜想的情敌所说的关于她的坏话。在丈夫的一些话语中，我的患者清楚地听出了另一个女人的声音。她也意识到，自己是他们批判的对象，她只能猜测他们的对话内容。

一方面丈夫还没做出最终的决定，另一方面那个女人变本加厉地干扰着这对夫妇的婚姻生活。在男人与妻子晚餐时，她会给男人打电话，或是通过女佣给男人留下意味不明的信息；总的来说，就是试图以各种方式来羞辱男人的妻子。某次，她知道这对夫妻要去电影院，也知道男人的车停在房子前面。当夫妻二人上车后，发现挡风玻璃上被人用口红写上了“我爱你，珍妮”。看到这一幕，妻子的愤怒难以描述。她深深感到被另一个女人所羞辱，那个女人用了如此阴险的手段来表达她的轻蔑和藐视。

我们甚至不用问男人会不会用这样的伎俩来对付情敌。我们都知道，男人不会这样做，他们可能会用更加光明正大、更加暴力的方式来相互挑战。谚语有云：在爱情和战争里，一切都是公平的。似乎这句话必须分为两部分来理解：在战争里，一切都是公平的——适用于男人；在爱情里，一切都是公平的——适用于女人。即便如此，这句话的效力也是很有限的。战争中不是还有《日内瓦公约》来保护非战斗人员、伤员和医护人员的权利吗？而在女人们争夺男人的战争中，似乎没有对应的公约或规则。“公平”一词在这里并不适用。什么手段都可以使用。《日内瓦公约》的任务是防止不必要的残暴行为，确保战争的公平，确保胜利属于更加优良的军队。在两个女人对一个男人的争夺中，女性使用的武器,通常不会顾及另一个女人的感受。无形中,军备竞赛正在展开,一个女人必须展示出她拥有另一个女人所不具备的东西。

18. 同性恋中的投射机制

在早期的一本书《性关系心理学》[①]中,我指出,许多同性恋男人并不是完全对女性的诱惑无动于衷,而是使初始作用发生了转向。他们不是对女性魅力毫无感觉,而是使自己刚毅起来抵御这些魅力。有症状学迹象证明,接受到的情爱刺激,可以立即被转移到同性对象身上。我指出了这种注意力和吸引力的转移有一种防御机制的功能。

在对数个此类案例的呈现中,我没有考虑到另一个防御机制,这个机制在其他案例中作用显著。我说的是投射机制,个体通过这个机制来试图否认那些不愉快或不受欢迎的情感。

投射或许是最为古老的心理机制,在婴儿时期就已经在发挥作用,将不愉快的感受置入外部世界。从幼年开始,投射倾向就明显地表现为试图减轻内疚。后来,许多刺激会被视为来自自我之外,继而被避开。人们会把不受欢迎的冲动和感觉置入外部世界,继而摆脱它们,这种方式就像电影院里图像被投射到屏幕上。投射不仅是一种古老的机制,它还会伴随个体发展直到成熟期。在原始的世界观中,我们将自身的情感投射到周围的自然界,这

①纽约,1945。

种观念一直延续到早期宗教的万物有灵阶段，在当代诗人的隐喻中仍会出现。

在对几位同性恋的精神分析治疗中，起初，有一个现象令我困惑。这些男人常强调他们对女性的敌对或冷淡态度，想到男女之间的性交他们便感到惊恐；他们还常提到，许多女人对他们有性企图。在一些案例中，他们的说法听上去令人难以置信，其中一名患者甚至还说有些女人试图“强迫”他。他所宣称的这些追求者，下至高中女生，上至70岁的房东老太太。他如数家珍般地描述了这些女人用来吸引他的各式各样的手段。

从精神分析层面理解他的这种抱怨并不容易，因为患者曾经追求过几个女孩，目的是洗去社交和性取向层面的嫌疑。有一次，他觉得追求成功的概率非常低，他甚至对女孩提出了性要求。精神分析工作有时会遇到这样的机缘巧合，那位年轻女士也成为了我的患者。在治疗期间，她也提到了那个年轻人，提到了他的求欢。她非常清楚，他并不是认真的。她说：“可怜的男孩！要是我同意，他肯定要晕死过去！”

在他的假想中，许多女人想要和他一起“睡”，这种假想的本质无疑是一种投射，但这种机制的动态过程并不明显，而在另一个案例中，则非常清楚：一位三十出头的艺术家来找我咨询，他觉得注意力分散，妨碍了他的工作，原因是一些男人总是以各种方式向他示爱，他很受困扰。他诉说道，不管他去哪里，即便待在家里，都会有许多男人强行闯入，展示他们那不受欢迎的喜爱之情。为了证明这一点，他带我走到窗边。我的咨询室位于五楼，他用手指着街上的行人，说：“你看到街对面那个男人了吗？整理领带的那个。他知道我在看他,所以想把自己收拾得更有吸引力一点。看到那边的那个年轻小伙子了吗？快看！他在向我招手致意。”几秒钟后,他惊叫道:“又来了一个男人,直直地望向这个窗户！他在跟我调情,真是不知廉耻呀!”

这一类的妄想属于被爱妄想症(erotomania),他人的一举一动都被解读为与患者相关。这种形式的妄想症,使患者觉得他们被爱所困扰。在他们的妄想倾向中,他们通过投射来拒绝受到他人的诱惑。显然,患者试图通过怀疑所有的男人对他有性企图,来避开他自己的无意识倾向。当然,这种被爱妄想在女性中更为常见,可以和其他方面相对正常的行为共存。

患者用这样的投射机制来防御被抑制的同性恋倾向,很容易猜到的是,这种机制也可以帮助同性恋男性避开他们仍能感受到的女性的残存吸引力。这类人除了对同性的兴趣之外,仍保有对异性的渴望,他们将这种无意识的异性恋愿望投射到男人身上,有时会对男人不加甄别。在他们的妄想中,他们断定,所有女人都在追求他;因而,揭示出或是承认了他们自己感受到不同程度的女性的诱惑。更加有趣的是,在意识层面,他们拒绝承认受到异性的任何吸引,并断言他们的情爱生活只与男人有关。

侧面观察证明,女性的这种被爱妄想症更难被发现,因为即便症状已经出现了一段时间,我们也会以为这不过是女人变本加厉的一厢情愿,想象自己是所有男人的情欲对象。在这种妄想症中,女人确信她们看到的每个男人都想向她求爱,通常这种妄想的功能是避开无意识的同性恋倾向。然而,两性间这种心理差异的重要性已被削弱,因为精神分析发现,在许多案例中,当男人疯狂地迷恋着一个女人时,通常是他们用这个无意识的防御机制去抵御同性恋的诱惑。

19. 对同性恋男性的复杂情感

一个男人如果知道约会的对象是一名同性恋女性时,他对待她的方式当然也会考虑到她的性别。他不会试着去追求她,会小心翼翼地避免提及她的性品味。对于普通男人而言,女同性恋现象没有什么吸引人之处,他可能还会觉得有点奇怪。但是,即便那个女人充满男性气质,他仍然会注意到她的女性特点。在他眼中,她可能会是一名完美的女性,谈及她的性异常他会充满宽容:"每个人的品位不一样。"就像我们在评价一个我们不感兴趣的女人。

据我所知,如果女人知道约会的对象是一名同性恋男性,她们似乎会有一种复杂的情感。一些女人会对他所吐露的内容特别感兴趣。我们都知道,这种男人会有女性的好友或熟人,他们会向她们倾诉"一切",或几乎一切。这些女人通常会带着怜悯和轻视,扮演好一个善人的角色,帮这些男人解答他们恋情中的烦恼。但是,在她们的眼中,这些男人算是真正的男人吗?可能仅限于解剖学意义上的男人。大多数女人不会想去诱惑这些男人,她们甚至没有意愿去打扮得花枝招展。

然而,我也听过其他女人说过相反的话。一名患者说,她总是很怕同性恋男人,因为女人才有的尖酸刻薄他们也有,他们能够发现女人的缺点,对她们的弱点一击即中。换句话说,他们像其他女人一样和女人竞争,而且他们的攻击还带有出人意料的效果,因为女人不会料到这种攻击会出自一个“男人”。这个女人还说,在这些男人面前,她会特别注意她的形象,就像她面对的是其他女人。她还感觉到,他们在无意识中嫉妒她的女性气质,这激起了她的“竞争”欲,让她总是以最佳状态面对他们。

另一个年轻女人带着不同的态度,她说:“我总是好奇,为什么他的品位如此之差。当然是我们更有吸引力。我想或许他会对我有不同的感觉。”她说,她忍不住要去跟他调情,期望他会改变。而普通女人的态度似乎是:“为什么要费力去做一件注定不会成功的事?”观察女人在不同情况中的约会行为很有心理学价值:第一种约会对象是有发展可能的男人,另一种是同性恋男人,因而是“没有可能”的对象。表面上看来,当然一切都一样。甚至在某种意义上,女人跟同性恋男人在一起时更加自在,或许不会那么警惕。她的裙子或许上移了不少,但她并不会担心。她的举止或许会更加随意,在他面前没有那么多自我意识。主观上讲,在他身边,她或许感受不到紧张。她甚至是放松的,就好像在她身边的是一名女性。在去餐厅或夜总会的时候,有男伴陪同是一件令人安心的事。这是一种双赢,因为一个女人要是没有男伴陪同,有些地方通常是去不了的;而对于不想让人怀疑自己性取向的男人而言,这有时也是一个方便的伪装。对女人来说,他终究还是一个男人,只不过不是潜在的恋爱对象或性伴侣。

但就是这种在男人面前缺乏自我意识、缺乏丝毫紧张、非常放松的状态,也是令人享受的,这使得与其他人做伴时的愉悦都逊色了大半。在被追求的表面下,并没有追求过程的兴奋。这是两性战争的暂停,不是停战,而是和平;与其他女人做伴时,都享受不到这种和平,更像是一种隐退休息。跟同性恋男性在一起时,女人会感到安全,免受他的威胁,更免受自己的威胁。如果一个女人跟一个男人在一起时,感到绝对的安全,对于那个男人而言,这并不是什么夸奖。

当一个女人和一名同性恋男人共度了社交之夜,回家后,被女性朋友问起,她说道:“他当然是名完美的绅士。”这一句话如果在其他场合说出,听上去会有所不同,意义也并不一样。同一句话,可以听出不同的感情基调。在一种情况下,可能带有遗憾或惊异的色彩,甚至会因为男伴是“完美绅士”而语带失望。如果她感觉到男伴是同性恋,那么这句话就仅仅是叙述事实,并没有什么令人遗憾之处,不过是简单的事实。跟他出去的时候她就已经知道情况。他是个完美的绅士:即便他再努力也仅此而已了。

20. 同性恋和异性

众所周知,社会对于男性同性恋和女性同性恋的态度有显著差异。这种差异不仅反映在我们的《刑法》中,而且还体现在社会对这些反常欲望的评价中。即便在宽容的法国,“不正统的”男人也会受到不加掩饰的蔑视。在夜总会的表演中,男性同性恋总是受到公开的嘲笑。而女性同性恋却很少遭到类似的对待。

当你的同性朋友在寻找恋爱对象时,他们的观点中也清晰体现出这种典型的态度差异。当然,这些反应因人而异,从怜悯到反感都有;但很明显的是,男女对女性同性恋的评价都更为温和。

看到显露无遗的女同性恋,男人的普遍情感反应是感到惊奇。这些女人倾向于选择别的女人作为性对象,普通男人对此感到同情,而不是鄙视。而女性对于这些逃离她们自身性别的人,似乎普遍也抱有类似的情感,或许她们的评价更为尖锐、更为批判一些,但她们同样也同情这些女人,就好像她们宣告放弃竞争,放弃被男人所爱的情感奖励。

男人普遍瞧不起男同性恋,就像这些人是怪人或是太监。通常在我们的无意识思维中,同性恋放弃了男性气质和生殖力的特权。在普通男性眼中,这些男人就像是被阉割了的一般。要是男同性恋朝着另一个"正常"男人展开攻势,这个男人会调动一切好战的男性特质来反抗。他越是清楚地看出这其中的求爱属性,越会感到这是对他的冒犯,是对他自身男子气概的质疑。任何一个普通男人想到自己像女性一般屈从于另一个男人时,都是无法忍受的。

男同性恋不仅是男性轻视的对象,也是女性蔑视的对象。当然,女性太过客气太过圆滑,不会显露出这种情感,但在没有男人在场的时候,或是在精神分析会谈中,她们提到男同性恋的那种女性气质时,就会发笑。当她们模仿他,模仿他不自然的说话方式时,她们表现得就像表演大师嘲笑那些试图扮演哈姆雷特或是浮士德的蹩脚演员,这里唯一的不同之处在于,这些业余演员想要扮演的是奥菲利娅或格雷琴①。

男人有时会认为,一些女人能够以男性的方式感受、说话、行

---

①奥菲莉亚是《哈姆雷特》中的角色之一,与哈姆雷特相恋,后被无情抛弃,再加上她父亲的死,让她精神错乱,落水溺亡。格雷琴是《浮士德》中的人物,是浮士德追求的一个贫穷而善良的虔诚女孩。——校注

事,但女人永远不会承认有男人能真正像女人一般感受、说话、行事。他没有成为一个女人的必要条件。在我们的文化阶段,出现了一些令人困惑的情况。在一次咨询中,患者是一名成功的戏剧制作人。她对一个演员的行为颇有抱怨,因为他在台上台下都造成了诸多问题。患者生动地描述了她与这个演员的一次争执,舞动着双手模仿他的手势:“然后,他竟然给我来了女人那一套……”她叫喊道。我一时感到很困惑。试想一个女人诉说一个男人用女人的方式对她!

我曾有机会观察一个女人被一个男同性恋追求时的反应。她曾说她忍不住要说“好的”,好看看他扭头就跑的样子。她说,他让她想起小时候养的一只小狗。这只小狗总喜欢追摩托车,她父亲总会责骂它:“小狗儿,追上它,你又能拿它何用?”

这些讨论或许能帮助我们认识到男女对自身的无意识同性恋倾向的不同态度。这种差异印证了一个看法:相比女性,男性中的同性恋倾向受到了更为强力的抑制。

21. 男人、女人和未出生的孩子

在我看来,我们还没有很好地利用那些日常生活中很能说明问题的谬误、失言和其他症候性的小举动。我们认为,它们表达了对立、矛盾的内部力量,但我们并没有大力强调它们是受抑制或被否认的倾向的突破口。在25年前出版的一本书①中,我试图

①*Geständniszwang und Strafbedürfnis*,维也纳,1925。(本书未译成英文)

证明这些症候性的谬误还有另一种功能，在当时还未被探讨过：它们受控于一种无意识的、想要坦白的强迫性冲动，这种冲动也显现于其他许多正常和病理性现象中。

如果不是这个隐藏的倾向在起作用，那么很多现象就无法解释，比如，你要怎么解释某个男人某天出现的拼写错误？他有次到加利福尼亚出差了很长时间，他兴致高昂地给妻子写信，说他在那里过得很愉快，希望“你是她(you were her)”①。想要坦白的强迫性冲动在患者的信中发挥了其无意识的功效。当发现两人有深层次的性格不合后，他和妻子已经分居。患者总是将责任归结于妻子，在信中都犯下了意义深长的错误。他还写道：“如果你回到我身边，我担心这又会是我。”(it will *me* the same again.)当然，他想写的其实是：“又会重归于好了。”(It will be the same again.)在这个拼写错误中，他难道没有坦承婚姻的失败他也有责任？他难道不是说：我们不能生活在一起；我担心我又会变成老样子？

对于另一种常见的微妙的精神病理性现象，即无意识的误听、误解对方的话，我们的文献中只提供了非常少的案例分析。但在精神分析中，这些谬误和失言、拼写错误一样，很能说明问题。

以下这个例子非常值得一提，因为对其中误解的精神分析清晰地体现出男女对一个重要问题的不同情感态度。这个很有意义的关于误听的例子来自我的学生，他是一名年轻的精神科医生，常跟我讨论他治疗的神经症的“对照分析”案例。他同意我使

---

①据上下文，他原本要写的是希望“你也在这里”(you were here)。——中译注

用这个例子，前提是隐藏他和患者的身份。

这位医生的患者是一个年轻女人，在精神分析会谈中提到了她的一个表妹，表妹有了身孕，然后嫁给了肚中孩子的父亲。这个年轻人一直以来对结婚都很抵触，不愿实现恋人想要结婚的愿望，直到她因为自己而怀孕，才做出了让步。提到表妹近期的婚礼，患者觉得在这种情况下，女孩应该感到愤恨，因为这个男人只是出于道义责任的压力才娶了她。这位精神科医生极大地误解了她的话。他听到的不是“女孩的愤恨”，而是听成“对女孩的愤恨”。在患者接下来的话语中，医生才意识到自己的误听。她的话明白无误地表达了她的观点：在这种情况下，女孩完全有理由对固执的男人感到愤恨。

为了理解这种误听的无意识动机，我们对患者和她心理治疗师的部分人生经历进行了侧写。换句话说，我们需要掌握说话人的情感状况，也要掌握听话人的情感状况。

由于精神分析治疗已经进行了好几个月，医生已经知道患者在几星期前才结束了一段长时间的恋情。男方求婚了好几次，可她总是拒绝嫁给他。分手前一年，她曾怀上他的孩子，但他那时不能娶她，于是，她打了胎。两人的关系从那时开始发生了质的变化。冲突和争执越来越多，越来越厉害，最终导致了分手。很容易猜到的是，患者不得不放弃她想要的孩子，她为此感到深深的失望和痛苦，这是导致二人关系疏远的决定性无意识因素之一。对患者情感前提的描述足以让我们从心理学层面了解为什么患者会提及“女孩的愤恨”，这与她的个人情况很相似。

而为什么精神分析学家会误解他的患者？当他第一次告诉

我这个误解时,他还说这很“好笑”。我向他指出,他一定在无意识中听到了患者的话,因为他承认她说得足够清楚。他听了我的话,陷入了思考。他是否在无意识中拒斥患者的观点,是否认为那些情况下的女孩不应该对男人感到愤恨?在这个案例中,他的误解等同于一种否认,否认女人这种感受的合理性。当然我们不排除这种隐藏的倾向有否认的效果,但在这个案例中,比这种普遍的男性倾向更重要的是一个更为个人的因素。

这个年轻的精神科医生曾向我吐露,许多年前,他娶了恋爱长跑的对象,也是因为她怀孕了,而在漫长的恋爱关系中,他常想离开她。他的婚姻还算成功,但在他的无意识中一定还对女孩保持着敌意,因为他不是因为爱她而娶她,而是出于道义上的责任。从精神分析层面来看,很容易理解是哪个隐藏倾向使他将患者的话“女孩的愤恨”误解为“对女孩的愤恨”。换句话说:因为想到了曾经发生在自己身上的事,所以误听了患者的话语。很有可能的是,听觉层面他对患者的话听得一清二楚,但同时又从隐藏倾向的意义层面或方向误解了患者的话。换言之:他带着无意识的目的误解了她的话。

就好像他拒绝承认这种情况下的女孩可以对男人感到愤恨。通过将原话替换为“对女孩的愤恨”,他表达了他无意识中的反对:并不是女人有权对男人感到愤恨,而是男人有权对女人抱有敌意。参照他自己的经历和他对妻子的无意识怨恨,他将听得明白清楚的话语替换为误解的话语,这也是他内心才愿意听到的话语。

关于这位精神分析学家的症状性失语,我们就不继续探讨其中的心理动态过程了。它们只说明一点,就是在精神分析学家的治疗工作中,他自己的受抑制的倾向和被否认的倾向同样也在发挥作用。我们仅仅是认为,对这种心理动态的分析探索能为一个看似不相关的领域提供参考:在妄想症精神病理学中观察到的对词语和语句的扭曲和变形。对话语中部分内容的误听和误解是为无意识倾向服务。故意误听的语句在妄想症患者的头脑中不断重复,滋长他的猜疑,印证他的关联性意念(ideas of references)。倾向性地误听的词语被患者视为证据,认为其揭露了幻想中敌人的恶毒计划,就好像对方无伤大雅的动作也会被解读为心怀恶意。日常生活中的小错误,经过病理性的放大和扭曲,在患者的关联性意念中成为间接证据。患者在头脑中用他们误解的词组或听到的个别单词重复讲述同一个故事。妄想症中的病理性误听现象还未被研究过,但目前我们更感兴趣的,是通过误解案例的精神分析而看到的问题的另一个方面。

我们都知道对于男女而言,未出生的孩子具有不同的含义。如果一个女人希望某个男人成为她未来孩子的父亲,这无疑证明了她对他的爱或极大的仰慕。而男人却很少会这样去想女人:当男人非常爱一个女人时,她将会是他孩子的母亲这个想法会显著地缺席。当然他会有想要孩子的意愿,尤其是人到中年时,但这种强烈的愿望、这种成为父亲的幻想,体现了男人的女性气质特点。年轻人在讨论未来婚姻的时候,提到孩子也很平常,但几乎总是由男人首先提起这个可能性,就好像这是追求过程的延续,尽管他并没有想要成为父亲的强烈愿望。女孩通常对这个话题更感兴趣,在这种情况下,为人母的这个可能性会使她害羞脸红,但她同时会思考这个可能性的必要前提。无疑,她思考着、幻想着要跟这个男人生个孩子,这个念头的出现要比男人早得多。

两性对于胚胎状态的幻想也有着巨大分歧,这很典型。怀孕的女人对胚胎状态的看法较为现实,她幻想着婴儿的到来,幻想着它的长相和行为,并加以渲染。而准爸爸则常是被悲惨或危险的画面包围着。我的一名患者曾在幻想中看到胚胎出现在阴暗的山洞中,穿过被水灌满的神秘隧道,等在出口处的是死亡的危险。当然,这是婴幼儿时期对胎儿状态的看法的复苏,但这种幻想也揭示出对无意识死亡愿望的反应,这种死亡愿望针对的是未出生的孩子。在妻子的分娩过程中,丈夫常见的焦虑也指向相同的方向。有个幽默的电报文:“母子均安,父亲尚可。”也反映了那数小时的恐慌等待给他带来的副作用。

尽管男人知道他们在受精过程中扮演的重要角色,但如果他们不想要这个孩子,他们就会让女人在无意识中为受孕负责。就好像他们赋予了女人命运的角色:她应该通过某种魔法或机械的手段避免怀孕。他们的看法是,女人怀孕就是实现了她的愿望,这跟一则法国谚语别无二致:女人所想,上帝完成。一天,两个孩子的年轻父亲被妻子告知,她又怀孕了。男人正准备出去修鞋子,他借此机会将古老的童谣改编了一下,来调侃他的妻子:

从前有个老女人,
她住在鞋子里;
她有很多的孩子,
因为她无事可做。

通过这个迂回路线,我们又回到未出生的孩子这个问题,以及堕胎对于两性的情感意义。精神分析的经验显示,如果在恋爱关系中,女方经历过堕胎,这段关系常会变质。就好像她想为心爱的男人生个孩子的愿望受挫,因而对她产生了长远深刻的影响;就好像这次失败变成了关系恶化的决定性因素。这可能是上帝“赐”给夫妻一个孩子这个神学信仰的心理学核心。可以说,婴儿是命运对年轻夫妻的认可。

对于普通男人而言,如果他使一个女人怀孕却又不能或不想娶这个女人,堕胎就是免去他责任和烦恼的一个手术而已。胚胎对他来说,没有任何情感意义。对于爱这个男人的女人而言,未出生的孩子不仅仅是他的产品。他是他的复制品,是她体内的他,她给了他新生。在她的想象中,她在男人身上看到了他的孩子,也在孩子身上看到了男人。一个女孩怀上了水手的孩子,而水手不得不去远东参战。在女孩的头脑中,未出生的婴儿替代了缺席的爱人。等待分娩几乎意味着等待他的归来。而想要她堕胎的男人期待的是不用再为她伤脑筋。他发现,堕胎未尝不是一件好事,因为这预示着未来或许根本不用再想着这个女孩。

通常,对于男人而言,这个手术是让女人和他走出压抑境况的唯一方式。但对她来说,它还有一个无意识的含义,相当于阉割之于男人。虽然她在意识层面非常理解堕胎的合理性和必要性,但在无意识中,她对男人感到怨恨,就像他应该为这个必要性负责。另一方面,他在无意识中也对女人感到愤慨,就好像她本可以防止这种紧急情况的发生。

我们又绕回男女对非婚生子女和堕胎的态度对比上,对那个误解案例的精神分析清晰反映出这种对比。

关于为什么怀孕对于女人的意义远远高于女人受孕对于男人的意义，我暂不讨论这个重要的心理学问题。我现在想引用一部几乎已被人遗忘的戏剧——《孤单之路》，是由亚瑟·施尼茨勒所著，其中的一段辛辣地呈现了这种对比。这是该戏剧的一个旁支侧线，一名退休的中年女演员艾琳·哈姆斯遇到了她多年前的爱人——艺术家朱利安·菲克纳。他们的对话刚开始非常随意，后来慢慢开始回忆过去。艾琳想到在 24 年前，她的爱人发现她在巡回演出中出轨了。于是，他将她赶走，她几乎想要自杀。现在一切都属于过去了，包括情感，但艾琳还是问了问男人："你怎么看？如果我们要了那个孩子，这事还会发生吗？"她的意思是，如果她没有被迫处理掉他们的孩子，她是不会对他不忠的。她不经意地提起，一段时间以前，她有过某种幻觉，感觉自己在穿过一片草地。恍惚中，她以为她正牵着孩子，他们的孩子。可她马上又想到，这个"孩子"现在应该都 23 岁了，可能不是无业游民就是妓女。她自言自语道，从来没有过孩子的女人不算一个完整的女人，"但想要孩子而不能要的女人……"她欲言又止，"可是没有男人能理解，"她后面的话生动有力："再好的男人在这方面都跟无赖一样。"

22. 复制品

弗洛伊德将梦称为理解无意识过程的皇家大道。但即便是皇家的道路，有时也会阻塞。并不是患者在精神分析治疗中讲述的所有的梦都可以被解析。强烈的阻抗作用常使我们无法洞察那些导致梦产生的无意识想法。在一些案例中,对于梦背后隐藏的冲动和念头,如果我们能揭开这面纱的一角,都应该知足了。有时,数年的精神分析工作经验都似乎毫无作用。

以下面这个梦的片段为例,其含义使我困惑了很长一段时间,因为我没有考虑到一种典型的女性心态。患者是一名中年离异女性,她梦到:“我有一个很大的相框,我把一些不认识的艺术家的照片放在里面。”这个相框是可以并排放置照片的那种,除此之外,没有别的与这个梦相关的联想。患者对艺术感兴趣,常通过艺术期刊和其他渠道收藏一些好的复制品,这个梦看上去是反映了这些行为。在精神分析会谈的过程中,她告诉我,之前,她曾心怀怨恨地想起她的前夫,他现在和另一个女人生活在一起。她还想到了她的孩子们,现在都已经长大成人,她翻看了他们的照片。这些白天的残余为解析这个梦的片段铺平了道路。要挖掘出梦的隐藏含义,我们必须找出这些残余之间的关系,并猜测它们使做梦的人产生了怎样的情感。

最初,我无法理解这个梦的片段,因为我没有认识到“照片”(picture)一词的象征意义。产生这个梦的出发点是患者对子女照片的浏览。孩子们是他们父亲的复制品。当我们想指出孩子和父亲长相相似时,我们不是会常说这个小孩跟他父亲一模一样(“the very picture of his father”)? 这让她想起她不忠的丈夫,痛苦又愤恨的记忆导致了无意识的冲动,并体现在了梦里。梦将无意识内容转化为有意识思维的语言,将头脑中的一个可能性展现为现实。想要报复的念头以愿望的形式表现出来:“我想要跟许多男人生孩子,并且永远不想知道哪个男人是哪个孩子的父亲!”“照片”一词的象征意义还有第二层含义。相框当然是女人的身体,艺术家是孩子的父亲。

就此而论,梦中所表达的怀疑也具有抑制或顾忌的特点,这一点并非无关紧要。梦中将孩子的父亲与艺术家作比较,说明在女性的思维中,父亲一角有多重要。这是女性的特质,相比之下,普通男性很少会去思考跟某个女人生儿育女的景象。或许可以这样说,如果一个女人没有在白日梦中幻想跟某个男人生孩子,那么她就没有真正爱上他。

在准妈妈和准爸爸身上还能观察到另一个态度差异,那就是孕期乃至孕期以前的某些恐惧。在这段时间,几乎所有女人都会担心婴儿生下来后会是什么样子。而准爸爸却很少会担心孩子是否会有异常或畸形。女人常会因为担心孩子会遗传到不好的体质或疾病,而选择放弃当母亲。男人的责任感通常没有达到这种地步。两性在创造新生命的过程中扮演着不同的角色,这种不同也体现在这些态度的差异上。母亲希望通过她的女儿实现她曾有过的所有抱负,或是通过她的儿子间接实现。而对一般的父亲而言,也不是没有这样的希望,只是这种希望不如母亲的那么强烈持久。

受孕是一瞬间,而怀孕过程漫长。婴儿出生后,母亲会不知厌倦地注视它,把他或她与其他孩子作比较。新生儿给她带来的狂喜表明,现在女人将孩子视为“她肚子”的一部分,一名患者曾如是说。

在我诊治的一个案例中,女人对于孩子的自豪感与孩子父亲的态度形成鲜明的对比。这个男人已经爱上了另一个女人，他希望能在某个场合将他的孩子们带给他的情人看。他妻子坚决反对此事，禁止他将孩子带出去。对于丈夫的愿望中体现出的女性态度，妻子做出了理所当然的回应。在后续的争论中，她用了下面这句优美的话语："'这些就是我的珠宝。'[①]这句话可不是男人说的。"通过引用格拉古兄弟的母亲科涅莉亚的这句话，她不仅坚持了女性的传统，还强调了女人坚不可摧的权利。

23. 求子心愿中的非性元素

在阅读一些新近文献时，我们有时会希望那些指责弗洛伊德泛性论的批判心理学家和精神科医生能够当面听听他的论述，比如 1913 至 1920 年间，弗洛伊德曾在维也纳精神分析协会的会议上对一些神经症案例进行过探讨。我清楚地记得，弗洛伊德曾论述过一名患者在她十来岁的时候有过的幻想。这个女孩从未有过性交的经验，但她的幻想有着明显的性特点。不仅如此，这个幻想无疑具有挑逗性或变态性的属性。她反复出现的白日梦是：年轻女孩幻想自己吮吸陌生男人的阴茎。

弗洛伊德告诉我们，他多次遇到年龄小的女孩出现类似幻想。他解释道，这种幻想表面上包含性内容，但其含义实际上无

---

①科涅莉亚·阿菲莉加娜（Cornelia Africana，前 190~前 115）：罗马格拉古兄弟的母亲，她曾接待了一位来自坎帕尼亚的女性，这位女性向她展示了她耀眼的珠宝，科涅莉亚从头到尾都保持了沉默，直到他的孩子们从学校回家。然后，她指着自己的孩子说："这些就是我的珠宝。"——中译注

伤大雅。它们表达了女孩想要孩子的无意识愿望。在这个幻想中,女孩代替的是吸吮母乳的婴儿,男人的阴茎代替的是乳头。幻想者既而扮演着两个角色:喂养婴儿的母亲和被喂养的婴儿。母亲跟她的孩子说“儿语”时,也扮演着同样的双重角色。那么幻想中的阴茎呢?男性生殖器是如何进入这个画面的呢?这显而易见。少女知道是男性生殖器创造了婴儿。她的两个想法浓缩在一起:“我想感受被婴儿吸吮乳房的感觉”和“阴茎能够给我一个孩子”。结果便出现了幻想中的画面。如果我们不将其完整的性解读纳入考量,那么这个画面就近乎荒唐。

更深层次的心理学思考很可能会抵达这种典型幻想的原初生物学层级。在这个层级,受精和进食几乎等同,在进化的这个阶段,受孕近似于吞并另一个原生动物。因此,这是一个生孩子的幻想,这个愿望通过明显的变态性画面表现出来。然而,我们可以对这个青春期前的幻想进行不带恶意的解读,它与婴幼儿时期的观念一致。

生孩子和性交之间的紧密思维联系,并不总是存在于女人头脑中,即便女人在思考孩子的事,这种关联有时也只是存在于无意识中。在女人的白日梦中占据重要位置的,是自恋和自尊心的满足。但每当女人的头脑中想到婴儿及其创造者,性因素就会出现在背景中,对男人的喜爱或仰慕是想要孩子的强烈动机。一个男人看着一个女人,心想:“我想跟她生个孩子”,这种情况是非常少见的。当然,男人也会有这种愿望,但大多数情况下,这只是伴随性欲出现的想法。而女人想和某个男人生孩子的愿望可以独立出现,无须伴有感官倾向。男人对女性这方面思维过程的错误类比,导致了两性之间的误解。女人的设想也有同样的问题,她们会把自己的思考方式投射到男性身上。

我的个人经历中就有这样一个例子:《玫瑰骑士》在维也纳歌剧院首演后的某天,我跟艾拉谈起了理查·斯特劳斯,当时,我和她已经私下订婚了。三年后,她成为了我的妻子。艾拉非常钦慕作曲家的天才,她若有所思地说道:"我想生个他的孩子。"想到这句话的性含义,我自然是非常吃惊。我对她的话表示了愤怒,而她却感到非常惊讶。她一副贞洁的态度,坚决否认她的愿望与性有关,她坚称对于她并不真正认识的一个作曲家,她有的只是仰慕,而不是性欲。她还说,让她说出这句话的另一个原因,是她希望她的孩子能够有像那位作曲家一样的音乐天赋。无疑,对作曲家的这种仰慕和高度欣赏的情感在无意识中的延续,会最终导向性愿望;但对于女人来说,这个过程是非常漫长曲折的。

精神分析学家经常出现在女性患者的此类幻想中。没有哪位有经验的精神分析学家会愚蠢到认为这种愿望是针对他个人的。这只是一种仰慕或虔诚的表达,源自移情之爱。如果精神分析治疗成功的话,这种倾向最终会被转移到另一个男人身上,他会取代精神分析学家成为患者的喜爱对象。当然,这是最理想、最令人欣慰的结局。我们的经验表明,想和精神分析学家生个孩子的愿望会一直持续到治疗期后,甚至在患者后来给自己的孩子取名时还会再现,这种愿望甚至在精神分析结束后的数年内都不会消失。有一个案例因为外部原因不得不中止,在患者最后一次精神分析会谈的末尾,未解决的移情之爱导致的这种愿望症状出人意料地再次出现。患者是一名年轻的女性,只有我一半的岁数,她因一些情感障碍而来寻求精神分析治疗,其中一种障碍是心因性不孕。在精神分析治疗中,我们常提及我的角色是代表父亲。当精神分析不得不提前终止时,我祝她好运,并表达了我的想法:希望早日听到她让我升级成为外公的消息。离开时,她不苟言笑地说:“我更想让你成为孩子的父亲。”

24. “最近怎么样?”(“what is cooking”)

现在,大家又开始讨论这个问题:在社会学和心理学意义上,烹饪是否纯粹是一项女性的工作。在我们的西方文明中,仍然普遍是由男人挣钱买肉,而女人负责将肉做好,端上餐桌。但研究人类进化史的学生们指出,史前的猎人在猎杀动物之后,也会进行烹煮。人类学家表示,在相当多的史前部落中,都是由男性来烹制食物。(但是,阿姆拉姆·善菲尔德的书①中引用的默多克博士的计算数据显示,每有一个部落是男性当厨师,就有三十个部落是女性做饭。)还有一个论调时常浮出水面,那就是最好的厨师都是男性——那些有名的大厨和高级料理大师。

精神分析学家不用参与这个讨论,但可以提供一些思路,让人们能更好地理解这个问题。比如,他可以指出,史前男性烹煮猎杀的动物这一举动带有宗教意义。死去的野兽仍被视为部落成员的图腾祖先。烹煮是图腾餐神圣仪式的一部分。随着图腾崇拜的日渐消亡,烹饪功能失去了原有的神圣或献祭属性。只有

①《女人和男人》,纽约,1943。

一些残余尚存，比如切肉、分肉是男人的特权，这提醒着同桌的人原始餐食的宗教本质。很有可能在那些男性主厨的部落中，这种记忆痕迹留存了下来。在烧烤聚会或需要炙烤整只动物的宴会上，通常是男人主厨，这可能也并非偶然。

精神分析还可以提供一些内在证据，为解答这个问题做出更重要的贡献。我所指的是一种语言表达形式，这是人类的一项遗产，我们却很少去注意它的起源：这就是象征主义的语言。在这种被遗忘的语言中，无意识获得了声音，事物以原初的意象出现。在大多数梦中，厨房的无意识含义是女人的身体。很多主要探讨无意识的研究成果，将制备各类食物为人所享用的烹饪艺术与女性机体的周期变化相比较，并认为其与性腺的生产力与活跃度相关。女性在厨房准备餐食的任务被比作这种更为重要的女性功能。

隐喻将这种比拟延伸至怀孕和分娩，这并不令人吃惊。一名曾做过子宫肿瘤手术的患者告诉我，在术后康复期，她的妇科医生每天查房时都会问她："烤箱怎么样了？（What is cooking[①]in the oven?）"显然，"烤箱"的意义是象征子宫，象征性腺的生产力，这无需分析解读。

同理，我们立即就能明白某些比喻隐藏的性含义。在下奥地利州有句俗语："烤箱塌了"，用来表示一个女人结束了怀孕，生下了小孩。我还要感谢鲁思·沃尔夫森夫人给我提供的例子，我们可以从一名四岁小孩的思维中看出这种关联的起源。沃尔夫森

①"What is cooking"在口语问候中表示"最近怎么样"之意。——中译注

夫人和邻居家的小男孩聊天，她告诉他，她的孙子就快来了，可以和他一起玩。小孩问她："你能做出（cook）小孩吗？"她说，"不会"，他说："我妈妈会。"接下来的对话清楚地表明，小男孩认为，妈妈们都能做出小孩，像做饭一样，她们能在肚子里做出小孩。

这种婴幼儿时期的构想能够恰如其分地衔接到此前的无意识念头：烹饪的神奇意义。一名富有洞察力的女性在她的书①中描绘了这种烹饪饭菜的神奇功能，她写道："火一打开，女人就变成了巫术师，仅仅是打鸡蛋这样的简单动作，或是通过火的魔法，她就使物质发生了变化，食材变成了食物。"烹饪的炼金术会继续发挥作用，食物变成乳糜和血液。烹饪的女人就是使男人永葆青春、能够给他带来新生的巫术师。在歌德的《浮士德》中，女巫能让老人重返青春。女巫端给浮士德的神奇酒酿，就是她耐心细致的家务成果：

> "魔鬼教了她怎么做，这一点不假，
> 但魔鬼自己却做不出这个。"

女巫端给浮士德的药剂，如果没有恰如其分地制备，则会伤人性命。烹饪的女人黑白魔法均通。希腊神话中的巫术师美狄亚就是这样，她的草药知识既可以用来治愈伤口，也可以用来毒害她憎恨的人。神话中的巫术师继续存活在我们的童话故事中，以女巫的形象出现，她代表了母亲被我们所恐惧、憎恶的一面，比

①西蒙娜·波伏娃，《第二性》，纽约，1950，p. 453。

如《韩塞尔与葛雷特》中的女巫，想把孩子们煮熟吃掉。

当“烹饪”（“cooking”）一词在日常语言中表达性含义时，我们也能马上理解。一名患者曾提到，有个年轻女人比她更能吸引某个小伙子的注意。患者问了自己一个很老套的问题：“有什么是她有我没有的？”对于为什么那个女人有更大的性魅力，她找不到满意的答案。她用了一句维也纳俗语来安慰自己，这句话她从小就知道：“她还不是只用白水做饭。”这个比喻从厨房转移到性吸引力上，意思当然是，那个女人也不过只是用了一般女人吸引男人的手段而已，并没有什么非凡的能力能够解释她的性魅力。

上面这些例子选自日常语言、幼儿思维和神话民俗，下面增添的是诗歌中具有代表性的表达，这个表达也包含着同样的象征意义。

在理查德·贝尔·霍夫曼的优美诗歌剧《夏洛莱伯爵》中，主角发现年轻的妻子与人私通。伯爵想到了他们年幼的儿子，发誓要教育儿子永远不要相信女人。当儿子长大后，他会告诉儿子性欲跟饥饿没什么两样，不要为此感到羞耻。他可以随心所欲地玩弄女人，当他从床上起来时：

“你就是吃完了一餐而已，
它之于你没有更多的意义。
别想从中找寻幽暗之梦的解答，
也别从中寻求其他的永恒欲望。
不管她们送上来时有多么巧言令色，
这还是那道菜，在那下面烹制而成，
在她们那阴暗的厨房中，

在那里，她们的火苗日夜不熄。”①

烹饪在所有这些例子中的象征意义都与梦中的语言一样，这让我们意识到，女人的子宫不仅是男人的第一个住所，还是他的第一个厨房。

25. 优先权

习惯于在事物表面之下探寻的思考者绝不会怀疑，在女人的思维中孩子优先，而在男人的思维中工作优先。男人都曾在某个时候想过，女人只是“一时的”，而他人生中最为重要的目标是他的工作。一个头脑中总是想着女人的男人不算是一个男人。对于男人而言，做好一件工作相当于女人分娩出一个正常健康的婴儿。可能跟许多精神分析学家假设的一样，男孩对女人有一种隐秘的嫉妒，嫉妒她们能将孩子带到世上，这与女孩的阴茎嫉妒相对应。

确实，有的女人会忽视她们的孩子，即便孩子还很小，还非常需要她们的照顾，她们仍将注意力投向其他地方。有的母亲不怎么喜爱她们的孩子，把他们视作负担和麻烦。但这只是例外，不是惯例。一旦出现紧急情况，即便是坏妈妈也会照顾好她们的孩子。有的男人也不喜欢他们的工作，消极怠工，成天想着摆脱这些工作，甚至希望过上无所事事的生活。然而，一旦工作上有需

---

①我的译文。

要,他们还是必须坚守岗位。

在我看来,女人的人生有一个生物学解决方案,不是男人,而是孩子。而男人的生物学目标不是女人,而是工作。是什么工作并不重要:不管是当美国总统,还是当个木匠。男人的良心要求他要尽可能好地完成工作,不管这项工作是与另一个国家签订协议,还是制作一张桌子。

如果两性能认识到对方的人生目标中根深蒂固的生物学和心理学优先事项,那么他们就能更好地理解对方。许多误解都是源于互相对这些基本职能的错误认识。男人永远不会真正地、深刻地理解,女人在为他生下的孩子脸上能看到他的模样,并且不仅仅是他的模样,而是所有男人的模样。某天,一个女人向另一个女人抱怨自己的儿子有多调皮:"我们总是赞赏男人的那些品质——他们的精力、心无旁骛、干劲、热情和惊人的意志力,可是当你需要去教育一个小男孩时,这些品质是多么令人讨厌啊!"要是一个女人的丈夫在战争期间不得不去海外,那么对她来说,能怀上他的孩子将会是莫大的安慰。男人只能从理智上理解这件事,而不能从情感上理解。她将要怀上的孩子在心理层面不仅仅是他的替代品,而是他本人。如同一名患者所言,孩子是"他的便携版本"。

我们会对异性的职能有种本能的钦佩。一个女人,即便根本不清楚她丈夫在办公室做的是什么工作,也会带着敬畏的眼光看着他准点去上班、疲惫地下班归来。刚刚生下婴儿的妻子会迎来丈夫钦佩和惊叹的目光,就好像她刚完成了一件非同寻常、令人不可思议的事。而女人对于别的产妇却不会有这种情感。我母亲曾说:“是个女人都能当妈。”

孩子在女人人生中的优先权和工作在男人人生中的优先权让人感到惊讶,但这种目标上的分歧有时并不被人理解,且通常得不到对方的理解。一名患者满怀怒气地告诉了我下面这件事:她的恋人将他刚完成的小说初稿拿给她,请她看看里面有没有什么错误。在回家的路上,她突然身体非常不适,一阵眩晕,差点被车撞到。一名警察将她送医,医生治疗后,让她回家休养。她的朋友立即将这个事故告诉了她的恋人。他变得脸色苍白,一时说不出话来。而他开口后的第一个问题竟是:“我的手稿……怎么样了?”

26. 关于婚姻的早期观念

当今的精神分析文献中,关于儿童性生活(sexual life)和婴幼儿理论的资料多得惊人。这些早期观念通常是包含了事实和想象的怪异混合物,但其重要性是确凿无疑的。我想补充的,是儿童对于婚姻和婚后生活的一些想法。我们的看法是,儿童的这些想法在他们以后的情感生活中留下了深刻的印记。

有人说,女人结了婚,就不再烦恼了;而男人结了婚,才开始烦恼。这种态度差异可以追溯到哪个年龄阶段?可能早在男孩玩打仗、女孩玩过家家时就已经形成了。一名患者在精神分析中回忆道,他想和妹妹,还有妹妹的朋友们玩印第安人和捕猎者的游戏;可是,她们不肯,他不得不扮演下班回家的丈夫一角。他笑着评论道,这个儿童期早期的情境,就是他后来不得不步入的成年角色的雏形。长大后，当他开始约会时，他母亲的朋友跟他母亲说起了他“脚踏几条船”的事，他母亲答道：“我为什么要担心我的儿子？让那些母亲担心她们的女儿去吧。”他对此深表欣慰。然而，给他留下深刻印象的是，虽然他母亲从没有浪费过时间和精力来担心他未来的婚事，但她却时常担心他的妹妹，她的爱慕者寥寥无几。

说男人只在结婚后才开始烦恼，这也有一些例外。我认识一个小男孩，最初他宣称要跟他的妈妈、他的妹妹结婚，有时也说要跟厨师结婚。后来，他开始对此感到烦恼，当他进入七岁这个开始成熟的年龄时，他意识到与婚姻相关的其他现实生活问题。他问母亲，他结婚了，她怎么办。她回答说，她会搬进他的家里。他对此感到有点不安。他说，他不知道妻子是否会反对，但他决定给老母亲留一个地下室的房间，唯一的难题是那里没有厕所。几天后，他又开始焦虑他需要为这么大的房子支付高昂的税金，可见收音机和电视上的话语给儿童留下了多么强烈的印象。总的来说，男孩不怎么担心未来的婚姻。他们认为，船到桥头自然直，他们并不急于此事。相较于小女孩，小男孩更多地将对婚姻的想法与性联系在一起。不仅是小男孩，大男孩也是一样。300 年前，人到暮年的著名诗人拉·封丹被问及是否从未考虑过结婚：“有时候考虑过”，他答道，“早晨的时候。”

相比男孩无忧无虑的态度，小女孩很早就开始思考婚姻和婚后的生活。一名患者回忆起她 11 岁时跟母亲发生的争吵。小女孩的钢琴老师组织了一次师生联合汇演，她将上台表演一曲。这是她第一次公开演出，她坚持要穿一件长裙。可是，不管她怎么恳求,她母亲都坚决不同意。女孩抽泣着喊道:“你就想让我成为老处女!”母亲从容地回答:“我愿意冒这个险。”

27. 礼 物

我认识的一位女士曾声称,过去几年她的丈夫没有送过她任何礼物。我提醒她,他在一些特殊的日子,分别给她送了一枚昂贵的胸针、几对耳环、一只手镯,还有一串项链。令我感到惊讶的是,她仍坚持她的论断,我再表示反对时,她就表示,是她要求他买那枚胸针当作她的生日礼物,是她先表达了想要那串项链和手镯当作结婚纪念日的礼物。她不认为这些东西是礼物,因为是她要求她丈夫买给她的。因此,她的论断不是由于记性不好,而是源自内心的否认。

我不知道是不是所有女人都会直率地表达出这个观点,但我相信大多数女人都会有相似的感受。礼物是丈夫主动送给她的东西,不是她告诉他自己想要的东西,而是他想要她拥有的东西。她必须去要才能得到的东西配不上礼物这个名号。这无疑是个女性化的观点。

只有在成年人的思维中,礼物才是你买的东西。对于小孩子而言,礼物是你身体的一部分。这种婴幼儿时期的观念源自孩子最初对礼物的看法,他仅有的能给予父母或保姆的礼物:粪便和尿液。幼儿对这些排泄物的评价很高,因为这是他身体的一部分。精神分析观察证实了这种说法:释放粪便可以说是赠与礼物的最初原型。婴儿倾向于将他最喜欢的人弄脏。婴儿如果生妈妈的气或是生保姆的气，通常会在马桶上坐很久却什么也不“交出”；在精神分析理论中，这表达了婴幼儿的反抗和顽固。许多家长知道，孩子们常将拉满粪便的马桶给他们看，当作某种爱的证据，并期望得到表扬。

看来，这种婴幼儿对于礼物的基本观念，在女人的无意识中保留得更加忠实更加长久。礼物的这种无意识属性从排泄行为转移到性生活中。在女人的情感和想法中，礼物与给予者的身体有着更为紧密的联系，因而保留着“个人”属性。女人在性交中“给予”了她自己，交出了她的身体，而且总的来说，“给予”了男人一个孩子。

女人在无意识中认为，对男人而言，礼物也有着同样的个人属性，就像她对礼物的看法一样。男人给她的礼物，她并不仅仅视作具有装饰性或实用性的物件，而是视作他对她魅力或美貌的赞辞，表达了他对她的爱或喜欢。因此，礼物之于女人，在它的客观价值之外，通常是之上，还有相当重要的主观意义：它们是爱的信物，象征着将爱给予自己。奥菲利娅因而才说：“如果送礼的人不是出于真心，再贵重的礼物也会失去它的价值。”

在女人的思维中，如果一个男人送给她一份价值不菲的礼物，那么这意味着男人愿意承担某种责任。当女人送给男人一份价值不菲的礼物，那么这意味着她愿意成为他的责任。

心理学家至今还没有指出，礼物之于男女有着不同的无意识意义。而日常经验会让他们明白，当一个女孩向朋友们展示一个男人送给她的戒指时，她的这种情感体验男人几乎不能理解。女性的礼物观念中的个人属性有时会达到更高的程度，礼物自身都被拟人化了,就像它们是鲜活的,而不是无生命之物。(“钻石是女孩最好的朋友。”)

女人几乎从不会因为收到男人的礼物而感到尴尬或生气,只会感到高兴或是荣幸。而男人常因此感到尴尬,他们不善于接受礼物,因为他们考虑的只是物品本身的价值,不会考虑赠送礼物的人和其中包含的心意。在海伦·霍金森发表在《纽约客》的一则漫画上,一位老太太询问拘谨的男店员:“对于一个什么都不喜欢的老绅士,你有什么推荐?”几乎没有哪个年老的女士会是这个老绅士的同类。

28. 两种类型

有一部很有趣的电影叫做《船长的天堂》,由亚利克·基尼斯主演。这位面无表情的演员扮演一名船长,驾驶船只定期往返于直布罗陀和北非。船长的妻子在家里将他照顾得很好。她平凡无奇,是个贤良的妻子,称职的家庭主妇。她是女性的楷模,一心扑在家庭和丈夫身上。除此之外,她没有别的生活。

在北非的某个港口,船长有个情人,她完全是与妻子相反的类型。她喜欢跳舞,喜欢跟人打情骂俏,是夜总会的常客。换句话说,就是一个衣着光鲜的酒鬼。船长在两个女人之间游走,满意地享受着船期带来的固定节奏。他的船舱里摆着妻子的照片,当船快要抵达地中海的另一端时,他可以轻松地将情人的照片换上;当直布罗陀就在前方时,妻子的照片又归位了。因此,船长过着幸福的双重人生,这让观众席上的每个男人都嫉妒不已。

所有男人都嫉妒他,因为他们都想拥有这两种类型的女人,想同时拥有,或是按固定的频率依次拥有。唉!两岸名副其实的天堂都将船长驱逐出境。如同亚当一般,他成为了善变的夏娃的受害者。他惊恐地发现,从某个时候开始,他那顺从的妻子已经变成了妖冶的妇人——跳舞、喝酒,将她的家和照顾丈夫的责任丢给了一个老管家。而在北非港口,他的情人经历了同样彻底的变化。她现在厌倦了跳舞和放荡的生活,只想回归家庭,为他煮饭、打扫房间,想成为一名出色的家庭主妇,将他细心照料。看到两个女人的性格转变,船长大惊失色,光是看亚利克·基尼斯表演出当时的惊讶表情,就已经值回票价了。

看了《船长的天堂》后不久,我在一次晚宴中遇到了斯多伯医生,在希特勒占领维也纳之前,他是维也纳最好的妇科医生之一。现在,他已年逾古稀,但仍在行医,精力充沛。身边的年轻人有说有笑,我们两个老男人坐在一个角落,用流利的维也纳方言,一起回忆维也纳的人和事,那个可爱的城市曾经是我们的家。我记不得我们的对话是怎么转向了女人。可能是因为我们讨论了"甜妞"(süßes Mädel),施尼茨勒笔下典型的维也纳女孩形象。我跟医生讲了我的一些关于女性的心理学理论。他耐心地听完,但可能对我杂乱无章的讲述没什么共鸣。然后,他说,声音带着一点疲倦:"听我给你说,我观察过成千上万的女人。只有两种类型:没趣的女人和疯狂的女人。"(他用的是术语,"疯癫的"女人。)

或许是我的误解,但他似乎将目光投向了在场的一个女人;然后,又望向另一个,就像在试图将她们归于这两类。后来,我意识到,他所说的第二类女人,囊括了所有的情感障碍类型,不仅包含精神病和神经症,还包了神经过敏、一时的情绪波动和反复无常的女人。

我把他的话和乔治·梅瑞狄斯①的论断相比较。作家说女人将是男人最难教化的事物,这无疑是一种出于厌女症的模棱两可的论断。我们也完全可以说男人是女人最难教化的事物。难道女人不是我们所有人的教育者吗?难道她们没有教导野蛮、没有礼貌的男人如何在文明社会待人接物?但梅瑞狄斯所指的“教化”,是英国人口中的意思,而斯多伯医生所指的行为是纯理性层面的意思,至少是我们男人所认为的理性层面。每个女人内在都潜藏着两种对立性格的可能性,到底会不会发生转变,常取决于外部因素或境遇(或是这些事件发生的年龄)。

在从晚宴回家的路上,我沉思着这一点,很奇怪的是,在大多数普通男性中,我们看不到如此清晰的性格划分,没有这样明确的类型群体。朋友、同事、熟人,还有各行各业的男人,我都思考了一遍,确实无法在他们之中做出如此清楚的划分。我想到了一些男人:有的既无趣又疯狂,剩下的也是既疯疯癫癫又枯燥乏味。疯狂的女人或是有神经症的女人至少是有趣的,其他的女人或许很沉闷、单调、无趣,但至少她们还算知理讲理……作为女人来说。

29. 男孩永远是男孩

我将要引用一对夫妻的争吵为例。他们受邀参加朋友5岁

①George Meredith (1828~1909):英国维多利亚时代的小说家、诗人。——中译注

小孩的生日聚会,在去往聚会的路上,他们决定给小男孩买一个小电动火车作为生日礼物。小男孩非常喜欢这个玩具,将它带到他的房间玩耍。不一会儿,他又出来请客人跟他进去看火车是怎么运行的。客人在小孩的房间待了很久,因为他老是没有出来,他的妻子和女主人就走到孩子的房间去瞧。小男孩对火车已经没了兴趣,在玩另一个玩具。而客人躺在地板上,正忙着启动小火车。"看!"他妻子叫道:"玩火车的不是小孩! 是那个大男孩。我就不相信那些当爸爸的是给儿子买礼物,他们是给自己买的!男孩永远是男孩!"

患者讲述了这件小事,对于妻子说的话和他所感受到的话语背后的贬义,他表示强烈的反对。他声称,如果一个男人能有时变回男孩,这对他而言是非常宝贵的一件事。我们要讨论的不是他对于这种退化或回归童年的评价。但我们同意他的一点是,大多数男人都可能出现这种回归,不管他们是商人、律师,还是银行家。这是男人身上的男孩短暂地再现,或是男人短暂地回归到玩耍的孩子状态。

然而,男人和女人在这方面存在着差异。男人会一时陡然地退回到少年时代。在我们的案例中,玩具火车就是桥梁,衔接起遥远的过去,那时的男人也是玩着火车,或是憧憬着成为一名工程师。成年男人的人生中会偶尔出现这样的片段。

女人则基本处于一个更接近儿童的阶段。不需要任何转变——只需揭起面纱:女人的脸上保留着孩子的模样。听一听女人在喂养婴儿或是与婴儿玩耍时的话语。她开口时,自然而然地讲着童语——就像是在"跟她自己讲话"。再听听一个男人跟婴儿讲童语,即便不算可笑,也是充满喜感。确实:“男孩永远是男孩”,但女人一直都是小女生。

30. 为女人辩护

解析一个年轻主妇的梦,使我有机会对这个主题发表一些看法:“女人的工作永未完成。”梦的内容只有一个画面。这个年轻女人看到她的丈夫坐在监狱中,手脚都拴着镣铐。他将孩子抱在怀中。

有一些白天的残余或状况引起了这个梦:患者的丈夫从办公室回来,情绪“恶劣”。晚饭后,妻子请他帮忙做一些家务,他做了;但事后,又抱怨他感到太累了,说白天的工作已经让他疲惫不堪。他把自己累人的工作与女人普遍的工作相比,认为她们“过得轻松惬意”。她们可以整天都待在家里,悠闲地完成她们并不算多的家务——煮煮饭、洗洗衣服、照顾一下孩子。这又算得了什么呢?男人可是像苦力一样在干活。

妻子虽然沉默以对,但她的梦显然是她对这些话作出的反应。它表达了这个愿望:“我倒想你来感受一下我每天的处境!”梦中的画面实现了这个愿望。

在另一个案例中,是丈夫抱怨他的妻子。他下班归来,非常疲倦。饭后,妻子说想去看电影;而他正准备安安静静地看会儿杂志。他抱怨道,这种事情每天晚上都会上演——他下了班就想在家坐着,好好享受闲暇,而比他年轻许多的妻子不是想去看演出,就是想走亲访友。他说,昨晚就是因为这些看法、分歧,还吵了一会儿。在吵架的时候,妻子责怪他害自己变得越来越胖。这个责备很好解释:如果他不跟她一起出门,她就会忍不住吃糖,或是放纵自己吃冰箱里的东西。

这种情况当然没有什么不同寻常,但它给我留下的印象在我的头脑中产生了音乐联想,这倒还算有趣。我一边听着患者的抱怨,一边在头脑中听到了一首久违的曲调。我立即想起了它的歌词:"白天我忙忙碌碌,晚上我情绪激昂。"这首歌一定是出自一部古老的维也纳轻歌剧,我从未看过,但小时候我常听父亲哼唱,或是引用其中的歌词。我知道,当时,父亲是想要取笑母亲,因为她那时也常让父亲在晚饭后带她出去。这种音乐联想表达的当然是:"那是女人的老调重弹。"

在心理学层面,女人的这个愿望很好理解。许多女人白天通常独自在家,干着单调的家务,没人与她们聊天。她们等待丈夫下班归来,希望他带回新闻和有趣的谈资。她们想要告诉丈夫她们这一天的所感所想。日复一日,许多女人等来的都是失望。回到家的丈夫总是疲惫不堪,脾气也不好,只想休息,读读晚报。(还记得《纽约客》上的一则漫画吗?一名寡妇坐在餐桌前,对面的空椅子是丈夫曾经的座位。墙上挂着他的画像,装帧精美,与其说是画像,不如说是她记忆中丈夫常有的样子:你只能看到他的头顶,他身体的其他部位都被报纸遮挡住了。)

为什么患者的妻子会抱怨是患者逼得她只好吃糖,原因一目了然。因为他在晚饭后几乎不跟她交谈,也不想去看电影或是会朋友,她深感沮丧。因而,这位年轻的女士忍不住退回到最初的那种满足:吃,并担心这会对她的身材带来灾难性的后果。

31. 女性的脆弱

普遍而言，对于自身的短处和缺点，或是自己犯下的错误，男性会比女性更加坦然地承认。这个差异可能不会出现在比较心理学中，但在这一点上，日常经验比学术理论教会我们更多东西。普通女人的这种不情愿涉及方方面面，从拒绝承认开车时拐错了弯，到不愿承认自己脾气不好。要让她们向男人，特别是关系紧密的男人承认这些事，就更难了。男人生来就是牛脾气、好斗、固执；但总的来说，他们面对批评时，没有女人那么脆弱。

这是为什么呢？我们很容易认为，这是因为女人更加敏感。另外，女人也更加自恋，这一点也需要考虑在内。然而，这两个原因并不充分。第二点不能被纳入我们的讨论，至少不能在我们所理解的意义层面进行讨论，因为我们认为原初的自恋是自爱。对于批评对情感的伤害，这种自爱其实能起到绝佳的保护作用。真正自恋的类型对于别人的吹毛求疵和负面评价都不为所动。

深入观察会引向一个不同的结果：我们可以听一段男女之间的讨论，其中男方并没有发表任何批评，只是说了一些可能会导向批评的话语。如果女方不甘沉默，那么她立刻就会采取防御的态度，而且常会发动攻势。她会进行反击，即便她知道是她犯了错。虽然证据令她无法反驳，她还是会将自己所有潜在的错误都投射到对方身上。一旦有任何一丝可能会被责怪的迹象，她就会先发制人地攻击对方。为了保护自己，她会在对话看似还很友好的时候，就提前指责他。就好像看到天上的乌云可能预示着暴风雨即将到来,她就忙不迭地撑起了雨伞。这种反击也许能够阻止预期中的攻击。

这是一种急躁的反应,这种自我保护通常也是多余的,这有时是女性玩弄的伎俩,但更为重要的动机之一是恐惧。恐惧什么?普遍的答案是:害怕在男人面前“丢脸”。有着强烈自信的人是不会有这种反应的。因此,女人对批评更敏感,更脆弱,是源于缺乏自尊或自信。自我感觉强大的人不怕承认错误,也敢于承认自己的缺点和短处,因为他知道,他还有别的品质可以弥补这些缺陷。连小小的错误和缺点都不愿承认,这说明她没多少自信。如此脆弱表明了她是多么地深感威胁、亟待保护。对于可能出现或是已经出现的批评警惕到如此夸张的程度,这暴露出一个人对自身品质的怀疑和不确定。

女性对于男性的批评过于敏感,其核心就在于女性的自信脆弱易碎。隐藏的、拒绝承认的不足感常使得歪曲、借口、否认、乃至撒谎成为必要。在一些情况下,这种防御和隐藏几乎是不假思索的。许多男人都已经习惯了。一天,一名患者在精神分析会谈开始时,讲述了这样一件事:“我知道,跟女人讲公平是很愚蠢的。她们的教条里就没有“公平”二字。但这事您怎么解释?昨天,安妮叫我说‘午饭好了。’我进到厨房,她刚炸好牛肉饼,我安静地坐下吃了起来。然后,我说了一句‘对了,亲爱的,以后我的牛肉饼别炸,煮就行了’。就这么一句评论。我记得医生提醒我不要吃油腻的东西。我说这话,只是为了提醒她这一点,当然,我没有直接提起这件事。您真该看看她是怎么对我哭闹吼叫的!我想知道的是,就这么一句温和的话,完全没有恶意,哪里就冒犯到她了？您说说看！”

可能他的妻子认为他有癔症，或是她根本不信医嘱，也可能她把他温和的话语视作指责，视作对她本人和厨艺的毫无根据的批评。她对他很生气，但她也很气她自己，继而再转为气他。

一位年老的女士曾说：“对普通男人来说，诚实的女人比算命的吉人赛人更不可信。”女性这种惯常的防御态度可能导致她们彻底主观地否认女性有任何的缺点。我看过一则漫画，其中一个女人在愤怒地抱怨丈夫的固执。“世界上最难的事”，她说：“就是说服他我总是对的。”

为什么女人总是对于一丁点的批评就采取防守之势，这其中有合理的心理学原因。她们小心翼翼、谨慎猜疑，因为男人非常需要将她们理想化，尤其是爱上她们的男人，而她们实现了男人的这个愿望。理想的人物经不起错误或瑕疵的影响：这样，她们就不再是理想的了。就像在现代人的眼中，神圣的事物不能有任何缺陷。它必须是完美的。一个女人在清楚地认识到一个男人的缺陷和弱点之后，还能继续爱他。但她害怕的是，如果他发现了她的缺点和不足，就不会再爱她了。她渴望的是，至少在“死亡将我们分开”之前，他都仍然相信他“娶了一个天使”。

谈到完美时，女人的态度跟天主教会一样。教会颁布法令，规定圣经是绝对正确的。如果其中有丝毫的错误，哪怕只是日期标注的问题，那么它就不再来自神启。它就只是人类的作品。

我们会认为，一个女人坚称自己完美无瑕、绝无错误，其根源是她意识到自己身体隐藏的不完整性，这一点在后期被移置和泛化。有哪个凡夫俗子敢对他的爱人说：“亲爱的，你很美，但你的手肘有点丑？”

32. 野心和虚荣

多年分析观察和工作的经验似乎让我们得出这样一个结论：一些情感是互不相容的。似乎它们无法在心理轨道上共存。然而，这个看法并不是完全正确的。它没有考虑到我们情感世界的宽广和纵深。

但是，我们可以合理地认为当一种情感占上风时，另一种情感就会退却或是受到抑制。这种相互对抗的情感通常很近似，它们对霸权的争夺就像两个接壤的国家之间一样。我将提及一些例子。抑郁和愤怒难以在情感的世界中共处一室。一个深度抑郁的人如果突然被强烈的愤怒侵袭，那么此刻他的抑郁将消失无踪。一种情感能被另一种取代，是因为抑郁通常是源自对自己的侵略性。自我惩罚的需求和有意识的内疚感很少会同时出现。就好像如果有意识地感受到非常内疚，就不需要在无意识中寻求自我惩罚了。再例如，当我们身边或亲近的人去世后，我们会感受到真挚的哀悼，这种情感似乎是与性欲互相排斥的。如果性欲出现，哀悼就会暂时让位。有一则古老的犹太轶闻，看上去与这个论断相矛盾，但如果仔细端详，会发现它实则印证了我们的观点：一个女人即将下葬，但出殡时，却怎么也找不到她的丈夫。最终，他的小舅子逮到他正跟女仆在床上，小舅子愤怒无比地吼道："你这混账！你妻子马上就要下葬了，你还在跟别的女人上床！"不知所措的丈夫回答道："哀伤之中，我怎么知道自己在做什么？"

我们从诸多观察中得出一个结论，一个人不可能具有同等程度的雄心壮志和对外表的虚荣。如前所述,我并不是说一个胸怀大志、希望成名或是得到社会认可的人就不可能爱慕外表的虚荣。我的意思是,其中一种情感会占据优势。不可否认的是,野心和虚荣在情感上具有亲缘关系,所以我们的观点更加令人惊讶。这两种倾向代表的就像同一整体的两面,可以说是同一棵树的不同枝丫,朝相反的方向生长。

这种对比在两性身上具有明确的心理学意义。普遍的印象是,男人更具有野心,而女人更加追求外表的虚荣。追溯其情感源头,这种分歧可能意味着男人普遍通过取得成就来克服不安全感和不足感,而女人则试图通过尽量增加自己的吸引力来克服女童时期最初的不足感。用精神分析理论的话语来说:男孩想要取得令人瞩目的成就,来向自己证明阉割恐惧是无效的。女孩已经接受了自己的缺陷,在她的头脑中,她天生就被置于劣势,她想要证明她非常吸引人。她爱慕虚荣,是因为解剖学结构使她不得不这样做。

如果我们的看法在心理学层面是正确的,那么一个男人如果高度关注他的长相,非常在意自己在他人眼中的形象,为了改善外表不遗余力,那么他不会非常有野心,不会去追求声誉,也不会将精力用来完成有价值的事。

另一方面,如果一个女人非常渴望获得名誉和成就,比如成为作家或画家,那么她就不会对她的外表同样感兴趣。她不会花太多时间和精力在外表上,也不会注重她的衣着、珠宝,不会保养她的气色,等等。就好像如果对一件事的兴趣增加,就会牺牲对另一件事的关注,就好像这两件事互为反函数。

乍一看,我们似乎有了一条心理法则的特例,当一种强烈的情感占上风时,其他情感就必须靠后。从毗邻的领域引用一个例子:一个维也纳作家曾说,非常绝望的女人不可能衣着光鲜,衣着光鲜的女人不可能非常绝望。这个警句或许没有考虑到女性的伪装,但我们就不为此争论了。还是回到我们的观点上来:在大多数情况下,强烈的虚荣心与对成就的渴望是不相容的。美貌和魅力本身就被女人视为成就。她们的目标是被所有人喜欢,她们认为这个目标高于出人头地这个一时的目标。她们不追求功名,并不是因为她们已经放弃努力。女人大多爱慕虚荣,但很少自视甚高。

许多女人会形成一种间接的抱负:她们希望她们的丈夫或恋人能够取得傲人的成就。她们为他感到骄傲,也感到自己值得被人欣赏,因为他爱着她们。可以说,他的成就提高了她们的价值,就好像她们是他人格的延伸。即便是功成名就的女人也倾向于指出她们的丈夫或恋人比她们更值得赞赏。居里夫人是科学界为数不多的女性天才之一。知情者称,在获得诺贝尔奖之后,她在巴黎的学术沙龙中被尊为女神,而她却试图将声誉转给她的丈夫——与她共事的物理学家("不是我!是皮埃尔……")。普遍而言,女人为之骄傲的不是她们取得了什么成就,而是她们是怎样的人。野心与女人的本性不符。这些天使不是因为这条罪责才坠落凡间。她们会望夫成龙、望子成龙,但很少会对自己期望过高。"我们还有更重要的事要做",一个女人在交谈时说:"我们需要负责人类的存续。"

男人会无意识地效仿他所钦佩的其他男人,这一点在他的雄心壮志中起到重要的作用。将自己的成就与其他男人的成就作比较，这就是竞争，竞争几乎总是在无意识中伴随着男人的野心。通过比较销售指数、顾客的数量和社会地位，对比自己和其他男人在物质或精神上的功绩，男人在无意识中衡量着自己的成就。在女人的虚荣心中，总是存在着另一种形式的竞争。镜子不只是用来自我欣赏。女人会问："魔镜魔镜告诉我，谁是世界上最美的女人？"

33. 两性的自我意识

据我所知，心理学文献中没有单独讨论过自我意识（self-awareness）现象。通常在讨论社会安全感、虚荣、缺乏自发性等相似话题时，会顺带提及自我意识。要讨论这个主题，首先面临的难题是必须要区分自我意识和自知（self-consciousness）。自我意识的意思就仅仅是指意识到自己，而"自知"一词虽然有着相同的基本含义，但这种对自己的意识在英语口语中越来越多地带有自我批判的色彩——批判自己在社会关系中的笨拙、失败和错误。一个人可以在有自我意识的同时不带有自我批判。年轻的女人总是有自我意识，但并不总是有自知之明。

在对胆怯或内向的神经症人格的心理治疗中，自我意识现象常作为一种表现症状出现。经过病理性地夸大，这种现象常在妄想症的心理病理学中见于关联性意念的症状中，或是出现在人格解体（depersonalization）的各阶段，人格解体常被视为精神障碍的初期症状。我们不禁要认为，这些症状是自我意识加剧的表现。妄想症中，自我批判的观点或自觉有来自他人的批评（被害妄想)，和自高自大感或是对自身优点的夸大(夸大妄想)，都明确体现出自我意识的特点。在人格解体的各阶段，并没有这种自我的膨胀。取而代之的，是此处的自我意识体现为一种过于敏锐的观察，观察自己和自己的言行。在人格解体中，这种自我意识不带有批判性色彩。

我的学生玛丽恩·莱顿女士正在写一篇关于男女自我意识差异的论文，她非常善意地指出是我激发了她的灵感。她提出了以下假说：

1. 女性的自我意识相对高于男性。

2. 决定这种差异的是男孩和女孩在培养和教育上的差异。

3. 这种教育倾向于使女孩形成一种与男孩相比她更弱小、更依赖他人、有身体缺陷的自我概念。

4. 决定女孩相对较高的自我意识的另一个因素，是她更多地将个人外表和性格视为旁人对她批判性关注的对象。

5. 相对较高的自我意识是文化教养的结果，几乎不源自任何生物学基础。

莱顿女士允许我从她研究项目的大纲中摘录一些内容，她指出：这种自我意识最初是意识到自己是他人注意力的焦点，或意识到他人对自己的反应；这种关注到底是正面的还是负面的，在最初并不重要。

很矛盾的是，这种自我意识心理是指对他人反应的意识——以别人的眼光从视觉、听觉、乃至嗅觉层面审视自己。通常，我们并不会敏锐地察觉到别人到底在关注我们什么。我们仅能意识到他人的关注，但不能清晰界定其本质。到底这种被人关注的状况是真实存在还是存在于个人的幻想中，这并不重要。因此，一个人在独处时，也可能产生自我意识。出现这种感受的心理前提是他人的在场，不管是真实的还是想象中的。当自我意识在独处时出现，其无意识前提是想象中至少有两个人在场。自我意识的状态最初在概念上并无自我批判之意，但总的来说，它出现时都是意识到自己的怪异之处、短处、弱点或身体缺陷。一个人在想到自己身材矮小、身高过高、红鼻头或是有轻微的言语缺陷时，都会出现自我意识。

自我意识导致的行为模式分为两种方向，界限分明：一种倾向的特点是努力隐藏或至少会去减弱这种吸引他人注意的短处或个人怪癖——不管是在现实中还是在个人的想象中。与这种隐藏倾向形成对比的，是另一种强调某些优越品质的倾向，将个人的优势摆到明面上以便让他人注意到，“以更好的那一面示人”。这两种对立倾向的共存、对比和妥协后的产物决定了这个人的社会行为，可能是羞怯型，也可能是情感外露型，还可能是二者的混合体，体现为羞怯地情感外露，或是情感外露式羞怯。

莱顿女士想要验证的基本假说是女性的自我意识普遍高于男性。基于她对这种情感的界定，这个论断等同于是说在某些情况下，女人更多地将自己视为社会性关注（social attention）的对象。如果这是正确的话，可以预见的是，我们的构想中自我意识引发的那两种倾向将会在女性身上表现得更为显著。事实果真如此。即便是肤浅的观察也能证明,女性会比男性更加努力地去隐藏某些轻微的身体缺陷或瑕疵。对于身体上的任何瑕疵,女人都会试图去隐藏,即便这个瑕疵并不显眼。另一方面,女人会花费更多的金钱和时间来改善她们的外表,使她们的外在特征不仅显而易见,而且惹人注目,她们在这方面更具天赋和才能。是的,在某些情况下,她们懂得如何把明明是非做不可的事装点成心甘情愿为之;她们也能对轻微的瑕疵进行装饰或美化,使其变成格外有魅力之处。

不同程度的自我意识不仅是一种主观感受,还明显地体现在行为模式上。我们可以对比一下这个情境:年轻男女走进人头攒动的房间——可能是聚会、舞厅或音乐厅,男人的自我意识程度更低,因为他一般不会感觉到大家的注意力集中在他身上。女孩的自我意识程度更高,因为在现实中或是在想象中,她觉得大家都在看她。在接下来的交谈中,男人的自我意识程度也更低。女孩的自我意识程度会更高,即便她知道自己的外表和性格都充满魅力。

至于这种差异的起源,很难想象这是由生物学因素所决定。对男婴和女婴的观察并不会得出女童会形成更高程度的自我意识这样的结论,除非她受到了来自她母亲、保姆或家庭女教师的教育影响。这些教育和培养因素的开端在不同的文化模式和社会阶层中有所不同,它们会塑造小女孩和小男孩的性格,而且确实倾向于在女童身上培养出更高程度的自我意识。在这些教育影响中,我们会强调更早地在女童身上形成了更为强烈的羞耻感。

与男童相比,我们会更加着力于女童的羞耻教育,首先是关于排泄器官和排泄功能,之后是关于性器官和性功能。在儿童期早期,针对排泄和性器官及功能的自我意识感,导致女孩具有更高程度的隐秘性。我们发现,男孩的自我意识并未高度形成,甚至并不存在,他们具有趋近于暴露癖的倾向。

在另一个倾向的形成过程中,我们也可以轻易观察到教育因素的影响。这个倾向就是努力变得美丽或有吸引力,在对男孩的培养中,并不会做这样的要求。

我们认识到,决定女孩高度自我意识的最后也是最重要的一个因素是一种文化观念。这种观念认为,与男人相比,女人有身体缺陷。这意味着母亲和代表母亲的角色会给小女孩留下一个印象,那就是她的生殖器比不上男孩的生殖器。这个观念在无意识中延续,导致女孩认定自己的身体有残缺。我们推理出,女性这种过度的自我意识源自精神分析理论所说的阉割情结。这不是先天的(古代遗传可能会是一种例外),这是教养的结果。母亲和代表母亲的角色在教育中还会承担另一个任务,那就是努力美化女孩的外表,这被视为一种慰藉,用来弥补现实中或想象中的缺陷。临床分析告诉我们,自我概念中包含残缺感的小女孩会从她身体上逐渐形成的外在美貌和魅力中找到补偿性慰藉。最终,对于不如男性条件优越这一点,女人还有最后一个慰藉手段,那就是生孩子这样一个创造性行为。这是她最大的补偿和奖励。

在对女孩的教育中,某些行为模式会被大力压制,诸如直截了当、行为大胆、富于进取、在性方面积极主动。一旦僭越,就会受到社会的反对和惩罚。对这些社会规则循规蹈矩,力求行为规范,这也助长了自我意识的加剧。就好像女性不得不警惕僭越规则的诱惑,必须随时注意自己的行为。

莱顿女士试图通过实验和问卷的方式验证她的观点,这是临床心理学的经典方法。借助这些方法,可以证实女孩的自我意识普遍在青春期这个关键时期开始加剧。问卷结果看上去间接证实了女孩自我意识的加剧是源自生殖器的分化及其带来的情感反应。

在对比讨论中,还有另一个有意义的因素,女性不仅在男性面前更具有自我意识,她们在同性面前的自我意识程度也高于男性。问卷调查了不同的年龄段,得到了各年龄段男女自我意识差异的有趣信息。虽然对比结果显示,60 岁女性的自我意识程度仍然显著高于同年龄段的男性,但从某个年龄开始,这种差异就开始缩小,女性的态度就开始趋于男性。

显而易见的是,同性恋男性比异性恋男性的自我意识程度更高,类似于普通女性。另一方面,在某类女性同性恋身上,能够观察到相对较低的自我意识。

如果我们从这些有趣的对比出发,继续探索并系统地验证,这无疑会有助于我们理解两性的心理差异。只有为数不多的女性特征可以明白无误地归因于社会影响、教育和传统因素,而自我意识现象就是其中一种。

心理学现在开始研究的这个主题,曾偶尔出现在小说和戏剧中。然而,那些极具洞察力的作家都是心理学家的前辈,他们偶然的观察和评论不能被忽视。在克里斯托弗·莫利①的小说②

①Christopher Morley(1890~1957):美国记者、小说家。——中译注

②纽约,1939,p. 178。

中，凯蒂·福伊尔对男女之间的不公平表示抗议，她认为，男人有更多的时间去思考。他们总是有些女人没有的额外时间。“每当坐在起风的地铁里时，他们不需要将裙子压在腿下……”凯蒂公正地评论道，男人“有更多的机会逃离男人的身份”。

显然，更强的自我意识影响着女人的行为，即使她是独自一人。卡尔·克劳斯曾玩笑般地质疑女人是否有独自一人的时候，意指是否有哪个时候，她不被自己所关注。当然，突然的自我意识会干扰一个人的自发性和自然性。法郎士在《伊比鸠鲁的花园》中提到了佛蒙特女修道院院长的故事，她去世后被奉为圣人。与她一道虔奉宗教的修女们相信她已进入天堂，并代她祈祷。一次，她在她们面前显身，脸色苍白，道袍上燃起熊熊火焰。“为我祈祷！”她哀求道。“我还活着的时候，在我双手合十祷告时，我曾看着她们，心想她们真美。现在，我受着地狱之火的折磨，为这罪恶的念头赎罪！”

如果目标是用他人的眼光来看自己，那么女人通常会更快达成这个目标，至少当她们站在镜子面前时，她们很快就会这样做。

34. 超我形成上的差异

当我们读到书中的一些文字表达了我们模糊隐晦、无法用言语表达的想法和感受时，我们会觉得特别满足，有时甚至会感到惊讶。虽然这些想法没有跨入有意识思维的门槛，但它们已经如此接近，为什么我们无法将它们表达出来？不管这些想法是与心理学相关的见解还是来自一般的观察，不管作者的结论是基于临床材料，还是将多年的观察经验最终融会成一句犀利的话语。当听到或读到这种文字时，我们的感受是："我一直都知道这个观点，但为什么我不能清晰明白地说出这样有原创性的话语呢？"在听到弗洛伊德的如下观点①时，我们就是这种感受。他认为，女性一直以来被批判指责的那些性格特点，即"她们不如男人有正义感，甘于柴米油盐，常感情用事"，这些特点在很大程度上都是源于她们在超我形成上的差异。

萨克斯的结论也给我们带来了似曾相识的感受，他认为，男女的超我并不会同等严格，女性的超我不如男性的严苛。它对她更仁慈，不会对她要求过高。女人的良心灵活变通、宽大包容；与之相比，男人的良心严格、残酷。我常思考二者的区别，却没有联系到两性在生物学和心理学方面的差异。是的，我并没有从精神分析的角度重新思考，尽管我已经注意到这些差异的外在表现。在男人的无意识中，警察就是法律的化身，对于持枪袭警的匪徒来说也是如此。对普通女人而言，警察不过是穿着制服的男人，仅此而已。

在许多作者的著作中，都能找到精辟、惊人的心理学见解，尽管这些著作并非旨在科学地探讨心理学问题。某天，我在书中偶然读到约瑟夫·儒贝尔②一句不经意的话语。这又是那种对日常生活的心理学观察，却被比较心理学的学生们所忽略。这位法国作家说，女性认为她们敢于去做的事，都是清白无罪的。换句话

---

①《两性解剖学差别带来的一些心理影响》，《作品集》，第四卷，p. 18。

②Joseph Joubert(1754~1824)：法国作家。——中译注

说，当女人想做一些有违道德习俗的事时，她们普遍都会很谨慎、害怕和犹豫；一旦她们克服了这些恐惧和顾虑，做了她们所害怕的事，她们就会觉得自己情有可原，觉得她们是清白无辜的。她们很少会在事后感到内疚。疑虑和顾忌发生在做事之前。[在法郎士的小说《天使的叛变》中，一名年轻的贵族撞见他的情人与他最好的朋友在床上。她镇定自若地看着旧爱，一副受到冒犯的样子。当他对她的不忠破口大骂时，她变得非常生气，指责是他将她推向其他男人的怀抱。她要求叫一辆车来送她离开。走的时候，她轻蔑地看着莫里斯——她的官方情人，一个刚被女人欺骗了的男人。]

我们应该立即探讨，有多少例外与这个整体论断相矛盾。这些限制并不影响这个论断的正确性。但这是否意味着，女人普遍在事前克服了这些疑虑和恐惧，之后就不会有内疚感，而男人在事前不会经历这个阶段，只会在事后感受到这些情感？是否真的是“天使畏惧处，男人敢闯入”？这似乎确实是儒贝尔的言外之意。因此，我们看到两性差异分明的行为模式：男人勇往直前，常毫不犹豫地去做一些以后会为之后悔、内疚的事。女人会观望等待，推迟行动，但一旦做了，她们就坚信自己有权这么做，即便这是犯罪，她们也觉得自己是无辜的。

我们常能观察到两性在事后的这两种不同反应。比如，男人在犯罪后会感到内疚或悔恨，而女人在相同情况下则会表现出反抗和固执。在女性患者的案例中，精神分析学家常惊讶地发现，一些女人曾做过一些打破常规的事，或是说这些事跟她们所受的教育或此前的行为形成鲜明对比，然而，她们却执意认为她们是对的,她们非常倔强,听不进任何反对的声音。

对于最初拒绝去做的事,或是说被视为不道德或犯罪的行为,可能出现的反应已经被这两种行为模式囊括其中:一方面是反抗社会,继而在内疚感的重负下崩溃;另一方面是事后的固执和反抗。

读者可能会立即想到一些例子,其中男女的行为并不符合上述的典型反应。许多历史人物的传记和现代男女的生活故事提供了充足的例子,一些男人刚开始迟疑、担心,事后藐视一切;一些女人一开始奋不顾身,后来内疚不已。当然,这些案例并不局限于神经症人格,普通人也是如此。然而,因为这种行为突出的非典型性,它常成为特别关注的对象,既有赞赏也有批评。文学中的最佳例子包括哈姆雷特的疑虑和犹豫,以及麦克白夫人的果断坚定。除此之外,还有很多历史人物可以引入我们的讨论。公元前 203 年逝世的罗马将军费边,别名“拖延者”(Cunctator),因为他总是避免与迦太基将军汉尼拔正面作战。但只要他定下了作战方案,就会有力地执行到底,取得胜利。乔治·桑①和其他一些女人属于另一类,她们会毫不犹豫地直奔目标而去,完全没有任何常规的顾虑。

下一点将要告诉我们的是,像儒贝尔话语中的这种心理学泛论,并不会因为这些反例而减少其有效性和重要性。对男女性别的这种明确划分既没有考虑到个体的心理特点,也不能恰当地描述他们的行为特征。男性身上也有女性气质,女性身上也有男性

①George Sand(1804~1876):法国著名小说家。——中译注

气质。在双性恋这个因素之外,无疑:在男性群体中,有的男人天生或后天地具有比其他男人更多的女性气质及其相关心理;而在女性群体中,也有一些女人具有比其他女人更多的男性气质特征。

我们忍不住要用文学作品中的反例来验证这个论断,我们可以对比男人和女人在犯罪情境中的行为。在莎士比亚笔下的悲剧中,《麦克白》节奏最快,情节简单。麦克白及其夫人的性格在一周到十天的时间内发生了天翻地覆的变化。当我们认识麦克白夫人时,她是一个意志坚定的女人,全心全意朝着她的目标努力,甚至愿意为了她的谋杀计划牺牲自己的女人本性。她呼吁魔鬼们"不要让怜悯钻进我的心头……"

> "进入我的妇人的胸中,
> 把我的乳水当作胆汁吧……"

与她形成对比的是她的丈夫,充满野心,却性情温和、犹豫不决。夫人担心他"充满了太多的人情的乳臭"。如果这对夫妇生活在今天的纽约,可能妻子就会讽刺地称他为"胆小鬼麦克白"("Casper Macbeth Milquetoast"①)。直到行动之前,都是麦克白夫人在鼓励他,她的决心像钢铁一般。有一次,一位精神科医生提到一名患者的母亲:"但那不是一个女人,那是一台蒸汽压路机②。"麦克白夫人就是这样,直到我们看到她试图洗净血手的浮

①Caspar Milquetoast 是美国漫画中的人物形象,后代指害羞胆小的人。——中译注

②steamroller 比喻使用高压手段的人。——中译注

夸一幕时，她崩溃了。

麦克白一直充满疑虑、犹豫不决，“并非没有野心，可惜缺少了该伴随它的狠心”。（第一幕，第五场）他在事后变得冷酷无情。不仅如此，他还变得残酷、鲁莽、毫无恻隐之心。他听到王后的死讯后，漫不经心地说：

> “她反正要死的，
> 迟早总会有听到这个消息的一天。”

曾经温和的他，现在却说：“我简直已经忘记了恐惧的滋味。”胆小鬼已然变成了恶魔。

弗洛伊德曾试图利用分析相似性格类型所获得的见解来解释这出悲剧中两位主角的性格变化。[①] 他认为，这种转变的关键蕴含在剧中麦克德夫的一句简练的话中：“他没有孩子。”他又猜测，必须了解莎士比亚有时会使用的写作技巧，才能解决关于麦克白和他夫人的问题。路德维希·耶克尔斯[②]发现莎士比亚常会把一个角色一分为二，把本来属于一个人的性格特征放到剧中两个角色身上。可能麦克白和夫人就是这样的例子。事后，她变得懊悔，他变得反叛。他们两人的行为涵盖了犯罪后可能有的所有反应。弗洛伊德并没有继续探讨下去，但他认为，这个方向很有研究潜力。在这里，我们尝试从他的结论出发，再往前走几步。

---

①“分析工作中遇到的一些性格类型”，《作品集》，第十卷。

②Ludwig Jekels（1867~1954）：奥地利精神科医生。——中译注

即便我们接受弗洛伊德或耶克尔斯的观点,我们从心理学角度还是会感到好奇:为什么莎士比亚让这个女性角色先顾虑后鲁莽,事后精神崩溃,而让这个男性角色经历相反的情感顺序。莎士比亚剧作的资料来源于《霍林希德编年史》,但其中几乎没有任何内容关于这两个角色的性格发展方向。在我看来,莎士比亚将这样一种非典型性的态度放到麦克白夫人身上,可能有两种原因。他或许想到了当代那些无法生育的女性,她们都显示出更多的男性气质特征。麦克白夫人坚不可摧的决心和残酷无情有着现实生活的原型,来自莎士比亚时代的一个女性人物:童贞的伊丽莎白女王,她或许就是麦克白夫人的原型。为什么他将典型的男性反应写到一个女人身上,还需要考虑第二种可能性。这种角色的反转可能源自剧作家自身的同性恋倾向或对女人的敌对态度,他将她描写成诱惑男人的女人,像圣经故事中的夏娃一样,导致了男人的堕落。

席勒曾说,一件事在做之前和做之后有两张不同的脸孔,我们的生活证实了这一点。儒贝尔明白易懂的话语就是关于所做之事展示给普通女人的两张脸孔,为了让这个论断变得完整,我们加上了与之相对的关于男人的描述。距这位法国道德家写下这句话已经有120年了,尽管其间经济、社会发生了许多变化,但女人的反应普遍还是这样。对于她们敢于去做的事,她们仍然觉得自己清白无辜。在她们克服了最初的疑虑和恐惧之后,她们仍然感到理所当然。通常,如果事后有任何言论指责她们的错误,她们都坚决不予理会。

决定这种典型女性态度的,不可能仅仅是反叛、固执或骄傲。

她们坚信自己做了正确的事,坚信她们有理由或有权利去做普遍被视为错误或不好的事情,似乎这种信念有某种隐藏来源的支持。一个人如果天生有身体缺陷,那么他的行事方式就会像是世界应该对他们进行补偿或豁免一般。他们觉得他们可以要求破格待遇。他们固执地拒绝被纠正或被修正。在女人的信念中,是否有相似的主观因素和不可动摇的潜在基础? 确实是有的。她们在无意识中认为,自然界在创造女人时使她们处于劣势,剥夺了令她们嫉妒不已的男性生殖器。在她们的无意识思维中,世界上的人分为两种:“拥有它的”和“不拥有它的”。

35. 关于兴趣

本研究的基本技巧是呈现出男女行为模式的对比描述。这些描述的形成过程不尽相同。有的是通过精挑细选,其他的可以说是在某些特殊情况下恰好说明了问题。无论如何,总的趋势是描绘两性在思想和情感层面的典型差异。在这个框架中,有足够的空间容纳个体差异和反常行为。在不同情况下进行的对比描述,使我们对包含男性和女性在内的人类大家庭形成了清晰的印象。当然,也要考虑文化差异。不同的文化模式会影响道德规范、教育和行为,但只是一定程度上的影响,基本的特征仍保持不变。“越是改变,越是不变。”(“*Plus ça change, plus c'est la même chose.*”)男女的决定性态度也是如此。

举例来说:一名年轻患者讲述,前一天,她的小姑妹办了一个派对,她度过了一个有趣的夜晚。姑妹对一个年轻的艺术家很感兴趣,而我的患者恰好在社交场合遇到过他几次。患者非常了解姑妹的心意,因为她自己已经订婚了,所以,对姑妹表示同情。派对开始前一个小时,两个女人在一起换衣服、聊天。我的患者向姑妹讲了那位艺术家的一些言论。这些话是他对她的一位朋友说的,内容关于这个姑妹,但他并不知晓她的情感。他说,她看上去性格死板、政见反动,他并不赞同她的态度。我的患者在精神分析会谈时,描述了这些言论对姑妹造成的影响,使她在派对前和派对中判若两人。

她马上换了一件很花哨的裙子,把她精致的发式弄乱。我的患者一边大笑,一边描述她行为的彻底改变。姑妹生于一个富裕的家庭,接受的是传统的教养,性格确实有点刻板。现在,她显眼地跷着二郎腿,大声说话,动作夸张,显然一派波希米亚作风,跟她以往的举止截然不同。交谈中,她几乎是猛烈地抨击特权阶级忽视穷苦民众,并且呼吁社会正义,这一切都是为了吸引艺术家的注意。患者当时看得瞠目结舌,她一边模仿着转变后的姑妹,一边说:"我都要笑死了。"普通男人并不会了解这种强烈的兴趣和关注,更不要说患者所描述的这种转变,对他们来说几乎难以理解。

一个女人对其他女人的关注当然会随年龄而变化,但关注的重点仍然会围绕着其他女人与男人、与直系亲属的关系。一个男人可以经常跟其他男人聊天,但并不会去打听对方是否已婚、是否有孩子等,他们对这些甚至根本不感兴趣。一个女人如果和另一个女人见过多次,那么她很可能已经知道这位新交是否已婚、有几个孩子、孩子多大、叫什么名字,诸如此类。

随着年龄的增长,男人会对其他男人的私事越来越不感兴趣，即便他们曾经很感兴趣。他们的兴趣越来越固定，几乎仅限于他们的职业、财产和政治。女人则会一直对与人相关的事更感兴趣。人类最应该研究的就是人，这一点女人们早就知道了。她们永远不会对其他什么事物深感兴趣。

36. 抽象和具体

女性完全有能力进行抽象思维，但对她们而言，这并不是轻而易举的事，她们也不喜欢这样做。她们对远方不那么感兴趣。月亮的盈缺当然关乎她们的生理机能，但她们并不会思考月球的地形，或是登陆月球的可能性。

她们的白日梦内容丰富多彩，但她们很少会去关心人类的史前时期和遥远未来。我很怀疑她们对基督教的信仰只是在做表面文章，实则并不相信教条中的来世。现实中，她们是活在当下的生物。她们的世界是现世。

在一定程度上，人类进化为智人前的史前万古，和我们无法预知的、人类或许会继续演变的遥远未来，这都属于抽象的领域。在女人的思维中，超出所有人类记忆的事无法变得鲜活。她无法想象现在看不到的未来。会对神秘的旧石器时代产生强烈兴趣的女人很少，会对未来子孙生活的新千年产生乌托邦式幻想的女人更是少之又少。

在《文明与不满》中，弗洛伊德指出，人类的性行为将逐渐减少，最终消失，因为男人的人生奋斗和文化任务使他的兴趣从家庭移开，他会感受到越来越少的性欲。这样的预测或许会让女人产生短暂的焦虑,但等她们再次谈到这个话题时,她们又会坚信性活动会一直存在。当然,弗洛伊德的推测并不关乎可预见的将来。他所描绘的情景,让我想起在巴黎听过的一个小故事。一位著名的法国作家到了天文台,他的朋友是天文学家,为他讲解头顶星空的奥秘。天文学家说,100 万年后,太阳的热量就会消减,地球上的一切生命都会消亡。作家认真倾听了朋友的预测,变得有点忧郁。走出天文台大门时,朋友注意到他的情绪,便说:"当然,在那一天到来之前,在穿过协和广场的时候,你最好小心一点,免得被车撞到!"如果到天文台的是女人,那么这句告诫或警告就是多余的了。首先,她就不会相信这位天文学家。她的自保本能比男人更强,因为她还需要负责人类这个物种的存续。

女性比男性先出现,可能也会比男性存在得更久,她们不需要对人类的远古和遥远未来进行理论性的关注。许多男科学家会向后关注人类幽暗的过去,向前关注不能预知的未来。许多年近或年逾古稀的学者和作家会将注意力投向未来,热衷于幻想未来的世界。奇怪的是,这种对未来的浓厚兴趣,尤其会出现在那些曾经专注于遥远过去的男人身上,他们甚至关注过史前时期。欧内斯特·勒南①的研究将他引至腓尼基人和古以色列时代,而他也试图预测人类的未来。写就了一部人类历史的威尔斯②,也幻想了未来事物的样子。弗洛伊德在《图腾与禁忌》中重构了宗教和社会组织的原初起源,在他创作的末期,他也将注意力投向

①Ernest Renan(1823~1892):法国著名哲学家、历史学家和宗教学家。——中译注

②H. G. Wells(1866~1946):英国著名小说家。——中译注

了人类的未来(《一个幻象之未来》和《文明与不满》)。法郎士的许多小说都选择了古希腊和古罗马作为背景,而他在《企鹅岛》中描绘了当前文明毁灭和新人类诞生的前景。

即便是远古时期女人穿的装束,我们当下时代的女士也不感兴趣。她们对于比她们祖母还古老的时尚并不感兴趣。法郎士曾向他年轻的秘书,普罗旺斯人布若孙坦言,他更好奇远古时代女士的穿着,而不是那时的作家能写出怎样的作品。回顾青春,这位80岁的智者对他的朋友米歇尔·科迪说,30年前的时尚对女人来说非常残忍。那时的连衣裙有80颗扣子。[①]

37. 机 器

有好几次,当我在科学文献中找不到对某个问题的实质性帮助时,便会拿起一本《纽约客》,想忘记这个问题。这时,我恰好会在一则漫画或一篇短篇故事中得到灵感,让我的思绪又回到这个问题上,不过是从另一个方向。值得从心理学层面关注的是,对漫画或短篇故事的偶然浏览是否唤醒了一些靠近意识门槛的蛰伏的想法。在一些情况下,漫画或故事的主题涉及了问题的边缘,在其他的时候,却又没有这种关联。我必须马上补充的是,在绝大多数时候,阅读认知和新想法之间存在时间间隔,或是说二者没有直接相连。漫画或短篇故事是在我形成新见解的过程中,浮现至脑海的。用半心理学术语来说:这并不是一种"顿悟"的体

①米歇尔·科迪,《阿纳托尔·法朗士——他的秘密和回忆》,巴黎,1927, p.223。

验,不是突然变得清晰明白,而是一种不确定的记忆:“《纽约客》上不是有则漫画吗……?”或是类似的想法。

有两个这样的例子:为了搜寻关于直觉的起源和特点的心理学及精神分析学文献,我已经用尽了我所有的方法。我特别感兴趣的一个问题,是为什么我们认为女性更多地具有这种可疑的官能。关于这个问题,我已经在精神分析工作中收集了大量资料。对直觉最好或是最普遍的描述,是“源自无意识来源的知识或见解”。这终究还是类似于词典的释义:未经推理的对真相或事实的感知。在相关文献中,我读到了许多关于直觉过程的启发性案例,还有一些非常恰当的评论,阐释为什么我们认为女性比男性更具有直觉力。这些资料无疑提供了很多信息,但我仍然不满足。尽管心理学家们对直觉过程的描述和界定既多样又精彩,但仍然缺少某个至关重要的部分。总觉得缺了什么,但我也不知道是什么。

突然,我想起了几个月前在《纽约客》上看到的一则漫画。画上是法庭的场景,陪审团上的一位女士对她的朋友说:“我从来不听证据。”这无疑很可笑,但这跟女性直觉的问题有何关系?这则漫画调侃的是某个情况下某个特殊类型的女人。它用简短的话,其实也就几个字,道明了女人不靠理性和逻辑理由来判断是非,而是关注自身的情感。如果我们夸大这则漫画的意义,我们可以得出一个可怕的结论:陪审团的这位女性代表可能会宣判一名杀人犯无罪,只要她有这种意愿,即便罪犯是被抓了现行。或者,她可能会对无辜的人判以重刑,即便有证据证明他的清白。忽视事实证据、依靠情感决策,这在漫画描绘的法庭场景中会带来尤为严重的后果。在这个场景中，证据至关重要。所有的情感元素、偏见和成见都应该被杜绝，只应该听取理性的声音。我们不是会说“像法官一样清醒”吗？陪审团可以说是法官的助手，为他棘手的任务提供帮助。不考虑证据的裁决是不正当的。

漫画中的女人是靠直觉思维做出判断。在这里，我们又回到我们的问题上：女性直觉的特点。她不理会证据，也不根据证据去推理。因而，这则漫画对直觉的定性作出了以下贡献：直觉思维的一个必要前提是排除理性和事实性的考量。所以，直觉的起源是一个负面因素在发挥作用。不注意或忽视理性和逻辑过程是直觉必需的预备条件。我认为，已有科学文献中对直觉过程的心理学描述，并没有充分强调这种对理性的无意识排除或压制。

我们不禁会去想象一则取笑男人的“反向漫画”，尤其是在一些情况下，他们会杜绝自己的理性思维受到任何一丝来自情感或无意识层面的干扰。例如，我们可以想象一位精神分析学家，只研究事实和数据，只考虑患者所遭遇的冲突的外部证据。我们也可以想象一位作家，写作小说时，只依据知性和理性的方案；而不听从内心的声音。但法庭上也曾有这样的例子，虽然认真听取了证据；但仍然出现了误判，还是以纯理性之名。在这些案例中，直觉和警告被忽视，这些都是来自直觉发源地的无意识信息，而结果通常是一个严重的错误，建立在具有欺骗性的间接证据上。

《纽约客》上的一篇短篇故事帮我阐明了比较心理学的另一个问题。我注意到这个问题是源自一次到朋友家做客，他们家有个小儿子。当这个问题呈现出来时，我便回想到了《纽约客》上的这个故事。当时，小男孩非常骄傲地给我看别人送他的一支玩具手表,我便和他开起了玩笑。我笑称所有的手表晚上都会去上"手表学校",那里的老师会教他们怎样准确地移动指针报时。晚上八点半,校车就会来接所有的小手表去上学,等等。小男孩非常怀疑,不一会儿,我见他拆开了手表,想弄清楚指针滴答地走时的原因。

后来,他母亲告诉我,他非常喜欢机械的东西,兴趣范围下至玩具汽车,上至洗碗机。当我说到大他几岁的姐姐从未表现出任何对机器的兴趣时,他母亲解释道,他们引导或鼓励了男孩的这种兴趣,而他们教育女孩将注意力投向洋娃娃那样的东西。

在我对两性的比较研究中,兴趣差异这个特殊问题反复出现,尤其是为什么男孩对机器更感兴趣这个问题。精神分析工作中的例子加上记忆中的这件小事似乎导向了一个初步的理论,其最初出现时还只是一个模糊的梗概。

在我思维联想的某一时刻,我想到了此前读过的短篇故事《少说》,作者是路易丝·菲尔德·库珀。几星期前,我在《纽约客》(1957 年 3 月 9 日)上读到这篇文章。一对夫妻从楼上的卧室搬到楼下的客房。旁边有一口自流井,电泵的噪音没完没了。妻子既不关心这个供水系统的水管、阀门,也不在意那神秘的保险丝盒。她唯一感到愤怒和沮丧的是,当她的丈夫听着水泵的噪音无法入睡时,就一定要给她解释管道和电力的问题。有些时候,他会在睡前将水泵关掉,但半夜三点的闹钟一响,他又会去把它打开。妻子睡不了一个整觉,深受困扰。她问丈夫为何要如此爱护这个水泵。丈夫严厉地说,"因为它有一个高压头和一个小孔径(a high head and a small bore)。"为了不让皮垫圈再磨损,他打算放弃洗碗机,限制洗澡水量。他给水管工打了电话。作者有趣地描绘了当时的场景:两三个工人来了,将他们满是油污的工具放在白色的地垫上,烟灰到处弹。他们四处检查,郑重其事地查看黑漆漆的管道开口,就像那上面写着神谕一般。接着,他们喊她来看:“看到没有? 她一直在漏。”(“她!”妻子想道。)

最终,他们的结论是需要涂石墨。在决定之前,他们告诉这位女士“母接头(female joint)损坏了”,要用套丝机,但现在修不了,因为他们必须回城里去拿机器。这位女士得出的结论是,没有哪个女人想知道关于阀门、弯管、弯管接头这些事,也不想知道这些问题的根源。她觉得这很不公平。她什么时候强迫过电工或是她丈夫来看她的针线篮,并对他说,“瞧,在给衬衫缝纽扣之前,我先要将线这样弄一下”,然后,让他看着她给线的一头打结。她从来没有将针线篮中混杂的各类物品倒得满地都是,接着又说,必须去趟城里买纽扣,因为手里的纽扣跟扣眼不匹配。这位女士沉思道,“真的是高压头和小孔径吗? 我看更像是高压头和大孔径(a high head and a big bore)”。

这则有趣的小品文滑稽地对比了男性对机器的关注和女性对这个话题的漠不关心。但除此之外,它在作者不知情的情况下,展现了这种态度差异的心理学原因。

我可以对着一摞《圣经》起誓,作者丝毫不知道她的小品文有这样一个秘密夹层,这样一层隐藏含义。但任何人,只要他会用第三只耳朵去倾听,只要他了解已被遗忘的象征性语言,就能发现文中事件的隐藏意义。这个故事中蕴含着婴幼儿时期的想法,但这些想法在无意识中被抑制,我们只需要用日常的语言把它翻译出来,就可以建构出它的第二层含义。换卧室之后,麻烦就开始了。丈夫开始担心地下室的水泵。如果我们将成年人生活中的整个情景调换为男孩的思考水平时,那么其中的含义就是这样:男孩一门心思关注于性交的奥秘和女性生殖器的神秘构造和功能。在精神分析层面,男人移置到地下室水泵的无意识忧虑变得显而易见。基于男孩对性的好奇,他头脑中的"高压头和小孔径"变得很有道理。在那些关于水泵的术语背后,显然隐藏着性表达。它们是关于勃起的阴茎和女性的小孔隙。并非偶然的是,这位女士想不明白为什么水管工要说"母接头",并用"她"来称呼水泵。她不以为意。她只是说,没有女人想了解复杂的机械;她并不担心"她的"运转。她认为这理所当然,她觉得没有必要向男人解释她如何穿针引线缝纽扣,这也是对性表现的无意识暗指。将阴茎放入阴道对她来说毫无神秘可言,她也不担心纽扣的大小会不合适。对于男人老是想着"高压头和小孔径"的问题,她感到很不解,对她来说,这根本不是个问题。这则幽默小品文的最后一句是个双关语,也可以说是全文的"中心思想":"我看更像是高压头和烦人的大孔径(a high head and a big bore)。"

对于男性对机械过度、多余的兴趣,这位女士表示厌恶和愠怒,在这里表现得淋漓尽致。然而,这个双关语是否还有另一个意思?这位女士在这里用的是"bore"这个词的另一个释义,表示令人厌烦的人。但是,这里还隐藏着另一个双关语,我们将毫不犹豫地揭示出来。我们应该一视同仁。"高压头和大孔径"难道不也是要表达这个意思:"你这愚蠢的男人!你不用担心,'高举'的阴茎放得进这个孔眼。孔眼没你想象那么小。实际上,它很大。”如果作者预先知道其中的无意识情绪和第二层含义,她可能就不会写这个故事了,那么我们就会失去一篇小小的文学瑰宝。

我们感到好奇的是,为什么男人对机械的兴趣远远高于女人。《纽约客》的这篇小品文在无意之中为解答这个问题提供了心理学层面的贡献。它的价值主要源于作者对她的无意识知识并未察觉。确实,她没有给出完整的答案,但她所呈现的内容,仍然要比许多比较心理学教科书上的肤浅答案要好得多。

38. 男人和金钱

爱和金钱这两个概念之间存在无意识的关联,精神分析学家对这一点非常清楚。他见过很多这样的案例,其中患者对穷困潦倒的恐惧就是表现了他无意识中感知到爱的能力日渐下降。精神病咨询室里还常遇到一些别的案例,其中这种恐惧可以回溯到患者对性能力的疑虑。爱和金钱之间的关联复杂多样,值得单辟一节进行简短的讨论。许多男人想到妻子花的钱,都会感到气愤,我们可以讨论一下这种气愤的无意识意义。当然,我们很难判定这种对妻子挥霍的责备是否正当,我们也并不关心个别情况中有意识的客观因素。

在一些案例中,这种责备强迫性地反复出现,精神分析表明,这种谴责只不过是一个屏障,背后隐藏了另一种责备。男人对妻子和她花钱太多的行为持续感到愤恨,这种情感的无意识动机是他觉得女人剥夺了他的能力,尤其是性能力。换句话说,这种谴责的无意识内容是妻子在阉割她的丈夫。这是阉割恐惧移置到物质替代品的症状性表现,这种替代品替代的是爱或代表爱的性能力。这种责备的无意识内容是:她,妻子,剥夺了我的性活力,阉割了我。妻子花钱无度,男人本就有抵触情绪,而此时涌入的源自男性阉割恐惧的无意识倾向会使这种情绪加剧。金钱的无意识意义是爱的替换物或替代品,这为从一个领域到另一个领域的转变提供了心理学解释,这也说明了这种转变是如何成为可能的。许多男人会给他们妻子钱而不是爱,还有许多男人就连给予这种爱的替代品都会怨恨不已。

无意识之道与上帝之道一样隐秘,但它们的结果都清晰可辨。对于两人无意识之间的交流,也可以从他们对待金钱的方式来理解。很多妻子的行事方式,就好像她们丈夫对花钱的恐惧一样,有着现实的心理基础,其中的无意识含义就包含在这里的"就好像"中。这些女人无意识地认为钱是爱的替代品。她们挥霍金钱,胡乱花费,这样就能跟丈夫扯平,因为他们不愿给予她们爱。通过花他们的钱、剥夺他们的物质能力,妻子们无意识地阉割了丈夫。对于许多男人而言,这种物质能力被无意识地等同为性能力。

依照她们的推理方式,女人认为,如果一个男人愿意为她们花钱,但不愿给予她们爱,说明他只是给了她们退而求其次的东西。这对她们而言,只是一个拙劣的替代品,根本不够好,或是说只适合胡乱花掉。

39. 敌 人

我们在许多男人的悼词中听到或读到说，他们没有敌人；于是我们认为，他们很好相处，招人喜欢。如果传记作家用这样的话称赞了一个男人，那么关于这个人的功绩和成就，他可能也就没什么好写的。没有哪个领域的伟人或功臣没有敌人。德国有句谚语："敌人越多，荣誉越高。"

这也适用于女人吗？似乎对于被男女普遍喜欢的女性，我们都高度评价。我们有一个无意识的成见，那就是女人不应该有敌人。如果男人们听说某个女人不受其他女人待见，那么他们甚至会对她产生偏见。

我们表面的态度对比很容易解释。男人站在职业人生的旋风中，必须互相竞争、搏斗，才能在男人的世界立足。他必须坚守他的阵地，并征服他人的领地。女人之间的竞争没有这种情感激烈的攻击属性。特别是在结婚后，当女人有了丈夫、家和孩子。这样一来，女人人生中的巨大绊脚石已被除去。男女在社会生活中的不同地位，无疑是女人敌人更少的决定性因素之一。因而，这种心理差异是由社会差异导致。其他的决定性因素还包括女性本质上侵略性就相对较低。即便有，也在小女孩所接受的教育中被强力压制。这种教育以及青春期发展中的机体变化都倾向于支持女性更善于社交的这个特点。这些因素会减轻、软化敌对、嫉妒和竞争的情感，或至少能缓和这些情感的表现形式。外部影响加上内在转变将有助于社交礼仪的形成。

顺带提及一个相关问题:女人的一种特殊品质或是讨人喜欢的能力被我们称为魅力(charm),魅力的形成无疑受到了上述因素的影响。魅力是否是一种独特的女性特征?我是这样认为的。要验证这个看法是否正确,我们可以在头脑中做一个简单的实验。当我们说某个女人很有魅力,这肯定是赞美。当我们用同样的话来说一个男人,就不一定是称赞。这句话可能是说他除了魅力之外,什么也没有,或是说他有某种女性特质。(附上一个反对意见:有一天,一个女人坚持认为魅力分为男性魅力和女性魅力两种,但她又补充修正自己:"我们应该称之为男性的吸引力[magnetism]。")大不列颠上一任国王说他的女儿玛格丽特能迷得牡蛎吐出珍珠,这无疑是在称赞公主的女性气质。

上述关于同性敌人的话语或多或少已为人所知。在评估男女这方面的差异时,几乎忽视了一个因素,那就是社会对于女性中升华的同性恋表现更为容忍。当我们看到女人们见面时亲吻对方,我们认为这是喜爱之情的表达,觉得这理所当然。但是,如果我们看到两个男人用亲吻互相问候,我们则会略感吃惊;当然,除非我们是在法国。社会对于女性同性恋的升华形式更为容忍,这无疑反映了女性个体对于其他女性群体成员的态度。要解释这种差异,可以简单地指向女性更善交际的特点和她们在社交中所展现出的随和亲近。但这种解释简化了心理情境,回避了问题实质。

我们可以想象一下,夏日午后两个女人悠闲地坐在中央公园的长椅上。不久,我们就会看到她们开始交谈,基本上不受年龄差异和社会地位不同的影响。而同种情况下的两个男人如果要开始交谈,则会难度更大。他们或许会倾向于完全避免聊天。两个英国男士可以一直这样坐着，或是至少要等到基督复临，才会开口跟对方说话。

与女性的社交灵活性相比，男人更为缄默，我倾向于将其归因于一个负面的心理因素。与女性相比，同性恋，即便是其升华形式，都会在男性中遭遇巨大的阻碍，因为这威胁到他引以为傲的男性气概。这意味着向另一个男人屈服，意味着用某种女性态度面对其他男人。这种所谓的屈服或女性态度会唤起男人强烈的抵抗情绪，这在很大程度上解释了男性固化的社会地位。但如果男人没有某种柔性或温顺，那么社会也不会存在。它将在所有人对所有人的战争中消亡。

每个成年男人都在防范着被迫臣服的可能性。我们从对神经症和精神病的研究中了解到，如果同性恋倾向受到了过于强力的抑制，那么其反应通常是以易怒或好斗的行为来表现出对同性尤为强烈的抵抗。在妄想症的症状学中，对无意识同性恋倾向的拒斥会表现为对某个男人或某群男人的极度怀疑，以及认为受到某个男人或某群男人的迫害。

总的来说，女人对于无意识的同性恋可能性不会有如此强烈的反应。（当出现这种情况时，我们可以确定的是其同性对象的性吸引力特别强。）对于这种态度差异，原因无疑有几个。决定性因素是，女性对于同性恋的抵抗情绪没有男性那么高，因为这并没有威胁到她们自我的情感，并没有危及到她们最引以为傲的女性特质。女人完全能够想象自己成为另一个女人的爱的对象，并且同时仍感受到自己的女人气质。但对普通男人来说，想到被另一个男人占有，想到对方充满情欲的爱意，他就会非常厌恶，因为那意味着放弃自己的男子气概。通过对这种性态度差异的分析探索,我们再一次认识到,在性意象和现实中,隐藏的自我利益扮演着重要的角色。

被动形式的男性同性恋在无意识中与失去男孩引以为傲的“小玩意”相关(不久前,我的一名患者用了这个表述,她当时是表达对于男性优越感的愤怒)。女孩在这方面没什么好担心的。她的担忧与之截然不同。精神分析学家有机会一次又一次地观察这种情感差异带来的影响,他仍然会惊讶于这么微小的解剖学差异竟然会将两性带向如此夸张的结论。

噢,多一点,丰盈无比;
少一点,天差地别!①

40.移情困境

在某些阶段,精神分析就像一台机器,只能在克服某些阻抗后才能运转。在这些反作用力中,最为显著的一种就是移情(transference)——早期情感态度的反复出现,并转移到精神分析学家身上。在精神分析中识别出移情的表现相对容易。难的是要去解决表现为移情阻抗的各种问题。这当然不包括精神分析学家所使用的反移情(countertransference)手段,那意味着他会以

①引自英国诗人罗伯特·勃朗宁的诗歌“By the Fire-side”。——中译注

喜爱或敌意、钟爱或愤恨的情感手段去应对患者的移情表现。他必须将患者的态度视为其无意识冲动的复苏或再现,必须照这样进行解读。在对边缘案例和精神病发生前(prepsychotic)案例的心理治疗中,对移情困境的处理方式与精神分析中的手段是不一样。

虽然在对两性的精神分析治疗中都会出现移情阻抗,但其症状表现不一样。下面的两个例子中采用了并不正统的精神分析方式来处理移情困境。这两个治疗案例都是取自多年以前的工作经历,当时我在北卡罗来纳州阿什维尔的高地医院担任精神分析顾问。两名患者都是医院分析心理治疗科的门诊病人。第一名患者疑心重,有明显的自卑感,因为别人常说她没有吸引力。有一次,因为我跟前一名患者的精神分析会谈还没有结束,她必须要等待五分钟。前面的患者是一位金发美女。我因为时间上的耽搁向后来的这位患者道歉,却无济于事。会谈一开始,她就开始猛烈指责我,说她觉得我更喜欢前面那个女人。精神分析治疗的一小时被一连串的责备和谩骂填满。她的批评愈演愈烈,除了攻击我的"专业行为"和治疗能力,还批评了我的性格,并严重质疑我作为男人和丈夫的职能,更不用说我那可疑的血统。她坚信我对那个"金发荡妇"更感兴趣。其间,我一直保持沉默,但当她从沙发上起身时,我说:"听你说话并不那么令人愉快,但看着你总是令人愉快的。"她站在那里微笑着,眼泪滑落她的脸颊,样子真的很迷人。她说:"你真是太好了。"这样的称赞在这种短时间的心理治疗案例中并没有不当之处。

移情阻抗的特点并不总是像这个案例中那样容易推测。另一位患者的行为特征困惑了我一段时间。当会谈快结束时,她变得焦躁不安,就像戴着一块隐形手表。她偶尔会问"几点了?"她看不见背后墙上的钟。最初,我以为她是想延长会谈的时间,或是担心时间不够她讲述某些事情。但这个想法不得不被修正,因为每次在会谈快结束时,她都会习惯性地问"几点了?"这个问题。当她没问这个问题的时候,她有时会提前几分钟从沙发上起身,然后道别。于是,我明白了这个骄傲的女孩不能容忍别人告诉她离开的时间到了,或是说她该走了。因此,她宁愿自己结束会谈。当她又一次向我询问时间的时候,我说:"你跟手表的区别是,手表提醒了我时间,而你让我忘记了时间。"顺便一提,这句赞美没有改变她自行结束会谈的习惯,但我毫不怀疑这句话起到了一些重要的情感作用。

应对移情阻抗是精神分析技巧中最为微妙的操作。显然,精神分析学家此时面对的是非常规的情况。我们可以设想一下,当一个女人移情的爱成为治疗的严重阻抗,阻碍她进行自由联想,导致长时间的沉默,那么精神分析学家就必须解析这种神秘的阻抗。他必须告诉这个女人,他们共同的任务受到阻挠,原因是她爱上了他。可以想象一名牙医有一位技术人员,是一个女孩,她本来工作效率很高。突然,她的工作表现变得不那么令人满意。牙医必须告诉她,他认为她工作状态的变化是由于她爱上了他。从社交层面而言,这种做法显得不可思议,如果他真的这样做了,他的言行显得很不得体。如果真有这样的情况,想要达到如下效果也是难以想象的:对女孩情感的洞察应该要能帮助她战胜这些情感,对情感的揭露不应伤害她的自尊,还要提高她作为技术人员的工作效率。而精神分析学家就面临着这个任务。他必须使不可能的情况成为可能。即便向患者解释，她的情感不是真正的爱，而是她曾经对她父亲或兄弟的爱现在转移到了他的身上，这对精神分析学家的帮助也不大。

这种解释或解读的时机无疑非常重要，但这种操作的方式方法本身也是一个很大的问题。几乎不可拐弯抹角。你必须要实话实说，但可以用不同的表述方式来表达这个意思。例如，相比“你已经爱上我了”，更好的表述方式是“你正在努力试图不要爱上我”。因为这不仅保全了女人的自尊，而且在心理层面更加准确——否则，为什么移情会以阻抗的形式出现？

我此前说过，在应对移情阻抗时，最好的方法是直接解读，但也有例外。对于某些微妙的情况和患者的某些性格特点，对于精神分析治疗过程中的某些特征，甚至是精神分析学家反移情的某些阶段，如果掌握得不够明确，那么适合采用更为间接隐晦的方式。

下面这个例子就体现了这样一种不寻常的技巧，无疑是由精神分析学家的个人因素所决定的。多年以前，我治疗过一名年轻女孩，她的情感问题几乎将要毁掉她的社交生活。在精神分析会谈的前几周，一切相安无事。患者在生动的回忆中重新体验了她的儿童时期以及青少年早期的生活。她表现得非常聪明，非常配合。从某个时候开始，她的行为发生了彻底的改变。她开始对我冷嘲热讽，无论我说什么，都会招来她的尖酸批评；她还会取笑我说话的方式和走路的样子，等等。精神分析工作似乎被打断，她所有的兴趣就是贬低我和羞辱我。整个精神分析会谈的本质就是无情地讥讽。（举个例子：“你的大脑肯定是崭新的，可你从来不用。”）

对于女孩的行为改变，我感到很疑惑，她以前一直很信任我，愿意跟我合作。她所叙述的所有内容和我所提供的不多的解读都不可能导致这种改变。在好几次精神分析会谈中，患者的态度都非常明显，而我却无法对其进行解释。因此，在大部分时候，我都保持沉默。

后来，我通过无意识的方式了解了患者行为的改变意味着什么，虽然这让人很想讨论，但这种讨论属于精神分析技巧的无意识决定因素这个问题范畴，会将我们远远带离目前的具体问题。当我再次痛苦地经受着患者的批评时，突然想到了“布思·塔金顿”的名字，这位美国作家的书也随即浮现在我眼前。起初，我没能记起书的名字。（我忘记这书名绝非偶然：书名叫做《迷人的陌生人》。）

先停下自我分析这条线，我想叙述一下我对患者说的话，这些话打破了患者批评结束后那尴尬的沉默。我说的话看似跟她的批评没什么关系，而且我像讲故事一样，用着不经意的语气：“当我年轻的时候，我对美国当代文学并不了解。一次，在维也纳的一家二手书店，我偶然拾起了一本布思·塔金顿的书。是一本短篇故事集。我还记得里面有很多美国俚语表达让我难以理解。我特别喜欢里面一篇故事，叫做《女士们的方式》。故事情节非常简单：在一个中西部城镇，两个年轻人刚大学毕业，住在同一条街的两边。小伙子笨拙害羞地追求着女孩。她告诉他，她非常讨厌他们的家乡，认为这是‘一个文化荒原，毫无情趣’。她觉得这里的氛围完全是维多利亚时期，这里的人也是，包括那个小伙子。她宣称这里没有哪个人跟她对味，她的思维方式跟他们不一样，甚至说着不一样的语言。对于他腼腆的追求，她嗤之以鼻，还加以斥责，因为他没用自己的头脑来做任何有价值的事。之后，小伙子难过地回到自家的院子里，坐在核桃树下的藤椅上，对求爱被拒感到非常失落。院子里有六个天真活泼的孩子正在玩耍，其中的黛西是他的小妹妹。八九岁的男孩女孩们玩着粗鲁吵闹的游戏。娇小玲珑的女孩埃尔希被选来当裁判。她对一个男孩格外严厉，她判处让所有小孩打他屁股。这群过分活跃、尖叫吵闹的小孩把小伙子从他的白日梦中唤醒。小男孩劳伦斯向小埃尔希求情，可是她无动于衷。是他让她选择玩什么游戏，他的言行动作也清楚地表明他对她的钦慕。孩子们陷入一片混战。他们的高声尖叫，打断了小伙子对心仪女孩的思量。

“当其他小孩都离开后，小伙子向他的小妹妹求解，小女孩嘴里正嚼着一支蒲公英。刚才孩子们的玩耍让他有点疑惑，他希望妹妹能给他一些解答。为什么埃尔希对可怜的小劳伦斯那么坏？明明他对她很好，而且还仰慕着她。为什么她一有机会就要让全部小孩攻击他？‘噢，’黛西漫不经心地说，‘在整个城镇的所有男孩中，她最喜欢他。’她吞下几片蒲公英的嫩叶，然后，补充道，‘但她待他很糟糕。’男孩若有所思地看着自己的小妹妹，慢慢将眼光上移到对面房子的窗户上，那里住着他心仪的女孩缪丽尔。‘她也是’，他说。”

这种间接的解读暴露了我的反移情，现在，我对这种方法持批判态度，但这不是当下的重点。我的患者沉默了一会儿，然后笑了。她说了一些话，大意是布思·塔金顿已经很过时了，还说我的文学品味令人感到遗憾。会谈就这样结束了，但她的这些话明显有着后防行为的特点。当她再一次来就诊的时候,她又变成了一名"好患者",行为友好配合。她的移情阻抗似乎暂时得到了克服。虽然后期再度出现,但都得到了解决,她的精神分析治疗最终画上了圆满的句号。我讲述的故事取得了预期的效果,并且在分析初期节省了时间。

上述的讨论取自我的一次研讨课。其间,我与学生们一起回顾了应对移情和阻抗的技巧。当时,一位学生问了一个问题,这个问题也说明了为什么我们要在这里引入对这些技术问题的探讨。他问,在这些案例中,我所描述的这种技巧是否适用于对男性患者的分析。没有哪个男人会像阿什维尔的那个女孩那样,轻易就被一句称赞所化解,也没有哪个男人会领会我故事中的暗示。话虽如此,但无疑男女案例中移情阻抗的治疗技巧会有所不同。对待两性应该灵活变通,但不能放弃其基本原则。

41. 他们的宗教

通过观察和反思得出了一个结论:男性和女性对待上帝的态度大相径庭。如前所述,我不认为是女人构想出"永生"这个概念。她不需要这个概念,因为她会在她的子女身上继续存在。她的思维方式不需要"来生"这个概念。女人的天堂和地狱都在这个世界上。只有男人才会想象力丰富或是不切实际、异想天开,以至于认为存在没有身体的天使。对于女人来说,这个念头本身就自相矛盾,她们认为没有身体就不可能是天使。在她们眼中,真实的血肉之躯替代了男人想象的这个概念。当然,女性接受并认可丈夫的宗教信仰和母亲传递给她们的传统。她们后来会成为比男人更为虔诚的追随者和宗教信徒。然而，出于她们本能上的确信和把握，她们内心深知，凡人获得持续生命的唯一形式就是他们的子孙后代。

从男女与上帝、耶稣基督和圣母玛利亚的关系中，可以观察到男女宗教信仰和宗教热情的不同特点。女性完全信赖圣母；她是女人，能理解女人的感受。某些男人无法理解的祷告，她也能应允。耶稣基督是圣子，在修女的幻想中，她们把自己视作耶稣的新娘，修女袍就是她们的婚纱。女人跟上帝圣父的关系参照的是她们跟她们父亲的情感态度模式，父亲的形象被拔高升华，在上帝的形象中继续存在。显然，这个形象对女孩和男孩来说有所不同。在女孩的成长发展中，对父亲忤逆反叛的阶段并不存在，或持续时间非常短。

强烈的负罪感和迫切的赎罪需求会在男人内心引起强烈的反向作用，而女人则不会如此。女人中少有殉道者，出于宗教意识的自我折磨对女人而言非常陌生。但另一方面，女人也不会亵渎神明，不会以语言或思想的形式反抗上帝和他的诫条。路德将墨水瓶扔向了引诱他的魔鬼①。圣特蕾莎②遇见魔鬼是在约400年前，她在自传中叙述道，她将右手拇指放到食指和中指之间，暗

①传说，马丁·路德在桌前翻译圣经时，魔鬼来打扰他，愤怒的路德拿起墨水瓶直接向魔鬼扔去。——校注

②圣·特蕾莎(Saint Teresa,1515~1582)是西班牙的一个修女，患有癫痫，每当病发时，幻觉丛生。她自诉能看到种种神迹，并把自己每次昏迷中的幻觉记述下来，后成为广泛流传的自传。17世纪，罗马教廷将她封为圣女。——校注

示撒旦应该这样做。这肯定不是粗俗下流之意。圣特蕾莎遵循的是当时的习俗,在她有意识的思维中,这个手势可能并没有性含义。如果说这位西班牙圣人对其宗教热忱中的感官属性心知肚明,这值得怀疑,而威廉·詹姆斯①认为,这种热忱"似乎是虔诚的信徒与天神之间无休止的性挑逗,如果这样说没有不敬的话。"

维持宗教仪式对女人而言是自然而然的事,这表现了她思维中的保守倾向。同一种倾向还表现为女人更倾向于维持宗教与迷信的共存,甚至会将二者结合起来,似乎宗教的前期(prephases)有资格与更为成熟的信仰形式共存。对于紧急情况下可能派得上用场的东西,女人很难扔掉。

与男人相比,女人更可能将去教堂视为一种内在义务——不仅是一种宗教行为,还是一种社会行为。上帝会看见她们的内心,但同样重要的是,上帝看见她们的时候她们要衣着得体。要达到内心的宁静,参加礼拜非常必要。但这个目标并不排除会带来一些副产品:一个人的登场可能会、也应该会打扰其他人内心的平静,激起女人的嫉妒和男人的欲望。在法郎士的小说《企鹅岛》中,年轻貌美的克拉伦斯跟她母亲一起参加教堂的礼拜活动。她久久地跪在那里,因为"祈祷的姿势对处女而言非常自然,能够凸显出身体的曲线。"

回到刚才的话题,女性对上帝的态度与男性不同,无意识中她们将上帝的形象构想为一个至高无上的代表父亲的形象。我

①William James(1842~1910):美国心理学之父。——中译注

们在不知情的情况下在内心立下了父母的隐形丰碑,但在男人的日常生活中,这座丰碑更高更威严。在女人的想象中,这些形象的脸孔没有那么令人生畏。女孩没有男孩那么害怕父亲。她也没有那么强的意愿去反抗他的权威,她很早就学会了用其他的手段去达到她的目的,而不是靠公然违抗、拒绝服从。因为这种态度,因为可以哄劝父亲达成自己的目的,她坚信上帝也会对她比对男人更为仁慈、更为纵容。她很早就意识到她的魅力在父亲身上发挥的作用。作为一名成年女性,她希望这种魔力能软化或改变上帝的意志。就像奇迹从未停止一般,她的祷告常都应验了。一定是女人这种隐藏的信仰让男人也铭刻在心,使他们创造出这样的话语:“女人想要的,就是上帝想要的。”

42. 女人诙谐吗?

我已经记不起我们这群社会学家、精神科医生和心理学家是怎么开始讨论女人是否诙谐(witty)这个问题的了,我们其中一个人无意间离了题,结果这成为我们现在交谈的焦点。我们的讨论有许多混淆不清的地方,所以,我们决定必须区分诙谐和幽默,就像弗洛伊德在他关于诙谐那本书上所做的那样。这一点解决了之后,我们引用了诙谐的女性例子来证明女人跟男人一样诙谐。

一位在场的女士提到了莎士比亚喜剧中的许多女性角色,她们总是妙语连珠,对答如流。也有人提起多罗茜·帕克、泰莎·施莱辛格和其他几位作家。还有人提到路易十五行政法院里的那些女士,她们以诙谐的言谈著称。一位维也纳的心理学家想起了施尼茨勒的戏剧《广阔国土》中的一个场景：一个女人指责她的恋人厚颜无耻地与一个小姑娘调情。他抗议说这种猜疑实在太荒谬："她就是一个小女孩，坐在我膝盖上，我摇着她玩而已。"女人答道，"这证明不了什么。就那个姿势，任何年龄的女人都吃这一套。"还有人提到个人的经历，某天，他和他的妻子去参加一次家宴，他们到得太早，女主人还不在家。几分钟后，她回来了，一边道歉，一边急忙给客人端来鸡尾酒。过了一会儿，女主人的一位女性朋友说："米尔德丽德，这里面很暖和。你的新皮大衣，我们已经欣赏得够久了。你现在可以把它脱掉了。"我们都觉得，这句话和引用的其他话语并不是诙谐，而是尖酸刻薄（catty）。而在下面这个例子中，我们必须承认确实有诙谐的特点。一名年轻帅气的律师在某避暑胜地成为了聚会和活动的焦点。他每周会驾车回一次纽约，显然是去见他妻子，她因为一些原因必须要留在城里。一天，一位年轻女士带着最无辜的表情问他："告诉我，哈丁先生，你妻子是不是有夫之妇？"她用如此诙谐的方式表达了她的合理怀疑，惹得我们捧腹大笑。还有一个女性诙谐的例子：一位女士说另一个女人"只出入于精英圈子"，被反驳道："几何形状搞错了，你是想说涉足最佳的三角关系吧。"我们一致认为女人能够像男人一样诙谐，只不过出于她们的某些神秘动机，她们倾向于不这样做。多罗茜·帕克和提及的其他几位作家被我们视为特例。

是什么动机阻止女性表现得诙谐呢？在试图回答这个问题的过程中，我想起了两个例子，其中的女主角在不知不觉中表现出了诙谐。这两个案例都是取自我的精神分析工作。其中一个女孩提到了她的姨母，她用以下话语形容她："她是位真正的淑女。一辈子都没说过一句老实话。”她自然而然地说出这句话，没有一点说笑的意味，但这句话听起来像是王尔德的创作。另一个年轻女孩在评论她的朋友们时，批评道：玛丽爱嚼舌根，珍妮喜欢炫耀，安妮交过太多男友，多罗茜刻薄、嫉妒心强。点评完了，她用了这样一句话结尾：“我的这些好朋友们，我一个也不喜欢。”在这两个例子中，说话人都没有意识到她们的话语中带有诙谐的特点，听到我笑出了声，她们都表示惊讶。

正是这样的例子可以让我们很好地洞察诙谐心理，因为它们揭示了导致不自觉地表现诙谐的无意识动机。在精神分析会谈中，自由、无拘无束的谈话氛围有助于这种诙谐的产生。

精神分析表明，我们从诙谐中感受到的愉悦是双重的：享受其言语形式和我们突然意识到的隐藏含义。这种诙谐形式有一种额外的功能，就像诱饵一般，让我们接受甚至欢迎我们原本不会接受的说法。诙谐是一种隐藏的攻击，攻击对象可以是人，也可以是诸如婚姻、宗教这样的社会制度。如果我们以严肃、不诙谐的形式表达出来，我们可能不会喜欢这样的表达：我们甚至可能感到厌恶。它们会引来我们内心的驳斥，或是让我们觉得我们应该反对这种批评意见中的尖刻或恶意。我们尊敬的人的缺点和我们原本认为有效的社会制度的错误都在诙谐中被无情地揭露。一时间，抑制的重担被解除，那些敬畏、怜悯或尊敬的情感也都消散不见。诙谐的特殊愉悦感源于突然打破了长期奉行的拘谨感。诙谐揭示了男人和女人隐藏的弱点和失败之处，揭示了人类的缺点和社会制度的短处。诙谐以其形式买通了我们，使我们可以对这些攻击付诸一笑，原本不会同意的攻击，现在也点头同意。另一种诙谐是性倾向的隐藏表达，隐晦程度有高有低，是对社会习俗或道德规范的言语攻击,揭露社会中的虚伪和谎言。

对诙谐表达的无意识前提有了这些见解后,我们可以更容易地理解为什么普通女人很少会表现诙谐。教育和传统都教会她要克制攻击性和敌对的倾向。老练得体的言行使她们不会去攻击他人和公认的社会制度。我们的社会为她们规定了行为模式,这种行为模式会阻拦攻击性的表达。虽然女人的性格中并不缺乏破坏性和攻击性的倾向,但这些倾向的剧烈程度远不及男人。诙谐会揭露他人的隐藏弱点,诙谐的表达无疑易于将女人与她们的社会任务对立起来,因为她们的目的是取悦他人。表达诙谐意味着树敌。

为什么女人不会热衷于下流故事和淫言秽语的诙谐,原因显而易见。这会揭示出她们自身的性兴趣,使他人暴露于性内容中。喜欢粗俗形式的诙谐和下流笑话的女人并不会对男人有吸引力。在性方面谈笑轻浮,会使男人无法用浪漫的眼光来看待她们。他们会欣赏女人口中一些能登大雅之堂的诙谐言语,但一旦言语的内容与卧室和厕所沾边,他们就不喜欢了。一个年轻人喜欢上了一个女孩,把她带到一个聚会上,她喝得超过了自己的酒量。第二天,他在精神分析会谈中告诉我,女孩被一些他都没听懂的下流故事逗得放声大笑,他对她的反应非常吃惊。“她真的喜欢这些东西吗?”后来,她还自己讲了一个粗俗的故事,他很反感,就像她当众脱衣服一般。另一天,一位纽约上流社会的女士讲述了她在夜总会的派对上度过的快乐时光,她这样说道:“这是我穿戴整齐时,玩得最开心的一次。”在场的男士都笑了,不知其中的性暗示是否使他们更加尊敬这位诙谐的女士。

即便是现在,这种言语上的逞能似乎也会让男人变得冷静下来，因为这跟他们的观念相冲突，他们期望女性具有社交礼仪。值得注意的是，如果女人对下流的笑话发出了一点笑声，男人都会觉得她们“不知廉耻”。我们很能理解这种反应：当着女人讲的淫秽笑话是性攻击的一种替代品，是带有粗俗性本质的言语攻击。对此放声大笑的女人，则是赞成这种攻击；对于暴露在攻击中，她很享受。

还有一个因素阻拦女性表达诙谐，那就是社会反应。对于诙谐的女人，男人不觉得有吸引力，尽管他们可能会欣赏她们机智的回答和巧妙的反驳。男人并不想拥有机敏的女人，因为他们不喜欢女人具有攻击性。似乎自然与社会都在向女性施压，让她们将诙谐、讽刺和挖苦这些领域让给男性。女人自己呢？她们认为，那些喜欢讲下流故事的女人非常粗俗，也会避免接触那些会诙谐犀利地批判他人的女人；就像她们害怕遭到这些女人的攻击一样。她们把热衷于这种诙谐形式的女人视为完全不同的一种生物。

43. 尖　刻

男性对女性有一些成见，是一些自然形成的预设。当某个单一事件与这些预设相矛盾时，一切似乎都会突然陷入混乱。我们会认为，每个女人都会缝纫或烹饪，觉得这理所当然。并不是说我们期望她每天都要做这些事，甚至不是要她偶尔去做；只是说我们期望在必要时她能做得来。虽然没有经验证明缝纫或烹饪的能力是一种三级性特征，我们仍然期望一个女人要会缝纽扣或是煮鸡蛋。如果她坦承她做不来这些事，在我们眼中，就像听到她说她完全没有胸部，就像她是个怪人。

这些不言自明的预设,还包括我们认为女性有尖刻(catty)的一面。不是说每个女人都总是尖刻,而是说在必要的时候,她会有这样的表现。我认识的大多数女性都温和有礼,但我凭直觉知道,当遇到情感上的紧急情况,她们每个人都可能变得尖刻。如果一个女人连在头脑中都无法表现得尖刻,那么她一定有什么怪异之处。

因为这看上去与我们基本的目的论自然观相矛盾。就好像我们宣称某些猫有爪子,但抓不了人。在精神分析工作中,我遇到过这样一些女人,她们缺乏尖刻的能力。这些女人不是情感变态、受虐癖、同性恋就是患有别的神经症,或是处在精神病发生前的阶段。在精神分析中,我观察到一名年轻女性明显无法表现出任何一丝的尖刻。她还有另一个情感特征,最初,我并没有把二者联系起来:看到或听到一丁点的不幸或悲惨,她就会流泪。邻居家的小孩摔破了膝盖她会哭,读到某地的饥荒她也会哭。在后期的精神分析会谈中,她回忆起十来岁的时候,她和另一个女孩沉迷于幻想闻所未闻的残暴行为,我对此并不感到惊讶。在她们共同的幻想中,两位女孩不厌其烦地想象着将她们的亲戚朋友置于最为残暴、最为精妙的折磨中。她对所有遭受苦难的生命所表现出的极端怜悯和同情,完全是强烈的残暴冲动引起的情感反向形成。

当有男人在场时,两个女人可能会互相刁难,而这个男人可能根本察觉不到。他能听见一方对另一方所说的话,也能理解话语的内容,但是无法听出其中的言外之意。但她们使用的不是一种秘密的语言,而是日常对话中的普通用语。就像最精彩的间谍惊悚小说写的那样,话语里面包裹着隐藏的意思,而另一个女人完全能听懂。如果后来把话里的含义解释给男人听,他会大吃一惊。晚宴上,丈夫听到妻子的朋友对她说:“安妮,你知道吗?每次你穿这件礼服,都让我钦慕不已。”他根本想不到这句赞美里面包含着批评,而当他的妻子借机责备他,怪他不愿为了这次宴会给她买件新礼服时,他最初也是不相信的。

我们想知道的是,为什么女人们不经常去讨论或引用他人和她们自己的那些尖刻言论。可能的解释是,这些言论在女人之间并不罕见,甚至是她们日常对话的一部分。

对于这些尖刻的话,男人的反应各不相同:有人觉得无聊或生气,有人感到惊讶或欢乐。但是男人应该研究这些切实的和潜在的(思想中的)尖刻的实例,因为它们属于女性的三级性特征。

女人不仅能够马上听懂尖刻的话语,还总是能够恰如其分地进行反驳。当然也有例外,如下所示:不久以前,在一次宴会上,我坐在一位年轻女人旁边。一位年长一点的女士经过我们这一桌,和善地笑着说:“你今天真漂亮,缪丽尔,我都快认不出你来了。”我旁边的女人确实很漂亮,但这一瞬间(我瞟了她一眼),她的表情如石头般僵硬。她没有答话。在那之后,我询问了很多女人,这种情况如何回答才算合适。没人能想出诙谐或微妙的答语。

无疑,尖刻的能力是习得的。在女性的生存斗争中,这一点成为了必需。但是,这种习得可能与女性的某些本质特点相关。

可以肯定的是,尖刻的个体表现体现了性情和教育的差异。这是一种由女性行为表现出的攻击性。

我的问题是:男人能变得尖刻吗?既然男人都可以学会钩针编织和穿裙子。虽然这些事对他们来说不容易。用一个例子来

测验一下:在哥伦比亚大学附近的自助餐厅,无意中听到两位大学女生之间的对话片段:

第一个女孩:"说吧,你觉得珍妮怎么样?"

第二个女孩:"嗯,珍妮是个很好的女孩。"

第一个女孩:"噢,太好了,你也不喜欢她。"

我的问题仍然是:能够想象一个男人像上面这样说话或是这样思考吗?莎士比亚都不会这样去想象。如果教导男人这样去做,他们肯定会像猴子拉小提琴一样,让我们目瞪口呆。

我觉得尖刻的现象并没有得到适当的研究,甚至在心理学领域也是如此。一些职业和行业有他们自己的语言。这种行话或"术语",圈外人很难理解。语言学家和心理学家研究过这些术语。女人之间现在仍在使用的这种方言,为什么还没有人去研究呢?收集起来的"尖刻话语"不仅会非常有趣,而且对男人也很有教育意义。是的,对于心理学的学生来说,尽可能多地收集这类言论是当务之急。甚至可以出一部基础的尖刻表达辞典,当作入门读物。

我们常说,我们不知道世界的另一半是如何在生活的。我们甚至不知道她们彼此之间如何交流。对尖刻的研究只是女性大众传播学中的一个小部分。在对女性世界这些领域的探索中,男人就像困在未知大陆的水手一样不知所措。

44. 男人和女人说不一样的语言

马宽德①无疑既不是一名伟大的作家,也不是一名敏锐的心

①John Phillips Marquand(1893~1960):美国作家。——中译注

理学观察者。然而，他非常善于描绘某个社会阶层的对话，而且他对社会习俗极富洞察力，所以，称得上是一位擅长描写某时期美国生活的代表性作家。他在一部小说[①]的倒叙中，描述了多年后再次相遇的两个年轻人，他们是从小一起长大的邻居。在一家律师事务所工作的鲍勃·塔斯明看着波莉，说她长成个大姑娘了。她说："是啊……我的裤子都穿不下了，[②]或许。"鲍勃的回答表明这话有点问题："这话有点粗俗吧，不是吗？"波莉说："不好意思。在大学里，女孩们什么粗话都可以说。"

这段对话发生在约二十年前，这让我们想到，现在刚从大学毕业的女孩们不仅不会对此感到抱歉，而且也不会认为这句话很粗俗。她们口中的"粗话"更多。然而，一定有人还能记起，内裤曾经被女人称为"不能明说之物"（"un-mentionables"）。在马宽德的故事中，波莉·富尔顿毫不犹豫地使用了这个俗语，但紧接着，就意识到了它的粗俗。这句话无法绕开，但意识中的残余告诉她，在跟年轻男人对话时，应该避免这个表达。听到教养良好的年轻男女在这个年龄如此交谈，我们不禁会想，现在这一代年轻人是否已经完全丢失了这种情感，还是说这种意识仍有残余尚存，只是他们将其精心隐藏起来并有意识地否认。一个从大学回来的年轻女孩经常被她父亲责备，告诫她不要使用四个字母的那个单词。当她又一次说了"妈的！"（shit），她表示抱歉："对不起。

①《B. F. 的女儿》。

②原话为"I'm getting too big for my pants"，美国俗语，字面意思是"裤子都穿不下了"，意指自大、傲慢、得意忘形。此外，pants在英式英语中还有内裤之意。——中译注

我以为我是在跟那些女生说话。”

波莉·富尔顿使用的这个俗语,我们常在男人的口中听到。他们所说的裤子都穿不下了这个表达,并没有什么不雅或是轻浮的地方。为什么需要抱歉呢?为什么波莉认为这个表达粗俗?不可能是因为裤子这个词经由了女人之口,就有了粗俗的意味。日常经验表明,女人说出这个词时不会感到难为情。粗俗之处是否在于女孩用这个表达来说她自己?肯定不是。我们可以假设,一个女孩在戏剧表演中扮演鲍西亚一角,在法庭一幕她要换上裤子伪装成知识渊博的律师,所以她可能会说裤子都穿不下了。这一点也不粗俗。当一个女人说她是一家之主(she wears the pants in the family)时,我们也不会觉得这话粗俗。

我们再在头脑中做个实验,假设波莉说的是“我的女士衬裤(panties)都穿不下了,或许”。奇怪的是,这样说听起来更加粗俗,甚至具有挑逗性。波莉觉得自己说的那句话粗俗,是因为这句常被男人使用的俗语,现在从女孩的口中说出来,而且交谈的对象还是一个年轻男人。

如果我们继续这个语义实验,并想象一个相反的情境,那么其中的缘由就会立刻变得清晰起来。很久未见汤姆的波莉对对方现在的身高表示惊讶,汤姆说:“我的裤子都穿不下了,或许。”或是另一个情境:汤姆告诉他旧日的玩伴,从法学院毕业后,他进入了巴斯托和布莱斯事务所,并希望有朝一日成为一名初级合伙人。然后,他就用了那句俗语。不管他说话的对象是女孩还是男人,都不会有人觉得他的话粗俗。那句话并没有歧义。

现在,我们意识到,汤姆说自己的话和波莉说自己的话,话虽一样,却不是一个意思。由汤姆说出来,表示的是他变得很自大或是野心过大,言过其实。但同一句话从波莉口中说出来,会让对话中的男方产生非常不同的联想。这会让他想到女孩身体被裤子遮盖住的部分。由她说出来,这句话就没有虚夸、假装和野心太大的意思,而是会在汤姆的头脑中唤起一个性形象,这句话就具有了感官淫欲的属性。因此,同样的词句从年轻男女口中说出,会在听话人的头脑中产生不同的意思。对于两性而言,话语的涵义不同是因为它在两性听话人头脑中唤起的形象不同。同一句话,波莉·富尔顿对鲍勃·塔斯明说与鲍勃·塔斯明对波莉·富尔顿说,表示的是不同的意思。

马宽德的这段故事让我想起精神分析工作中的一个案例,其中,同样的措辞几乎带来了灾难性的后果,使一对夫妻的婚姻生活发生了严重的混乱。我的患者艾瑟儿本是位寡妇,四十好几但风韵犹存;后来,嫁给了一个比她年轻很多的帅气男人。蜜月后不久,艾瑟儿第一次感受到强烈的妒忌,开始怀疑丈夫是否忠诚。并没有任何确切的原因,她就开始怀疑丈夫跟好几个女人眉来眼去。不久之后,她便坚信,丈夫跟他几个朋友的老婆私通。她在家中大发雷霆,谴责无辜的丈夫反复出轨,这段刚开始不久的婚姻眼看就要触礁。在对她的精神分析治疗中,我很快便发现,她深受病理性妒忌的折磨,但这种妒忌不仅限于年轻女人或是比她更有吸引力的女人,有时还会涉及比她年纪大的、不漂亮的女人。她态度中的妄想症特征体现于各种关联性意念中。妒火使她发挥了敏锐的观察力,从无伤大雅的言辞和手势中进行逻辑推论,将这些视作心理上的间接证据,认定丈夫跟这个或那个女人有性关系。在她暗自思忖或跟丈夫大闹一场的时候,她的论辩既巧妙又精准,这常见于妄想症系统形成(paranoic system-formations)中。她的智力和极具洞察力的观察让人很难反驳她的论辩逻辑、很难向她证明她的结论是错的。丈夫的所有抗议和否认都没什么作用,无法撼动她那力量强大的无意识投射,通过这种投射,她将自己隐秘的同性恋倾向转移给了他。

在她精神分析治疗期间,发生了基于一系列事件的这样一次争论,记述如下。她和丈夫受邀到朋友家中做客,他们互相已经认识了一段时间。整个晚上,两对夫妻喝了不少的酒,艾瑟儿有点小醉,但年轻貌美的女主人喝多了,变得滔滔不绝、兴奋不已,最终晕了过去。男主人和艾瑟儿的丈夫将这个失去意识的女人抬到她的卧室,将穿戴整齐的她放到床上。几分钟后,两个男人一起回到了餐厅。几天后,艾瑟儿和她丈夫在一家时髦的餐馆用餐,竟然又遇到了这对夫妇。他们经过艾瑟儿和她丈夫的餐桌,看到了他们,和他们打了招呼并交谈了几句,然后便走入另一群人当中。回家后,艾瑟儿大发雷霆,不仅对丈夫言语攻击,还拳脚相向。她爆发的原因当然是出于妒忌,这份妒忌在几天前的聚会上已被激起,又因为那晚的女主人在餐馆中跟艾瑟儿丈夫随口说的一句话而变本加厉。提到上次的纵饮和她当场喝晕这件事,那个年轻女人轻率地说:"上次被你看见我的狼狈模样了"①。

这句话成为了这次争吵的焦点,艾瑟儿将这句话字面的措辞

①原话为"you caught me with my pants down",美国俗语,字面意思是"被你看见我没穿上裤子的样子了",意指狼狈状态被人撞见,出人意料、措手不及。——中译注

当作铁证，一口咬定丈夫和那个女人有奸情。她声称，如果丈夫没有见过那个女人的裸体，那么她的情敌绝不会用这样的措辞。患者当然知道，当时两个男人将那个女人抬到床上时，她是穿戴整齐的。但她仍然坚持认为，那个女人给她丈夫看过她的裸体，哪怕只是一两分钟。否则她怎么会说他看见过她没穿上裤子的样子？因而，患者将这句话的字面意思当作丈夫与那个女人出轨的确凿证据。

在心理治疗后期，艾瑟儿愿意松口，承认情敌的这句话并不能证明她当时在他面前裸露过身体。但她认为，这样一个教养良好的女人竟然使用了这样的俗语，这说明她和自己丈夫在家庭聚会前发生过性关系。因此，患者将自己的怀疑思路转移到了表面上，替代了此前心理层面的事实证据。她现在强调的是，那个女人可能在那次聚会上没有裸露过自己，但在此前的一些场合中肯定这样做过，否则她永远不可能使用那个粗俗的表达。

纯粹从心理层面考虑，用过的那个俗语当然不仅不适合作为心理学证据，甚至还可以视作反面证据。如果艾瑟儿的丈夫和那个女人真的存在婚外性行为，她绝对不会使用那个表达，尤其是在情人的妻子面前。这句轻率的话语实则指向的是相反的方向：因再次见到看过她醉酒丑态的男人而感到尴尬，以及因为在他面前丢过脸，所以，对他有一点敌意。她轻率地使用了那个典型的男性用语，不仅隐藏了女性的不适感和羞耻感，还提醒了目睹她脆弱时刻的人，男人也有缺点和弱点。这相当于是对男性的隐蔽攻击，他们普遍比女性喝得更多。

然而，女人是否不能说“被你看见我的狼狈模样了”？为什么我们,或许再加上她自己,会认为这是一个轻率粗俗的表达,而当它从男人口中说出时却又没有这层涵义?因为这句话由男人说和女人说意思不一样。在男人的口中,这句话只表示他受到惊吓、措手不及,处于毫无防备的无助状态。从女人口中说出来,这句话会使人想起她的下半身。这句话所描述的情境会在听话人头脑中唤起不同的画面。有教养的女人会避免使用这个俗语,因为这会让听话人想到她的裸体。她在言语中描绘出的情境,会让她在现实中感到羞愧。我们必须承认,艾瑟儿的话中还是有一丝真理,那就是那个女人曾经在她丈夫面前赤身裸体,只不过是在言语层面。

上述的波莉和艾瑟儿这两个例子,一个是正常案例,一个是病理性案例,二者的共同点是,女人使用了男人常用的表达,由她说出来,这个表达就有了一种男人口中没有的意义。这两个例子似乎表明,男女说出同样的话,意思却不再一样。换种说法:两性的语言不一样。

当有人说男人和女人的语言不一样时,他表达的并不是字面的意思。他所想的是,男女对于同一个词会有不一样的阐释,比如关于爱的表述。然而,在很多社会中,两性在提及各自性别相关的事物时,确实使用的是不同的词语,他们会根据自身性别使用不同的代词和动词。有些语言中真的区分了男人的“话语”和女人的“话语”。

30 多年前,我在维也纳有一名学生,弗洛拉·克劳斯女士。当时,我鼓励她去分析研究一个令人费解的现象,即非洲、美洲和澳洲诸多原始部落中的不同女性语言。因为她发表于 1924 年的论文[①]未被译成英语，下面，我将从她丰富的材料中摘录一些片段，并加上一些我自己的评论。

在危地马拉的卡克奇克尔人部落，男人称自己的女婿为“*ali*”，称岳父为“*himmu*”，称岳母为“*hi-te*”，而女人将自己的这些亲人称为“*ali*”“*alumum*”和“*alite*”。大量女性使用的表达男人从来不用，而对于同样的对象，男人也有他们自己的词汇。在巴西里约阿拉瓜亚的卡拉雅人部落、瓜伊库鲁斯人部落和齐奎塔诺人部落中，男女的语言不同。虽然只有少数词汇完全不同，但大多数词汇在第二性的语言中都会有音变。比如，在男人的语言中，两个元音会挨在一起，但在女人的语言变体中，会在两个元音间加一个 *k*。男人将黑种人称为“*bi-u*”，女人称为“*biku*”。德国探险家保罗·艾伦瑞克发表了一份十四页的女性语言表达词汇表，其中主要包括了对身体部位的表达，比如肺部、头发、后背等。对于这些表述，男人使用的是完全不同的词汇。在大多数美洲部落中，都能发现女性的语言有所不同。在齐格利爱斯基摩人中，一些女性表达男性从不使用。乔科陶族印第安人中，有些词汇，例如“*ehwak*”（呸！），男性从不使用。在齐奎托人中，男女使用同一种语言，但女人在使用许多词汇时，会更改结尾的音节。一些词汇在阿巴亚族男人和女人的口中意义不同，而且有时他们也会使用不同的词汇。奥地利传教士多布里兹霍夫尔在他 1783 年的著作中讲述了现已灭绝的阿比朋人，部落中年长的女性有一项任务就是发明一种男性听不懂的女性专用语言。一个卡菲尔族女人

①弗洛拉·克劳斯，《原始部落的女性语言》，Imago X，Heft 215，1924。

不能说任何与姻亲家族男性成员的名字相关的词汇。在祖鲁族，嫁入对方家族的女人，不能提及男方父亲的名字，也不能提及他兄弟的名字。如果对话中会出现禁忌名字的相似词，或甚至是相似的音节，这个祖鲁女人就必须发明另一个词。例如，一个女人丈夫的兄弟名字以 *ja* 结尾，那么她绝对不会说出 *kenja*（单身汉）这个词，因为里面有 *ja* 这个音节，她会用 *kekipi* 这个词替代，这个词的本义是木头。根据传教士们的叙述，在这种情况下，一个祖鲁女人在要说羊的时候会改说“那个有尾巴的”，因为祖鲁语的羊里包含了禁忌的音节。通过迂回曲折的说法去避讳禁忌的名字，这样的表述有时非常诗意，比如，太阳被称为“那个发光的”，路被称为“我们行走的”。这种语言上的避讳广泛存在：中亚的吉尔吉斯人距离非洲黑人相当遥远，他们也认为女人说出家庭中男性成员的名字是不雅的。澳洲中部的瓦鲁孟古族不允许女人叫出男人的常用名字，尽管她知道他的这个名字。斯瓦希里女人会用一种象征性语言来指称身体的私密部位。比如，阴道被这种女性语言称为院子、贝壳或女人。这种特殊的词汇也很常见：在萨摩亚，年轻女孩对阴茎的委婉称呼是 *analuma*，并不常用。在昆士兰中西北部，对于生殖器有一套合乎礼节的词汇，还有一套不雅的词汇，而女性只使用第一类词汇。加勒比海岛的人有两套词汇：一套是两性在跟男性对话时使用，另一套是女性之间对话使用，或是男人在引用女人的对话时使用。在日本，男女甚至会使用不同的句法：日语的五十音有两性使用的两种书写符号。

我们从如此丰富的资料中得到的印象是双重的：美洲、澳洲和非洲原始部落和半原始部落的所有这些习俗都让我们觉得奇怪和陌生。但其中有一些特征让我们觉得,它们似乎跟我们的文明中某些熟悉的特质相似。这两个印象既关于表述方式的回避、迂回说法、变形和删改,也涉及词语禁忌本身。对于独立开来的女性语言这一令人费解的现象,人类学家、文明历史学家、语言学家和语义学家持什么观点? 历史学、社会学、宗教学和普通心理学对于这些言语传统和习俗都提出过理论。在弗洛拉·克劳斯试图从精神分析角度解释这个现象之前,她回顾了所有这些理论,并认可弗雷泽、克劳利等人的理论中有许多可取之处,但她强调精神分析的方法为解决这个问题开启了一个新途径,这是其他那些学者所不掌握的。然而,对于迄今为止大多数的阐释,她都表示了合理的批判。

在人类学家和传教士提供的资料中,属于不同言语传统群体的不同种类的例子被不加甄别地凑在一起。以不同的原始部落词语避讳为例:在昆士兰的瓜迪族和威尔士王子岛的考拉雷各族,男人会严格回避妻子母亲的名字,女人则会回避丈夫父亲的名字。在维多利亚的诸多部落,男人不能和他妻子的母亲说话。当他或她跟另一个人说话,而应避讳的亲属也在场时,他或她就会使用一种特殊语言,被英国人称为"转向的语言"("turned tongue")。研究澳洲土著的J·道森认为,这样做的原因不是为了隐藏词语的意思,因为这种语言人人都懂。这种通用语言的变体是由家庭关系所决定的。

我们先思考一下,避讳这些亲属的名字可能出于何种原因? 女性不能提及丈夫父亲、丈夫兄弟、甚至还有丈夫祖父的名字,从这一点我们可以回想到,在原始部落中,名字的意义比今天更为深刻。可以说,提到一个人的名字,就会与这个人本身产生神奇的联系。回避这些名字,是为了防止接触到禁忌的对象。再想一下这种态度的正面案例:对于不在身边的恋人,爱人们会念出他们的名字,由此感受到他们近在咫尺,通过内心珍爱的名字,召唤出远方的恋人,因为名字就是他们的一部分。姻亲名讳禁忌不仅限于女性,男性也会遵守,只是女性在这方面更加一丝不苟。举一个有代表性的例子,源自一名人类学家对于美拉尼西亚人的记述:与他交谈的这名男性提到了他儿子的妻子,他回避了她的名字,用手指向了他的房屋,因为她的名字中含有房屋这个词。人类学家没有听懂这个暗示,于是,他用手碰了碰屋顶。这个动作还是没有达到预期的效果,这位男性土著害羞地四下看了看,轻声地开了口,他并没有说她的名字,而是用了一种尊重的说法替代:和我儿子在一起的她。

在我们的文明中,是否有类似的姻亲名字避讳现象?在我们的神经症患者的症状中,能够观察到类似例子。弗洛拉·克劳斯在她的论文中引用了我的一个案例,其中的那个年轻人在精神分析治疗期间会避免提及他嫂子的名字。患者采用了迂回的说法,比如"我哥哥的妻子"。最后,我反复让他告诉我他嫂子的名字,他还是拒绝,并恳求我去想一想德国作曲家瓦格纳的歌剧《罗恩格林》中的女主角。那个令他避之不及的名字是艾尔萨。然而,在非病理性的案例中,在正常男女的日常生活中,也有许多名字避讳的痕迹,而且,女性似乎也更热衷于遵循这种习俗,这几乎像是某个社会阶层的礼节一般。我们知道有许多夫妻会避免用名字来称呼对方。在许多夫妻的生活中,最好不要提及姻亲成员的名字,且通常是严格避免。与原始习俗相对应的这些做法,其决定性因素是无意识的敌意和对抗。而夫妻间回避名字,还因为内在倾向在躲避亲密意识。奇怪的是，这种回避仅限于名，而不包括姓。某个社会阶层的妻子会称其丈夫为史密斯先生，丈夫称其妻子为史密斯夫人，而不是称呼对方的名字“比尔”或“珍”。

在原始避讳的移置和泛化中，就连出现在禁忌名讳中的音节都不能提及。与此相辅相成的情况，是说话人会遗漏话语中的某些词，因为这些词会让他想到某些禁忌的主题。弗洛伊德的《日常生活中的精神病理学》①中就有关于拉丁词 *aliquis* 的著名例子②。罗伯特·拉什③研究了原始语言的语言过程，并强调了倒装和插入带来的词形变化以及辅音和音节重复的重要性。他还将女性的语言和儿童发明出来不让大人听懂的秘密语言相比较。这些变形与神经症也有相似之处：卡尔·亚伯拉罕④医生的一名患者用 partrerre 和 codolence 来替代 parterre（花坛）和 condolence（哀悼），就为了避免说出 pater（父亲）和 condom（避孕套）这两个词的音。另一名患者会用 angora 来替代 angina（心绞痛），因为后者会让他想到 vagina（阴道）。这些都类似于我们在女性语言中看到的音节回避。

---

①麦克米伦，纽约，1914。

②这个例子讲述的是一位青年男子在背诵维吉尔诗篇时漏掉了拉丁文单词“*aliquis*”（意为某人），弗洛伊德施以自由联想疗法，通过一连串词语的联结，青年男子讲出了“液体”（liquid），然后是“血”（blood）。弗洛伊德于是进一步解释，单词“*aliquis*”中的前缀“a”通常意味着“不”，而“liquis”的意思是流动的。他认为，青年男子的单词遗漏是因为他拒绝那个令人恐惧的念头：“*aliquis*”即“没有流动”，他努力避免的想法是：“没有来月经——她怀孕了！”——中译注

③Robert Christopher Lasch（1932~1994）：美国历史学家。——中译注

④Karl Abraham（1877~1925）：德国精神分析学家。——中译注

就连“转向的语言”在我们的文明中也能找到类比:那种不自然、克制的说话方式就像现在的一些亲戚间的说话方式,他们相互的态度本来很矛盾,但在有外人的时候,他们又不得不因为社会习俗而跟对方交谈。

女性语言中的另一组例子是由各种各样指称身体部位和女性机体私密功能的词汇构成。当女性想要讨论性方面的事时,她们彼此之间会用一种表达,而在男性面前时,又会使用另一种表达。这些表达不仅关乎性功能,还涉及排泄过程,比如用“去搽点粉”(“to go to powder one’s nose”)这种委婉说法来表达去上厕所。就连怀孕这件事,曾经在男人面前也不能直说,只能暗示,甚至现在有时都还是如此。这些迂回曲折的说法通常很巧妙。某天的聚会上,一名年轻女士碰到了她的一个朋友,她问:“这周有什么活动吗?”她想知道的是,怀孕的朋友是否已经感受到初次的胎动。在我年轻的时候,在有男人在场的情况下,维也纳的女孩们会用“星期四我的大姨妈会来看我”这句话来暗示身边的女性朋友她们的月经会在那一天来。这个表达取代了以前的另一种说法:担心星期四会是个坏天气。弗洛拉·克劳斯引用了我两名讲法语的患者的案例。这两个年轻女孩在彼此之间形成了一套秘密语言。阴茎被称为那个东西,阴道被称为迷宫,诸如此类。

我们这些精神分析学家常感到惊讶和疑惑的是,女性患者在精神分析会谈中谈及性方面的事时,总是言语间接、过于微妙。下面是几个例子:她们会说“他们住在一起”,而不说他们睡在一起;会说“我玩得愉快”,而不说我达到了高潮;对于无法保持勃起的男人,她们会说“他尽力了,但没成功”;对于男人早泄,她们会说"他不够考虑我"或是"他总是那么着急"。二十世纪二三十年代反映时代风俗的小说和戏剧记录了很多女性的这种令人难以理解的暗示话语。我记得一部法国戏剧(好像是亨利·拉夫顿的《床》)中的一幕:一对情侣在发生了性关系后躺在床上。男人问女人是否爱他,她回答道:"我们彼此都说了那些话,你怎么还会怀疑?"即便女人想主动提出性要求,她们也知道如何用一种间接微妙的方式来向男人表达她们的欲望。一个年轻女人在入睡前问她丈夫:"你累吗?"他说"是"。她沉默了几分钟;然后,又犹犹豫豫地问道:"你真的累得很吗?"

回顾澳洲和非洲原始土著的言语传统,我们发现许多他们的语言习俗在我们的文化模式中得到延续:不仅是女性话语中对性话题的缄默,还包括某些词汇禁忌。在我们的社会中,女性也建立了她们自己的"言语社区"。我们在那些原始部落对词汇禁忌的神秘信仰中,发现了一些隐秘原因。无疑,我们这些文明开化的人对我们的言语传统也抱有一定的神秘信仰。澳洲和非洲的土著部落对女性言语的礼节就像艾米莉·波斯特①一样要求严格。无疑,澳洲荒野中的女孩有时也会被告诫,"注意你的语言",因为说话就是以言行事。

据人类学家所述,在许多原始部落中,男人常常不知道女人使用的诸多表达的含义。另一方面,法国学者罗什福尔指出,卡拉巴岛的土著部落中,女性使用的一些词汇,男性能听懂,但不会使用,"除非是在取笑她们的时候"。文明社会中的男性也是一

①Emily Post(1872~1960):美国作家、礼仪专家。——中译注

样，当他们想要模仿女人的说话方式或取笑女人的表达方式时，他们就会使用某些女性化的表达。

我们都知道，男人在女人面前会非常注意他们的措辞，在有教养的异性面前，他们会避免使用粗俗的表达，以示体贴。

我承认，我所阅读的语义学文献有限，但我得到的印象是，这门研究词语意义的年轻学科并没有对言语传统和习俗的性别区分给予足够的重视。乔科陶族印第安人中，只有女人才会使用*ehwak*(可耻!)这个表达，相当于英文中的“为你感到羞耻”!(“shame on you”)。德语中的*pfui*(真可耻!)和法语中的*fi donc*(呸!)也是女人说得更多。

我们都知道既有“男人的话题”，也有“女人的话题”。这意味着男人和女人通常谈论的是不同的事情，但这种分歧涉及的是对话的内容。我认为，对于女性言语和男性言语的划分，大家关注得太少。你很少从女人口中听到“a regular guy”(“一个不错的家伙”)或“a good Joe”(“讨人喜欢的家伙”)。男人很少会用“cute”(“可爱”)这个词。女人不会说“paying through the nose”(“付出过高的代价”)——可能因为这个表达不够优美。一些常出现在女人对话中的形容词，很少会被男人使用。男人可能会称呼他的爱人“darling”(“亲爱的”)，但他不会使用这个词的形容词形式。(“I saw the darlingest dress today......”)(“今天，我看见了一件最迷人的连衣裙……”)男人不会说“letting their hair down”(“放松一下”)，除非他们是同性恋。他们不会用“divine”(“极好的”)或“sweet”(“可爱的”)来形容人或物，不会像女人一样，总把“adorable”(“迷人的”)挂在嘴边。男人普遍会避免非常情绪化的表达,他们觉得女人的一些话语非常夸张(“我无法不尖叫……”“我都要晕倒了……”“我都要笑死了……”);另一方面,男人可以毫不顾忌地说出“hell”(“见鬼”)或“damned”(“该死的”),也会用“shooting the works”(“孤注一掷”)和“firing away”(“开诚布公地说”)这样的表达。女人很少会说“It stinks”(“臭死了”),她们倾向于说东西不好闻。我的一名患者曾用“unswallowing”(“不吞”)来替代呕吐一词。男人之间不会互相称呼“honey”(“宝贝儿”)或“dearest”(“亲爱的”),他们几乎不会去使用爱称。当他们想表达他们非常喜欢或珍爱某事物时,他们也不会轻易使用“dreamy”(“绝妙的”)一词或是把“I love it”(“我很喜欢”)挂在嘴边。

一位留心观察且有洞察力的语义学家,可以轻而易举地出版一部两性用语词典,记录纽约、波士顿、旧金山和丹佛街头男人和女人使用的不同表达和俗语。

当我们说男人和女人的语言不同时,“语言”一词并不局限于口头或书面词汇。这里的语言包括任何表达思想或情感的手段。对于同样的词汇或这些词汇表达的意思,男人和女人的想法和情感不同。当男人和女人提到婚姻时,他们可能使用的是同一个词,但情感特点、对婚姻的想法是不一样的。对于爱、性、家、小孩等等这些词,也是同理。

因此,语义问题不仅关于两性的用词差异,还涉及两性对于相同词汇的情感和想法差异。与原始社会和文明社会中男女的不同语言相比,问题的这一面似乎更加有趣,令人好奇。换句话说:心理学家更感兴趣的问题,是即便男人和女人使用相同的词汇，他们也说着不同的语言。因此，男女之间的误解并不源自语言或语义上的差异，而是源自使用同种表达时的情感分歧。（可以一提的是，如果一个女人在一旁听男人们的对话听了很长时间，可能会很疑惑，最终感到很无趣，尽管她能够听懂男人话语的意思。同理，如果男人去花几个小时听女人之间的对话，他会非常想转身离开，尽管他能听懂每一个字。）

250 多年前，著名法国作家方登纳坦承，回顾他的一生，他一直钟情于女人和音乐，却没有完全读懂过他们。老作家的妙语提醒了我们这些男人，可能欣赏音乐和女人比了解她们更加重要。然而，问题是：如果我们能更了解她们，我们岂不是能够更好地欣赏和享受她们？

45. 言词和手势

富兰克林·亚当斯①在一篇有趣的小文章《一对男女》中做了一个对比，一个男人跟一位男性朋友共进午餐时只需使用几个单词，而一个女人跟一位女性朋友在同种情况下至少需要说三页纸那么长的内容②。作者以友好而略带揶揄的口气表明，没有哪个女人是寡言少语的。我们感兴趣的内容是心理学是否能够解释这个问题。无疑，在儿童阶段，我们看不到两性有多大的差别。我们的印象是，五六岁以下的孩子总是畅所欲言、全盘托出。在

①Franklin Pierce Adams（1881~1960）：美国专栏作家，简称 F. P. A。——中译注

②《F. P. A 的专栏文集》，纽约。

这个年龄阶段，思考几乎等同于说话。几年后，小孩就已经学会并不需要把头脑中的想法都说出来。我们都看过儿童在思考时的专注表情，但对于他想的内容，他可能暂时不说或是完全不说。如果问他在想什么，他通常会生气或感到尴尬，有时甚至会跑去躲到家具背后或桌子底下。占据有利地形后，他可能会大声喊出一些无意义的声音，“Bla，bla，bla，bla，yuk，yuk，yuk，phooey，phooey”①，等等。显而易见的是，他既想表露又想隐藏，而且对整件事很不高兴。

在一定年龄以内，男孩和女孩都会有这种行为。但到了一定年龄，女孩的反应中就会首次展现出一个重要的差异。内在的矛盾不再会让她一时失措，在五六岁的年纪，幼小的她不知怎的就已经获得了保护自己的能力，方法是用最甜美最迷人的假意周旋。“我刚在想我的洋娃娃”或是“我在想我有多爱你”。典型的男童无法用这种方式来保护自己。事实上，他注定要成为这种女性特点的天生受害者，因为终其一生，他都会以为女人跟他一样心口如一。当他变得更加敏感或是有了苦痛的教训，他才会知道，女人并不总是这样。然而，他基本上不可能明白她隐藏的想法。男人绝对不可能猜到在女性狡猾的言行背后，可能隐藏的是最为愚蠢、最为平淡无奇的想法，即便这个男人觉察力很高。对于任何男人来说，隐藏意味着肯定有值得隐藏的东西——要不就是与性或钱有关，要不就是有一些针对他本人的想法。他永远不会想到，他所认为的烟幕仅仅是一层思考的薄雾，那些深思熟虑

①英文中表示枯燥、厌恶、轻视的叹词。——中译注

的内容仅仅是给厨房涂漆、换个发型或是努力缩减洗衣费。

另一方面,女人也同样无法知道,男人并不完全了解她的真实想法。女人完全相信、也愿意认为男人清楚地知道她们那些看似荒唐或不合逻辑的话语的意思。由此产生了无数老掉牙的笑话。比如,一个女孩对她的未婚夫或丈夫说:“别为我的生日费心了,把钱节约下来,亲爱的。”她并没有想要隐藏的意图,更不是要表现得执拗。她认为,他能明白无误地读懂这个暗语,意思是她期望他慷慨解囊,给她准备一个美妙的惊喜,价格稍稍超过他的能力范围就行。这样的笑话和漫画可以装满一本书,大部分这样的故事都是同一个结局:男人站在一旁一脸茫然,女人,年长的或是年轻的都一样,把脸埋在手绢里,抽泣道:“呜呜呜,你从来都不懂我!”

那些观察到女性普遍比男性话多的心理学家们评估了这种差异,并得出结论:语言也有隐藏想法的功能。但现在就从心理学视角去探讨这个问题,可能有点为时过早,我们可以先从生物学角度去考虑这个问题。女童比同年龄的男童先发育,她们的语言能力也发育得更早。生物学家倾向于认为,男性的后期发展在超越最初的未分化阶段之后,会进入一个新的进化阶段;而女性在生物学层面会停留在此前达到的阶段。与之相关的心理学观点指出,在某些方面,女性比男性保留了更多孩童的特点。一些社会学家,如阿什利·蒙塔古认为,这种差异体现出女性天生的优越性。

可以推测的是,这种差异也表现在想法和言语之间的关系上。这意味着,除了此前提及的例外,女人的反应更像儿童,想到什么就说什么。与男性相比,女性的想法和言语之间的关联更加紧密。因而,我们可以发现,是什么因素决定了女性不同于男性的孩子般的本性。毋庸赘言,这一点可以和其他方面的成熟性很好地共存。女性常像孩子一般,而男性只是有时会表现得孩子气。然而,决定性的印象是,女性的发育会在心理层面和解剖学层面停滞在进化的某个阶段。200 多年前,切斯特菲尔德勋爵①在书信中写道:"女人只是大一点的孩子。"②

我们不禁要认为,另一个无法否认、甚至已被数据证实的事实可以用这种"发展停滞"的说法来解释。口吃在女性中极为罕见。女性口吃者的数量远小于男性。我们知道,大多数情况下,口吃是源于言语功能受到受抑制的想法和倾向的干扰,所以,男女之间的这种差异可以引出某些结论。不是导致言语障碍的那些冲动在男性身上更为强烈,就是女性能够更加轻易地克服这些冲动。在第二种情况下,这些对立、抨击和排斥的倾向并不如男性口吃者的倾向那么强而有力。另一种考虑也值得一听:个体发展的年龄或阶段。显然,我们也必须考虑这些抑制力量开始发挥作用的年龄,并对其进行心理学评估。结合上述这些因素,就可以解释为什么每有一个女性口吃者就会有五个男性口吃者。无疑,在克服讲话的各种困难方面,女性能力更强。

但我们先回到女性更加"健谈"这个话题上来。似乎在我们尝试解释这个问题时,我们忽略了几个因素:均是体质因素和文

---

①Lord Chesterfield(1694~1773):英国政治家、外交家。——中译注

②1748 年 9 月。

化因素以不同比例杂糅在一起的混合体。纯文化层面的因素,比如,南方的女人通常比北方的女人话多。蒙塔古对此感到好奇,她怀疑南方女人的这种喋喋不休与她们“文雅”的服从形式相关。① 我对此保持怀疑。心理学家还认为,女性话更多是因为她们认为说话是最为便捷、最令人满意的解压方式。当然,这确实如此,许多与妻子争吵过的男人们都会知道,这种解压方式是多么令人满意。其中一个男人说,即便是跟回声吵架,他的妻子都要争个输赢。而蒙塔古的所谓心理学解释则没有正面回答这个问题。

如果我们将普通言语功能视为理所当然,并从传播学的角度来探讨这个问题,那么更有意义的说法是:总的来说,女性比男性更善交际。但你必须自问,为什么会是这样。答案首先会指向这一点:母亲和孩子构成了社会的核心,社会存在于她们中间。母亲要陪伴孩子,之所以必须得善于沟通,是因为教育离不开讲话。夫妻之间即便不怎么说话,倒也可以生活得下去。这可以想象,不是吗?有足够多的例子可以证明,在某些时候,双方“谁也不理谁”,观察者有时会因此想到特拉普隐修会(the Trappist order)②的修士。但是,你无法想象一个母亲不跟她的小儿子或女儿说

①阿什利·蒙塔古:《女性天生的优越性》,纽约,1953,p. 97。

②公元6世纪,意大利人Benedict of Nursia在卡西诺山区创立了一个基督教隐修教派,被称为“圣本笃会”。圣本笃立下一部著名的“圣本笃会规”,全面规定了祈祷、求知、劳动等各方面。后来,又先后有修士在本笃会中创立熙笃会、严规熙笃隐修会(即特拉普隐修会),一脉相承地延续了本笃会规,并且愈加严格地执行。——校注

话。在这种情况下，讲话是一种心理需要，满足了母亲的迫切需求。

还有两个因素倾向于支持女性的言语沟通能力。在大多数情况下，话语是行为的替代品。说话是一种试做，通过少量发声的方式。女人的活动范围比男人要窄得多，她们不像男人一样总是感到强烈的行为冲动，这让她们易于处在说话这样一个前阶段。因此，讲话常成为做事的替代品，女人的精力常用于言语上，有时甚至在这上面耗尽全力，而男人则要去做事、去改变境况、去实现他的目的。哈姆雷特抱怨自己的压抑带来的后果，他一定“像一个下流女人似的，只会用空言发发牢骚”。从这句话的意思中，我们能够理解为什么一些论断将男人的行动和女人的讲话进行对比。乔治·赫伯特[①]甚至说：“言词是女人，行动是男人。”

男人有立即行动的内在冲动，这种冲动很可能是源自体质性原因，常使言语沟通变得多余。另外一个限制因素：男性更高的攻击性既不支持也不利于他们的社交性发展，而女人的攻击性天生较弱、更多地受到文化教养的压制，但这不会阻碍她们的交谈能力。女性是骨子里的姐妹，而男性是敌对的兄弟。

如上所示，有许多因素决定了为什么女人比男人更加健谈，而最首要的因素是一个生物学事实：女性比男性更近似儿童。（解剖学结论是，就颅骨而言，女性比男性更像婴儿。）

我推测，女性与儿童在生物学—心理学层面更高的近似性可以有助于我们理解她的其他特点，这些特点吸引着男人，有时也

---

①George Herbert（1593~1633）：英国文艺复兴时期诗人。——中译注

使他们恼怒。举一个第一类的例子:女性比男性的手势更加生动,面部肌肉更加灵活。我从未遇到过面无表情的女人。

意大利人、希腊人和其他地中海人有时会被取笑,原因是他们每说一句话都会伴有活泼的手势和生动的面部表情。生活在北欧国家的犹太人常因这些典型特征而被嘲弄。不同民族、不同个体对于这种生动言谈方式的反应各不相同,其中或许有文化和社会学方面的原因。但对于伴随女性言语的手势、比手画脚和面部表情变化,有人提出过反对意见吗? 女性的手势和表情沟通方式更丰富多变,这一点没有人会否认。

男人也会使用手势,也会通过活动五官来表达他们的意思和感受,但使用的程度更低,而且没有女人说话时的那种说服力。男人和女人的手势具有不同的特点。男人用手势指示或描述事物,而女人大部分的手势是用来表达自己或他人的情感色彩。可以比较一下指挥家的手势语言,他们是用手说话的艺术家:男人的手势就像指挥家的右手,指示节奏;女人的手势更像指挥家的左手,阐释乐句。

我们男人太习惯于女人的手势语言和面部表情变化,以至于我们很少意识到两性在这方面的差异。或是继续此前的比较,我们跟听众一样,当我们对一首莫扎特交响乐听得入迷时,几乎不会注意到指挥家的具体手势。当我们注意到女人的手势和面部表情时,大多数时候我们是很享受的。是否因为这些手势不仅具有表现力,而且非常优美,以至于我们几乎不会以批判的眼光去看待? 一定是因为这在前意识中让我们想到,儿童在叙述他们的经历和所见所闻时总会伴随着生动的手势。我们觉得这种生动活泼的言语方式是理所当然的，一旦我们留心关注，我们也会是喜欢的态度——勃拉姆斯的歌中唱道："如果我知道回去的路就好了，那通往童年国度的宝贵之路！"女人的手势和表情就是通往那个失乐园的路标。

一天，我在地铁中听到几个高中女生的对话。我只听到一些只言片语，但观察到了她们的手势动作和声音、表情的变化。观察女性讲话几乎总是会带来视觉和听觉上的享受，甚至对精神都有裨益。一些男性朋友向我保证，无意中听取女人谈话的内容会有启发思维的作用。这样听会漏掉很多话语内容，但有时会有利于提取大意。贝多芬因为听到海利根施塔特附近修莱巴巴哈河的水声潺潺，而创作了优美的《田园奏鸣曲》。当然，此前引用的言论中充满了对女人的厌恶和恶意。我们都知道，女人的言语充满了常识和智慧，非常值得聆听。只不过有的时候，在特殊情况下，在某些情绪和情境中，明智的男人不会过于仔细地去听她们说了什么，而会去听她们是怎么说的，去观察她们的手势和表情。这个画面胜过千言万语。

46. 谎　言

谎言是两性战争中常用的武器。谎言有诸多形式：睁眼说瞎话、口是心非、歪曲事实、避重就轻、选择性缄默，等等。在一些情况下，对于心理学家来说，"谎言"一词的意义变得含糊不清。

一个星期三的晚上，在弗洛伊德家里，他告诉了我们一个关于谎言的案例。一名女性患者在她的精神分析会谈中找回了童年时的记忆,想起了曾经的一个谎言。当时,在文法学校念书的她告诉其他小孩她家有三台冰箱。冰箱这个话题是另一个小女孩提起的。患者从未听过,不知道女孩口中的冰箱为何物。比起其他那些小孩,她家非常贫穷。她怕其他小孩发现她家的贫困,于是编了一个故事,说她父母买了三台冰箱在家里。显然,这个想法源自她的愿望,而她的说法实质上是一个谎言。但问题不是关于物质现实,而是关于精神现实(psychical reality)——羞于家中贫困的小女孩非常希望情况像她想象的那样,而跟现实不一样。

跟东方人一样,女性更倾向于以主权意识来对待物质现实。"有可能是那样的"很容易被混淆为或替代为"是那样的"。在讨论这个案例时,弗洛伊德指出,在心理层面,谎言和真相之间的边界是不固定的。他在心理学领域的这个观点,就像一个一眼万年看尽山川变化的人会得出的观点。这样一个观察者,在一瞬间看尽了地质形态的改变,高山会变成峡谷,陆地会变成海洋;那么对他来说,所有的界限都是流动的。

女人常对事实撒谎,男人常对情感撒谎。女人将谎言视为逃避的方法。她们因虚荣而撒谎,目的是遮掩那些令她们羞愧或尴尬的事。男人对事实的态度更为诚实,而女人却不把它当回事,她们就像小孩子一般,不去区分现实和幻想。那么到底什么是事实?事实是事物在某一时刻呈现给我们的样子。那么很可能在下一时刻,它们看上去又会是另一副模样。重要的是情感,与男人相比,女人更少对情感撒谎。

下面两个例子证明了女人的谎言是为了满足愿望而对令人不快的事实进行修正。几年前,一个年轻女人在精神分析会谈中告诉我,她买了一件喜欢的新裙子。她非常期待那天晚上跟她的未婚夫共进晚餐。他看到她时，说了一句裙子不是很相称，并问是否是新买的。“当然不是”，她答道：“在我的衣橱里待了两年，我才想起可以再穿一次。”这当然是个谎言，裙子是她当天早上才买的。但是，在心理层面，我们能否将其视为一个谎言？患者希望她没有买这条裙子，因为未婚夫并不喜欢。像她所说的那样，她希望这只是一条旧裙子，她不过是“再穿一次”。

另一个案例中，一个女人到梅西百货去买沙发套和椅套，准备将客厅装扮得焕然一新。售货员推荐了某种实用的料子，尤其是考虑到家中有小孩。“是的”，我的患者说：“我的孩子们总爱在沙发和椅子上跳来跳去。”她从来没有过小孩。她做过子宫切除术，根本就不会幻想某天会有自己的孩子。她说的是谎言吗？当然，但在心理层面，这不过是为了粉饰现实的可悲之举罢了。女性的许多谎言都属于这一类。用拜伦的话来说，这些“不过是戴上面具的真相”而已。[①]

当女性觉得当下的情况会让她们感到羞耻或尴尬时，她们会更加欣然地选择撒谎。男性对于事实更加诚实，对于情感则相对虚伪。对于他的情感，他会毫不犹豫地选择撒谎。他会发誓他爱一个女孩，而事实上，他只想跟她发生性关系。

女性较少对她们的情感撒谎。至少她们说出的是说话当时的真实感受。女性的特权是情绪变化，她们的情绪波动比男性更多。对于她们没有感受到的情感，她们更难说出口。我想起一个女孩对她的恋人说出的美妙话语：“我无法说出‘我爱你’，只有等它自己脱口而出。”另一方面，女人很擅长把事情藏在心里。实

---

①《唐璜》，c，XI。

际上,她们在这方面比男人更厉害。

我们必须承认,浪漫爱情中难以避免的是,两性有时必须说出爱意无处不在这样的谎言。维也纳有一首古老的歌曲,现在已被人遗忘,这首歌用简单的词语描绘了浪漫的情感状态:

一点点爱,
加一点点忠诚,
一点点谎言,
也不可或缺。

47. 微　笑

为什么女人比男人更常微笑,为什么当男人不笑的时候,她们也会微笑?这或许是个无聊的问题,但回答这个问题可能会对两性比较心理学有帮助。有人将女性称为"微笑姐妹",而且我们知道,她们投以微笑的事情,并不会在男人脸上引起同样愉悦的表情。对于她们而言,微笑就是致意("她对我微笑。""她以欢迎和赞许的表情向我致意。"),或是表达谢意。总的来说,微笑之于女人是一种善意或友好的表现——与男人相比,更是如此。当我们说"幸运之神对你微笑"时,我们的意思是幸运之神投来了青睐的眼光。女人的微笑可能包含许多含义,每个女人都能浮现出蒙娜丽莎一样神秘的微笑,而我们几乎不会对男人的微笑感到好奇。然而,女人几乎不会轻蔑地或是恶意地微笑,因为这和她不相称。

为什么女人比男人更常微笑？我们是否要说她们更善交际、更加友好？可能有人会这样认为，不过更为准确的说法是，她们的攻击性程度较低，或是说她们的攻击性受到了更为成功的压制。

在我看来，本着精神分析研究的精神，我们应该摈弃这种普通观念或是先入之见，并选择更为具体的思路。我们的出发点是微笑心理学。微笑实际上是大笑这种面部表情的温和形式或更有节制的形式。我们现阶段的探索可以结合对幽默的分析理论，对此，我在25年前出版了两本书①，迄今未被译成英文。在书中我指出，听到诙谐话语后的第一反应是无意识的惊吓，可以理解为潜伏在我们内心的一种自由浮动的焦虑被增强。为什么这种潜在的焦虑会成为现实并被放大？那些攻击他人或制度的诙谐话语唤醒了听话人的同种欲望，他们也想这样做——因此，他们会担心受到报复或惩罚。但是我们会立即意识到，这种对惊吓的心理准备是多余的，或是为时已晚。是别人攻击了他人或制度，值得我们敬佩，而不需要我们自己去这样做。

因此，诙谐的喜剧效果在很大程度上取决于我们在无意识中感受到的片刻的惊吓突然中断，恐惧得到释放。顺着情感表现的方向继续探讨这个理论，我们可以定义大笑(laughter)的起源和本质。大笑是一种面部和嗓音的表达，源自面部肌肉的突然放松，这些肌肉此前由于恐惧、紧张或专注处于绷紧或紧张的状态。

①《诙谐中的喜悦和悲伤》，维也纳，1929；《思考的乐趣》，维也纳，1933。

肌肉的活动可以描述如下：可能引起恐惧或调动防御机制的想法被发现并不危险，情绪紧张得到缓解，表现为面部肌肉的放松。

微笑是大笑的温和形式。从这个界定中，我们可以总结出微笑之前的焦虑、恐惧、尴尬或是相似的令人不快的情感是以较低的程度存在。程度更高的恐惧带来的释放会表现为放声大笑。

回到我们的主题上，我们现在或许可以试着猜测，为什么女性比男性微笑得更多。肯定是有更多的时候会引起她们的恐惧、紧张或类似情感。这些情感频繁出现，随即又被紧张的放松所取代。旧状态向新状态的过渡表现为一个微笑。为了让这个假设更加可信，我们可以补充一点：许多社交场合都会唤起女性的这些情感，却不会对男性产生同样的作用。我们应该认为，类似的情感是更为低调地存在于女性身上，所以，它们引起的紧张也不如男性那么强烈。

可能现在又该提一下女性不如男性有攻击性这一点。因此，她们的情感反向作用，表现为对报复的恐惧，也不会那么强烈。这些因素加在一起，可能就足以解释为什么女性比男性更常微笑。由于女性在社交中的不安全感，她们在无意识中会更常体验到惊吓带来的紧张。她们认为，自己在被男人和其他女人观察，因而加剧了她们的意识和焦虑。

考虑到我们的心理学假设，我们能够轻易理解，微笑已经成为了女人致意的形式。遇见某个认识的人会让她们感觉到短暂的焦虑（因为可能被对方带着批判的眼光观察）。微弱的焦虑感或加剧的紧张得到消除，微笑浮现，这是情绪缓解的面部表情，因此，女性微笑得更为频繁。总的来说，女性的微笑对应的是：有更多的社交情境会唤起她的紧张或尴尬，继而又因重获平衡而克服。此外，我们很难在男人身上观察到“假笑”(“frozen smile”)现象，这种现象的心理学解释是：这个人还在继续尝试克服恐惧或不安感。

在上述心理学论证中，有两个因素我们没有纳入考量，而这两点大家都乐意承认：女人的微笑更加温暖，而且对她有美化效果。在我们评价这个微笑时，或许我们都再一次在隐藏的记忆中感受到了每个人人生中见到的第一个微笑：母亲在婴儿床前的俯身一笑。与其他表情相比，这个微笑在婴儿的记忆中留下了更为难忘的印记。在熟悉的脸孔中，我们会无意识地辨认出这个美丽的范本。可能我们是在每个女人的脸上搜寻母亲的微笑。总之，我们希望她“保持微笑”——不仅因为我们希望身边多一些温情，还希望世界更加美丽。

48. 女性是更优秀的心理学家？

“我亲爱的西奥多。”我的访客说。他是一所中西部大学的临床心理学讲师。他将手热忱地放在我的肩膀上，开始向我诉说，但语气中带有一种优越感。他更懂辩证法，多次在论辩中胜过我，对此他心知肚明。“我亲爱的西奥多，你的想法无疑非常新颖，但有时只是很单纯有趣，这已经是说得客气了。你说女性普遍来说是更优秀的心理学家，你不可能是认真的吧。你对我们这门学科的历史了解得比我多。你能帮我举出心理学中的伟大女性吗？”

“你没有认真去听我的话,乔治,”我回答道:“因此你无中生有地制造了难题。我是指语义上的难题。任何一本词典都会告诉你,psychology 在英语中有两个释义。Psychology 是研究心理的科学(science of mind)。它解释了人为什么会那样行事、思考和感受。而 psychology 也指一个人或一群人的心理状态和过程,他们的心理和情感行为。比如,琼斯夫人对实验心理学一无所知,也无法理解感知功能属性的研究实验。但她了解丈夫下班回家后的情绪,那就是他的心理。这两个句子并不矛盾。”

“不要回避问题,”乔治说:“我让你列举我们这个时代著名的女性心理学家。你会承认,即便在精神分析研究这个相对狭窄的领域,最重要的贡献都是由男人作出的。只有少数几个女性分析学家为人所知:安娜·弗洛伊德,玛丽·波拿巴特,海伦娜·朵伊契。我真的想不起其他名字。”

“这一点我表示质疑,”我答道:“但问题本身表述得不准确。你说:‘举出女性心理学家的名字。’这正是我要说的。没有名字可举。我指的是所有女人,或是说普通女人,无名的女人。与普通男人相比,她们是更加优秀的心理学家。”

“为了便于论证,我们可以暂时承认这一点,虽然我并不同意,但姑且承认吧。那你又怎么解释,为科学心理学作出过卓著贡献的女性那么少?”

“出于同样的理由,你还可以问:为什么杰出的女性物理学家、天文学家、语言学家或数学家都那么少?这是个宽泛的领域,答案可能要涉及两性智力的诸多方面,尤其是男女创造性的体现形式。”

乔治坚持认为，女性无法证明自己是更为优秀的心理学家。他甚至帮我找出一些原因来解释这一点。我们发现，在这方面，男女态度有两点主要差异，这有别于科学研究著作所关注的两性总体差异。我们一致认为，女性觉得没有必要将她们对情感和心理过程的心理学见解说出来。大多数此类见解都处于前意识或无意识状态，因为只有化为言词的想法才是清晰明白的有意识想法。有时，女性确实会将她们直觉认知的结果说出来，尤其是当她们迫于内在需要时，这种时候，我们常会惊讶于她们的洞察力。

“这些女士并不至于张口结舌，”乔治评论道：“你又怎么解释她们的缄默，还是她们缺乏这方面的术语？”我没有现成的答案，或者说我的答案太多，不知哪个才是对的。我们决定将这个细枝末节的问题留到下次讨论。不管背后的社会学或心理学原因是什么，我们一致同意，女性普遍很少将她们猜到或理解到的他人的心理用言语表达出来。

“在你所谓的科学层面上，还有一个障碍阻拦着女性成为心理学家，”我说：“女性并不觉得有必要去了解或掌握所有现象，并找出支配情感和心理过程的规律。她们满足于对个案的推测和见解。比如，对于布朗夫人来说，了解怀特夫人的心思就够了，布莱克夫人只想知道琼斯夫人的动机是什么。至于这些心理过程有何规律，她们并不感兴趣。”

“这并不是心理学领域特有的现象，”乔治插话道：“我们可以回到一个离情感或心理问题很遥远的领域。我完全能够想象，一个女人会对星空着迷，她的幻想只有天知道，但她很少会对天文学家发现的定律感兴趣。”

“嗯,”我说:“女人比男人更加实际,也绝对更加世俗。她们泛泛地望向星空,对行星的轨迹有自己的想法。我们很难猜到她们的这些想法是什么。我记得在百老汇看过这样一出现代戏剧。一个夏日的夜晚,一对年轻情侣坐在长椅上。两人尴尬地沉默了一会儿。接着,女孩说道:‘今晚是满月。我必须洗头发。’”

我们都笑了,当年长的男人谈起女人的可笑之处时,常会带着这种高人一等的笑容。有时像是有厌女症的乔治此时亮出了警句一则:“似乎女人的宇宙(cosmos)应该被称为化妆品(cosmetic)。”

我已经记不起我们是如何开始提到女性对同性成员的心理有着特殊的理解力。乔治引用了一句话,如果我没记错的话,那是出自威尔逊·米茨纳①:“女人之间,一眼就能看穿对方,而且令人惊讶的是,她们彼此瞧得上眼的地方是那么少。”

我们之间出现了一些沉默,似乎有一点尴尬,因为我们将理论学术讨论降低到了如此轻浮的地步。乔治抿了一口咖啡,我又点了一支烟。“你知道吗,乔治,”我说:“我们都忽视了一个心理学事实。女人能看穿对方,但她们几乎不会审视自己。我是指,她们不愿意自我分析,不愿搜寻她们的无意识动机和被抑制的倾向。我并不认为她们中的很多人跟法国数学家帕斯卡②一样,觉得自我是可憎的。弗洛伊德的那种自我分析技巧也是女人所发现不了的。她们对发生在无意识深处的一切不感兴趣。或许,对于可能得到的关于她们自己的认识,她们感到害怕或羞愧。”

---

①Wilson Mizner(1876~1933):美国编剧。——中译注

②帕斯卡(Blaise Pascal,1623 ~ 1662):法国天才数学家、物理学家、哲学家、散文家。——校注

“她们感到羞愧的，或许不是她们的深度，而是她们的浅薄。一个没有谜题的斯芬克斯。”

我笑着答道：“我相信，这些话一定会让你深受女士喜爱。不过，认真说来，这种走向自我分析的自我探索，甚至有时是自我折磨的倾向，女人很少会有。她们会避开她们灵魂的最深处。”

“你是说她们有一种内在的优雅？”

“你可以这样说。但更重要的是，她们不会以客观或科学研究的精神来看待她们自身的情感和思想过程。”

“可你又说她们是‘比男人更优秀的心理学家’，希望你能告诉我，到底有什么东西能激发她们的心理兴趣。”

“我可以告诉你，至少有一个决定性因素可以激起她们的兴趣：只要她们还依靠于男性，她们就是较弱势的性别。弱势的一方必须提防强势一方的残暴和专制，必须要照看、保护好自己。以女人为例，因为她们处于被动的角色，所以她们必须更加敏锐地察觉男人的性欲。男人觉得女人一点也不令人害怕，直到他意识到女性是比男性更为致命的物种。与心理观察相比，手中的棍棒是更为原始也更加有效的武器。实际上，有了棍棒，就不用管什么心理。弱势、依存、没有安全感的立场才会需要心理观察的天赋。男人不需要将这种能力发展到女人那样高的程度。”

“我们不要陷入史前领域的讨论，还是专注于个体人生。你不会说女人生来就是更优秀的心理学家吧？她们出生时就将这个才能带到了世上？”

“这一点，我并不清楚，但我相信如果有种族记忆这回事，那么也存在男人和女人的过往记忆痕迹。但除此之外，女孩人生中有几个阶段机体和情感会发生变化,这有助于这些心理天赋显现出来。顺便提一下,这让我想到女孩的心理天赋形成有第二个一般性前提,即从行动转为内向性。如果一个人的注意力总是在关注身边的世界,一个人的精力全用在按自身的意愿改变或塑造身边的世界,那么心理兴趣就无法形成。一个人如果极度活跃,那么就无法集中关注他自身的想法和感受。只有当个体对周遭事物的浓厚兴趣逐渐减退,内向性才会出现。"

"顺便提一下,一个著名的女性分析学家曾有过这样的心理学见解。海伦娜·朵伊契曾勇敢地分析过这个看法:男孩在青春期活跃度最高,而在这个阶段女孩会回归自己的世界,变得被动。这就像是科学中的迷信一般。在这个年龄段的女孩和男孩一样,活跃度也会加剧,不过,这种活跃性是朝向内里的。我们所仰慕、欣赏的那些女性才能都在这个阶段得以形成,比如直觉、细腻的情感、社交技巧、优雅感,等等。内向性也有助于这些心理才能的出现。"

"我不能让你这样得逞。"乔治打断了我的话。"几分钟前,你自己还说女性不愿意审视自己,会回避自我分析;那就是说,她们不了解她们自己。现在,你又说,她们是内向的,对她们自身的情感过程很感兴趣。鱼和熊掌不可兼得啊。"

"这个矛盾很好解决,因为并不存在矛盾。我只是说,女人普遍不喜欢分析她们自己,或是说不愿意用精神分析的方法去探索她们的情感,但这并不排除她们对自身和他人的心理生活有一种特殊的熟悉感。这种知识,或称为前知识,并不会出现在心理学教科书中,但与杰出的作家一样,这些知识会体现在他们的小说和戏剧中。有大量的心理学见解,不是通过客观分析得来,而是通过将无意识感知的自身情感过程投射到他人身上而得来。”

“噢,这就是你所说的心理学成就!我不否认,杰出作家的见解中确实有某种有限的价值,虽然我希望他们能够以更加科学、可验证的形式呈现出来,而不是那么地不精确、个性化。”他轻蔑地一笑,然后,道出了他的下一个理论。

“如果没记错的话,从莎士比亚和歌德到现代的这些伟大作家,他们让我们理解了女性的行为方式,但是他们都是男人,不是女人,对吧。讲得好吧?”

“一点点而已,乔治。这些如此了解女性的伟大作家都利用了他们自身的女性气质或女性才能去探寻女性的心理。听起来可能有点悖谬,但我认为,男性气质突出或过于富有男子气概的作家几乎无法描绘女性角色,对女性情感也知之甚少。比如,席勒。”

“换句话说,你的意思是对女性思维方式或情感方式有绝佳见解的这些小说家和剧作家都是潜在的同性恋。你这个论断!我佩服你说这些话的勇气。“

“如果你把那个表述替换为显著的双性恋,那么我确实这样认为。”

“你刚才说,这些作家借助他们的女性才能来理解女性的心理。你的意思是,他们运用了直觉、预感,他们有异常的洞察力,他们有听觉方面的天赋,能够听到情感生活的无意识过程和那些被否认的事实?你必须承认,相较于临床心理学,这个科研领域非常有限。临床心理学是个宽泛的领域,其研究对象是有形的、可观察到的、可以通过实验证实的。”

“可是,女性对于科学方面的激励不感兴趣。她们比较讲求实效。她们可能比不上男性执业心理学家,但总的来说,她们是更好的实践心理学家。关于你说的两个领域的宽广程度,我非常不同意。如果你那么热衷于比喻,那么你所定义的临床心理学就像是那几大行星——地球、太阳和我们熟知的那些星球所包含的范围,这些都是我们可以用天文学仪器观测的内容。但是需要更加细致的洞察力和直觉的那些领域,那些人与人、群体与群体之间的无意识交流领域就像是宇宙中的星系,里面装着亿万个太阳和行星。”

讨论继续进行并渐渐失焦,比如,我们开始尝试着对直觉和无语交流(wordless communication)进行定义,等等。他超群的心理学知识和更高明的说教天赋使我常常处在下风;但有时我也会胜出,收复一些失地。最后,我鼓足勇气问了一个大胆的问题:“告诉我,乔治,你的妻子是否比你更懂其他女人?你是否承认,她和所有女人都比你更懂小孩?”

“我同意这点。”

“好。现在,乔治,看看你的身边。只有你和我。除了上帝,谁也听不到你说的话。我请你以心理学家的职业性坦诚回答我,你妻子对你的了解是不是胜过你对她的了解?”

他几乎是不由自主地点了点头,但是立即又开口反驳:“嘿,西奥多,你不能这样做。这是人身攻击。如果你想证明女性是比男性更优秀的心理学家,你必须准备好一系列严谨的实验,并使用科学的方法,尤其是那些数据和……”

“就留给乔治去做吧。”我带有恶意地说。

49. 最终的和弦

对于一个想要了解地球居民的外星访客来说，种族、肤色、宗教信仰之间的区别似乎微乎其微。在他的眼中，人类最为显著的区别可能是男性和女性的划分。他会观察到，男女的生活方式不同，他们的情感、思维和行为方式都不一样。然而，在地球上观察了一段时间之后，这位外星访客会发现，远距离观察的话，那些分歧似乎在减小。在我们这个渺小又贫瘠的星球上，女人和男人受制于同样的生存要素，他们以同样的方式出生和死去。

我们呈现了关于男女情感差异的观点。这个主题的变奏曲即将结束，数不清的两性分歧都融入了人类的和谐统一之中。《圣经》的第一章中记述了上帝造人：“神创造了男人和女人。”但前面的一句是：“神创造了人。”

专递指南

●《人对抗自己——自杀心理研究》

［美］卡尔·门林格尔 / 著

卡尔·门林格尔是美国著名的精神病医生、精神分析学家和心理学家，他对人深邃莫测的精神世界具有渊博的知识，尤其对死亡本能、自杀冲动、犯罪心理和儿童心理做过深入精辟的研究。他在这方面的成果使他在精神分析心理学领域中斐然自成一家。

在《人对抗自己》中，门林格尔对死亡本能和自我毁灭倾向做了全面的考察和分析。他认为：人性中固有的破坏冲动总是要竭力寻求宣泄，如果这种破坏冲动不能施之于外界，其必然结果就是转而施之于自己。这就是各种形式的自杀的根源。

门林格尔呼吁：不能回避对死亡本能和自我毁灭倾向的研究。在现实生活中，每个人都以他自己所选定的方式，或快或慢、或迟或早、或直接或间接地在杀死他自己。要想与这种自杀倾向相对抗，首先的一步乃是真正认识到：自我毁灭确实根植于我们的天性，我们必须熟悉它的各种表现形式，在此基础上才能做出相应的努力来与这种根深蒂固的死亡本能抗衡。

●《理解人性》

［美］艾尔弗雷德·阿德勒 / 著

艾尔弗雷德·阿德勒（1870 ～ 1937），有世界性影响的奥地利心理学家、神经精神病学家和社会教育家。他所开创的个性心理学在心理学领域中独树一帜，影响十分深远。直到今天，在心理学领域和神经精神症领域，仍有不少人沿用阿德勒的理论和方法进行研究和治疗。至于他所提出的自卑情绪、补偿机制、权力追求等概念，更是深深渗透到现代西方文化和一般人的科学常识之中。

本书分“人的行为”和“性格科学”两大部分。作者运用个性心理学的原理，对人的性格进行了科学的剖析，着重强调人的社会性和社会感，强调个人的人生观和价值观在形成性格的过程中所起的作用。本书倾注了作者对人的爱心与关注，其基本观点建立在作者自己多年来从事心理治疗、社会教育所积累的大量实际观测与调查的基础之上，因此具有极强的可读性和积极的现实意义。

●《自我分析》

［美］卡伦・霍妮 / 著

如果说《我们时代的神经症人格》（1937）的问世标志着霍妮精神分析体系的诞生，那么《自我分析》（1942）、《我们内心的冲突》（1945）的相继出版，则是对其思想的进一步充实和完善。

“自我分析”是霍妮在总结自己及其同行和患者经历的基础上，为治疗轻度神经症设计出来的方法。它把专业精神分析疗法中分析师和患者两个角色的适用部分合二为一，交由患者单独承担、独自操作，因此，“它是患者与分析师一身担”的尝试。

当今世界是竞争激烈的世界，人们在适应环境、相互交流、面对自己时，不可避免地会遇到种种压力，如果处理不当，这些压力很容易会造成精神障碍。在这方面，尤其在专业精神分析至少暂时还难以为每一个有求于它的人所用的情况下，“自我分析”不失为最佳选择之一。

●《性心理学》

［美］H. 埃利斯 / 著

任何人在一生中都迟早要面临性的问题，都不可避免地要产生各种性心理活动，因此性和性心理研究理应是人对自身认识的一个重要方面。

弗洛伊德和埃利斯以各自丰富的研究成果奠定了现代性心理学的基础。特别是埃利斯，他的七卷巨著《性心理研究》被公认是这一领域中最权威的经典著述。这本《性心理学》就是他在《性心理研究》基础上改编而成的，是为非专业研究人员编写的一本浅近易懂然而又不失系统全面的性心理手册。通过本书，读者可以比较详细地了解人的各种复杂的性心理活动，也可以看到人可能出现的种种性心理变态。

●《哲学人类学》

［德］M. 兰德曼 / 著

M. 兰德曼是当代德国著名的哲学人类学家。

本书追溯了人类学的源流、哲学人类学的缘起，探讨了哲学人类学的方法、意义，分别介绍了哲学人类学的主要流派，较全面、系统地提出了作者的文化哲学人类学（亦简称为文化人类学）的观点。

本书被誉为哲学人类学领域中“标准的权威性著作”。

要了解哲学人类学，本书既可当作入门著作来读，亦可作为专门性著作来研究。

●《人的本性与命运》（上下卷）

［美］R. 尼布尔 / 著

本书对哲学、宗教与政治做了全面的考察。

就像 R. 尼布尔的所有著作一样，本书的广阔视野反映了作者的天才，但本书的力量却来自它所传达的特殊信息。

尼布尔在本书序言中指出，“个性”与“历史意义”是圣经传统的两大强调，而他的任务就是要就此强调做出详细的论述。

针对这两大主题，该书分成上下两卷。上卷论人的本性，下卷则主要谈历史的意义。这一论述集中地体现了他的历史哲学思想。

●《过程与实在》（上下卷）

［美］A. N. 怀特海 / 著

本书的主旨并非要分散地研究那些在某些传统思想体系中显得迫切的各种传统哲学问题。毋宁说，它们是要阐明一个由诸宇宙观组成的精简体系，让它去和经验的形形色色的问题打交道，借此阐述这些宇宙观的意义，最后详细说明一种完整的宇宙论。据此，所有的特殊问题都可以找到联系。这样便可在逐渐发展这一体系的过程中，去寻求统一的处理方法。

本书是哲学史上的丰碑，它是怀特海形而上学思想最有系统的表述。诚如作者所言："思辨哲学的目的就是要努力构建一个首尾一致的、合乎逻辑且又必要的一般观念的体系，依据这一体系，我们经验中的每一成分都可得到解释。"本书正是怀特海为了达到这一目标所做的努力。

●《超越自由与尊严》

［美］B. F. 斯金纳 / 著

B. F. 斯金纳是当代西方行为心理学派最具影响的代表人物。

其著述甚丰，无不被视为心理学的经典。

本书分别就行为技术，人的自由、尊严、价值，以及文化的演进等方面进行了探究；而这些探究同时也是对传统人文研究的批判性回应。

作者认为，人根本不可能有绝对的自由与尊严，人只可能是环境的产物。因此，人类面临的首要任务是设计一个最适合自己生存的文化与社会。

●《阐释神圣——多视觉的宗教研究》

［美］W. E. 佩顿 / 著

人们在解释宗教时一般采取了哪些阐释角度，各种不同的观察架构如何构造出种种差异极大的观察对象，等等，本书就此进行了深入的探讨，其主题并非一切都"只不过"是阐释，而是对种种阐释产生出的种种资料的阐释。

作者认为，他作为一个学者的任务是催生一个个观念策源地，以有助于对宗教的全球性模式进行研究，有助于关于宗教研究方法论的思考。

为跨文化的比较宗教研究建立一种方法论，为理解宗教方面泛人类、跨文化的延续性与文化特殊性的关系提供多种途径——本书正是作者为达到这一目标所做的努力。

本书受到美国和世界上诸多大学的欢迎，成为这些大学相关专业的必读书籍。

●《人：学术者》

［法］P. 布尔迪厄 / 著

一部不仅在法国也在整个西方学术界引起巨大反响的著作；

一部以认识论与方法学为指导、以前所未有的客观的统计学手段完成的科学调查；

一本关于 20 世纪中期法国学界状况、人员变化、相互关系及其根源的书。

皮埃尔·布尔迪厄(国内多译为布迪厄)是法国当代著名社会学家的代表人物。

其著述颇丰，《人：学术者》是其中既具有代表性又十分特殊的重要著作。

本书不仅呈现出整个法国高等教育在 20 世纪中期的种种既相互依存又相互斗争的力量的外在表现，还从社会学角度深刻分析了蛰伏在这些表现下的冲突的根源。

作者建立在忠于事实、捍卫真理的基础上的、以认识论与方法学为指导的剖析与批判，对当今的中国的学术界和高教领域，对我们在进入新世纪后的社会学研究工作的更深入发展，无疑具有宝贵的借鉴意义和参照作用。

●《人的奴役与自由》

［俄］尼古拉·别尔嘉耶夫 / 著

尼古拉·别尔嘉耶夫（1871 ～ 1948），当代著名的宗教思想家、哲学家。

诚如作者所言，本书“要解开人类这桩最幽邃的谜题”。作者通过对“人的救赎”这一问题的沉思，将现实的各个领域纳入其视域，对存在、上帝、自然、社会、国家、战争、民族主义、资产性、金钱、社会主义、爱欲、美感、艺术等，进行了全面的剖析；同时也对自近代以来困扰着诸多哲人的自由与客体化问题给出了自己的答案。本书可谓是别尔嘉耶夫的“百科全书”，囊括了他所有的基本思想，并借以反思了其一生的哲学历程，其所触涉的范围之广、力度之深，在别尔嘉耶夫那里也是仅此唯一的。

●《人：游戏者》

［荷兰］约翰·胡伊青加 / 著

约翰·胡伊青加（1872 ～ 1945），荷兰著名文化史学家、语言学家，早在 20 世纪 40 年代就被公认为当时最伟大的文化学代表人物。

胡氏一生论著甚丰，本书是其最负盛名的两部著作之一，也是其最奇特、最具原创性的一部著作。在该书中，胡氏对游戏与文化的关系做了惊人的、饶有兴味的论述。

胡氏把游戏作为“生活的一个最根本的范畴”来论述，采取文化—史学的研究进路和方法，且对游戏用语进行了细致的考察，最终得出了“人是游戏者”“文明是在游戏中并作为游戏而产生和发展起来的”这两个惊人结论，一反西方在人和人性理解上的理性主义传统，张扬和强调人的游戏本质和游戏因素对于文明的极端重要性；加之作者趣味横生的旁征博引，使这部著作在西方的整个游戏研究中别具一格，在今天读来仍使人拍手称奇。

●《道德与宗教的两个来源》

［法］亨利·柏格森 / 著

对于中国读者来说，法国哲学家柏格森（Henri Bergson）的名字并不陌生。

本书出版于 1932 年，是柏氏重要的著作之一，是作者经过多年潜心研究而推出的有关道德和宗教问题的专著。这是柏氏哲学思想在人文—社会领域的一次集中运用。这一运用使作为体系的“柏格森哲学”得以完成。要了解柏氏关于社会问题的见解，人们首先想到的就是这本著作。

在本书中，作者所探求的是道德与宗教存在的依据和性质。根据柏氏的考察，道德有两个来源：一是作为“义务”的道德；一是作为“抱负”的道德。作者认为，道德的这两种形式都是应生命进化的要求而产生出来的。宗教在本质上也是生物学的。依柏氏之见，宗教是自然为对付“理智”所可能带来的危险而采取的一种防范手段。

●《理性与文化》

［美］欧内斯特·盖尔纳 / 著

本书是英国当代著名哲学家欧内斯特·盖尔纳的代表作。

理性与传统、习俗、权威、经验、情感以及零碎的试验与错误的程序，究竟是一种什么样的关系？如何看待理性作为一种明晰、有秩序、个人主义的东西，它在自足的、独立运行的心灵中所发挥的作用？理性是否能使人免于只沉湎于文化？等等，作者就此回溯了自笛卡尔、康德、涂尔干、马克斯·韦伯以来关于理性与文化的论述，提出的见解是饶有意味的。

● **《货币哲学》**

［德］G. 齐美尔 / 著

齐美尔，20 世纪著名的社会学家，其在社会学方面的影响被公认仅次于马克思、韦伯和涂尔干。

在本书中，作者以其敏锐的洞察力，试图通过货币这单独一个例证而深入生活的“每一个细节”中，把生活最表层的现象与生活内部最底层的深邃之流和历史潮流联系起来，“在历史唯物主义底下构建一个基础，以便维持经济生活构成思想文化的起因这一解释的价值”，并张扬他所坚持的相对主义世界观。

● **《人是谁》**

［美］A. J. 赫舍尔 / 著

A. J. 赫舍尔（1907 ～ 1972），著名哲学家和神学家，一生著述甚丰。

“人是谁”，实际上就是“人怎样才能成为人”。不同于那种或从外部，或孤立地探讨人的某种机能和动力的专门研究，本书是从人自身出发来思索人。由此探讨了人的独特性、人的生存以及境遇等问题，并指出人之生存危机的关键是由于我们将真理问题与生存问题、认识与人的全部境遇割裂开来的结果。因此，我们应抛弃以往那种形而上的思维方式而从人的实际遭遇，从人的生存，从做人的艰难性出发来思考人。

● **《道德的人与不道德的社会》**

［美］N. 尼布尔 / 著

雷茵霍尔德·尼布尔是 20 世纪西方最有影响的基督教哲学家之一，极力倡导“基督教现实主义”，对现代宗教伦理学的实际推广做出了独特的贡献。

本书集中地体现了作者应用基督教伦理思想对现实社会的分析和研究。

在本书中，作者首次提出了必须在个人的社会道德行为与社会群体（包括国家的、种族的、经济的社会群体）的社会道德行为之间做出严格的区别，并根据这一区别说明那些总是让纯粹个人道德观念感到困惑难堪的政治策略的必要性和存在的理由。

●《人的未来》

［法］德日进 / 著

德日进（1881 ～ 1955），法国著名哲学家、地质学家和古脊椎动物学家、天主教耶稣会神父。曾在中国从事国际考古与地质研究的工作，时间长达 20 年之久，为中国早期考古学和地质学的建立做出了许多贡献。

人的未来的问题在德日进的著作中占有十分重要的地位。他的基本兴趣不在于艺术的未来、科学的未来、西方文明的未来，他的视觉是地质学家和古生物学家的视觉，也就是说，他致力于认识世界的结构和演化，不仅细致地分析种种最隐秘的自然现象，而且还以完全连贯的、可理解的方式探究这些现象之间的联系。

本书收集了他探讨人的未来问题的主要论文。这些论文构成了一个强有力的整体，包含丰富、深刻的创见，使人读来觉得其作者是一位名副其实的未来学创始人。

●《超越心理学》

［美］奥托·兰克 / 著

奥托·兰克（1884 ～ 1939），20 世纪生于奥地利逝于美国的著名心理学家。

本书针对心理学所面临的危机，旨在表明，人作为自以为是的自然征服者，其努力应该受到限制；自然的和人造的东西之间比例应当恰当，评价也应平衡。同时，作者认为，承认且接受无理性因素作为人类生活的重要构成成分应得到足够的重视。全书涉及哲学、人类学、宗教学、文学、语言学及心理学等领域的发展过程，即西方文化的方方面面，也包括了与东方文明的对照，充分展现了兰克的渊博知识和独到见解。

●《人的能量》

［法］德日进 / 著

本书是作者继《人的未来》之后又一重要代表作。德日进的所有研究的出发点，显然在于尽可能深入地探究到我们生活于其中并成为其一部分的世界的基础结构之中。他比任何其他哲学家都更充分地把科学成果当作自己的出发点，因为科学成果使他得以从世界历史的维度理解世界。在他看来，尽管有着数量庞大、种类繁多的现象，但宇宙的历史，基本上还是显得统一与和谐，并以此为我们人类的活动指明了方向。

本书以这一基本信念为起点，进而试图向我们表明这种基本统一由什么东西构成，它为人类的生存展现了什么样的前景。

●《寻求灵魂的现代人》

［瑞士］荣格 / 著

荣格（C. G. Jung），20 世纪著名的心理学家，分析心理学的创始人之一。

本书从梦的分析谈起，围绕现代人的精神问题，对诸如集体无意识与情结、梦与象征、人格类型、心理学与文学等方面进行了系统的阐释，广泛涉及社会、历史、宗教、哲学、文学、艺术等领域，影响深远，"……对于现代人正在痛苦地进行摸索的心理，他提供了有关其本质和功能的线索。他提出的观点是对我们精神的挑战；每一个在其内心深处感受到一种冲动——一种要超越自己传统的冲动的人，都会在这一挑战面前作出积极的反应"。

●《发现自由意志与个人责任》

［美］J. F. 里奇拉克 / 著

J. F. 里奇拉克，美国当代著名心理学家。

本书试图解释人的自由意志是怎样形成的，以及每个人在日常行为中为表述某种意图而承担的责任。作者希望读者能从本书中认识到人类的一种天性——人是有能力实践通常所说的那种"自由意志"的，进而能深刻地理解"人类意味着什么"。

●《自由、权利和社会正义——现代社会哲学》

［美］范伯格 / 著

范伯格，美国当代著名哲学家，本书是他的重要代表作之一。

自由、正义、平等、权利、义务、法制、利益、损害等均系社会哲学研究的基本内容，作者指出，上述问题可分为概念问题与一般规范问题，并对其进行了系统的分析与阐明。

写法精炼、问题集中、分析透辟、极具学术价值，是本书的主要特点。本书问世以来，影响极大。

●《人在宇宙中的地位》

［德］马克斯·舍勒 / 著

马克斯·舍勒（1874 ～ 1928），德国的著名哲学家、社会学家、伦理学家、天主教思想家、现象学第二泰斗、哲学人类学奠基人、现代基督教位格主义和基督教社会主义的理论代表。

人的位置在哪里？舍勒坚信，它绝不在生物冲动、心理能量、强力意志的系列上，也不在单纯的理智和观念的系列上，换言之，人的定位既不在自然生命之中，也不在纯粹精神之中，因为“人的本质及人可以称做他的特殊地位的东西，远远高于人们称之为理智和选择能力的东西”。

人的位置就在于没有定位和趋向于定位之中——X，这个趋向于定位 X 有如一条生命力的洪流由下而上奔涌，把生命强力奉献给精神价值。这整个奔涌着的生命洪流的动姿，按舍勒的概括，就是爱。

●《恐惧与颤栗》

［丹麦］S. 克尔凯郭尔 / 著

S. 克尔凯郭尔（1813 ～ 1855），19 世纪著名宗教哲学家，存在主义的创始人。

本书借《圣经》中亚拍拉罕和以撒的故事，论述了信仰与牺牲的观念。作者认为，信仰从本质上是一种悖论；畏惧并非来自某一确定对象的威胁，而害怕则是来自一个客观的威胁物。

●《文明与伦理》

［德］阿尔伯特·史怀哲 / 著

阿尔伯特·史怀哲（1875 ～ 1965）是一位跨越哲学、医学、神学、音乐四个领域的著名学者。他一生著述丰富，在涉及的各个领域均有极高的专业性和独到的见解。

史怀哲秉持着“敬畏生命”是世界观、人生观和伦理观的出发点，通过对史上重要的政治家、哲学家、文学家、艺术家的伦理观点加以梳理，旨在廓清伦理学上的某些重要命题，其中如关于乐观主义和悲观主义伦理学、自我牺牲与自我完善等论述，无不体现了“搜寻世界及生命含义的努力”。本书信息量丰富，跨度大，涵盖古今西方对文明与伦理的研究，对涉猎伦理学及其周边学科的读者大有裨益。

●《人的本性——以精神病理学视角进行的探索》

［美］科特·戈德斯坦 / 著

科特·戈德斯坦（1878 ～ 1965），20 世纪上半叶德国最著名的神经病学和精神病学家，对神经症、精神病、脑损伤等的心理治疗有大量的研究，也是为心理学研究奠定坚实的临床基础的西方知名学者之一。

戈德斯坦以全新的视角提出了几个对作为个体和群体的人的生理和心理现象的独具慧眼的解读，令人信服地阐释了不少一直困扰我们的与人的生存和环境密切相关的重大问题。

“现代社会与人”名著译丛已出书目

1.《论人的天性》［美］威尔逊 / 林和生等 译 / 吴福临等 校

2.《人类动物园》［英］莫里斯 / 周邦宪 译 / 陈维政 校

3.《存在的勇气》［美］蒂利希 / 成穷、王作虹 译 / 陈维政 校

4.《超越自由与尊严》［美］斯金纳 / 陈维纲等 译 / 陈维政 校

5.《寻求灵魂的现代人》［瑞士］荣格 / 苏克 译 / 冯川 校

6.《反抗死亡》［美］贝克尔 / 林和生 译 / 陈维政 校

7.《哲学人类学》［德］兰德曼 / 阎嘉 译 / 冯川 校

8.《禅宗与精神分析》［美］弗洛姆、铃木大拙、马蒂诺 / 王雷泉、冯川 译 / 冯川 校

9.《婚姻与道德》［英］罗素 / 谢显宁 译 / 陈维政 校译

10.《性心理学》［英］埃利斯 / 陈维政、王作虹等 译 / 陈维政 校

11.《人在宇宙中的地位》［德］马克斯·舍勒 / 李伯杰 译 / 刘小枫 校

12.《存在与存在者》［法］雅克·马里坦 / 龚同铮 译 / 姚永杭 校

13.《人对抗自己——自杀心理研究》［美］门林格尔 / 冯川 译 / 苏克 校

14.《理解人性》［奥］阿德勒 / 陈钢、陈旭 译 / 冯川 校

15.《人寻找自己》［美］罗洛·梅 / 冯川、陈钢 译 / 冯川 校

16.《我们内心的冲突》［美］卡伦·霍妮 / 王作虹 译 / 陈维政 校

17.《我们时代的神经症人格》［美］卡伦·霍妮 / 冯川 译 / 陈维政 校

18.《自我分析》［美］卡伦·霍妮 / 许泽民 译 / 陈维政 校

19.《人的奴役与自由》［俄］尼古拉·别尔嘉耶夫 / 徐黎明 译 / 陈维政、冯川 校

20.《人是谁》［美］赫舍尔 / 隗仁莲、安希孟 译 / 陈维政 校

21.《健全的社会》［美］弗洛姆 / 孙恺祥 译 / 王馨钵 校

22.《分裂的自我》［英］莱恩 / 林和生、侯东民 译 / 陈维政 校

23.《生与死的对抗》［美］诺尔曼·布朗 / 冯川、伍厚恺 译 / 韦铭 校

24.《恐惧与颤栗》［丹麦］克尔凯郭尔 / 刘继 译 / 陈维政 校

25.《发现自由意志与个人责任》［美］里奇拉克 / 许泽民、罗选民 译 / 吴福临 校

26.《道德的人与不道德的社会》［美］尼布尔 / 蒋庆等 译 / 陈维政 校

27.《自由、权利和社会正义——现代社会哲学》［美］范伯格 / 王守昌、戴栩 译 / 吴福临等 校

28.《人：游戏者》［荷兰］胡伊青加 / 成穷 译 / 王作虹 校

29.《道德与宗教的两个来源》［英］柏格森 / 王作虹、成穷 译 /

30.《个人知识：迈向后批判哲学》［美］迈克尔·波兰尼 / 许泽民 译 / 陈维政 校

31.《观念的冒险》［英］怀特海 / 周邦宪 译 / 陈维政 校

32.《过程与实在》［英］怀特海 / 周邦宪 译 / 陈维政 校

33.《宗教的形成　符号的意义及效果》［英］怀特海 / 周邦宪 译 / 陈维政 校

34.《过程—关系哲学：浅释怀特海》［美］罗伯特·梅斯勒 / 周邦宪 译 / 陈维政 校

35.《解开世界之死结：意识、自由及心身问题》［美］大卫·雷·格里芬 / 周邦宪 译

36.《货币哲学》［德］齐美尔 / 许泽民 译 / 陈维政 校

37.《人的本性与命运》［美］尼布尔 / 成穷、王作虹 译

38.《人：学术者》［法］布尔迪厄 / 王作虹 译 / 成穷 校

39.《阐释神圣——多视角的宗教研究》［美］佩顿 / 许泽民 译 / 陈维纲 校

40.《理性与文化》［英］欧内斯特·盖尔纳 / 周邦宪 译 / 陈维纲 校

41.《人的未来》［法］德日进 / 许泽民 译 / 陈维政 校

42.《人的能量》［法］德日进 / 许泽民 译 / 陈维政 校

43.《超越心理学》［奥］奥托·兰克 / 孙林等 译 / 陈维政 校

44.《文明与伦理 》［德］阿尔伯特·史怀哲 / 孙林 译 / 恺祥 校

45.《文明的衰落与复兴》［德］阿尔伯特·史怀哲 / 孙林 译 / 恺祥 校

46.《人的本性——以精神病理学视角进行的探索》［美］科特·戈德斯坦 / 王一力 译 / 王作虹 校

47.《爱与欲——对浪漫和性欲情感的精神分析》［奥地利］赖克 / 杨雨红 译 / 陈维政 校译

图书在版编目（CIP）数据

爱与欲：对浪漫和性欲情感的精神分析 /（奥地利）西奥多·赖克著；杨雨红译；陈维政校译 . —贵阳：贵州人民出版社，2021.8（2024.4 重印）

（“现代社会与人”名著译丛 / 陈维政主编）

ISBN 978-7-221-16385-1

Ⅰ . ①爱… Ⅱ . ①西… ②杨… ③陈… Ⅲ . ①情感－精神分析 Ⅳ . ① B841

中国版本图书馆 CIP 数据核字 (2020) 第 230557 号

现代社会与人
名著译丛

爱与欲——对浪漫和性欲情感的精神分析

[奥地利] 西奥多·赖克 / 著

杨雨红 / 译

陈维政 / 校译

出版人 / 朱文迅
策划编辑 / 周湖越　黄筑荣
责任编辑 / 马文博　李　康
责任印制 / 尹晓蓓
装帧设计 / 刘　津
出版发行 / 贵州出版集团　贵州人民出版社
地　　址 / 贵阳市观山湖区会展东路 SOHO 办公区 A 座
邮　　编 / 550081
印　　刷 / 天津创先河普业印刷有限公司
开　　本 / 890mm×1240mm　1/32
印　　张 / 21.5
字　　数 / 469 千字
版　　次 / 2021 年 8 月第 1 版
印　　次 / 2024 年 4 月第 2 次印刷
书　　号 / ISBN 978-7-221-16385-1
定　　价 / 88.00 元